1 MONTH OF
FREE
READING

at

www.ForgottenBooks.com

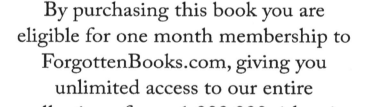

By purchasing this book you are eligible for one month membership to ForgottenBooks.com, giving you unlimited access to our entire collection of over 1,000,000 titles via our web site and mobile apps.

To claim your free month visit:

www.forgottenbooks.com/free686830

ISBN 978-0-666-00977-7
PIBN 10686830

12066 — PARIS, IMPRIMERIE A. LAHURE
RUE DE FLEURUS, 9

ĊOURS

DE

CONSTRUCTION DES PONTS

PAR

M. PH. CROIZETTE DESNOYERS

INSPECTEUR GÉNÉRAL

PROFESSEUR A L'ÉCOLE DES PONTS ET CHAUSSÉES

TOME PREMIER

PARIS

Vᵛᵉ CH. DUNOD, ÉDITEUR

LIBRAIRE DES PONTS ET CHAUSSÉES ET DES MINES

49, QUAI DES AUGUSTINS, 49

M DCCC LXXXV

Le Cours auquel s'applique la présente publication est celui que nous professons depuis dix ans à l'École des Ponts et Chaussées ; mais nous avons eu soin de le reviser et de le compléter chaque année par des additions nouvelles, de manière à le tenir aussi exactement que possible au courant des progrès constamment réalisés dans cette partie de l'art des constructions. Ces progrès sont rapides et incessants, car, à aucune époque antérieure à celle-ci, un semblable développement n'avait été imprimé aux travaux publics en tous pays, et les Ingénieurs ont été naturellement conduits à rechercher avec ardeur de nouvelles solutions, ainsi qu'à rendre les moyens d'exécution plus prompts et plus efficaces. La création des chemins de fer, auxquels une si grande impulsion a été donnée, surtout dans les trente dernières années, a principalement nécessité la construction d'un nombre immense d'ouvrages d'art, dont les dimensions, par suite des sujétions inhérentes à cette nature spéciale de voies de communication, surpassent généralement, comme importance, celles des travaux de même nature exécutés jusqu'alors. En ce qui concerne spécialement les ponts en maçonnerie, on n'a pas dépassé beaucoup les hauteurs précédemment atteintes et on est même resté un peu au-dessous de la limite d'ouverture déjà réalisée ; mais on a construit un nombre bien plus considérable de grands ouvrages, on a multiplié dans une très forte proportion les viaducs, dont il existait antérieurement à peine quelques exemples, on est arrivé à varier beaucoup les types, et enfin on a perfectionné les procédés de construction de telle sorte que la durée d'exécution et le prix de revient ont diminué dans une proportion très forte. En ce qui concerne les ouvrages en métal, l'introduction de la tôle rivée a beaucoup facilité la construction, en permettant d'admettre de très faibles hauteurs pour des ouvertures ordinaires et d'atteindre, pour les grands ponts, des portées auxquelles on ne croyait pouvoir jamais arriver. Presque en même temps, l'emploi de l'air comprimé est venu rendre d'une application facile et certaine l'exécution de fondations très profondes, que l'on n'aurait pu aborder précédemment qu'avec des dépenses considérables et une grande incertitude pour le succès. Enfin, pendant que les ponts suspendus perdaient toute faveur en Europe, les perfectionnements apportés par les Américains sont de nature à faire revenir, dans bien des cas, à cette solution relativement économique.

Ces progrès, dont nous venons de rappeler seulement les principaux, continuent à se produire incessamment, et nous avons dû, par suite, nous attacher avec le plus grand soin, surtout en ce qui concerne notre Cours, à être renseigné aussi exactement que possible sur les projets et l'exécution des nouveaux ouvrages d'art qui s'y appliquent d'une manière spéciale. Dans ce but, nous avons cherché constamment à nous procurer, au sujet des ponts et viaducs d'exécution récente, des dessins et des documents authentiques, soit d'après des comptes rendus publiés, soit d'après des renseignements pris auprès des Ingénieurs français ou étrangers, soit enfin, pour un assez grand nombre d'exemples, en allant nous-même visiter les ouvrages les plus remarquables dans divers pays.

Le Cours dont nous présentons actuellement la rédaction ne constitue pas, comme celui de M. Morandière, un traité très étendu, accompagné de la plus riche collection de planches qui ait été présentée jusqu'à présent au sujet de la construction des ponts : notre publication actuelle n'est pas aussi développée, surtout en ce qui concerne les planches, et, bien que traitant à peu près les mêmes questions, dans un ordre presque semblable, elle a été conçue sur un plan tout différent. La rédaction est plus condensée, les considérations théoriques y sont invoquées davantage, les descriptions y sont, au contraire, notablement réduites et les dessins, quoique très nombreux encore, y sont beaucoup moins étendus. Ainsi, au lieu de représenter d'une manière complète les travaux d'art décrits ou mentionnés dans le texte, nous n'avons donné qu'une partie très restreinte de chaque grand pont, souvent même une seule arche, par exemple, de manière à réduire le dessin à ce qui est indispensable pour donner une idée de l'ouvrage et permettre d'en apprécier les principales dispositions.

Toutes les figures relatives aux dispositions générales des travaux sont d'ailleurs présentées à la même échelle de 0^m.001 par mètre, afin de rendre les comparaisons plus faciles et plus exactes ; en outre elles sont classées par époques, à chacune desquelles correspondent au moins deux planches qui s'appliquent, soit à des pays différents, soit à des genres distincts de ponts, pour que l'on puisse ainsi se rendre plus facilement compte des caractères spéciaux qui se révèlent dans chacune de ces catégories. Les 21 premières planches de l'atlas sont affectées à ce genre de dessins : 14 d'entre elles s'appliquent aux ponts en maçonnerie, 6 aux ouvrages métalliques et 1 aux ponts suspendus [a]. Sur les 24 autres planches de cet atlas, 4 sont affectées à des séries de courbes qui représentent comparativement les valeurs des poussées horizontales des voûtes et les épaisseurs des culées à diverses hauteurs ; 6 se rapportent à des exemples comparatifs de couronnements de ponts et de cintres en charpente, puis 13 sont consacrées à donner, avec des échelles plus grandes, mais toujours rigoureusement concordantes, les parties les plus essentielles des principaux ponts métalliques. Enfin la dernière planche contient une courbe faisant connaître, d'après les relevés faits sur un très grand nombre d'exemples, le poids, par mètre linéaire, des superstructures des ponts métalliques d'ouvertures graduées, en ce qui concerne exclusivement les chemins de fer.

Indépendamment de ces planches, l'ouvrage comprend, dans les pages du texte, environ 1100 figures ou croquis gravés sur bois, qui se rapportent tant à la représentation de divers ponts dont les dessins n'ont pas pu trouver place dans les planches, qu'à la reproduction d'un très grand nombre de parties d'ouvrages à plus grande échelle, ainsi que de détails de construction dont la seule vue rend le texte beaucoup plus clair et a permis d'y réduire notablement les explications.

Nous avons donné au Précis historique beaucoup plus de développements que n'en comporte le Cours oral, parce que ces renseignements, dont les détails seraient difficiles à retenir, peuvent être, dans l'occasion, fort utiles à consulter et faire épargner des recherches presque toujours très longues. Il est d'ailleurs nécessaire de connaître ce qui a été fait par nos devanciers, aussi bien que par nos contemporains : les comparaisons qui en résultent sont très utiles pour mûrir le jugement d'un ingénieur, et,

_____

[a] La désignation de principaux ouvrages qui figure sur les titres de quelques-unes des planches, ne s'applique pas seulement à ceux qui sont remarquables par leurs grandes dimensions, attendu que dans ce cas on aurait été conduit à reproduire fréquemment les mêmes types, mais elle s'applique aussi à tous les ponts de dimensions restreintes sur lesquels il a paru utile d'appeler l'attention d'une manière spéciale.

en ce qui concerne les anciens ponts, on est souvent étonné de constater qu'à des époques antérieures, bien reculées même quelquefois, on avait déjà inventé certaines dispositions qui ne se sont pas répandues alors, mais auxquelles on a été conduit à revenir, même après que, pendant plusieurs siècles, elles avaient cessé d'être appliquées. Au sujet des publications anciennes, il importe toutefois de faire remarquer que l'on y rencontre fréquemment des erreurs, qui sont facilement explicables par la rareté et la difficulté des communications, aux époques où les renseignements ont été transmis; il faut donc les contrôler avec soin toutes les fois que l'on peut en trouver l'occasion, et nous avons été conduit ainsi à introduire dans le Précis plusieurs rectifications importantes.

En ce qui concerne le texte du Cours proprement dit, nous nous sommes attaché d'une manière générale à abréger la rédaction, tout en prenant soin de n'omettre aucune explication essentielle. D'un autre côté, nous avons cherché à préciser, toutes les fois que nous l'avons jugé possible, les dimensions, les dispositions et les règles qui nous paraissent devoir être appliquées, de préférence, dans les circonstances très variées et souvent fort difficiles que présente la construction des ponts.

Pour un ouvrage de cette nature, nous avons dû puiser largement dans les publications antérieures : il serait bien présomptueux de ne pas le faire, car on ne doit pas oublier que l'expérience s'acquiert par l'examen des travaux de nos prédécesseurs et de nos contemporains, aussi bien que par ceux auxquels nous concourons nous-mêmes. Enfin, nous avons reçu d'un grand nombre d'Ingénieurs, français ou étrangers, une quantité considérable de dessins et de renseignements d'un grand intérêt qui nous ont été donnés avec une inépuisable bienveillance. Ces documents nous ont été de la plus grande utilité, et nous ne saurions trop remercier tous les Ingénieurs qui ont bien voulu donner à notre travail un aussi utile concours.

COURS

DE

CONSTRUCTION DES PONTS

INTRODUCTION — PRÉCIS HISTORIQUE

§ 1. — PONTS ANTÉRIEURS A L'ÈRE ROMAINE

La construction des ponts remonte à une très haute antiquité, car le *Ouvrages construits en Asie, en Égypte et en Grèce.* premier qui soit mentionné dans l'histoire, celui sur l'Euphrate à Babylone, a dû nécessairement être précédé par beaucoup d'ouvrages moins importants, et correspond cependant lui-même à une date très ancienne. Il a effectivement été édifié, soit d'après Diodore de Sicile sous le règne de Sémiramis (1900 ans environ avant l'ère chrétienne), soit d'après Hérodote sous le gouvernement de la reine Nitocris (150 ou 200 ans plus tard). Ce pont avait une très grande longueur et était formé de travées droites en bois, reposant sur des piles en maçonnerie bâties avec des briques cuites cimentées en asphalte, conformément à un système de construction employé dans le pays pour tous les ouvrages importants : d'après une autre version, qui paraît moins probable, les piles auraient été construites avec des pierres taillées d'avance et reliées ensuite entre elles par des crampons en fer scellés avec du plomb. Le tablier comprenait une ou plusieurs travées mobiles pour que le passage d'une rive à l'autre pût être facilement intercepté pendant la nuit. Afin de régulariser le régime du fleuve, on avait creusé à proximité un immense lac destiné à recevoir une partie des eaux pendant les crues, et comme, pour remplir ce grand réservoir, on a pu y déverser pendant un certain temps toute l'eau débitée par l'Euphrate, on a profité habilement de ce que le lit naturel restait à sec pour fonder rapidement à de grandes profondeurs les piles du pont. C'est probablement l'exemple le plus gigantesque qui puisse être cité pour l'établissement de fondations au moyen d'une dérivation provisoire du cours des eaux.

Mais quelle que fût l'importance de ce grand ouvrage, ainsi que celle des applications faites sur d'autres points pour le même genre de travaux, notamment pour le pont établi par Cambyse sur un des bras du Nil, le passage n'était encore obtenu qu'au moyen de travées en charpente, et l'emploi de voûtes en pierre pour la construction des ponts n'a été introduit que beaucoup plus tard. Les Grecs, qui apportèrent à la construction de leurs édifices tant d'art, tant de goût et tant d'habileté, n'ont jamais élevé de voûtes proprement dites, avec joints dirigés suivant des normales à la courbe intérieure. Ils se contentaient de bâtir par assises horizontales avec encorbellements successifs : cette disposition se retrouve dans un grand nombre

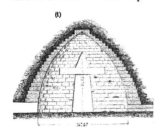

de leurs constructions et a également été appliquée soit dans l'Asie Mineure, soit en Égypte, soit même dans certaines cités pélasgiques en Italie, mais elle n'y était pas exclusive comme en Grèce. Le croquis (1), emprunté au Cours d'architecture de M. Reynaud, donne l'exemple le plus remarquable de ces constructions en encorbellement : il s'applique à la chambre souterraine connue sous le nom de Trésor d'Atacé, à Mycènes.

Mais le principe des voûtes avec joints normaux à la douelle était connu et appliqué aussi depuis très longtemps. Ainsi, à Ninive, on a trouvé une porte de ville de 5ᵐ.10 d'ouverture avec voûte en plein cintre, construite en briques dont les joints tendent vers le centre. On remarque des indications analogues sur des bas-reliefs assyriens de dates très anciennes et on a constaté également en Égypte, notamment dans plusieurs pyramides et dans un tombeau à Thèbes, l'existence de petites voûtes appareillées normalement.

Enfin on voit encore actuellement en Toscane, à Volterra, une porte de ville, encadrée dans des murailles cyclopéennes, dont la construction remonte à des temps inconnus et qui, d'après des bas-reliefs sculptés sur des sarcophages étrusques, semble reproduire exactement une porte et une partie des remparts de Troie, suivant une tradition rapportée par des émigrants venus d'Asie. Cette porte (2), qui dans la traversée du rempart forme un passage voûté d'environ 9 mètres de longueur (5), se termine à ses deux extrémités par des arceaux en plein cintre, de 4ᵐ.02 d'ouverture, qui avec leurs pieds-droits présentent des hauteurs sous clef d'environ 6 mètres. Chaque demi-voûte est formée de 19 pierres taillées en voussoirs et dont les deux premières assises ainsi que les clefs portaient des têtes sculptées devenues actuellement tout à fait frustes. Les pieds-droits sont terminés par une imposte d'un profil très régulier (4) et dont

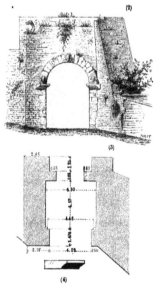

Voûte très ancienne en Italie.

(2)

(3)

(4)

les arêtes sont encore parfaitement conservées sur la plus grande partie de leur développement. Cet ouvrage, très remarquable par son extrême antiquité, son état de conservation et la régularité de son appareil, peut être considéré comme un spécimen adopté par les Romains pour la construction de leurs premières voûtes et étendu ensuite par eux aux arches de ponts [a].

D'après ce qui précède, il paraît incontestable que la construction des voûtes a pris naissance en Asie, dans certaines parties de laquelle elle s'est développée d'une manière très remarquable, ainsi que vient de le constater, dans un récent voyage en Perse, M. Dieulafoy, ingénieur des ponts et chaussées. Mais d'un autre côté, c'est bien aux Romains que semblent réellement être dues les premières applications des voûtes à la construction des ponts, ainsi que nous allons en citer successivement de nombreux exemples.

§ 2. — PONTS CONSTRUITS PENDANT L'ÈRE ROMAINE

Ponts en bois.

Le premier pont construit à Rome, sur le Tibre, et dont la description nous soit parvenue, était entièrement en bois et désigné sous le nom de pont Sublicius : sa construction remonte au règne d'Ancus Marcius (630 ans environ avant J.-C.). Il était situé dans la partie aval de la ville, au

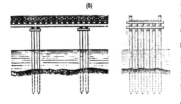

(5)

pied du mont Aventin, et c'est pour défendre le passage de ce pont qu'eut lieu, un siècle après sa construction, le trait d'héroïsme d'Horatius Coclès. Il se composait simplement de palées supportant des longrines, des poutrelles transversales et un tablier, conformément aux croquis (5) déduits du dessin donné dans le Traité de charpenterie de M. le

(a) Les dessins de cette porte ont été relevés sur place à deux époques différentes par MM. les ingénieurs Malibran et Choisy. La reproduction, d'après des bas-reliefs étrusques, a été signalée par M. Francis Wey, dans le Tour du Monde.

colonel Émy. Quelques parties des substructions de cet ouvrage existent encore dans le lit du fleuve.

Pendant de longues années, à la suite et malgré l'introduction de quelques ponts en maçonnerie, le bois continua à être employé de préférence, par exemple pour un ouvrage mentionné par Tite-Live et qui se composait de 5 travées de $12^m.50$ environ, à Bassano, sur la Brenta ; la construction des ponts en charpente se multiplia donc beaucoup non seulement en Italie, mais aussi dans les pays voisins et on sait notamment qu'au moment de la guerre des Gaules, des ponts en bois existaient à Orléans, Poitiers, Melun, Paris, etc. Les commentaires constatent que, dans la campagne contre Vercingétorix, César fut obligé de faire reconstruire un pont sur l'Allier que les Gaulois avaient détruit à son approche.

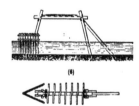

(6)

Il fit établir lui-même en dix jours un pont sur le Rhin pour le passage de ses troupes et il en a laissé une description très précise qui a permis d'en reconstituer le dessin. Celui qui figure dans le cours de M. Morandière est reproduit sommairement par les croquis (6).

Les plus anciennes voûtes bâties par les Romains furent celles des premiers égouts de Rome établis sous le règne de Tarquin l'Ancien (600 ans environ avant J.-C.) et dont le principal, qui subsiste encore (*Cloaca maxima*) présente une ouverture d'environ 6 mètres. C'est à cette même époque que Gauthey fait

Premiers ponts et aqueducs en maçonnerie.

remonter la construction du premier pont en maçonnerie, le pont Salaro, situé sur

(7)

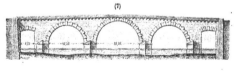

l'Anio, à 3 kilomètres en amont de Rome. Ce pont a été renversé une première fois par Totila, rétabli par Narsès, puis détruit de nouveau dans la guerre de 1867. Le dessin qui est donné dans Gauthey (7) se rapporte tout au plus au pont de Narsès, et comprend même 2 petites arches surbaissées qui ont évidemment été ajoutées ou reconstruites beaucoup plus tard.

Parmi les ouvrages remontant à des dates anciennes, on doit également citer les premiers aqueducs établis pour conduire à Rome les eaux de sources prises à de grandes distances. D'après Pline, l'aqueduc de Marcia aurait été construit sous le règne d'Ancus Marcius (vers 620 avant J.-C.), mais suivant la version qui paraît la plus probable à M. Belgrand [a], celle de Strabon et Frontin, le premier aqueduc serait celui de la source Appia établi en 311, et le second serait celui d'Anio Vetus, construit en 272. Après avoir été ruinés par le temps, ces aqueducs ont été rétablis en 145 par le préteur Marcius Rex, qui en même temps aurait dérivé de nouvelles sources amenées par une conduite à laquelle fut attribuée, d'après son promoteur, le nom de Marcia. Dans ces divers aqueducs, les petits canaux donnant passage aux eaux étaient construits en maçonnerie et recouverts soit par une dalle plate, soit par deux dalles, soit par de petites voûtes ayant 1^m.70 d'ouverture au maximum, conformément aux croquis (8) ci-contre. Mais, dans les parties où ils dépassaient notablement le niveau du sol, ces petits canaux étaient supportés par des arcades ayant de 2 à 8 mètres d'ouverture, entre lesquelles se trouvaient au besoin intercalées de plus grandes arches pour la traversée des cours d'eau.

La figure 1 (Pl. II) donne le type des arcades de Marcia. L'emploi de joints horizontaux a été conservé pendant très longtemps pour les voûtes de faible ouverture construites en petits matériaux irréguliers; mais on avait le soin de rendre les joints normaux à la douelle pour les voûtes construites en matériaux taillés ou en briques, ainsi que pour toutes les arcades et à plus forte raison pour les arches de dimensions plus grandes.

A mesure que la population de Rome augmentait, de nouveaux aqueducs devenaient nécessaires et c'est alors que l'on amena successivement l'eau de

_____

(a) *Les Eaux de Paris*. Introduction (les aqueducs romains), 1875. — C'est à cet ouvrage que sont empruntés la plupart des renseignements qui suivent sur ce même sujet.

Tepula en 126, celle de Julia en 34 et celle de Virgo 21 ans avant l'ère chrétienne. Agrippa qui dirigea les travaux de ces nouveaux aqueducs, fit réparer en même temps ceux des premières sources. C'est également à cette époque que l'on dériva les sources Alsietina et Augusta. Enfin, sous les empereurs Caligula et Claude, on établit de nouvelles prises d'eau importantes, celle de Claudia et d'Anio Novus, de sorte qu'à la fin de cette période, la longueur totale des conduites d'eau dépassait 436 kilomètres et celle des parties supportées par des arcades atteignait 55 kilomètres. Ces chiffres permettent d'apprécier l'immense développement donné à cette époque aux travaux d'alimentation d'eau. La figure 4 (Pl. II) représente le type d'une partie des premières arcades de Claudia, et la figure 5 s'applique à la partie exécutée sous Néron.

La nécessité de soutenir les conduites d'eau à de grandes hauteurs pour le passage de vallées profondes obligeait fréquemment à construire d'importants ouvrages d'art. Ainsi l'aqueduc de Marcia, quoique l'un des plus anciens, a donné lieu à la construction du pont Saint-Pierre (Pl. II, fig. 11) dont l'arche principale est très bien encadrée par un double bandeau et des contreforts. Le pont Saint-Antoine (fig. 12) servait à la fois aux deux aqueducs de Marcia et d'Anio Vetus : il présente un double rang d'arcades, excepté au passage de la rivière au-dessus de laquelle l'arche au contraire s'élevait sur toute la hauteur, mais était appuyée par des contreforts et bien contre-boutée à la base : M. Belgrand cite cette même arche comme une des plus remarquables. On s'attachait généralement et avec raison à utiliser les principaux ouvrages pour le passage de plusieurs sources : ainsi aux abords de Rome les grandes arcades supportaient fréquemment trois ou quatre conduites superposées. La dérivation d'Anio Vetus a donné lieu à la construction d'un pont contenant 35 arcades sur deux rangs (fig. 13), mais les variations dans l'ouverture des arcades montrent que son exécution était bien inférieure à celle des ouvrages déjà cités. Les arcades de Claudia dans la vallée Degli Arci (fig. 14) présentent au contraire des proportions très heureuses et l'aspect de ces ruines, dont la hauteur atteint 32 mètres, est très imposant.

Sous les règnes qui ont suivi celui de Caligula, on se trouva entraîné à établir encore de nouveaux aqueducs, tels que ceux de Trajana, Hadriana, Antonina, Alexandrina, etc. La conduite d'Hadriana était celle qui traversait les ravins aux plus grandes hauteurs : elle a par conséquent nécessité de très hautes arcades et ses ruines sont extrêmement remarquables ; les arcades qu'elle a motivées sont au nombre de 602 et leurs ouvertures varient de $2^m.12$ à $3^m.56$; les plus élevées se trouvent près de Centocelle et comprennent deux étages dans d'excellentes proportions. L'aqueduc d'Alexandrina est représenté sur la figure 6 dans une de ses parties les plus élevées : cet ouvrage est très massif et loin de présenter l'élégance des arcs Néroniens. L'art romain avait déjà beaucoup dégénéré au troisième siècle de notre ère.

Ponts sur le Tibre,
à Rome.

A l'époque où l'empire Romain avait atteint son plus vaste développement, les ponts sur le Tibre à ou près de Rome étaient au nombre de 8, savoir en suivant le cours du fleuve : le pont Milvius à 3 kilomètres en amont de la ville, le pont Ælius, le pont Triomphal, le pont du Janicule, le pont Cestius à droite de l'île et le pont Fabricius à gauche, le pont du Palatin et enfin le pont Sublicius. De ce dernier il ne reste plus que quelques substructions, ainsi que nous l'avons déjà mentionné, et il en est de même du pont Triomphal dont on n'a retrouvé aucune description : il est regrettable que l'on n'ait pas de renseignements sur ce dernier ouvrage qui, en raison de l'importance des cortèges auxquels il donnait passage, présentait peut-être une ornementation spéciale. Des 6 autres ponts, 5 subsistent à peu près intégralement, et le dernier est encore représenté par deux belles arches qui permettent d'en apprécier les dispositions. Les dessins d'ensemble de ces ouvrages sont donnés Planche I, et nous y ajoutons seulement les renseignements ci-après :

Pont Milvius.

Le pont Milvius, actuellement désigné sous le nom de Ponte Molle, a été construit 109 ans avant J.-C. par le préteur Æmilius Scaurus : il se compose de 6 arches dont les 4 principales offrent des ouvertures de 17 à 19 mètres; les tympans en sont évidés par des arceaux de dimensions variables. C'est aux abords de cet ouvrage qu'a été remportée, en 312 de notre ère, la victoire de Constantin sur Maxence et une partie du pont se trouve effectivement figurée sur la célèbre fresque qui représente au Vatican cette bataille et qui a été peinte par Jules Romain d'après les dessins de Raphaël. Le pont, dégradé à plusieurs époques par les guerres, a nécessité des restaurations successives : la figure 1 le représente tel qu'il était vers le milieu du siècle dernier; depuis cette époque il a été décoré d'un portique et de statues à ses extrémités.

Le pont Ælius (actuellement pont Saint-Ange) a été construit par l'ordre d'Adrien, l'an 138 de notre ère, en face du monument colossal élevé pour la sépulture de cet empereur. Comme le montre la figure 5, le pont comprend 3 arches principales de 18 mètres et 18^m.30 d'ouverture, deux autres de 6 mètres et une encore plus petite. Les piles sont épaisses et reposent sur de très larges empattements; les trois grandes arches sont ornées de belles archivoltes, les tympans sont décorés par des pilastres et les parapets sont formés de panneaux en treillages métalliques compris entre des dés sur les principaux desquels reposent des statues colossales. Cette partie supérieure date seulement du dix-septième siècle, mais tout l'ouvrage au-dessous de la plinthe est antique et présente un caractère très beau.

Pont Ælius.

Le pont du Janicule ou Aurelianus a été élevé vers l'an 260 et restauré au quinzième siècle sous le pontificat de Sixte IV, ce qui lui a fait donner son nom actuel de Ponte Sisto. Il se compose de 4 arches de 17^m.60 à 20^m.80 d'ouverture (fig. 6). Les têtes du pont sont décorées de belles archivoltes, moins larges toutefois qu'au pont Saint-Ange, mais il n'existe pas de pilastres dans les tympans et un seul de ceux-ci est évidé. Ce pont sera conservé sans modifications dans les travaux de régularisation et d'endiguement que l'on exécute actuellement sur le Tibre, mais on augmentera le débouché en creusant sous les arches extrêmes qui sont encombrées de terres et de débris.

Pont du Janicule.

Des deux ponts qui établissent les communications de l'île avec les rives du Tibre, le pont Cestius (aujourd'hui *Santo Bartolommeo*) est formé d'une grande

Ponts Cestius et Fabricius.

arche de $22^m.50$ à laquelle sont accolées deux petites voûtes de 5 mètres (fig. 4). Il a été construit sous Auguste, d'après une inscription restaurée pendant le règne des empereurs Valentinien et Gratien : dans les travaux actuels pour le Tibre, une arche sera probablement ajoutée au pont Cestius. Sur le bras gauche, le pont Fabricius (ou *dei quattro Capi*) a été construit en 62 avant J.-C. et comprend deux arches de $24^m.50$: le tympan au-dessus de la pile qui les sépare forme une belle arcade avec pilastres. D'après le dessin donné dans le Traité d'architecture de M. Reynaud, ce pont comprenait à ses extrémités deux petites arches dont l'ouverture ne dépassait pas $3^m.50$ et qui sont probablement comprises dans des maisons dont les murs ont anticipé sur le lit du fleuve.

Pont du Palatin.   Enfin le pont du Palatin, dont la construction paraît remonter à 181 ans avant J.-C., a été détruit en grande partie par une inondation en 1598, et cette partie (fig. 2) est demeurée pendant longtemps isolée de la rive gauche, d'où est venu le nom de Ponte Rotto : en 1853, on a rétabli la communication au moyen d'une travée suspendue. Ce pont, quoique l'un des plus anciennement construits à Rome, est celui dont les dispositions présentent le plus d'élégance : les bandeaux ne forment pas archivolte, mais les tympans et les arcades au-dessus des piles sont décorés avec beaucoup de goût. On a laissé apparentes les assises sur lesquelles s'appuyaient les cintres et les saillies en sont soutenues par des consoles [a]. Les piles de cet ouvrage, comme celles des ponts déjà décrits, sont très épaisses et ont le grave inconvénient de gêner l'écoulement des eaux, mais ces épaisseurs étaient nécessaires, parce que les Romains, ne connaissant pas de procédés pour atteindre à de grandes profondeurs un sol incompressible, étaient obligés de faire reposer leurs piles sur des massifs formés de gros blocs de pierres, enchevêtrés et tassés avec le plus grand soin ; malgré ces précautions on n'aurait pas pu sans imprudence faire exercer

---

[a] Il est malheureusement à craindre que l'on ne puisse pas conserver ces belles arches ; une partie de l'ancien débouché a déjà été obstruée par des constructions, et c'est cette circonstance, ainsi que la position oblique au courant, qui a déjà occasionné la chute des autres arches, de sorte que, dans l'exécution des travaux de régularisation du Tibre, on établira probablement sur ce point un pont métallique.

de fortes pressions par unité de surface, ce qui a obligé à donner un très large empattement pour la base de chaque pile.

La planche I comprend trois autres ponts construits en Italie. Le pont Felice, Autres ponts en Italie. près Borghetto, qui franchit le Tibre à 70 kilomètres environ au nord de Rome, se compose de 4 arches de 18 mètres et de 15^m.60 d'ouverture (fig. 8) et présente les mêmes caractères que les ouvrages précédemment décrits : il a été édifié sous Auguste et réparé par Sixte-Quint.

Le pont d'Auguste, construit à Rimini sur la Marecchia (fig. 7) constitue un Pont de Rimini. spécimen remarquable des ouvrages exécutés dans la plus belle période romaine et présente en outre l'exemple du premier pont biais connu : l'angle est seulement de 77° et par suite les voûtes ont été sans inconvénient appareillées avec joints horizontaux. Les arches, au nombre de 5, ont seulement des ouvertures de 8^m.01 à 10^m.56. Toute la partie centrale du pont est horizontale, mais la chaussée présente des pentes prononcées, de part et d'autre des arches extrêmes. Les bandeaux sont unis, simples et forment seulement une légère saillie sur les tympans qui sont ornés de niches d'un beau dessin. La plinthe, supportée par des consoles, est très remarquable par sa saillie, la richesse de ses moulures et sa belle exécution ; le parapet, d'au moins 1^m.20 de hauteur, est à citer pour la grande dimension des blocs qui le composent : la partie du milieu s'élève jusqu'à 1^m.60 et porte une inscription en grands caractères de la belle époque. En somme, avec nos idées actuelles, l'entablement paraît avoir trop d'importance eu égard à la hauteur restreinte de l'ouvrage, mais on s'était évidemment préoccupé de l'effet à produire pour les personnes passant sur le pont et on pensait qu'il serait au contraire très rarement vu d'en bas. Le pont sur le Bachiglione, près de Vicence (fig. 9), montre comment, dans une province éloignée de la capitale, on conservait les mêmes modes de construction et de décoration ; les tympans y présentent de très belles niches, mais le style de leurs chapiteaux indique que la date de construction de cet ouvrage est notablement moins ancienne que celle du pont de Rimini.

Le pont d'Auguste, près de Narni, construit sur la Néra, à 100 kilomètres environ de Rome dans la direction d'Ancône, ne subsiste plus qu'en partie, mais constitue une des ruines les plus remarquables à étudier. Le croquis ci-dessous (9) est une réduction du beau dessin relevé et publié par M. l'ingénieur en chef Choisy [a].

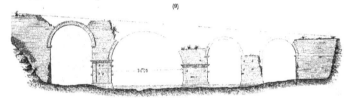

(9)

La voie romaine passant sur ce pont était évidemment en pente et l'arche principale, dont l'ouverture atteignant 34 mètres est la plus grande qui ait été constatée dans les constructions romaines, devait être en voûte rampante d'après la différence de hauteur des impostes sur les piles entre lesquelles cette arcade est comprise. Les autres arches, dont les ouvertures sont de 20 mètres et 15 mètres, avaient leurs naissances à des niveaux plus élevés. . La taille des voussoirs et des impostes est faite avec une grande précision et les autres parements, bien qu'étant construits avec des pierres à surfaces plus rustiques, dénotent une exécution excellente ; il en est de même des sections visibles dans les culées et les tympans. On voit que cet ouvrage appartenait bien à la grande époque, comme le pont de Rimini. Actuellement, le chemin de fer d'Ancône à Rome passe sous l'arche extrême de droite, dont la voûte, reconstruite pour protéger le passage, a été recouverte de lierre et autres plantes grimpantes ; de sorte qu'elle paraît tout à fait appartenir à l'ancien pont : cette adaptation a été faite avec beaucoup de goût par les ingénieurs italiens et ne nuit en rien à l'aspect des ruines dont elle permet au contraire aux voyageurs de constater l'effet saisissant.

Il existe encore en Italie d'autres exemples de ponts antiques et surtout on

[a] *Art de bâtir chez les Romains.* Paris, 1874.

pouvait en compter bien davantage, tant que l'empire Romain est demeuré prospère ; mais la plupart d'entre eux ont été détruits dans les invasions des Barbares, ainsi que dans les guerres dont ce pays a été le théâtre pendant tant de siècles.

En outre des ouvrages ci-dessus décrits et qui appartiennent à l'Italie, les Romains en avaient construit beaucoup d'autres de même nature dans diverses parties de l'empire. Ainsi dans la Gaule, presque immédiatement après la conquête, on établit à Metz une alimentation d'eau qui nécessita la construction d'une longue série d'arcades dont quelques-unes existent encore (Pl. II, fig. 2) : les voûtes, de 6 mètres d'ouverture, reposaient sur des piles très épaisses avec retraites successives et la plus grande hauteur était de 21 mètres. A Lyon, où l'occupation romaine fut beaucoup plus durable, plusieurs conduites d'eau très importantes furent successivement construites sous les règnes d'Auguste, de Tibère et de Claude : elles étaient principalement établies en souterrains ; toutefois, pour la traversée des vallées, on a eu à construire plusieurs ponts-aqueducs dont deux supportaient des siphons : le type des arcades (fig. 3) comporte des voûtes de 5 mètres d'ouverture, des piles à parements verticaux et une hauteur de 13 mètres seulement. On trouve encore aux environs de Fréjus des séries d'arcades très bien conservées et qui portaient les conduites pour l'alimentation de la ville : la principale série comprenait 14 arcades ayant chacune 5ᵐ.30 d'ouverture et 12ᵐ.40 de hauteur sous clef ; celles qui subsistent encore sont appuyées par des contreforts très prononcés dont la saillie à la base est égale à un quart de la hauteur, ainsi que l'indiquent les croquis ci-contre (10) et (11). Les douelles des voûtes sont construites en petites pierres de taille très bien appareillées et le reste des parements est en moellons assisés. Les voussoirs proprement dits sont entourés d'une couronne en moellons formant archivolte, disposition que l'on retrouve dans un grand nombre d'autres constructions romaines.

Ouvrages construits dans la Gaule.

C'est également sur le territoire de l'ancienne Gaule que subsiste le célèbre pont-aqueduc du Gard, près Nîmes, qui, par sa hauteur et l'amplitude de ses arches, constitue le spécimen le plus remarquable de tous les monuments antiques de même nature; sa construction est attribuée à Agrippa, gendre d'Auguste. Ainsi que l'indique la figure 10, cet ouvrage est formé de trois rangs d'arches : les deux étages inférieurs, composés de voûtes dont les ouvertures vont jusqu'à 25 mètres sont entièrement construits en pierres de taille posées sans mortier, et, en outre, à partir des joints de rupture, les voûtes sont formées d'arceaux parallèles indépendants : cette précaution avait été jugée nécessaire pour de grandes voûtes construites sans mortier, parce que des différences de tassement, même légères, auraient pu suffire pour amener la rupture de pierres posées en liaison. L'ouverture des arcades supérieures est réduite à 4 ou 5 mètres, afin de rendre impossible tout tassement appréciable et surtout pour éviter les fissures que les différences de température produisent nécessairement dans de grandes arches; la cuvette seule a été construite en maçonnerie pleine, recouverte d'un enduit. L'excédent de largeur que l'étage d'en bas présente sur le reste de l'ouvrage tient à ce qu'en 1743 un pont donnant passage à une route a été accolé au monument antique. Ce magnifique ouvrage, dont la hauteur atteint 48 mètres et dont la longueur est encore de 260 mètres à l'étage supérieur, n'a jamais été complètement terminé : on n'y a pas fait de ravalements et les pierres formant corbeaux existent encore, ainsi qu'on en voit d'ailleurs dans un grand nombre de constructions romaines, parce que ces corbeaux étaient gardés à dessein afin de faciliter la pose d'échafaudages pour les réparations. Lorsque l'on considère le pont-aqueduc dans son ensemble, les pieds-droits de l'étage inférieur paraissent manquer de hauteur ; mais l'étage intermédiaire a des proportions très heureuses et l'aspect général de la construction est du plus grand effet.

Indépendamment des aqueducs précités, des ponts proprement dits avaient été également construits dans la Gaule par les Romains et il en subsistait encore, il y a quelques années, quatre exemples. Le pont de Saintes, sur la Charente, se composait dans l'origine de deux parties séparées par une pile culée sur laquelle un arc de triomphe avait été élevé à Germanicus : l'une de ces parties, comprenant 6 arches, a été renversée par les eaux et reconstruire au dix-septième siècle ; l'autre partie, formée de 4 arches (Pl. I, fig. 10) a subsisté jusqu'à nos jours et a été démolie parce qu'elle donnait trop peu de débouché [a]. Le pont de Sommières, sur la Virdoule, dans le département du Gard (fig. 11), se compose de 8 arches de 9ᵐ.80 d'ouverture ; les tympans en sont évidés par des arcades et les maçonneries en ont été appareillées avec beaucoup de soin. Le pont Julien, sur le Coulon près d'Apt (fig. 12) est formé de trois arches dont une de 16 mètres et deux de 10ᵐ.20 ; les tympans sont élégis par des arcades ; la construction est faite en gros blocs de pierre taillés avec une précision extrême et posés sans ciment. Le pont proprement dit est entièrement de construction romaine ; les abords seuls ont été remaniés et le parapet antique n'existe plus ; cet ouvrage est attribué soit à l'époque de Jules César, soit à celle de l'empereur Julien, mais le soin remarquable avec lequel il a été construit porte à adopter de préférence la première hypothèse. Enfin le pont Flavien, près de Saint-Chamas (Bouches-du-Rhône) (fig. 15), est formé par une seule arche de 12 mètres d'ouverture, dont la voûte est très légèrement surbaissée ; il est terminé à ses deux extrémités par des arcs de triomphe qui sont encore en excellent état de conservation.

C'est dans la péninsule Ibérique que l'on rencontre peut-être le plus d'ouvrages de construction romaine, et cette circonstance paraît devoir tenir principalement à ce que cette province de l'Empire était la plus éloignée des peuplades barbares et que, quand l'invasion y a pénétré, les conquérants avaient, par leur passage et leur séjour dans des pays civilisés, perdu déjà beaucoup de leur ardeur et de leur férocité. Parmi les ponts romains qui subsistent encore en tout ou en partie, on doit citer principalement celui de Salamanque, sur le Tormès, comprenant 27 arches de 10 à 11 mètres d'ouverture (fig. 14) et celui de Mérida, sur la Guadiana, formé de 64 arches, avec une longueur de 780 mètres ; le pont de Cordoue, sur le Guadalquivir et qui est formé de 16 arches, a été fondé et bâti d'abord par les Romains, mais il

Ouvrages construits
en Espagne
et en Afrique

(a) L'arc de triomphe a été reconstruit avec soin à proximité du pont, après la démolition des anciennes arches.

a été reconstruit en grande partie plus tard par les Maures. Les archivoltes de certaines arches, les couronnements de quelques piles et l'appareil de plusieurs parties de l'ouvrage, appartiennent encore à la construction romaine; le même caractère, à la fois romain et arabe, se retrouve dans la forteresse qui défend l'entrée du pont.

Pont d'Alcantara.   Enfin le pont d'Alcantara, sur le Tage, est certainement le plus remarquable par son élévation et par l'amplitude de ses arches (fig. 15) : la hauteur entre le niveau ordinaire des eaux et la chaussée est de 48 mètres; elle atteint près de 60 mètres depuis le fond du lit jusqu'au niveau du parapet. L'ouvrage comprend 6 arches en plein cintre dont 2 atteignent des ouvertures de 28 à 30 mètres et qui, à une aussi grande hauteur, ont présenté pour l'établissement des cintres des difficultés très sérieuses; les fondations ont dû nécessiter des travaux importants par suite de la grande profondeur d'eau. Ce superbe travail, entièrement exécuté en pierres de grande dimension posées sans mortier, a été construit en 98 par les ordres de Trajan; il porte en son milieu un bel arc de triomphe qui a été restauré en 1543 par Charles-Quint.

Aqueducs.   L'Espagne, sous la domination romaine, a aussi donné lieu à l'établissement de grands aqueducs pour l'alimentation d'eau de plusieurs villes. A Mérida, en outre du grand pont déjà mentionné, on remarque deux aqueducs, dont l'un, de 6 kilomètres de longueur, comprend 140 arcs et sert encore pour l'approvisionnement d'eau de la ville; l'autre, qui a dû comporter un très grand nombre d'arches, parce qu'il avait plus de hauteur que le premier, ne subsiste plus qu'en partie; la figure 7 (Pl. II) en donne le spécimen. L'ouvrage a 25 mètres de hauteur et ses piles sont contre-boutées par des arceaux inférieurs, de manière à figurer trois étages. L'aqueduc de Tarragone (fig. 9) comprend 2 rangs d'arches; l'étage inférieur est formé de 11 voûtes de 6^m.30, tandis que l'étage supérieur en comporte 25 ayant la même ouverture : les unes et les autres reposent sur des piles à parements verticaux. Enfin l'aqueduc de Ségovie, à la suite d'un mur plein de 772 mètres supportant la conduite d'eau, comprend 119 arches qui, sur une étendue de 818 mètres, traversent la vallée, un faubourg et une partie de la ville. Cette étendue est divisée en deux sections dont l'une de 542 mètres correspond à un seul étage d'arcades et dont l'autre de 276 mètres en comporte deux (fig. 8). Les ouvertures des arcades sont de 5^m.50 au rang inférieur et de 6 mètres au rang supérieur; les piles sont à parements verticaux, mais présentent des retraites successives décorées par des moulures saillantes. L'aspect de cet ouvrage, dont la hauteur atteint 34 mètres et qui, comme les précédents, a été construit sans mortier, avec des pierres de bonne qualité parfaitement taillées, est extrêmement élégant. Il a été édifié vers l'an 98, sous le règne de Trajan, auquel on attribue la plupart des autres grands ouvrages construits dans la péninsule.

C'est également à cet empereur que certains auteurs ont voulu rapporter la construction d'un aqueduc beaucoup plus élevé que les précédents, celui de Lisbonne, mais en réalité Trajan avait seulement fait rechercher les sources et commencer les travaux de la conduite d'eau : le grand aqueduc n'a été bâti qu'au siècle dernier.

Les Romains avaient construit aussi des ponts et des aqueducs en Afrique où non seulement on a retrouvé des restes de ces constructions antiques, mais encore on a pu, avec quelques travaux de réparation, utiliser plusieurs conduites d'eau, notamment près de Carthage.

D'après les ordres de Trajan, un pont très remarquable a été établi sur le Danube, par le célèbre architecte Apollodore de Damas. Suivant une description de Dion Cassius qui a servi de base au dessin donné par Gauthey, ce pont aurait été entièrement construit en maçonnerie, formé d'arches en plein cintre d'une très grande ouverture et élevé à 50 mètres de hauteur au-dessus des eaux du fleuve. Mais en réalité, et ainsi que l'a établi M. l'Inspecteur général des ponts et chaussées Lalanne [a], ce grand ouvrage, dont les ruines existent encore à 21 kilomètres en aval d'Orsova, se composait de 21 travées en charpente ayant chacune 36 mètres de portée et reposant sur des piles en maçonnerie

Ponts sur le Danube

(a) Rapport du 30 décembre 1879 de M. Lalanne, délégué de la France dans la Commission technique européenne appelée à examiner diverses questions relatives à l'application du traité de Berlin et notamment à l'établissement d'un nouveau pont sur le Danube, près de Silistrie de 18 mètres d'épaisseur. Les bas-reliefs de la colonne Trajane, construite également d'après les dessins d'Apollodore, indiquent d'une manière précise que les travées étaient en bois et formées de trois cours de pièces courbes reliées par des moises dirigées dans le sens des rayons, ainsi que l'indique le croquis (12). Cette disposition fréquemment employée depuis, même de nos jours, est très rationnelle; seulement le mode d'appui au-dessus des piles laisse à désirer et, ainsi que l'a fait justement remarquer M. Lalanne, il est très probable que l'artiste chargé de sculpter les bas-reliefs de la colonne a altéré à

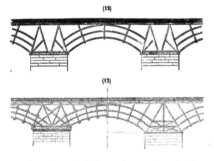

cet égard les formes données par l'architecte, de même qu'il l'a fait pour les proportions entre les bois et les maçonneries : ces proportions ont été rétablies dans les deux figures ci-contre. Pour que les extrémités des arcs supérieurs fussent bien contrebutées, il suffirait d'ailleurs que les pièces de bois sur les appuis présentassent une disposition telle que l'indique la partie gauche du croquis (13) d'après un dessin de M. Choisy, ou bien que l'on adoptât la disposition indiquée à droite de la même figure et d'après laquelle un sommier très résistant se trouverait opposé à la poussée des arcs. Le nombre des moises normales aurait dû également être augmenté, ainsi que le montre ce dernier croquis.

Les bas-reliefs ne donnant que la partie supérieure des piles, ne permettent pas d'apprécier la hauteur de l'ouvrage; mais comme l'emplacement a été choisi, très judicieusement d'ailleurs, en aval des cataractes des Portes-de-Fer, dans une partie du fleuve où le courant est modéré et où la plaine présente une grande étendue, il n'existait aucun motif pour placer le tablier à 50 mètres de hauteur. D'après des vues de ce passage, les massifs des culées, dont une partie importante subsiste encore, présentent l'un et l'autre, à 10 ou

15 mètres de hauteur au-dessus des basses eaux, une sorte de plate-forme en arrière de laquelle se trouvent des restes de murs beaucoup plus élevés : il paraît donc probable que les naissances des arcs correspondaient à peu près au niveau supérieur des plates-formes et que le passage sur le pont devait se trouver tout au plus à 20 ou 25 mètres au-dessus de l'étiage. A l'époque des basses eaux, les bases de la plupart des piles sont encore très apparentes, ce qui a permis d'apprécier leur épaisseur et de constater leur construction en maçonnerie.

Ce pont faisait partie d'une voie romaine qui suivait, sur un assez long parcours, la rive gauche du Danube et dont la construction, pratiquée en grande partie sur le flanc de roches escarpées, a dû nécessiter des travaux considérables. Dans un de ces passages, à 12 kilomètres à peu près en amont d'Orsova, une inscription gravée sur un rocher constate que cette route a été ouverte par les ordres de Trajan, lors de sa première campagne de Dacie (103 ans après J.-C.), ce qui précise en même temps la date de construction du pont ci-dessus décrit.

Un autre grand pont sur le Danube a été établi sous le règne de Constantin entre Widdin et Nicopoli ; mais il était entièrement construit en bois, de sorte qu'il n'en reste plus de traces apparentes; toutefois en 1672, par des eaux exceptionnellement basses, on a pu constater à cet emplacement l'existence des parties inférieures de puissantes palées. Ce pont, qui a dû être élevé vers l'année 323, est mentionné sur une médaille de Constantin [a].

Des travaux d'une aussi grande importance, s'étendant jusqu'aux parties les plus reculées de l'empire et dont malgré les invasions et les guerres il existe encore de si remarquables exemples, donnent des preuves incontestables, d'abord de l'immense développement donné par les Romains aux travaux publics et ensuite de leur prodigieuse habileté comme constructeurs. Si les dimensions données à leurs plus grands ouvrages ont été dépassées de nos jours, il est juste de reconnaître que les Romains étaient loin de posséder les

Caractères principaux des ponts construits par les Romains.

(a) Rapport précité de M. l'inspecteur général Lalanne.

mêmes connaissances et les mêmes moyens d'action que nous. Ils n'ont pu,
à l'origine, se guider que sur des exemples à très petite échelle, et chacun sait
combien les difficultés augmentent dans une forte progression avec les dimensions des ouvrages; leurs outils étaient d'ailleurs très imparfaits et ils ne possé-
daient que des machines élémentaires. C'est précisément ce défaut de machines
qui, ne leur permettant ni de battre des pieux très longs, ni de déblayer
dans l'eau à de grandes profondeurs, les a conduits, toutes les fois qu'ils ne
pouvaient pas fonder directement sur un sol incompressible, à faire reposer sur
des massifs très étendus la base de leurs piles. Dans la construction de leurs
maçonneries, ils employaient deux dispositions bien différentes : l'une, applicable aux petits ouvrages, se composait de matériaux irréguliers de faible
dimension, rendus solidaires par un mortier d'excellente qualité, et en outre
les différentes parties de cette maçonnerie étaient reliées par des chaînes en
briques ou en pierres plates disposées dans le sens des principaux efforts;
l'autre maçonnerie, applicable aux ouvrages importants, se composait de blocs
de forte dimension, dont les lits surtout étaient taillés avec beaucoup de précision et qui reposaient les uns sur les autres sans intermédiaire de mortier, ainsi
que nous en avons déjà cité divers exemples. L'emploi de ces deux natures
de maçonnerie était généralement réparti avec beaucoup de discernement, en
tenant compte des circonstances spéciales aux diverses parties des ouvrages.

Les principaux caractères des ponts Romains en maçonnerie consistent dans
l'emploi de pleins cintres ou d'arcs très peu surbaissés, reposant sur des piles
épaisses, au-dessus desquelles les tympans sont fréquemment évidés pour diminuer les pressions sur le sol, tout en fournissant des motifs de décoration. Les
bandeaux des voûtes sont souvent taillés en forme d'archivoltes; les piles sont
couronnées par des imposes ou cordons bien dessinés; les tympans, quand ils
ne sont pas élégis par des arceaux, sont souvent ornés dans les villes par des
couronnes, des trophées et des statues; les plinthes et parapets, toujours
traités avec goût, présentent généralement des moulures très heureuses. Dans
leur ensemble, les ponts et aqueducs Romains montrent comment, pour les
ouvrages élevés, on peut obtenir de grands effets avec des moyens très simples,
et comment, pour les ponts de dimensions ordinaires placés dans les villes,

on peut, avec une ornementation sobre, mais étudiée avec goût, donner à ces constructions un très bel aspect. Les profils de leurs archivoltes et de leurs corniches sont encore aujourd'hui suivis comme modèles; et, sauf en ce qui concerne l'épaisseur des piles, les proportions des ouvrages Romains peuvent servir encore très utilement d'exemples pour nos ingénieurs.

§ 5. — PONTS CONSTRUITS AU MOYEN AGE

Les invasions des Barbares dans les contrées ou provinces qui formaient l'Empire d'Occident amenèrent nécessairement la destruction d'un grand nombre de ponts et aqueducs; puis les conséquences de ces invasions, guerres incessantes, ruines, disettes, etc., empêchèrent pendant longtemps de construire de nouveaux ouvrages d'utilité publique dans cette partie de l'ancien monde Romain.

Mais pour l'empire d'Orient, qui subsista encore pendant bien des siècles, les travaux publics, sans jamais présenter une aussi grande activité qu'en Occident, furent continués encore pendant un certain temps et notamment on exécuta, sous le règne de Justinien deux importants ouvrages, l'aqueduc de Bourgas et le pont sur le Sangarius.

Ouvrages construits dans l'empire d'Orient.

L'aqueduc (Pl. IV, fig. 15) est le plus remarquable des trois ouvrages de même nature qui existent dans la vallée de Bourgas, à 14 kilomètres environ de Constantinople, et qui portent les eaux à cette ville. Il a été construit au sixième siècle; sa longueur à la partie supérieure est d'environ 240 mètres et sa hauteur atteint 35 mètres; la partie centrale est formée de 2 étages dont les voûtes sont en ogive; les piles sont élégies par des arcades, de part et d'autres desquelles existent des contreforts. Cette construction, de formes très robustes et compliquées, est lourde d'aspect.

Le pont sur le Sangarius (fig. 14), situé près de Brousse, dans la Turquie d'Asie, a été également construit au sixième siècle; il se compose de 7 arches

de 23 mètres d'ouverture en arc de cercle surbaissé à $^1/_{3.5}$ et de 4 petites
arches aux abords; les piles ont des avant-becs triangulaires peu saillants et
des arrière-becs demi-circulaires. Les voûtes présentent des bandeaux formant
archivoltes et dont les pierres sont posées à sec, tandis que les maçonneries
de remplissage sont construits en moellons avec mortier. Le pont, disposé en
vue de la défense, présentait à l'une de ses extrémités une porte aujourd'hui
détruite et à l'autre extrémité un fort dont l'intérieur servait de chapelle en
temps ordinaire [a].

Ouvrages construits
en France.

Le nombre de ponts édifiés au moyen âge, sur le territoire de la France
actuelle, est très considérable : leurs formes sont très variées; ils sont fréquemment construits avec hardiesse et leurs voûtes ont atteint sur quelques
points des dimensions considérables.

Pont d'Albi.

Le pont d'Albi, sur le Tarn, est certainement un des plus anciens : d'après
un document authentique, la construction en a été décidée au commencement du onzième siècle, en 1035, par une assemblée composée du Vicomte,
des Dignitaires ecclésiastiques et d'un grand concours de peuple. Il se compose
de 7 arches en ogive, dont les ouvertures varient de 9^m.75 à 15 mètres, et
de deux petites arches en plein cintre dont l'une, sur la rive droite, a remplacé un pont-levis (Pl. III, fig. 1). Les piles, dont les épaisseurs varient
de 5^m.50 à 6^m.75, offrent des avant-becs très aigus : l'un d'eux, par exemple,
présente au courant un angle de 41 degrés, tandis que les arrière-becs étaient
au contraire rectangulaires et peu saillants. Cinq des piles portaient des
maisons en bois, représentées sur la figure et qui ont été détruites seulement
au siècle dernier. Des évidements ont été ménagés dans les maçonneries
des piles et des tympans : ces vides servaient de caves ou de magasins
pour les habitants des maisons. La construction est grossièrement faite
et les têtes du pont présentent chacune plusieurs plans différents. Ce pont,
dont la largeur au moyen âge était seulement de 4^m.40 entre parapets, a été

[a] Le dessin de cet ouvrage a été relevé par M. l'ingénieur en chef Choisy.

élargi, vers 1820, en prolongeant les voûtes du côté d'aval et en faisant reposer ces prolongements sur la saillie des arrière-becs.

La forme ogivale des grandes voûtes du pont a fait soulever des doutes sur l'époque de son achèvement. Les travaux ont été incontestablement commencés aussitôt après l'assemblée de 1035, mais peut-être, par suite des guerres partielles si fréquentes à cette époque, l'achèvement du pont aurait-il été retardé pendant longtemps. C'est seulement à la date de 1178 que l'on signale le passage d'un corps de troupes sur le pont d'Albi : l'emploi des ogives pour les voûtes du pont s'expliquerait alors naturellement. Une autre hypothèse consiste à admettre que les arches construites en plein cintre vers 1035 seraient devenues hors de service, soit par suite de vices de construction, soit par l'effet de crues exceptionnelles, et leur reconstruction dans le style ogival serait alors admissible; mais on objecte avec raison qu'une reconstruction semblable aurait été constatée, soit dans les archives de la commune, soit dans celles de l'évêché, et les recherches les plus minutieuses n'en ont fait retrouver aucune trace. Les archéologues du pays admettent donc que c'est bien vers 1035 que le pont a été construit avec ses arches actuelles : il faut remarquer d'ailleurs que, d'après M. Mérimée, l'ogive à large base se trouve exister dans beaucoup de monuments du Midi de la France, à côté du plein cintre róman, et que, suivant M. Du Mège, l'ogive était employée dans ces provinces dès le commencement du douzième siècle, peut-être même plus tôt [a]. Nous avons cru devoir nous étendre assez longuement sur ce sujet dont le pont d'Espalion va fournir un nouvel exemple; mais avant d'abandonner celui d'Albi, nous devons appeler l'attention sur les évidements réservés au-dessus des piles : ces évidements ont pour effet de diminuer très notablement les pressions et constituent un progrès réel qui a été abandonné plus tard, mais auquel on est revenu de nos jours lorsque l'emploi des grandes arches et des viaducs élevés a obligé de s'attacher avec beaucoup de soin à réduire autant que possible les pressions.

Presque exactement à la même époque, un pont a dû être construit sur

(a) Les renseignements relatifs au pont d'Albi résultent de recherches approfondies faites avec beaucoup de soin par M. l'ingénieur en chef Abrial.

la Loire à Tours, car le comte Eudes qui l'avait fait bâtir défendit en 1036 de percevoir sur ce pont des droits d'aucune espèce. Quelques années auparavant, en 1026, un comte de Sens avait fait construire, au confluent de la Seine et de l'Yonne, un pont traversant les deux rivières : la défense du passage y était assurée par un donjon carré très fort, établi sur la pointe entre les deux cours d'eau, et les extrémités du pont étaient protégées par deux portes fortifiées [a].

Pont d'Espalion.

Le pont d'Espalion, sur le Lot, dont nous donnons ci-contre le croquis d'ensemble (1), présente un caractère tout spécial : il se compose de 4 arches

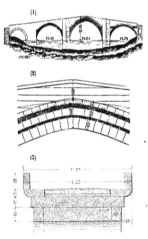

dont les 3 principales constituent le pont proprement dit et ont respectivement des ouvertures de 12^m.50, 15^m.20 et 12^m.75. Les voûtes ont la forme d'ogives très aplaties dont le bandeau est une archivolte sur laquelle s'appuient des encorbellements supportant les parapets : les croquis (2) et (3) donnent, à grande échelle, le milieu de l'élévation de la grande arche et une coupe à la clef qui fait bien ressortir le profil de l'archivolte et des encorbellements. Cet ouvrage est construit entièrement en grès rouge, à l'exception du couronnement du parapet qui est en calcaire et qui a probablement été refait à une époque récente. Sans l'angle formé à la clef par l'ogive centrale, car il n'est pas sensible sur les deux autres arches, on se croirait incontestablement en présence d'un ouvrage du style roman.

Or, il résulte de divers manuscrits, que Charlemagne, soit en allant, soit

(a) *Dictionnaire d'architecture* de M. Viollet-le-Duc. Paris, 1864.

en revenant d'Espagne, donna l'ordre de faire construire sur le Lot un pont et de bâtir une ville à laquelle il donna le nom d'Espalion. C'est donc vers 780 que le pont aurait été construit et cet ouvrage serait réellement le plus ancien de ceux établis en France au moyen âge. La seule objection à faire porterait sur la forme ogivale de la grande arche; mais puisque dès le sixième siècle l'ogive était employée près de Constantinople pour l'aqueduc de Bourgas, on peut bien admettre que cette forme a été rapportée d'Orient à une époque où Charlemagne était en relations avec les souverains asiatiques et recevait une ambassade du calife Haroun-al-Raschid. Quoi qu'il en soit, le pont d'Espalion a été pendant longtemps considéré comme l'ouvrage le plus remarquable construit dans cette partie de la France, et il présente évidemment par ses formes et par son exécution un type hors ligne pour cette époque [a].

Le pont d'Avignon, sur le Rhône, fut construit, de 1177 à 1187, par l'inspiration et sous la direction de Saint-Benazet qui mourut quatre ans avant l'achèvement de son œuvre; il fut terminé par la corporation des frères pontifes d'Avignon. Ces corporations, dont l'une avait déjà établi le pont de Bompas, sur la Durance, se multiplièrent beaucoup et rendirent de très grands services, tant en France qu'en Italie et dans les Pays-Bas. En effet, au moyen âge, c'est presque uniquement dans les monastères que l'on conservait la science et les traditions nécessaires pour l'exécution des grands travaux publics : il était naturel que les hommes qui élevaient de si belles églises fussent également les plus capables de construire des ponts sur de larges cours d'eau. Toutefois, ils étaient généralement loin d'apporter à la construction des ponts le même goût et le même sentiment d'art qu'aux bâtiments religieux.

Ce pont d'Avignon (Pl. III, fig. 2), dont la longuenr totale atteignait 600 mètres était formé de vingt-deux arches dont les plus grandes avaient 33 mètres d'ouverture; les voûtes de ces arches, en arcs de cercle surbaissés au tiers environ, étaient formées de zones parallèles indépendantes, comme au pont du Gard;

Ponts sur le Rhône.

(a) C'est à M. l'ingénieur en chef Lefranc que sont dus les renseignements relatifs aux vieux ponts du département de l'Aveyron.

des arceaux d'évidement étaient pratiqués au-dessus des piles : on retrouvait donc là l'influence des méthodes romaines. Ce pont avait été établi suivant une ligne brisée en plan, soit pour trouver de meilleurs emplacements pour les fondations des piles, soit parce que l'on supposait que cette forme, avec convexité du côté d'amont, augmentait la résistance de l'ouvrage. Il a été détruit en grande partie pendant des guerres et surtout par une grande débâcle survenue en 1670. Il ne reste plus actuellement de cette remarquable construction que quatre arches qui sont conservées comme monument historique : la deuxième pile supporte une petite chapelle où repose le corps de saint Benazet [a].

Parmi les grands ponts sur le Rhône, on doit citer aussi celui de la Guillotière, fondé en 1245, et le pont Saint-Esprit. Le premier de ces ouvrages (fig. 5) comprend dix-huit arches en plein cintre ou légèrement surbaissées, dont les ouvertures vont jusqu'à 33 mètres ; le second, construit de 1265 à 1307, est formé de dix-neuf grandes arches dont les ouvertures varient de 24 à 33 mètres et de 6 petites arches (fig. 4) : elles sont les unes et les autres en arcs peu surbaissés. A cause de la rapidité très grande du courant, on a été obligé de prendre beaucoup de précautions pour les fondations, notamment en faisant reposer les piles sur des massifs extrêmement larges suivant la méthode romaine. Mais cette méthode avait été perfectionnée dans le cas actuel par l'emploi de plates-formes en troncs d'arbres, très gros et croisés, supportant deux fortes assises de pierre de taille, au-dessus desquelles se trouvait une seconde plate-forme recevant directement la maçonnerie des piles. En plan, le pont Saint-Esprit se trouve établi sur trois alignements.

Pont de Carcassonne.   L'ancien pont de Carcassonne, sur l'Aude, date de la fin du douzième siècle (1180). Il se compose de onze arches très légèrement surbaissées (Pl. III, fig. 5) dont les ouvertures varient de 11^m.40 à 14^m.05 : la base d'une partie de ces arches est actuellement obstruée par des atterrissements ; les avant et arrière-becs sont triangulaires, mais les arêtes ont été abattues à la partie supé-

_____

(a) Le pont d'Avignon a donné lieu à une notice très intéressante de M. l'Inspecteur général Lefort.

rieure, en pan coupé; les parapets font saillie sur le nu des têtes en formant des séries de modillons d'un bon effet. Le croquis (4) fait ressortir cette disposition en élévation et en coupe. La largeur entre les têtes est d'environ 6 mètres. Le dessus du pont est horizontal sur les cinq arches centrales et s'abaisse ensuite vers les deux rives par des pentes assez fortes. Cet ouvrage constitue un spécimen très intéressant des ponts construits à la fin

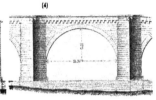

(4)

du douzième siècle dans cette partie de la France : les ogives n'y avaient pas encore fait leur apparition. Le vieux pont de Béziers, construit à peu près à la même époque que celui de Carcassonne, présentait des dispositions analogues; seulement des arceaux d'évidement étaient ménagés au-dessus des piles et les avant-becs s'arrêtaient à la base de ces arceaux.

A peu près à la même époque fut construit sur la Seine à Paris, le Petit Pont (1174) : après avoir été renversé trois fois par des crues il fut rétabli plus tard en 1409 et a subsisté jusqu'à l'époque actuelle où il a été remplacé par une seule arche de 31 mètres d'ouverture en meulière et ciment. Ce pont était bordé de maisons, ainsi que l'ont été successivement un grand nombre d'ouvrages de même nature, notamment le pont Notre-Dame à Paris et celui de Saint-Sauveur à la Rochelle dont un croquis est donné dans le grand ouvrage : *Les Travaux publics de la France ;* seulement, au lieu d'être isolées sur les piles comme au pont d'Albi, les maisons étaient généralement contiguës les unes aux autres et formaient de véritables rues : elles convenaient surtout pour l'établissement de boutiques qui se trouvaient très favorablement placées sur les ponts, alors peu nombreux, où affluait nécessairement la circulation.

Le pont Notre-Dame, dont la construction était également assez ancienne, menaçait ruine en 1440 et le Parlement décida qu'il serait entièrement reconstruit. Mais cette décision ne fut pas exécutée et le pont s'écroula en 1498 avec toutes les maisons qu'il supportait. Cet ouvrage était en bois et bâti sur pilotis; d'après la chronique, il avait 18 pas de largeur et était soutenu sur 17 rangées de pieux dont chacune en contenait 30; ces pieux avaient 42 pieds de hauteur et un peu plus d'un pied de diamètre; cet exemple est le plus ancien en France de l'emploi des fondations sur pilotis qui, par suite, se trouveraient remonter vers le milieu du quatorzième siècle, mais il paraît certain que d'autres fondations de même nature avaient été déjà pratiquées auparavant.

Dans d'autres villes, on a établi des travées en charpente reposant sur des piles en maçonnerie et dans ce cas des maisons étaient souvent bâties sur les piles, ainsi que cela existait au pont de Pirmil sur un bras de la Loire à Nantes, d'après une ancienne gravure reproduite dans les *Travaux publics en France*.

Ponts sur la Vienne.   Dans le commencement du treizième siècle, de nombreux ponts ont été construits sur la Vienne. Deux d'entre eux, le pont Saint-Martial et le pont Saint-Étienne, existent encore à Limoges; un autre, tout à fait analogue, se trouve à Noblat, à 40 kilomètres en amont. Le croquis (5) représente le pont

(5)

Saint-Martial avec lequel les deux autres ont une très grande analogie. Celui-ci était formé de 7 petites arches en ogive aplatie dont les ouvertures variaient de 8^m.20 à 13^m.20; les abords étaient submersibles, ce qui explique comment on a pu se contenter d'arches aussi basses. Cette disposition était fréquemment adoptée; car, aux époques où la circulation était très peu active, une interruption du passage pendant les crues avait peu d'importance, et la dépense de construction se trouvait réduite dans de fortes proportions. Les avant-becs des deux ponts à Limoges étaient aigus, avec section ogivale, tandis qu'à Noblat, leurs sections étaient triangulaires; ils s'élevaient sur toute la hauteur de chaque pile et constituaient à leur sommet des refuges. Les arrière-becs, de forme rectangulaire, s'élevaient aussi jusqu'au niveau supérieur du pont. Ces ouvrages, construits en pierre granitique du pays, ne présentaient pas d'appareil régulier et étaient d'une exécution très imparfaite. D'après des chroniques locales, le pont Saint-Martial aurait été reconstruit sur les fondations d'un ouvrage gallo-romain détruit en 1182, pendant les guerres de Henri II d'Angleterre avec ses fils. D'autres ponts de la même époque existent sur la Vienne, à Aire et à Saint-Junien, ainsi qu'à Montmorillon, sur la Gartempe.

Les ponts construits à Metz, pendant la deuxième partie du treizième siècle et le cours du quatorzième, présentaient un mode de construction particulier ; chaque voûte était formée de 4 arceaux en pierre de taille formant arcs-doubleaux et de massifs intermédiaires en maçonnerie de moellon brut, qui se trouvaient en retraite de 0".25 à 0".30 sur les arcs ; la largeur des ponts variait de 6 à 10 mètres et les voûtes étaient en plein cintre ou en arcs très peu surbaissés : la plus grande ouverture pour les arches atteignait 16 mètres. Ce mode de construction avait dû être emprunté à des ouvrages romains, mais il était loin d'être aussi bien appliqué. Les ponts de Metz, au nombre de 5, étaient en effet sinueux en plan et gauches en élévation ; les bandeaux de leurs voûtes étaient irréguliers ainsi que les douelles, et ces ouvrages dénotaient de nombreux vices de construction.

D'après M. Viollet-le-Duc, quelques arches de ponts en Poitou ont été construites également au moyen d'arcs-doubleaux ; seulement les intervalles entre ces arcs étaient simplement couverts par des dallages.

Le pont de Valentré (ou de la Calendre) à Cahors (Pl. III, fig. 6), est certainement l'exemple le plus remarquable et le mieux conservé des ponts construits en France au treizième siècle : il comprend 6 arches principales en ogive, dont les ouvertures sont de 16".50 en moyenne, et 2 petits arceaux sur les rives ; les avant et arrière-becs sont triangulaires et forment refuges à leur sommet ; vers le niveau des naissances ils sont percés de petits arceaux pouvant servir de passage et sur la base desquels on pouvait appuyer les extrémités de pièces de bois au moyen desquelles on établissait très facilement des échafaudages pour les réparations ou même des passerelles continues. La pile centrale et les piles extrêmes supportent des tours fortifiées à l'aide desquelles on pouvait défendre suc-

Pont de Valentré

cessivement plusieurs points du passage et prolonger ainsi beaucoup la résistance.

Ponts d'Orthez et de
Sauveterre.
Le pont d'Orthez, sur le Gave de Pau, se composait d'abord seulement d'une
arche en ogive de 15 mètres d'ouverture, très solidement assise sur les rochers
des deux rives : la construction de cette arche paraît remonter au milieu du douzième siècle ; elle était défendue par une tour sur la rive droite. Plus tard, après
de grandes inondations survenues au quatorzième siècle et qui avaient inspiré
des craintes sur la résistance du pont, on a ajouté plusieurs petites arches qui
ont pour effet de diminuer la hauteur des crues et complètent l'ouvrage tel
qu'on le voit actuellement (Pl. III, fig. 8). Le couronnement du pont et la tour
ont été restaurés il y a quelques années ; l'aspect en est très pittoresque.

L'ancien pont de Sauveterre, situé également dans le Béarn et construit sur
le Gave d'Oloron, paraît avoir eu en plan une forme courbe, au moyen de laquelle
il pouvait traverser à peu près normalement les deux bras de la rivière (6).

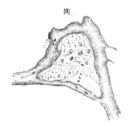

(6)

Une arche seule subsiste contre la rive
droite, mais on trouve près du bras gauche
quatre piles renversées et une palée en
bois. Le croquis (7) donne l'élévation de

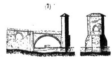

(7)

l'arche actuelle et figure dans le sens perpendiculaire le grand côté de la
pile ainsi que la tour qui la surmonte. D'après une autre hypothèse, cette tour
serait restée isolée de la rive gauche et aurait seulement eu pour but de
flanquer la défense du château de Sauveterre : dans ce cas, les piles dans l'île
se rapporteraient à un autre pont. La première interprétation, d'après laquelle
le pont aurait été courbe ou plutôt polygonal, paraît plus probable.

Ponts d'Entraigues.
Parmi les ponts construits au treizième siècle dans le Rouergue, il y a lieu de

citer ceux qui ont été établis sur le Lot et sur la Trueyre à Entraigues. Le premier (8) se compose de 3 arches de 13 à 15 mètres d'ouverture, plus une autre très petite, et il résulte d'un document ancien que les fondations en auraient été exécutées en 1269. Il est à remarquer que les ogives sont extrêmement aplaties et se rapprochent beaucoup de celles du pont d'Espalion,

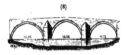

(8)

de même qu'elles présentent également des archivoltes, de sorte qu'on serait porté à attribuer au pont d'Entraigues une date plus ancienne; mais d'autre part il faut considérer que le pont d'Espalion, cité comme un modèle dans le pays, a dû être imité pendant longtemps, et que l'exécution de celui d'Entraigues est bien inférieure. La même observation s'applique au pont sur la Trueyre, dont les arches, au nombre de 5, ont des ouvertures de 8 à 16m.70 et dont le mode de construction est sensiblement le même que pour le pont sur le Lot : sur l'un et l'autre de ces ouvrages, le bandeau supérieur des voûtes est en saillie de 0m.20 sur le bandeau principal, ce qui dépasse notablement les proportions usitées dans les archivoltes ordinaires.

Comme exemples de ponts à petites arches construits au moyen âge dans des parties plus septentrionales de la

(9)

Ponts à petites arches.

France, il convient de mentionner le Pont de l'Arche sur la Seine, comprenant 24 voûtes dont les ouvertures varient de 3 à 12 mètres (9). M. Viollet-le-Duc le considère comme ayant été construit à la fin du treizième siècle, bien qu'il ait été coupé et réparé plusieurs fois pendant les quatorzième et quinzième; plusieurs moulins étaient établis sur ce pont qui subsistait encore il y a peu d'années. Celui de Pontoise (10) était formé de 12 arches de 2 mètres à

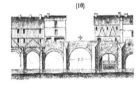

(10)

11 mètres d'ouverture; il comprenait, comme le précédent, plusieurs moulins et, en outre, un grand nombre de maisons, appuyées sur les avant et arrière-becs des piles comme au pont d'Albi : il est probable que ces constructions ont été établies successivement, à mesure que les guerres étaient moins fré-

(1)

quentes et que le commerce se développait. Enfin le pont d'Ouilly, sur l'Orne (11) donne un spécimen intéressant des ponts construits à la fin du treizième siècle ou au commencement du quatorzième. Ces ponts présentaient des rampes très prononcées et, par suite, les ouvertures des arches allaient en augmentant graduellement vers le centre. Au pont d'Ouilly, cette graduation n'est pas aussi bien observée que dans d'autres ouvrages analogues, mais l'épaisseur des piles surmontées de chaperons très pointus est assez modérée et l'ouvrage est d'un bon aspect dans son ensemble.

Pont de Montauban.   Une charte de 1144, autorisant la fondation de la ville de Montauban sur les bords du Tarn, contenait l'obligation pour les habitants d'établir un pont sur cette rivière, mais en réalité c'est seulement vers la fin du treizième siècle que la municipalité a commencé à prendre des mesures pour l'exécution du pont qui a été terminé seulement en 1335. Ce pont, entièrement construit en briques, se compose de 7 arches en ogive de 21 mètres d'ouverture; les piles ont 8^m.30 d'épaisseur et sont munies d'avant et arrière-becs, en forme de triangles équilatéraux, qui s'arrêtent horizontalement un peu en contre-bas des plus grandes crues et au-dessus desquels sont pratiqués des arceaux élevés de forme ogivale. La hauteur de la chaussée au-dessus de l'étiage est de 18 mètres. Le passage était défendu par des tours, dont une au milieu et deux sur les culées : la tour du côté de Toulouse, après avoir servi d'abord à la défense, avait été convertie en un arc de triomphe et la tour centrale, élevée sur l'arrière-bec, contenait une chapelle dite de Notre-Dame. Au delà de la culée rive gauche, la voie descendait par une rampe supportée par plusieurs arcades. Le pont n'avait que 7^m.60 entre parapets, de sorte que, pour élargir le passage, on a, vers 1850, remplacé les parapets par des garde-corps en fer reposant sur des dalles formant trottoirs et supportées elles-mêmes par des consoles en fonte. La largeur entre garde-corps s'est trouvée ainsi portée à 9 mètres, mais l'effet de ces maigres consoles, ainsi que des simples garde-corps à croisillons, est déplorable sur un pont aussi monumental, aussi bien conservé et aussi remarquable à beaucoup d'égards ; il aurait fallu mettre le nouveau couronnement en rapport avec le style de l'édifice, et l'excédent de dépense, peu considérable d'ailleurs, qui en serait résulté, aurait été bien motivé dans de semblables circonstances. La fig. 9, pl. III, représente la plus grande partie du pont tel qu'il était avant la démolition de la chapelle Notre-Dame et le remplacement du parapet par un garde-corps en fer.

Un autre ouvrage, terminé à la même époque, essentiellement différent par sa forme et son mode de construction, mais qui mérite à d'autres titres d'être remarqué, c'est le pont de Céret, sur le Tech. Il se compose d'une seule arche en plein cintre de 45 mètres d'ouverture (fig. 7). Le sommet de l'arche se trouve chargé d'un petit massif de maçonnerie, les rampes de la chaussée sont fortes de part et d'autre de la clef et les tympans, ainsi que les murs en retour, sont évidés par plusieurs arceaux de grandeurs diverses : malgré l'irrégularité regrettable qui en résulte, l'ensemble de l'ouvrage est imposant, à cause de sa large ouverture et surtout de l'élévation de la voûte. Le mode de construction est grossier, les pierres, même pour le bandeau, sont imparfaitement taillées et il est probable qu'avant de décintrer la voûte on aura dû la laisser pendant longtemps sur ses supports. Quoi qu'il en soit, ce pont dénote une grande hardiesse de la part des constructeurs, eu égard aux moyens imparfaits dont ils pouvaient disposer. L'établissement d'un chemin de fer entre Elne et Arles-sur-Tech va entraîner l'exécution d'une nouvelle arche de même ouverture, à 100 mètres environ en amont du pont actuel, et la différence des procédés de construction ainsi que des résultats obtenus se trouvera ainsi mise en relief.

Pont de Céret.

Le pont de Saint-Affrique, sur la Sorgues, se compose de 3 arches dont la principale a 21^m.50 d'ouverture (12). Cet ouvrage existait déjà en 1368 et par

Pont de Saint-Affrique.

5

conséquent doit se rapprocher beaucoup des deux précédents, en ce qui concerne la date de construction : ses voûtes sont en plein cintre comme au pont sur le Tech; celle de l'arche principale est remarquable par sa faible épaisseur à la clef (0ᵐ.50), et comme cette épaisseur se

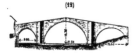

trouve être de 0ᵐ.70 à l'arche suivante dont l'ouverture est seulement de 15ᵐ.40, on est fondé à en conclure que cette arche a été reconstruite ultérieurement. Ce pont, entièrement construit en grès de diverses teintes, est bien conservé, mais sa largeur entre les têtes est seulement de 3ᵐ.50, et comme en outre les rampes aux abords sont de 0ᵐ.14 à 0ᵐ.15 par mètre, les charrettes passaient de préférence à gué, tant que l'état des eaux le rendait possible. Actuellement la circulation se fait à peu près entièrement par un nouveau pont dans une direction un peu différente.

Pont de Bidarray. Le pont de Bidarray sur la Nive, près de Saint-Jean-Pied-de-Port (13) doit appartenir également au quatorzième siècle. Il comprend une arche en plein

cintre de 17 mètres d'ouverture, comprise entre 2 arches en ogive de 8ᵐ.50 d'ouverture et 8 mètres de montée ; une arche de décharge en plein cintre de 8ᵐ.00 existe en outre sur la rive gauche. Ce pont est dans un bon état de conservation et assez élégant d'aspect, à cause de l'épaisseur relativement restreinte des piles et de celle des bandeaux : celui de la grande arche n'a effectivement que 0ᵐ.60. En plan, le pont présente cette particularité qu'au-dessus de la grande arche la largeur entre parapets est réduite à 2ᵐ.35, tandis que sur le reste de l'ouvrage elle est de 2ᵐ.80 : on serait porté à en conclure que les parties latérales ont été reconstruites après coup. Un autre pont, formé d'une seule arche en plein cintre de 15ᵐ.30 d'ouverture, existe à peu de distance sur le ruisseau du Bastan, affluent de la Nive, et doit remonter à la même époque que le pont de Bidarray.

A Olargues, dans le département de l'Hérault, existe, sur la rivière du Jaur, Pont d'Olargues. un ancien pont remarquable par sa hauteur et l'amplitude de son arche principale (14). Cette arche, en plein cintre, a 31^m.70 d'ouverture et son bandeau n'a que 0^m.55 d'épaisseur, ce qui dénote une hardiesse exceptionnelle. De

part et d'autre sont construites deux petites voûtes, l'une de 7^m.65 et l'autre de 9^m.90 d'ouverture, reposant sur des pié-

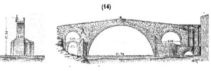

(14)

droits élevés; ces abords de l'arche principale ont été remaniés à plusieurs reprises. La seule pile existante présente à gauche du dessin un avant-bec irrégulier et très saillant, comme le montre la coupe, tandis qu'à droite, des contreforts paraissent indiquer les restes d'une fortification. Enfin, au sommet de la grande voûte, une niche en encorbellement est terminée par une croix. La séparation des anciennes et des nouvelles maçonneries, pour la partie supérieure du pont, est indiquée très nettement par la différence de nature de ces maçonneries. En résumé, le pont d'Olargues, dont la grande arche est très belle, mériterait d'être restauré avec soin.

Le pont de Castellane, sur le Verdon (Pl. III, fig. 10), a été bâti en 1404; Ponts divers construits
au xve siècle. il est situé près de Sisteron et comprend une seule voûte en arc de cercle, de 28 mètres d'ouverture, surbaissée à un quart environ : c'est un des premiers exemples d'un surbaissement aussi marqué, bien qu'il le soit encore très peu relativement à ce qui a été fait depuis. La voûte est de part et d'autre appuyée sur le rocher.

Les voûtes du pont de Romans sur l'Isère (fig. 11) sont également en arc de cercle, mais surbaissées à un tiers seulement; l'épaisseur des piles est très forte, car elle atteint 9 mètres pour des ouvertures qui varient de 21 à 28 mètres.

Le pont de Villeneuve d'Agen (fig. 12) est formé principalement par une grande et belle arche de 35^m.10 d'ouverture en plein cintre; elle est précédée par trois petites dont une de 1ᵐ.80 et les deux autres de 9 mètres environ; les piles ont 6 mètres d'épaisseur et les avant-becs s'élèvent jusqu'à la chaussée du pont où ils forment refuges.

Enfin le pont de Vieille Brioude sur l'Allier (fig. 13) consistait en une seule arche en maçonnerie de 54ᵐ.20 d'ouverture, la plus grande qui ait été exécutée en France jusqu'à présent. La flèche de 21 mètres montre que la courbe était légèrement surbaissée. L'ouvrage était très grossièrement construit et il s'y était formé quelques lézardes qui inspiraient des craintes sur sa durée; en outre, les rampes aux abords étaient rapides et on résolut en 1750 de dévier la route en établissant, à 2 kilomètres en aval, un nouveau pont sur l'Allier : celui-ci était formé de 3 arches de 21 et 23 mètres d'ouverture; on avait donné 1ᵐ.46 d'épaisseur à la voûte de la grande arche, mais comme on y avait employé de la pierre trop tendre, la voûte s'écroula immédiatement après le décintrement; on la reconstruisit avec de meilleurs matériaux et on porta son épaisseur à 1ᵐ.62 : elle résista cette fois, mais comme les piles avaient été fondées sur pilotis dans un gravier affouillable, le pont fut emporté par une crue, et l'habile ingénieur Gauthey, qui fut chargé d'examiner la question, conclut qu'il fallait en revenir à l'ancien pont dont les fondations étaient excellentes, à la seule condition de faire quelques réparations aux maçonneries et d'améliorer les abords. Ce parti très sage fut adopté, et le vieux pont a subsisté jusqu'au milieu du siècle actuel, époque de sa reconstruction.

Indépendamment des ponts que nous venons de décrire, on en avait construit en France au moyen âge un grand nombre d'autres, notamment à Roanne, Orléans, Blois, Tours, Poitiers, Nevers, Tonnerre, Sens, Mâcon, etc., mentionnés par M. Viollet-le-Duc; mais on ne les connaît que par d'anciennes gravures ou parce qu'ils sont cités dans les chroniques.

Ouvrages construits
en Italie.
—
Pont sur le Serchio.

Parmi les ponts construits au moyen âge en Italie, celui sur le Serchio près Lucques paraît être le plus ancien. C'est en effet à la fin du dixième siècle, vers l'an 1000, que cet ouvrage aurait été édifié : il comprenait une grande arche en plein cintre de 36ᵐ.80 d'ouverture et 4 petites arches de 14ᵐ.40 à 5ᵐ.50 (Pl. IV, fig. 12). Le régime du Serchio est tout à fait torrentiel et le pont

dont il s'agit est le seul qui subsiste parmi tous les anciens ouvrages construits sur cette rivière. La coupe transversale montre que la largeur entre les
têtes est de 3^m.67 seulement. Les avant-becs
des piles ont reçu une forme spéciale (15) afin
de faciliter l'écoulement des eaux. La durée
remarquable de cet ouvrage est attribuée à l'excellente qualité du mortier.

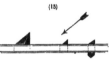

Le pont de Pavie, sur le Tessin, comprend 6 arches d'ouverture très variable   Pont de Pavie.
dont la plus grande atteint 30 mètres. D'après l'ouvrage de Gauthey, les
arches seraient égales et de forme ogivale avec tympans évidés, mais le dessin
dont a été extrait la figure 3, Pl. IV, a été relevé sur place par M. l'ingénieur
Malibran : c'est un type intéressant des ponts couverts dont on faisait un grand
usage au moyen âge et qui présente bien les caractères de cette époque en
Italie, où l'ogive n'a presque pas reçu d'applications pour la construction des
ponts.

Suivant ce traité de Gauthey sur la construction des ponts, l'aqueduc de   Aqueduc de Spolète.
Spolète aurait été construit en 741 par Théodoric et serait formé de 10 arches
gothiques de 21^m.44 d'ouverture, reposant sur des piles de 3^m.57 d'épaisseur,
dont la hauteur au-dessus du fond de la vallée dépasserait 100 mètres; enfin
l'élévation totale de l'aqueduc serait de 135 mètres environ. Dans ces conditions
ce serait un merveilleux ouvrage, dépassant beaucoup, comme hauteur et
comme légèreté, tout ce qui a jamais été fait. Mais des conditions aussi exceptionnelles étaient de nature à inspirer des doutes très sérieux sur l'authenticité du dessin, et en effet, d'après les renseignements que nous avons fait
prendre en Italie, l'ouvrage existant est loin de répondre au dessin et à la
description donnés par Gauthey. En réalité, l'ouvrage n'a pas été construit
en 741, mais seulement au treizième siècle; il n'a pas été érigé par un empereur, mais bien par la commune de Spolète seule; sa plus grande hauteur est de
76^m.85 et non de 135 mètres; les arches, au lieu de présenter des ouvertures
de 21 mètres, n'ont que 9^m.80 au maximum, et les piles, loin d'être légères, ont

des épaisseurs qui dépassent l'ouverture des arches; enfin la construction est
très grossièrement faite et a même été tellement négligée, que dans plusieurs
des arches on a été obligé de placer après coup, à demi-hauteur, des arceaux
pour contre-buter les piles. Le dessin actuel, dont l'authenticité est garantie par

(16)

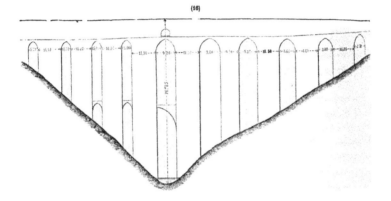

une photographie, est reproduit à une échelle réduite par le croquis (16) ci-
dessus. Il en résulte que non seulement l'aqueduc de Spolète ne peut pas être
considéré comme modèle, mais de plus qu'il constitue seulement un ouvrage
extrêmement lourd et mal construit dont il faudrait bien se garder d'imiter
les dispositions.

Pont de l'Amiral.   Le pont de l'Amiral, élevé en 1113 sur l'Oreto, près de Palerme, par Georges
d'Antioche sous le roi Roger, est un ouvrage de petites dimensions, mais qui
présente des proportions excellentes et dont l'exécution a été extrêmement
soignée (Pl. IV, fig. 9). Il se compose principalement de 5 arches en ogive,
dont les ouvertures croissent de 5^m.60 jusqu'à 9^m.30 en allant des extrémités
vers le centre. Entre ces arches ogivales et à leurs extrémités sont intercalés
des arceaux en plein cintre de 2^m.20 à 1^m.25 : une autre petite arche de 3 mètres

est ménagée du côté de Palerme, pour donner passage à la faible quantité
d'eau qui coule habituellement sous le pont ; toutes les autres ouvertures sont
réservées pour l'écoulement des eaux pendant les orages, car le régime de
l'Oreto est essentiellement torrentiel, comme pour la plupart des cours d'eau
en Sicile. Le dessus du pont est en dos d'âne à fortes déclivités, ce qui n'offrait
pas grand inconvénient dans un temps où l'on ne voyageait qu'à cheval ; la
plupart du temps on passe sur le terrain naturel au bas du pont. Pour permettre

d'apprécier le mode de
construction de cet élégant
ouvrage, nous donnons ci-
contre le croquis (17) de
l'arche principale et des
deux arceaux qui l'accom-

(17)

pagnent, ainsi qu'une coupe en travers prise au milieu du pont. On remar-
quera sur cette coupe que le bandeau supérieur formant archivolte de la voûte
est seul en saillie et que les tympans ainsi que leurs parapets sont exactement
à l'aplomb du bandeau inférieur. La largeur totale du pont est 7ᵐ.55.

Le vieux pont de Vérone, sur l'Adige, construit en 1354, est un ouvrage   Pont de Vérone.
fortifié qui commandait, au moyen âge, l'une des entrées de la ville. Il
comprend une arche de 48ᵐ.70 d'ouverture, qui est une des plus grandes
construites en Italie et qui fournit un des premiers exemples de voûtes en
anse de panier surbaissées au tiers (fig. 5).

Dans les contrées méridionales où l'irrigation est indispensable pour un   Pont-canal de Ficarazi
grand nombre de cultures, on
a été amené depuis longtemps
à construire des ponts-canaux
pour la traversée des vallées.
Parmi ceux bâtis au moyen âge,
un des plus anciens et des

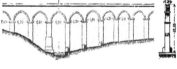

(18)

mieux conservés est celui qui traverse le vallon du torrent de Ficarazi en

Sicile (18). Il paraît avoir été construit vers 1400 ; il est formé de 17 arches dont 15 en ogive présentant des ouvertures de 5ᵐ.10 à 7ᵐ.45 ; la hauteur de l'ouvrage est de 22 mètres au maximum.

Le pont d'Alexandrie sur le Tanaro et le Ponte Vecchio sur l'Arno, à Florence (fig. 4 et 6), ont été construits tous deux au quatorzième siècle et fournissent de nouveaux exemples de ponts couverts ; en les comparant au pont de Pavie, on voit combien la construction de ce genre d'ouvrages avait fait de progrès dans l'intervalle d'un siècle. Celui d'Alexandrie, dont 4 arches ont été rebâties en 1487 à la suite d'une très forte crue, est formé de 10 arches en arcs de cercle peu surbaissés, dont les ouvertures varient de 16 à 29 mètres ; la partie supérieure forme une galerie couverte de 7 mètres de largeur dont le toit est soutenu par de petites arcades. A Florence, le Ponte Vecchio comprend seulement 3 arches d'environ 30 mètres d'ouverture en arcs de cercle surbaissés au 6ᵉ et constitue une des premières applications de cette forme de voûte. Il porte à son sommet une galerie couverte notablement plus élevée que celle d'Alexandrie : le bas en est occupé en grande partie par des boutiques et dans le haut existe un passage spécial qui sert à faire communiquer la galerie des Offices avec le palais Pitti.

Pont Nomentano.
Au moyen âge, les guerres incessantes obligeaient à défendre le mieux possible le passage des cours d'eau, et dans ce but beaucoup de ponts étaient fortifiés. Comme un des exemples les plus curieux de ce genre de défense nous donnons ci-contre (19) le croquis du pont Nomentano sur l'Anio, près de Rome. La fortification est ici beaucoup plus importante que le cours d'eau et l'aspect en est très pittoresque.

Pont de Trezzo, sur l'Adda.
La plus grande ouverture d'arche qui ait été atteinte jusqu'à ce jour, avait été réalisée au pont de Trezzo, sur l'Adda. Ce pont, construit par Barnabo Visconti et terminé en 1377, fut détruit en 1416 dans une guerre locale. Il

défendait les approches du château de Trezzo et était fortifié. La partie qui
subsiste encore est celle figurée en traits plus foncés sur le croquis (20) ci-
dessous, déduit d'un dessin relevé par M. l'Ingénieur en chef de Dartein :

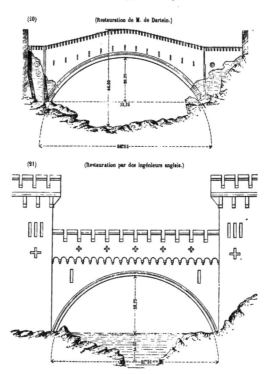

en prolongeant les parties qui subsistent encore du bandeau de la voûte,
M. de Dartein a trouvé que le rayon devait être de 42 mètres. L'ouverture
réelle est de 72^m.25 et la flèche a dû avoir 20^m.70, de sorte que le surbaisse-

ment était de $^1/_{3.5}$. D'après les parties de construction qui subsistent encore, M. de Dartein a complété la restauration de l'ouvrage, ainsi que le figure le croquis précité.

D'un autre côté, des ingénieurs anglais, en visitant les ruines du pont de Trezzo en ont également relevé les dimensions : ils ont trouvé une légère différence en plus, mais leur travail ne fait dans son ensemble que justifier les résultats déjà constatés ; seulement pour la restauration du pont, ils ont supposé des dispositions différentes (21) dont la comparaison avec les précédentes est assez curieuse (20) : ces derniers renseignements sont tirés de l'ouvrage anglais de Hann and Hosking. La disposition indiquée par M. de Dartein paraît la plus conforme au caractère des ouvrages de cette époque en Italie.

Ouvrages construits en Angleterre et en Allemagne. — Le vieux pont de Londres, sur la Tamise, construit en 1176, se composait de neuf arches principales de 19 à 20 mètres d'ouverture et de deux petites (Pl. IV, fig. 2). Les voûtes étaient tracées avec des courbes à 4 centres figurant des ogives très aplaties ; l'épaisseur des piles était considérable, comme dans tous les anciens ponts. Cet ouvrage a été démoli en 1824 et remplacé par le pont actuel, dont les arches, de 40 à 46 mètres, offrent beaucoup plus de facilités à la navigation et produisent un très bel effet.

Le pont de Ratisbonne, sur le Danube, qui date de 1135, est formé de qninze arches de 10 à 14 mètres d'ouverture, avec des piles très épaisses (fig. 1) : l'aspect en est naturellement très lourd. D'après Gauthey, les piles auraient été fondées sur pilotis et entourées de crèches très larges. Il en résulterait que l'usage des pilotis était déjà appliqué à une époque de deux siècles plus ancienne que celle des fondations de cette nature connues en France.

La figure 10 de la même planche s'applique au pont de Kosen, sur la Saale, construit au treizième siècle. Cet ouvrage présente une assez grande analogie avec le pont de l'Amiral construit dans la même période et précédemment décrit : le pont de Kosen offre incontestablement un plus grand débouché, mais il est moins régulier et beaucoup moins élégant que le pont sicilien.

La période du moyen âge a fait naître en Espagne plusieurs ouvrages remar- Ouvrages construits en Espagne. quables.

Le pont d'Alcantara, sur le Tage, à Tolède, a été construit en 997 et se Ponts à Tolède. compose d'une grande arche de 28^m.30 d'ouverture, à laquelle se trouve ajoutée, sur la rive, une arche de 16 mètres (Pl. IV, fig. 7). Les arches sont en plein cintre et leur courbe est dessinée par des archivoltes, mais l'exécution des maçonneries est très médiocre. Ce pont présente le caractère d'une époque de transition, car la forme des voûtes est empruntée aux ouvrages romains, dont quelques arcades existent encore à proximité, tandis que la tour à l'une des extrémités et les machicoulis sur une des têtes appartiennent à·l'architecture arabe. L'aspect général de l'ouvrage ne manque pas de grandeur.

Mais le pont Saint-Martin, sur le même fleuve et dans la même ville, construit seulement en 1203, est d'un effet plus pittoresque (fig. 8). La grande arche, de· 40^m.25 d'ouverture, est en ogive; mais l'inflexion au sommet est à peine sensible. Des arches adjacentes, les unes sont également en ogive très aplatie et les autres en plein cintre : l'exécution est meilleure qu'à l'autre pont.

Le pont de Martorell, sur la Noya (fig. 13), appelé aussi pont du Diable, Ponts en Catalogne. a été figuré par Gauthey comme étant en ogive très aiguë, tandis qu'en réalité ces ogives se rapprochent beaucoup des courbes à quatre centres déjà mentionnées ; on a dit que sa construction était due à Annibal, mais Gauthey est plus porté à l'attribuer aux rois goths. En réalité, quand on examine avec attention cet ouvrage, même seulement d'après une photographie, on reconnaît qu'environ jusqu'au niveau des naissances de la grande arche de 38 mètres, la construction est faite en pierre de taille et appareillée avec beaucoup de soin, tandis que toute la partie supérieure est en petits matériaux et d'une exécution beaucoup moins bonne. On est fondé à en conclure que l'ouvrage a été construit sous la domination romaine, puis que la voûte, ayant été détruite plus tard par une cause quelconque, a été relevée sous la domination arabe. Une petite construction, probablement une chapelle, existe au-dessus de la clef du pont et sert à empêcher cette clef de se relever, comme on peut le craindre avec cette forme de voûte. Cet ouvrage est très intéressant à voir et à étudier.

A San Juan de las Abadesas, près de Gérone, on trouve également un pont de 34 mètres d'ouverture et d'une grande élévation (fig. 11). L'épaisseur du bandeau est faible, la construction est peu soignée, mais néanmoins l'ouvrage se maintient depuis bien des siècles et produit beaucoup d'effet.

Pont de Zamora. Le pont de Zamora, sur le Duero, est un ouvrage très important qui paraît dater du treizième siècle et qui est encore en assez bon état. Il se compose de seize arches de forme légèrement ogivale ; les piles sont épaisses et portent des arceaux en plein cintre (22). Ce pont est peut-être un ancien ouvrage romain dont les voûtes auraient été refaites plus tard. L'entrée du pont était défendue par une tour et, en outre, la première partie suivait une ligne brisée en plan, afin que l'ennemi fût pris en flanc quand il se présenterait pour attaquer (23).

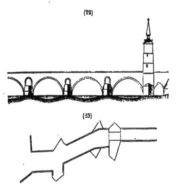

(22)

(23)

Pont de Ricobayo. Le pont de Ricobayo, sur l'Esla, devait, à l'origine, comprendre seulement

(24)

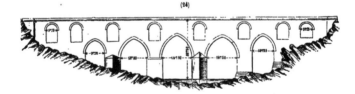

les six arches inférieures du croquis ci-dessus (24), et la construction de

cette partie appartient certainement au treizième ou au quatorzième siècle ;
mais comme la vallée était profonde, il en résultait une contre-pente et
probablement de fortes déclivités pour la route : on a dû être amené par
suite à construire plus tard les voûtes supérieures pour relever le niveau du
passage : la différence de forme des arches tend à prouver en effet que les
pleins cintres n'ont été exécutés qu'un certain temps après les ogives. Quoi
qu'il en soit, l'ouvrage est remarquable et on doit regretter seulement que
toutes les arches inférieures ne soient pas de même dimension.

Enfin le pont d'Orense, sur le Miño, dont nous donnons seulement la partie   Pont d'Orense.
centrale (25), comprend une grande arche de 39 mètres ; une de 29^m.50 et

(25)

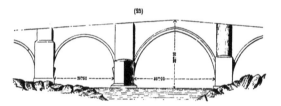

cinq autres de moindre dimension ; elles sont en ogive, à l'exception de celle
de 29^m.50, qui doit avoir été reconstruite après un accident ou une destruction
pendant la guerre.

Loin d'avoir été assujettis à des règles et de présenter, comme les ouvrages   Caractères principaux
romains, une grande régularité dans les formes et dans les procédés de con-   des ponts construits au
struction, les ponts élevés au moyen âge offrent au contraire des dispositions   moyen âge.
extrêmement variables. Ces différences tiennent évidemment à ce que la cen-
tralisation excessive de l'empire romain a été remplacée par un morcellement
extrême ; en effet, si quelques-uns des États qui ont succédé à cet empire
avaient encore une grande étendue, ils étaient eux-mêmes divisés en une foule
de circonscriptions distinctes, provinces, comtés ou même communes, dont

presque toujours chacune s'administrait elle-même et ne se rattachait directement à l'autorité centrale que lorsqu'une circonstance spéciale, telle qu'une
guerre sérieuse, nécessitait le concours de l'ensemble du pays. Il est donc tout
naturel que, dans une situation de ce genre, les constructions en général, et
notamment les ponts, aient présenté des caractères très différents. Ainsi en
France, dans la partie qui correspondait à l'ancienne province romaine, le
mode de construction des ponts se rapprochait beaucoup de celui des ouvrages
bâtis par les Romains eux-mêmes : le pont d'Avignon principalement en donne
un exemple. Mais à mesure que l'on s'éloignait de cet ancien centre de civi-
lisation, les ouvrages arrivaient promptement à présenter des formes très
variées, l'absence de règles se faisait sentir, les dispositions devenaient très
irrégulières et la solidité était généralement moins assurée. Il en était également
ainsi dans les autres pays et même en Italie, où les anciennes traditions subsis-
taient naturellement davantage, on voyait au treizième siècle la commune
de Spolète élever son grand aqueduc dans des conditions très défectueuses.
En général, les nouveaux ponts présentaient de fortes pentes et rampes, les
largeurs entre les têtes étaient fort restreintes, les ouvertures des arches étaient
très inégales et les tracés étaient souvent sinueux en plan, soit pour faciliter
la défense, soit pour mieux utiliser des points d'appui naturels, soit enfin
simplement par suite d'une mauvaise exécution.

Mais, par contre, au milieu des dispositions nouvelles et très souvent
défectueuses qui se faisaient jour, il en surgissait de bonnes ; les constructions
présentaient souvent plus de hardiesse, les dispositions locales étaient
quelquefois mieux utilisées, l'aspect devenait plus pittoresque et enfin
l'exécution était généralement plus économique. Ainsi quelques-uns des
ponts construits au moyen âge, ceux de Céret, de Vérone, de Vieille-
Brioude, et surtout celui de Trezzo, présentaient des arches beaucoup
plus grandes qu'à l'époque romaine ; de larges ouvertures étaient également
réalisées à Tolède, à Martorell et sur plusieurs autres ponts en Espagne.
En même temps les épaisseurs à la clef étaient généralement réduites et, par
exemple, aux ponts de Guillotière et d'Avignon, elles ne dépassaient pas
$0^m.65$ et $0^m.87$ pour des ouvertures respectives de 32 et 34 mètres. Quelques

ponts, notamment ceux d'Albi et de Céret, présentaient sur les reins des voûtes des évidements, soit intérieurs, soit extérieurs, qui diminuaient les pressions. La création de ponts couverts à Pavie, Alexandrie et Florence constituait une nouvelle disposition, bien justifiée à certains égards quoiqu'elle n'ait pas prévalu. Enfin, on ne peut s'empêcher d'être frappé de la multiplicité des ponts qui ont été construits dans la période du moyen âge, malgré les guerres presque continuelles qui avaient lieu ; ainsi en France, à partir du onzième siècle, des ponts en très grand nombre ont été établis, non seulement sur les cours d'eau ordinaires, où ils subsistent encore en partie, mais aussi sur la plupart de nos fleuves, malgré la difficulté que présentait alors la construction de semblables ouvrages.

Il résulte de ces considérations que l'époque du moyen âge, loin d'avoir été perdue pour l'art de construire les ponts, l'a au contraire fait progresser en y introduisant des idées nouvelles et en donnant l'exemple de dispositions variées, présentant de grandes différences avec celles suivies antérieurement. Parmi ces dispositions nouvelles, il en est naturellement beaucoup qui ne doivent pas être reproduites, mais il en subsiste quelques-unes qui ont été appliquées avec succès et qui méritent encore de l'être.

En résumé, les ponts construits pendant le moyen âge ont pour caractères spéciaux de se composer d'arches souvent très inégales, dont les voûtes sont en arc peu surbaissé, en plein cintre ou en ogive et qui reposent sur des piles épaisses avec extrémités très saillantes, au moins en amont ; ces extrémités supportent souvent des tours de défense ou des chapelles. Le tracé est quelquefois brisé en plan, les largeurs entre les têtes sont généralement faibles et le passage présente presque toujours des pentes et rampes très fortes. Le mode de construction, qui sur quelques ponts en particulier dénote du soin, est au contraire le plus souvent grossier et très défectueux, au point qu'on a de la peine à s'expliquer comment certains ouvrages, dont l'établissement remonte à six ou huit siècles, peuvent subsister encore. Mais plusieurs de ces ponts sont éminemment remarquables par les grandes dimensions de leurs voûtes ainsi que par leurs faibles épaisseurs à la clef, et l'aspect des divers ouvrages exécutés dans cette période est généralement pittoresque.

----

§ 4. — PONTS CONSTRUITS AUX XVIᵉ ET XVIIᵉ SIÈCLES

Ouvrages construits en France.
—
Ponts à Paris.

A la suite de la chute complète du pont Notre-Dame à Paris, survenue en 1498, ainsi que nous l'avons déjà mentionné, on se préoccupa de la reconstruction de cet ouvrage et, après avoir employé plusieurs années à discuter un grand nombre de projets, on fit venir d'Italie le frère Joconde, de Vérone, qui venait d'acquérir une grande réputation par l'établissement du Ponte-Corvo : il la justifia en faisant rebâtir très solidement le pont Notre-Dame (Pl. V, fig. 2), car cet ouvrage, terminé en 1507, a subsisté jusqu'à nos jours, et ses fondations, établies sur pilotis enveloppés de forts enrochements, ont été encore utilisées lorsque, pour régulariser les quais aux abords et abaisser le sommet du pont, on a été conduit à démolir, en 1853, les anciennes arches.

Le Pont-Neuf, commencé en 1578 par l'architecte Androuet du Cerçeau, mais dont les travaux ont été interrompus par les guerres de la Ligue, n'a été terminé qu'en 1604, sous le règne de Henri IV. Cet ouvrage est composé de deux parties séparées par la pointe de l'île de la Cité : les axes de ces deux parties sont un peu différents et ils arrivent légèrement en biais sur les quais, dont les niveaux ne sont pas les mêmes; il en est résulté pour la conception et la réalisation du projet des difficultés réelles qui ont été surmontées habilement. Sur le grand bras, auquel s'applique spécialement la figure 6, les avant et arrière-becs forment complètement saillie sur les têtes du pont; ils sont couronnés par de petites tours demi-circulaires qui pendant longtemps ont supporté des boutiques et servent actuellement de refuges. Des dispositions analogues ont été adoptées sur le petit bras; seulement les têtes s'avancent un peu sur les avant et arrière-becs au moyen de cornes de vache. Dans les réparations nécessitées par le temps depuis la construction première, on a apporté un très grand soin à conserver le caractère, les formes et l'ornementation de ce type remarquable.

Pendant le reste du dix-septième siècle, les ponts de Paris se sont promptement multipliés. Ainsi en 1617 on a bâti le pont Saint-Michel dont la largeur, d'environ 25 mètres, avait permis la construction de deux rangs de maisons qui n'ont été détruites qu'en 1807 : l'ouvrage lui-même a été démoli cinquante ans plus tard, par suite du développement très actif de la circulation dans cette direction : les anciennes fondations n'ont pas pu cette fois être utilisées, comme au pont Notre-Dame, parce qu'on a reconnu nécessaire de réduire le nombre des arches et que la largeur entre parapets a été portée à 30 mètres. En 1635 a eu lieu la construction du pont Marie (fig. 3) dont les tympans sont ornés de niches élégantes et qui subsiste encore comme à son origine, avec cette seule différence que les maisons qu'il supportait de part et d'autre de la chaussée ont été démolies vers la fin du siècle dernier. Le pont au Change, dont l'emplacement correspond à peu près à celui d'un pont en charpente mentionné dans les Commentaires de César et qui lui-même avait été établi également en bois au douzième siècle, puis détruit et rebâti à plusieurs reprises, a été construit pour la première fois en maçonnerie en 1639 : il a subsisté jusqu'à nos jours et a été démoli seulement en 1858 par des motifs analogues à ceux qui ont entraîné la reconstruction du pont Saint-Michel. Il était formé de six arches actuellement remplacées par trois. Le pont de la Tournelle, construit en 1656, présentait un aspect analogue à celui du pont Marie et sert toujours à la circulation ; seulement il a été élargi en 1845, au moyen d'arcs en fonte qui s'appuient sur les pilastres élevés sur les avant et arrière-becs. M. Morandière a fait remarquer avec beaucoup de raison qu'il aurait été facile, au moyen d'arcs en maçonnerie, d'obtenir le même résultat d'utilité avec un aspect bien meilleur.

Le pont des Tuileries ou pont Royal (fig. 9), construit d'abord en bois, pendant l'année 1632, fut incendié en 1656, rebâti immédiatement et emporté par les eaux en 1684. Dès l'année suivante, on s'occupa de le remplacer par un ouvrage en maçonnerie d'après un projet attribué à Mansard, et comme les fondations présentaient des difficultés sérieuses, on fit venir de Hollande le frère Romain qui venait de faire exécuter avec succès le pont de Maëstricht sur la Meuse. Sous sa direction, trois des piles ont été fondées sur pilotis supportant des plates-formes en charpente posées avec le plus grand soin à l'abri de batardeaux et on a eu, en outre, le soin de relier entre elles par des crampons toutes les pierres de parement des fondations. Pour la pile la plus rapprochée de la rive droite, où le terrain était plus compressible, on approfondit et on égalisa le mieux possible le sol au moyen des machines à draguer employées pour la première fois à Maëstricht même, puis on y échoua un grand bateau chargé de pierres dont celles attenantes au parement étaient taillées, posées par assises et cramponnées entre elles ; on consolida ce caisson à l'extérieur par des pieux et des enrochements, on remplit en maçonnerie à l'intérieur le vide existant entre les parements et l'on chargea cette fondation d'un poids bien supérieur à celui qu'elle était destinée à supporter après la construction de l'ouvrage ; enfin après avoir laissé le tassement s'opérer et constaté qu'il était très faible, on termina l'exécution de la pile qui n'a éprouvé depuis lors aucun mouvement. Pour faciliter l'accès du pont aux voitures, on a évasé les deux extrémités en formant sur la moitié des arches attenantes aux quais, des pans coupés supportés par des trompes : cette disposition spéciale mérite d'être signalée.

Pont de Tournon.   Si, après avoir ainsi décrit sommairement la construction des ponts de Paris, dont il était convenable de ne pas scinder la série, nous revenons en arrière pour rechercher les ouvrages successivement construits dans le reste de la France, nous trouvons en première ligne le pont de Tournon sur le Doux (département de l'Ardèche), commencé vers 1376 et terminé seulement en 1583, deux siècles plus tard. Par sa forme et son mode de construction ce pont appartient effectivement au moyen âge. Il se compose d'une arche unique, ayant 49^m.20 d'ouverture et 17^m.73 de flèche (fig. 7). La chaussée en dos d'âne sur ce pont présentait, ainsi que l'indique la figure, une rampe de 0^m.15 sur la rive droite et une pente de 0^m.08 sur la rive gauche [a]. Les

_____

(a) Les renseignements relatifs au pont de Tournon sont empruntés à une note spéciale de M. l'ingénieur en chef Vigouroux, qui a dirigé en 1876 les travaux de réparation de cet ouvrage.

tympans sont évidés intérieurement par de petites voûtes inégales (1) dans lesquelles on pénètre par des ouvertures ménagées sur la tête d'amont. La construction irrégulière et la médiocre qualité des mortiers ont laissé produire à la longue des mouvements auxquels on a remédié provisoirement par de nombreux tirants en fer. En outre on a reconnu nécessaire de réduire beaucoup la déclivité des abords sur la rive droite et cette amélioration a été réalisée en 1849, ainsi que l'indique la partie gauche du croquis (1). Plus tard une restauration plus complète est devenue nécessaire et a consisté principalement en reprise en

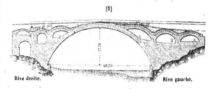

sous-œuvre de maçonneries, consolidation des voûtes de décharge intérieures, réfection des tympans, redressement des parapets, etc. D'après le projet, on devait démolir par parties et reconstruire successivement les voûtes de décharge, mais on a jugé plus prudent de les conserver et de les consolider seulement au moyen d'arceaux supérieurs. Cette restauration, faite avec beaucoup de précautions et de soin, a bien réussi et n'a donné lieu qu'à une dépense très modérée. L'ouvrage n'a pas été bien conçu à l'origine : l'épaisseur à la clef était trop forte par rapport à celle des reins et les voûtes intérieures adjacentes à la grande arche étaient trop tendues, surtout du côté de la rive gauche.

L'ancien pont de Claix sur le Drac, à 8 kilomètres au sud de Grenoble, bien qu'ayant été construit seulement en 1611, présente par sa forme et ses dimensions une assez grande analogie avec le pont de Tournon; seulement sa construction était plus solide, et s'il vient d'être remplacé récemment par un nouveau pont, c'est afin de faire éviter les fortes déclivités que la route présentait aux abords de l'ouvrage du dix-septième siècle (fig. 8) : sa forme est celle d'un arc de cercle surbaissé à un tiers, car l'ouverture est de 45ᵐ.65 et la flèche de 15ᵐ.70 ; l'épaisseur de la voûte est de 1ᵐ.56 à la clef.

Pont de Claix.

Pont de Chenonceaux. Le pont de Chenonceaux (fig. 1), bien que construit en 1556, antérieurement aux deux derniers ouvrages que nous venons de décrire, présente un
caractère beaucoup plus moderne; il a été construit par Philibert Delorme,
de manière à le mettre en harmonie avec le magnifique château de la Renaissance, élevé quelques années auparavant. Peu de temps après l'achèvement
du pont, Catherine de Médicis l'a fait recouvrir d'une élégante galerie dont
les croisées des divers étages correspondent exactement aux piles et aux clefs
de voûtes des arches. C'est le seul exemple de pont couvert qui puisse être
cité en France, au moins sur une rivière de quelque importance.

Pont de Châtellerault. A Châtellerault, le pont sur la Vienne, terminé en 1609 par les soins de
Sully, est un ouvrage d'un caractère remarquable, tant comme dessin que
comme exécution (fig. 5). Il se compose de 9 arches dont l'ouverture est uniformément de 9ᵐ.80, mais dont les flèches vont en diminuant depuis l'arche
centrale en plein cintre jusqu'aux extrémités où les voûtes, en anse de
panier, sont les plus surbaissées : il en résulte que la chaussée du pont est
en dos d'âne, bien que les plinthes et les parapets aient été établis de niveau :
les différences de hauteur entre la chaussée et les trottoirs qui sont horizontaux, sont rachetées par quelques marches aux extrémités de ces derniers;
enfin les cornes de vache que présentent les têtes ont permis d'augmenter la
largeur utile de l'ouvrage, favorisent l'écoulement des eaux et donnent de
l'élégance en diminuant à l'œil l'épaisseur trop forte attribuée aux piles.

Pont de Toulouse. Le pont de Toulouse, dont la construction, commencée en 1542, a été terminée
seulement en 1632, constitue un ouvrage très largement traité et qui produit
un grand effet (fig. 4). L'arche principale a une ouverture de 34ᵐ.40; la largeur
entre les têtes atteint près de 20 mètres; les tympans en briques se détachent
bien de l'ensemble des parties en pierre de taille et les évidements au-dessus
des piles présentent avec leur entourage une disposition fort élégante. Après
la crue de 1875, on a été sur le point de démolir ce pont pour en augmenter
le débouché en diminuant l'épaisseur trop grande de ses piles, mais aucune
suite n'a été donnée à ce projet, et comme l'éventualité d'une crue semblable

ne se présentera peut-être jamais, nous pensons qu'il aurait été regrettable de détruire un aussi beau type de l'architecture des ponts au dix-septième siècle.

Dans les premières années de ce même siècle, on construisait sur la Seine le pont de Mantes, formé d'un grand nombre de petites arches et présentant en plan une sinuosité très marquée, ainsi que le constate une ancienne gravure dans la publication relative aux *Travaux publics de la France* : le contraste que cet ouvrage forme avec le précédent montre combien il existait alors peu d'unité dans l'administration de notre pays. Au reste, ce premier pont de Mantes n'a eu qu'une courte durée, car dès le siècle suivant il a été reconstruit, et l'achèvement du nouvel ouvrage a eu lieu, en 1765, sous la direction de Perronet.

Pendant le cours du dix-septième siècle, plusieurs aqueducs importants ont été construits aux abords de Paris et de Versailles. Le premier est l'aqueduc d'Arcueil, construit en 1624 par les ordres de Marie de Médicis pour amener des eaux à Paris; cet aqueduc remplace une ancienne construction romaine élevée par l'empereur Julien pour alimenter les thermes de son palais. Il se compose d'un mur en maçonnerie consolidé par des contreforts entre lesquels s'ouvrent des arcades ou subsistent des parties pleines de distance en distance (fig. 11); ces arcades ont environ 8 mètres d'ouverture et la plus grande hauteur de l'ouvrage est de 22 mètres. Il ne sert plus actuellement qu'à porter un petit volume d'eau provenant des anciennes sources, mais il est en outre utilisé comme support pour le pont aqueduc des eaux de la Vanne.

L'aqueduc de Buc (fig. 12), destiné à amener des eaux à Versailles, a été bâti en 1686; il se compose de deux rangs d'arcades et a 24 mètres de hauteur au maximum. Celui de Marly, construit à la même époque et dans le même but, a une hauteur de 23 mètres et un seul rang d'arcades (fig. 10). Ces deux ouvrages sont loin l'un et l'autre de présenter un caractère aussi monumental que l'aqueduc d'Arcueil.

Enfin Louis XIV avait fait commencer en 1684 la construction de l'aqueduc de Maintenon, qui devait faire partie d'un canal destiné à amener à Versailles les eaux de l'Eure, à une distance de 80 kilomètres. La longueur de l'aqueduc

Aqueducs.

proprement dit devait être d'environ 5 kilomètres et sa plus grande hauteur de 76 mètres. Il devait être formé de trois rangs d'arcades, mais on n'a construit que celles du rang inférieur, au nombre de 48, et leur ouverture était seulement de 13 mètres : cette partie n'était même pas terminée, et par suite de la qualité défectueuse du mortier elle a pris promptement un aspect de dégradation. Les malheurs survenus vers la fin du règne de Louis XIV ont complètement fait abandonner l'exécution de cet ouvrage qui aurait été l'aqueduc le plus colossal du monde entier.

Ouvrages construits
en Italie. Le Ponte-Corvo (Pl. VI, fig. 8), construit près d'Aquino sur la Metza, au commencement du seizième siècle, avait, ainsi que nous l'avons déjà mentionné, fait acquérir au frère Joconde de Vérone une réputation d'autant plus grande qu'à cette même place deux ouvrages analogues avaient été emportés successivement. On a dit que la forme courbe avait été donnée pour augmenter la résistance à l'action des eaux, ainsi que nous l'avons déjà mentionné pour quelques grands ouvrages, notamment pour le pont Saint-Esprit; mais la justification de cette disposition est très contestable, parce que si elle offre en effet l'avantage de mieux résister au choc d'un fort courant, elle présente par contre l'inconvénient de présenter des arches de plus en plus biaises et par suite de gêner l'écoulement des eaux à mesure qu'on se rapproche des culées. Le rayon d'après lequel a été tracé l'axe du pont est d'environ 200 mètres. Les piles sont relativement minces, car elles n'ont que 4 mètres d'épaisseur pour des ouvertures qui vont jusqu'à $28^m.60$ et leur section horizontale entre les têtes est rectangulaire, ce qui a dû créer d'assez grandes difficultés pour l'exécution des voûtes : on les évite actuellement en donnant une section trapézoïdale aux piles des ponts courbes, de manière à rendre rectangulaire la projection horizontale de chaque arche. Quoi qu'il en soit, le Ponte-Corvo est un ouvrage remarquable et la résistance qu'il oppose depuis près de 400 ans à un torrent impétueux témoigne en faveur de sa bonne exécution.

Ce pont se faisait déjà remarquer par des formes plus légères et une exécution plus soignée que la plupart des précédents, mais c'est surtout dans la construction du pont de la Trinité, à Florence (fig. 4), que l'influence de la Renaissance s'est révélée dans tout son épanouissement. La forme des voûtes, peu épaisses à la clef, très surbaissées et dont cependant le sommet se trouve légèrement accusé,. est d'une extrême élégance complétée par les profils des archivoltes et des moulures, par des cartouches d'un beau dessin à la clef (2) et (3) et par les bonnes proportions des statues qui décorent les extrémités du pont. Cet ouvrage, construit en

1570 par Annamati, fait le plus grand honneur à cet habile architecte. On peut seulement regretter une trop grande épaisseur donnée aux piles et les rampes très fortes qui donnent accès au pont de part et d'autre; il est vrai que cette dernière disposition présentait alors bien moins d'inconvénients qu'aujourd'hui.

Le pont du Rialto à Venise (fig. 2), dont la construction a eu lieu peu d'années après celle du pont de la Trinité, présente également à un haut degré, par ses dispositions et surtout par son ornementation, le caractère de la Renaissance. En 1587, un concours fut ouvert pour le projet entre deux architectes, Scamozzi et Da Ponte : c'est à ce dernier que l'on donna la préférence, et les travaux furent entrepris presque immédiatement. Les fondations présentèrent beaucoup de difficultés et l'exécution totale dura environ trois ans, ce qui porte à 1590 la date de son achèvement. Le célèbre Palladio avait, quelques années avant le concours, présenté lui-même un projet dont le dessin est reproduit dans le Cours de M. Morandière; mais ce projet, beaucoup trop décoratif, ne convenait pas pour un pont et d'ailleurs aurait entraîné une dépense énorme.

L'ouvrage existant a une largeur d'environ 22 mètres entre parapets, dont 7 pour le passage central, 4 pour chacune des rangées de boutiques et 3ᵐ.50 pour chacun des passages latéraux. Il paraît avoir coûté une somme équivalant à 800,000 francs. Les profils de l'archivolte et de la corniche sont bien dessinés ; les tympans sont ornés de sculptures et d'inscriptions ; les arcades des boutiques et les portiques au sommet lui donnent un caractère tout spécial et en somme l'ouvrage est élégant sans exagération.

Le pont de Vicence (fig. 1) reproduit presque celui du Rialto, dans des conditions beaucoup plus simples et avec suppression complète de la partie couverte. Enfin le pont des Boucheries à Nuremberg (fig. 3), plus surbaissé que les deux précédents, présente des rampes beaucoup plus douces et constitue un type assez satisfaisant, pour de petits cours d'eau à très faibles crues, dans l'intérieur des villes.

Le pont de Capodarso en Sicile (fig. 5), dont l'ouverture est analogue à celle des trois ouvrages précédents, en diffère beaucoup par sa grande hauteur (20 mètres environ au-dessus de l'étiage) motivée par le régime torrentiel de l'Imera, au-dessus duquel il est construit. Ses têtes sont appuyées par des contreforts dont la partie supérieure présente des encadrements dans lesquels sont gravés, d'un côté une croix et de l'autre les armes de l'empereur Charles-Quint, sous le règne duquel le pont a été construit. Cet ouvrage, dont l'aspect présente un caractère spécial dont nous trouverons des applications sur d'autres points en Sicile, avait

l'inconvénient d'imposer à la circulation des rampes très gênantes qui sont indiquées sur le croquis (4) par des lignes pointillées et que les ingénieurs Italiens ont adoucies récemment d'une manière heureuse sans altérer le caractère de la construction et en lui donnant plus d'ampleur par la création des deux arches adjacentes. — Le pont porte maintenant deux dates, celles de son érection en 1553 et de sa restauration en 1863.

M. l'Ingénieur en chef Choisy a relevé sur place le dessin du Ponte-di-Mezzo à Pise (fig. 6). Cet ouvrage construit en 1660, un siècle environ après le pont de la Trinité, est loin de présenter le même caractère d'élégance. Il a été

construit avec soin, toutes les assises portant des moulures sont en marbre
blanc et les autres en pierre, mais les profils des moulures sont lourds, surtout
en ce qui concerne les couronnements des piles. La brique n'a été employée
que pour les douelles des voûtes.

Pendant la domination génoise en Corse, un assez grand nombre de ponts
ont été bâtis dans cette île. La plupart d'entre eux se composaient de quelques
petites arches irrégulières, avec fortes rampes et
abords submersibles, ce qui n'avait pas grand
inconvénient, parce que la circulation était peu
active et que les crues des torrents n'avaient
qu'une faible durée. Le pont du Bevinco (5) donne
l'exemple d'un de ces petits ouvrages. Sur d'autres points on s'attachait à donner en plan à l'ouvrage la forme d'une ligne brisée, afin de faciliter
la défense, comme nous l'avons déjà fait remarquer au sujet des ponts du moyen âge; celui du

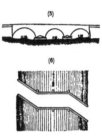

Tavignano (6) montre comment dans ce but on avait compliqué la construction.
Enfin à Pontenovo, un ancien pont génois, plus important que les précédents,
mais dont la largeur était
très faible, a été élargi au
moyen d'encorbellements
par les ingénieurs français
et présente l'aspect ci-des-

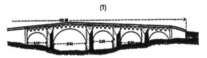

sus (7). Malgré ces encorbellements la largeur entre les parapets n'est encore
que de 3ᵐ.06, mais elle suffit pour la circulation très
peu active jusqu'à présent dans le pays. Les encorbellements dont le détail est indiqué ci-contre (8)
et (9) ont été pratiqués avec goût. C'est sur ce même
pont qu'a eu lieu en 1769 le mouvement décisif de

la bataille à la suite de laquelle la Corse a été définitivement réunie à la
France.

Ouvrages construits
en Hollande
et en Allemagne.

Le pont de Maëstricht sur la Meuse (fig. 7.) construit en 1683 par le frère Romain, ainsi que nous l'avons déjà mentionné, se compose de 8 arches en maçonnerie dont les ouvertures varient de 12 mètres à 13^m.50 et d'une travée en bois d'environ 20 mètres de portée ; cette travée a pour but de faciliter la défense de la place en cas de guerre. Les avant-becs des piles sont de forme triangulaire et les arrière-becs présentent celle peu usitée d'un demi-octogone.

La construction du pont de Prague (fig. 10) commencée en 1638, d'après Gauthey, ne paraît avoir été terminée qu'en 1660. Cet ouvrage, dont la longueur atteint 520 mètres, est formé de 16 arches dont 15 en plein cintre qui ont des ouvertures de 21 mètres à 23^m.40, tandis que la seizième est en arc de cercle surbaissé avec 19^m.50 de portée. Les extrémités sont défendues par deux tours dont le style porterait à attribuer au pont une date plus ancienne que celle précitée. Les avant-becs des piles sont surmontés par des pilastres supportant des statues colossales dont nous n'avons pas le dessin mais qui sont citées comme étant d'un grand effet. Dans son ensemble le pont de Prague est un des plus considérables que l'on ait construit en Allemagne avant l'époque actuelle.

Le pont de Zwettau près Torgau (fig. 11) se compose de 12 arches en plein cintre dont les ouvertures varient de 10^m.7 à 15 mètres ; il est construit symétriquement de part et d'autre de son milieu qui, contrairement au principe ordinaire, est formé par une partie pleine ; les pentes de part et d'autre de ce milieu sont très fortes et les piles ne présentent d'avant-becs que de deux en deux. Sa construction paraît appartenir au dix-septième siècle.

Ouvrages construits
en Espagne.

Parmi les ouvrages construits dans la péninsule Ibérique au dix-septième siècle, on rencontre, aux abords de Ronda, en Andalousie, deux ponts ou plutôt deux viaducs extrêmement hardis, dont le plus remarquable (fig. 9) a été relevé et dessiné sur place par M. l'ingénieur Dieulafoy. Il franchit un ravin extrêmement creux ; au passage même du viaduc la profondeur est de 140 mètres et pour l'observateur placé à quelque distance en aval elle paraît encore plus considérable par suite des chutes successives que forment les eaux du torrent. La largeur de l'ouverture centrale du viaduc est de 14 mètres et sa hauteur se trouve divisée en deux parties par un arceau situé à 70 mètres au-dessus du fond. A partir de cet arceau, les culées continuent à s'élever pleines sur une hauteur de 38 mètres environ, puis au delà de cette limite leur partie supérieure est élégie par deux nouvelles arcades. L'étage qui termine la partie haute du viaduc se trouve donc comprendre trois arches et a été décoré avec recherche, dans le style espagnol de l'époque. Cet ouvrage présente ainsi, par ses formes et surtout par son excessive hauteur, un caractère tout à fait spécial, ce qui lui donne un grand intérêt.

Pendant le siècle précédent, un pont remarquable par sa hauteur et la grande ouverture de ses arches, a été construit sur le Tage près d'Almaraz (fig. 12). Ces arches, en plein cintre, dont les ouvertures sont de 33 mètres et 38 mètres, se trouvent séparées par une pile extrêmement épaisse ; en outre le bandeau de l'arche la moins grande forme archivolte et a plus d'épaisseur que celui de l'arche principale qui reste tout uni : ces anomalies sont regrettables, car en les évitant et en ayant soin de réduire beaucoup l'épaisseur de la pile on aurait pu faire du pont d'Almaraz un très bel ouvrage.

Enfin, parmi les ponts construits environ à la même époque, il convient de citer celui sur le Rio San Juan près de Cordoue (10). L'ouverture de l'arche principale est de 31 mètres et son bandeau forme archivolte, comme à l'une des arches du pont d'Almaraz. Ses culées sont en outre très évidées par de petites arches qui servent

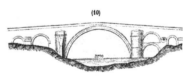

(10)

à l'écoulement des eaux en temps de crue et élégissent ces parties de l'ouvrage ; toutefois les avant-becs des piles et les évidements des culées présentent des irrégularités qu'il aurait été facile d'éviter et qui ne sont pas rachetées par un aspect pittoresque tel que ceux que l'on rencontre fréquemment dans les ponts du moyen âge.

En ce qui concerne la construction des ponts, l'action de la Renaissance s'est fait sentir en Italie, dès le commencement du seizième siècle, par l'exécution du

Caractères principaux des ponts construits aux XVIᵉ et XVIIᵉ siècles.

Ponte Corvo, qui a été promptement suivie en France par celle du pont au Change ; mais cette influence consistait surtout alors à faire revenir à des formes régulières et à l'application de bons procédés de construction analogues à ceux suivis dans la période romaine. Quelques années plus tard cette imitation ne suffisait plus : l'adoption de voûtes surbaissées se développait rapidement, l'ornementation faisait en peu de temps de grands progrès et les ouvrages arrivaient à présenter un caractère spécial d'élégance. C'est aux ponts de la Trinité et du Rialto que les ouvrages de cette époque ont reçu leurs applications les plus gracieuses. En France, on n'est pas arrivé jusque-là, néanmoins le pont de Toulouse et le Pont-Neuf à Paris présentent, surtout ce dernier, des dispositions ornementales évidemment inspirées par des monuments de la Renaissance. Mais les progrès ne se produisaient pas simultanément dans les différentes parties d'un même pays et de très grandes différences subsistèrent encore pendant un certain temps ; ainsi, tandis que dans la partie centrale de la France, les ponts de Tournon et de Claix offraient encore les mêmes caractères de forme et d'exécution que certains ponts du moyen âge, les ouvrages récemment bâtis dans les parties plus riches du pays avaient déjà réalisé des progrès extrêmement notables. En Allemagne des ponts très considérables, comme ceux de Prague et de Zwettau, établis pendant la même période, montraient que les travaux publics se développaient aussi dans ce pays, mais les piles étaient encore fort épaisses et l'aspect des ponts restait très lourd. Enfin en Espagne, si le nombre de ponts construits pendant les seizième et dix-septième siècles paraît avoir été restreint, l'exemple du viaduc de Ronda, indépendamment du style spécial de son ornementation et des beaux profils de ses moulures, présente un caractère de hardiesse exceptionnel qui produit un très grand effet.

En résumé, pendant cette période qui a fait suite au moyen âge, l'usage des arches surbaissées s'est beaucoup multiplié, l'ornementation a pris un caractère d'élégance inconnu jusqu'alors et les procédés de construction ont été beaucoup améliorés. Pour la France notamment, si pour comparer, au point de vue spécial qui nous occupe, les ouvrages construits au moyen âge et à la Renaissance, on considère simultanément les ouvrages figurés sur les pl. III et V, on reconnaît que si les premiers sont plus pittoresques, plus variés et plus hardis, les seconds sont certainement mieux coordonnés et présentent beaucoup plus de régularité, tout en conservant encore entre eux des différences notables de style. La comparaison des ouvrages construits à l'étranger (pl. IV et VI) conduit à la même conclusion, avec cette différence, toutefois, que les ponts de la Renaissance se font spécialement remarquer en Italie par leur élégance et en Espagne par leur hardièsse.

---

§ 5. — PONTS CONSTRUITS EN PERSE A DIVERSES ÉPOQUES

Les seuls ponts persans dont les dessins aient été publiés jusqu'à présent en France, sont deux ouvrages construits à Ispahan sur le Zenderoud, mais dans le traité de Gauthey ils sont représentés d'une manière très inexacte avec des dimensions beaucoup trop grandes; les figures données pour les mêmes ponts dans l'atlas du traité de MM. Morandière, d'après des dessins de MM. Coste et Flandin, sont assez vraies en ce qui concerne les dimensions du premier de ces ouvrages, dont elles altèrent cependant un peu les formes, tandis que pour le second elles présentent des cotes très exagérées. On n'avait donc jusqu'à présent aucune notion réellement exacte sur ce genre de construction en Perse. Heureusement M. l'ingénieur Dieulafoy, dans sa mission récente dans ce pays, a relevé avec une grande précision les dessins de ces ponts et de plusieurs autres constructions importantes de même nature ; de sorte que nous avons pu affecter la Pl. VII à la reproduction de neuf ponts différents qui donnent une idée assez complète des dispositions adoptées dans ce pays, tant en ce qui concerne les formes des ouvrages que leur mode de construction. C'est surtout sous ce dernier rapport qu'ils méritent d'attirer spécialement l'attention des ingénieurs.

Premières voûtes construites en Perse.

Bien qu'au temps de son ancienne puissance, l'Empire Persan ait renfermé des contrées très florissantes et des villes extrêmement peuplées, arrosées par de grands cours d'eau sur lesquels probablement plusieurs ponts avaient été construits, puisque nous en avons déjà cité un exemple pour Babylone, il n'existe plus actuellement ni dans la Perse proprement dite, ni même dans les contrées voisines arrosées par le Tigre, l'Euphrate et leurs affluents, un seul pont antérieur au quatrième siècle de notre ère. Il en est à peu près de même, au reste, des édifices civils, pour la plupart desquels on ne trouve plus que des massifs irréguliers ou des substructions qui, protégées par les débris des parties supérieures, ont conservé, sur quelques points, leurs formes et même leur ornementation. Cette destruction des édifices est due en partie aux guerres et aux dévastations qui se sont succédé dans ces contrées pendant un grand nombre de siècles, mais elle tient peut-être encore davantage à la nature des matériaux employés dans les constructions. Le bois de charpente faisant défaut dans ce pays, on n'a pas pu construire des cintres et par suite on s'est trouvé dans l'impossibilité d'utiliser pour des voûtes les carrières de pierre qui sont cependant très nombreuses. La difficulté des transports a dû aussi y contribuer beaucoup, car les monuments assyriens et surtout les remarquables sculptures des parties de l'ancienne Ninive découvertes il y a peu d'années à Khorsabad, montrent que les habitants de ce pays savaient tailler et employer la pierre, mais elle y était généralement appliquée en placages contre les murs épais construits en briques.

Quoi qu'il en soit, les peuples qui occupaient alors le territoire de la Perse ancienne avaient, dès une haute antiquité, appris à se passer de cintres; ils employaient presque exclusivement dans leurs bâtiments des briques soit cuites, soit simplement séchées au soleil et ils arrivaient, par des artifices de construction ingénieux, à élever des voûtes de dimensions considérables. M. Dieulafoy a constaté que pendant la période des souverains Açhemenides, du sixième au troisième siècle avant J.-C., on avait élevé des coupoles sur pendentifs atteignant environ 15 mètres de diamètre, 30 mètres de hauteur, et que l'on avait construit d'autres édifices voûtés ayant une grande analogie avec les voûtes gothiques du douzième siècle.

Cinq de ces grandes coupoles existent encore dans le Fars, dont trois à Firouzabad, mais on ne trouve plus de voûtes en berceau de la même époque; c'est seulement du troisième au cinquième siècle de notre ère que les princes

Sassanides ont fait élever de nouvelles voûtes de ce genre dont deux au moins subsistent encore aujourd'hui. La première est celle d'une porte de la citadelle de Chouster (1) construite au cinquième siècle.

Cette porte, de 3ᵐ.40 d'ouverture, est terminée à sa partie supérieure par une voûte en pierre de taille, appareillée très régulièrement avec joints dans la direction des rayons; le reste des parements vus est également en pierres de taille posées par assises. La porte de Chouster présente tout à fait l'aspect d'une construction romaine, ce qui montre combien les Romains avaient su imprimer leurs traditions jusque dans leurs conquêtes les plus éloignées.

La seconde voûte, d'une importance bien plus considérable à tous égards, se rattache au contraire par ses formes et par son mode d'exécution aux constructions antiques du pays. Elle est connue sous le nom d'arc de Kesroès et en effet a été con-

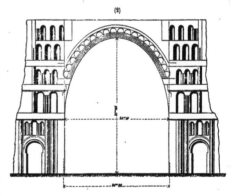

struite, sous le règne de ce prince, à Cte-siphon, dans la pre-mière moitié du si-xième siècle (2). Elle fait partie d'un ancien palais dont la façade a 91 mètres de lon-gueur sur 35 mètres de hauteur et au mi-lieu de laquelle s'ou-vre une immense salle voûtée d'envi-ron 26 mètres de largeur, avec une hauteur sous clef de 31 mètres et une profondeur de 35 mètres. De part et d'autre de la grandiose porte d'entrée, la façade est décorée par une succession d'arcades en plein cintre disposées

sur plusieurs rangs, entre des pilastres à nervures très saillantes. L'édifice est
entièrement construit en briques cuites de fortes dimensions. La section de la
voûte principale est celle d'une ellipse à grand axe vertical, pour laquelle la
montée atteint environ les trois quarts de l'ouverture. Depuis les naissances
jusqu'au joint de rupture, la voûte est construite par assises de briques posées
horizontalement, tandis que, du joint de rupture à la clef, elle est formée
d'anneaux indépendants dont les briques sont posées parallèlement au plan de
la tête, pour le premier anneau, et normalement à ce même plan pour les
autres. Nous indiquerons plus loin comment ce mode de construction a été
appliqué aux voûtes de ponts. L'arc de Kesroès est encore en bon état, quoiqu'il ait été ébranlé par des tremblements de terre et que plusieurs de ses
parties aient été exploitées comme carrières de briques.

Ponts de Disfoul et de Chouster.

Le plus ancien des ponts existants en Perse est celui de Disfoul (Pl. VII, fig. 1).
Il a été construit dans la période Sassanide, au quatrième siècle, présente
une longueur totale de 380 mètres et est formé de vingt-trois arches de
7^m.05 d'ouverture, reposant sur des piles de 9^m.05 d'épaisseur au-dessus
desquelles sont pratiqués des arceaux d'élégissement. Les piles, exécutées
sous l'influence des traditions romaines, sont construites en maçonnerie de
cailloux roulés, revêtue de parements en pierre de taille appareillés avec
soin : elles subsistent encore dans leur état primitif à l'exception de trois;
mais toutes les anciennes arches ont été remplacées successivement par des
voûtes en briques en forme d'ogive persanes à quatre centres, tandis que
pour une partie des arceaux, on a adopté successivement des courbes elliptiques et des ogives ordinaires avant d'arriver à l'ogive persane. Toutes ces
ouvertures ainsi que les tympans paraissent avoir été exécutés graduellement
du neuvième au quinzième siècle.

Le pont de Chouster (fig. 2), fondé au cinquième siècle dans la même région,
repose également sur des piles construites à la romaine; il a 515 mètres de
longueur, présente un tracé excessivement sinueux, figuré sur le croquis ci-
après (5), et est disposé de manière à former barrage sur la rivière du

Karoun. Les arches ont des ouvertures inégales qui ne paraissent pas dépasser 8 mètres. La chaussée, dont la largeur est de 5 mètres, est située à 9ᵐ.50 au-dessus de la crête du déversoir. Les voûtes ont été reconstruites à diverses

(3)

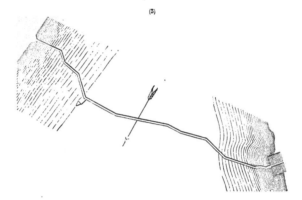

époques, comme pour le pont de Disfoul, mais elles sont construites en pierres et non en briques.

La ville d'Érivan est située au nord-ouest de la Perse, dans une plaine fertile où l'on trouve des bois de construction, de sorte que l'on a pu facilement établir des cintres et construire en pierre de taille les deux voûtes du pont à l'entrée de cette ville (fig. 4). Les voûtes sont l'une et l'autre en ogive ordinaire ; leurs ouvertures sont sensiblement égales, 14 mètres et 14ᵐ.10 ; mais les flèches présentent entre elles une différence notable. Les bandeaux forment archivolte, les socles de la pile et des culées sont paramentés en pierre de taille et enfin les tympans sont construits par assises alternatives de moellons et de briques. La construction de cet ouvrage paraît remonter au commencement du douzième siècle ; il est en très bon état, depuis une restauration effectuée vers 1830 ; sa longueur entre parapets est de 6ᵐ.47 et il sert au passage de la route de Tiflis à Tauris.

Pont d'Érivan et pont Rouge.

Les voûtes du pont Rouge (Krast-Nemoust), dont la construction paraît remonter au commencement du onzième siècle, sont au contraire bâties en briques dans le système persan (fig. 3) : elles sont au nombre de 4 et toutes en ogive, avec des ouvertures de 7^m.95 à 29^m.80; à l'exception des avant-becs qui sont en pierre, l'ouvrage est entièrement construit en briques. Il est situé comme le précédent sur la route de Tifflis à Tauris, mais plus près de la

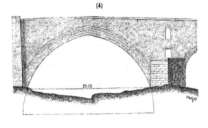
(4)

première de ces villes et dans une région où le bois est très rare. Ainsi que le montre l'élévation détaillée (4), l'appareil affecte deux formes bien distinctes. Depuis les naissances jusqu'à 8 mètres environ plus haut, les briques sont posées par assises continues à surfaces courbes, qui, à l'intrados, se rapprochent de la normale sans l'atteindre et qui, à l'aplomb de la naissance, ont repris la direction horizontale. Au-dessus de cette première partie, la voûte est constituée par quatre rouleaux bien distincts de briques dont les directions paraissent converger vers deux points situés sur la ligne des naissances

(5)

à 2^m.50 environ de chaque côté de l'axe.

Sur la coupe en long (5), l'appareil de la partie inférieure reste le même, mais le bandeau supérieur n'est plus disposé comme sur les têtes : les deux rouleaux les plus bas sont composés de briques posées verticalement dans des plans parallèles aux têtes, tandis que les deux rouleaux au-dessus restent seuls disposés comme précédemment.

Le plan (6) d'après lequel la voûte est supposée vue par dessous, montre bien quelle est la partie de cette voûte où les briques à l'intrados sont posées dans des plans verticaux parallèles aux têtes.

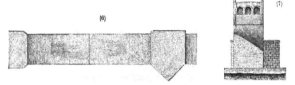

(6)

(7)

Enfin les tympans sont évidés par trois petites voûtes longitudinales, ainsi que l'indique la coupe (7); les briques qui forment ces voûtes sont disposées verticalement d'une manière analogue à celle des rouleaux inférieurs du bandeau des grandes arches.

Ces dispositions toutes spéciales ont été appliquées pour suppléer au défaut de bois que nous avons précédemment signalé. Ainsi pour les parties basses des grandes voûtes, la direction courbe des assises de briques avait pour but de permettre de monter le plus haut possible les maçonneries, sans employer aucun support à l'intérieur de l'arche et on avait même eu soin de poser les premières briques en douelle de chaque assise de telle sorte qu'elles ne fussent ni tout à fait normales à la courbe d'intrados, ce qui les aurait exposées à glisser, ni tout à fait horizontales, ce qui aurait donné des angles trop aigus. Dans la partie supérieure des voûtes, il fallait bien se créer un point d'appui, mais on le réduisait au minimum en se contentant d'un échafaudage étroit, extrêmement léger, ou d'une simple ferme en bois très mince sur laquelle on faisait monter de jeunes garçons qui construisaient très rapidement un premier anneau de briques verticales et le renforçaient immédiatement par deux ou trois anneaux semblables appliqués contre le premier. Aussitôt après, des ouvriers ordinaires s'appuyaient sur ce premier arc et complétaient graduellement sans difficulté le surplus de la largeur et le reste de l'épaisseur de la voûte. Le désir d'éviter l'emploi du bois était tel, que même pour les petites voûtes d'élégissement dans les tympans, on avait recours à l'emploi de briques verticales.

Ces procédés sont incontestablement ingénieux, mais ils ne constituent en réalité que des expédients motivés par l'absence de bois et ils seraient difficilement applicables aux ouvrages destinés à supporter de fortes charges, surtout de celles qui, comme les trains de chemin de fer, peuvent occasionner de grandes trépidations.

Pont de la Jeune-Fille. Le pont de la Jeune-Fille (Doktaré-Pol) (fig. 5) offre un autre exemple de ce mode de construction ; il se trouve au sud-est de la ville de Tauris, sur la route suivie depuis le onzième siècle par les invasions tartares ; il franchit une rivière à courant rapide, le Kisilousou, et a été exécuté au douzième siècle avec un soin et une régularité qui contrastent avec les dispositions adoptées dans la plupart des autres ponts de la même époque.

Indépendamment d'une petite arche destinée probablement à une dérivation, le pont est formé par trois arches ogivales, l'une centrale, de 24 mètres environ d'ouverture, et deux, de 17 mètres chacune, disposées de part et d'autre. Les piles sont évidées par de hautes arcades flanquées de tourelles saillantes, terminées par des clochetons à pans coupés. L'arche centrale est

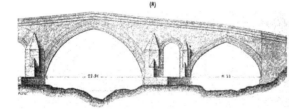

ornée sur la tête amont d'une inscription en lettres d'or sur des plaques émaillées en faïence bleue. Le croquis (s) reproduit à l'échelle de $0^m.002$ l'arche centrale et l'une des arches latérales du Doktaré-Pol. On voit que la dernière est une ogive persane à quatre centres. Cette courbe, dont la flèche est égale à la moitié de l'ouverture et qui, par conséquent, est inscrite dans un demi-cercle, a été presque exclusivement employée par les Persans depuis le trei-zième siècle, et le rapprochement de cette forme avec l'ogive ordinaire dans un même ouvrage porte, indépendamment de considérations historiques, à fixer au milieu du douzième siècle la date de construction du pont dont il s'agit.

Tout en étant bâti d'après les mêmes principes que le pont Rouge, le pont de la Jeune-Fille présente avec le premier quelques différences. Ainsi les briques de la partie inférieure des voûtes, au lieu de rencontrer obliquement la douelle, y arrivent normalement; ensuite, pour la partie supérieure de ces mêmes voûtes, les anneaux de briques placées verticalement ont une hauteur relative plus grande que dans l'autre ouvrage. Mais la différence la plus importante s'applique aux voûtes d'évidement : au lieu de les faire porter directement sur l'extrados de l'arche, les piédroits de ces petites voûtes repo-sent sur des nervures formant en quelque sorte, ainsi que l'indique la coupe (9), des arcs-doubleaux supérieurs qui cor-respondent précisément aux bandeaux les plus élevés des archivoltes. Il en résulte que les tympans d'une part, et les piédroits des piles des voûtes d'évidement d'autre part, se trouvent reposer sur des arcs plus épais, ce qui est ration-nel, puisque c'est sur ces supports que se transmettent directement les plus lourdes charges. Au fond, ce mode de construction se rapproche beaucoup de celui que l'on emploie actuellement pour les ponts biais par arcs droits, mais il en résulte des sujétions coûteuses qui le deviendraient encore davantage, si les constructions étaient faites en pierre au lieu de briques; tandis que d'un autre côté, même avec un extrados d'épaisseur uniforme, on est parfaitement fondé à conclure que le poids des voûtes d'élégissement et de leurs surcharges se répartit également sur tout l'extrados des arches, pourvu qu'on ait soin de donner à ces voûtes de petites ouvertures.

Quoi qu'il en soit, le Doktaré-Pol, par ses proportions, son mode d'exécution et les précautions prises pour le construire, est incontestablement le plus remarquable de tous les ponts du moyen âge qui subsistent encore en Perse,

Le pont de Mianeh, situé à une faible distance au nord-ouest du précédent, paraît dater de 1580 et est formé de 23 arches de 6^m.30 d'ouverture, séparées par des piles de 4^m.76 d'épaisseur ; les avant-becs sont triangulaires à la base et portent des pilastres contre lesquels sont appuyées des demi-tourelles qui s'élèvent jusqu'au niveau du parapet. La partie de l'ouvrage au-dessous des naissances est paramentée en pierre de taille et tout le reste est construit en briques.

D'après la coupe en travers ci-contre (10), les évidements au-dessus des reins des voûtes sont effectués au moyen de petites voûtes transversales et par suite dans le sens perpendiculaire à celui des voûtes longitudinales employées dans les deux ponts précédents. Ces deux dispositions correspondent l'une et l'autre à celles que nous employons actuellement et auxquelles on est revenu après avoir construit pendant de longues années des tympans pleins. Le pont de Mianeh est bien appareillé et paraît avoir été exécuté avec soin, mais on peut regretter que les piles en aient été faites si épaisses.

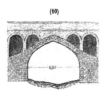

(10)

Le pont de Tauris (fig. 9), construit en 1610 sous le règne de Chah-Abbas le Grand, est formé de 18 arches en ogives persanes dont les ouvertures varient de 4^m.95 à 8^m.76 : les plus grandes se trouvent former deux groupes, qui correspondaient probablement à des bras distincts de la rivière en basses eaux, tandis que pendant les crues les petites arches étaient utilisées pour la décharge. Le tracé en plan, quoique moins irrégulier que celui du pont de Chouster, présente encore de nombreuses sinuosités qui doivent avoir été introduites pour utiliser les parties les plus saillantes et les plus résistantes que présentait le fond du lit ; les formes des piles sont également très variables : trois d'entre elles notamment sont évidées par des arceaux compris chacun entre deux petites pyramides qui rappellent la décoration du Doktaré-Pol. Ce pont, dont la longueur atteint 158 mètres, n'a que 4^m.62 de largeur entre les parapets, et c'est à partir de son extrémité que la route se réduit à un simple sentier, bien que sur le parcours de celui-ci on trouve des restes de travaux attestant que cette ligne de communication a été très fréquentée autrefois.

Les ponts construits à Ispahan sur le Zenderoud sont au nombre de quatre, Ponts d'Ispahan. dont deux ne présentent pas d'intérêt, tandis que les deux autres sont au contraire très remarquables par leurs dispositions et leur ornementation. Ils ont été exécutés, comme le pont de Tauris, sous le règne de Chah-Abbas.

Le plus important, celui d'Allah-Verdi-Khan (fig. 7), porte le nom d'un général par les ordres et aux frais duquel la construction a été faite. Ce pont, dont la longueur est de 298 mètres y compris la tête fortifiée qui sert d'entrée à la ville dans cette direction, comprend 33 arches principales de 5^m.57 et 3 arches plus petites aux extrémités : elles sont toutes en forme d'ogives persanes. Le pont, ainsi que l'indique la coupe, repose sur un radier général auquel on adapte à volonté un barrage en bois de faible hauteur ayant pour but de relever le niveau des eaux pour l'irrigation. La largeur du pont est de 13^m.75 entre les têtes, et les piles sont toutes évidées dans le sens longitudinal de l'ouvrage, de telle sorte que quand les eaux sont très basses on peut passer sur le radier d'une rive à l'autre. A la partie supérieure du pont proprement dit existent de part et d'autre deux galeries composées d'arcades de 3 mètres d'ouverture, dont 2 sur 3 sont fermées par un mur de faible épaisseur ; ces galeries servent d'abri contre le soleil ou la pluie, suivant les saisons. Aux extrémités

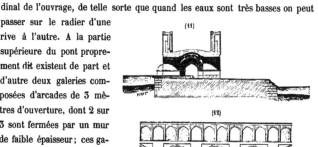

on trouve des pavillons où se tiennent des cafetiers, ainsi que des marchands de fruits ou de légumes. Ces dispositions sont représentées à l'échelle de

0^m.005 sur la coupe transversale, l'élévation et le plan (11), (12) et (13). Ces

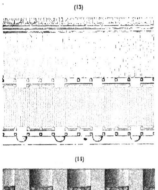

(13)

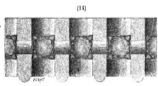

figures permettent de se rendre compte du mode de construction. Il suffit d'ajouter que la chaussée du pont, dont la longueur entre les galeries précitées est de 9^m.20, au lieu de reposer sur des voûtes d'arête, comme on serait porté à le penser, s'appuie en réalité sur des coupoles très plates qui sont raccordées au moyen de pendentifs avec les piliers formant supports. Le croquis (14) donne à l'échelle de 0^m.01 le plan, vu par dessous, d'une de ces coupoles qui sont d'une grande élégance.

(14)

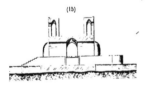

Le radier, pavé en larges dalles, se prolonge en aval sur une largeur de 11 mètres et se termine par deux gradins de 0^m.90 de hauteur, sur lesquels l'eau tombe en cascades.

Le pont de Hassan-Bey (fig. 8) n'a que 126 mètres de longueur, et sa largeur de 11^m.70 entre les têtes est moins grande que celle du pont précédent; les

(15)

ouvertures des arches sont également plus faibles, 3^m.82 et 2^m.50; mais les dispositions générales sont analogues. Ainsi l'ouvrage est également fondé sur radier général, seulement ce radier est disposé de manière à former barrage par lui-même, au lieu d'être surmonté par un vannage comme au pont d'Allah-Verdi-Khan, ce qui permet de faire varier le niveau des eaux dans des limites beaucoup plus larges, ainsi que le montre la coupe

transversale (15). Lorsque les pertuis sont ouverts, on peut circuler facilement
à l'étage inférieur du pont au moyen des dalles qui recouvrent ces pertuis.

Le pont présente à sa partie centrale un pavillon élevé qui renferme à des
niveaux différents plusieurs salles où les promeneurs peuvent se reposer et

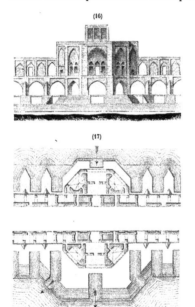

jouir de la fraîcheur produite
par la rivière ; le public peut
également circuler sur la plate-
forme des galeries latérales. Ces
dispositions représentées sur les
croquis (16) et (17) sont heureuses
et bien adaptées aux habitudes
du pays. Elles sont complétées
par des pavillons plus petits,
situés aux extrémités du pont
et qui sont figurés sur le croquis (18).

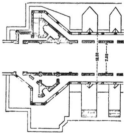

Les tympans des arches aux divers étages ainsi que les balustrades sont
ornés de mosaïques de faïence à couleurs très vives, et toutes les parties de
cette construction ont été traitées avec beaucoup de soin et de goût.

Le pont d'Hassan-Bey, quoique moins important que celui d'Allah-Verdi-
Khan, mérite donc une mention spéciale à cause de son élégance et de ses
heureuses dispositions.

Nous avons cru devoir donner avec quelques détails la description des ponts d'Ispahan qui présentent un caractère tout spécial. Il est seulement à regretter que les dimensions de ces ouvrages soient aussi restreintes, surtout en ce qui concerne l'ouverture des arches : vus à distance, l'aspect de ces ponts doit laisser beaucoup à désirer parce qu'ils ne présentent pas assez de vides.

Caractères principaux des ponts Persans.   En résumé, les ponts construits en Perse depuis bien des siècles ont pour caractères principaux, l'emploi de voûtes en ogive à 4 centres, dont la flèche est égale à la moitié de l'ouverture, et la construction effectuée en briques, sans l'aide de cintres, par anneaux successifs s'appuyant les uns sur les autres. Les piles sont épaisses et les arches sont d'ouverture très restreinte en général, mais ces ponts présentent presque toujours un aspect pittoresque, comme au pont de la Jeune-Fille, ou d'une très grande élégance, comme aux ponts d'Ispahan. Ces ouvrages ne sont pas faits pour résister à des courants violents, car les parties pleines y prennent une proportion trop forte, de même qu'en raison de leur mode de construction, ils ne pourraient pas sans danger être utilisés pour supporter de fortes charges, surtout si elles étaient animées de vitesses considérables, comme les trains de chemins de fer. Cette sorte de constructions convient bien au pays où elle est appliquée, mais il ne faudrait pas chercher à les reproduire dans les contrées où l'on dispose d'autres matériaux et où les besoins sont très différents. Enfin le mode très ingénieux qui permet de construire des arcs sans l'aide de cintres n'est réellement avantageux que pour des voûtes ou des coupoles très légères, comme celles des palais ou des temples, où il a été principalement employé à l'origine : il pourrait toutefois être aussi utilisé avec fruit dans nos travaux pour des passerelles de piétons à grande portée, dont le cintre nécessiterait une trop forte dépense si on devait construire la voûte dans des conditions ordinaires.

§ 6. · PONTS CONSTRUITS AU XVIII° SIÈCLE

Pendant les guerres incessantes qui ont presque exclusivement occupé la *Ouvrages construits en France.* dernière partie du règne de Louis XIV, les travaux publics furent nécessairement négligés, mais aussitôt après le traité de paix d'Utrecht on s'occupa de les reprendre et dans ce but, à la suite d'un premier essai tenté en 1713, le Corps des ponts et chaussées fut organisé par un arrêt du Conseil en date du 1ᵉʳ février 1716. Gabriel, principal architecte du roi, fut placé à la tête du nouveau Corps, avec le titre de Premier Ingénieur des ponts et chaussées, et c'est d'après ses dessins que le pont de Blois sur la Loire fut construit *Pont de Blois.* par Pitrou en 1720 (Pl. VIII, fig. 1). Cet ouvrage est formé de 11 arches en anse de panier, dont les ouvertures vont en croissant vers le centre, depuis 16ᵐ.70 jusqu'à 26ᵐ.20, et par suite présente de part et d'autre des rampes très fortes ; en outre, dans les arches voisines des rives, les eaux s'élèvent jusqu'au niveau des clefs dans les grandes crues et le débouché est insuffisant, au point que pour le compléter on a été obligé de construire un déversoir en amont sur la rive gauche. Malgré ces inconvénients réels, le pont de Blois qui est solidement fondé, bien construit, et orné à son sommet d'une pyramide élégante, mérite d'attirer l'attention : c'est pour la construction de ces arches que l'on a appliqué pour la première fois à des voûtes de grande ouverture des cintres retroussés sans points d'appui intermédiaires.

Pendant les années suivantes, on a construit plusieurs ponts de *Ponts des Têtes, de Compiègne, de Port-de-Piles et de Charmes.* moindre importance, mais dont quelques-uns cependant peuvent être utilement cités. Ainsi le pont des Têtes (fig. 15) bâti en 1732 pour la route de Briançon est remarquable par les 38 mètres d'amplitude de son arche et par sa situation au-dessus d'une gorge profonde où coule la Durance : l'établissement du cintre présentait, par suite du manque de points d'appui intermédiaires, des difficultés spéciales qui ont été heureusement surmontées et un fruit prononcé a été donné aux têtes pour augmenter la stabilité de l'ouvrage. En 1733 le pont de Compiègne sur l'Oise, formé de 3 arches en anse de panier de 21 et 23 mètres d'ouverture, a été construit par Hupeau : il présente une grande analogie de formes avec celui de Port-de-Piles sur la Creuse, dont les dimensions sont plus grandes, qui donne un type caractéristique des ouvrages de cette époque et qui pour ce motif est figuré sur le croquis (1). Le pont de Charmes sur la Moselle, formé de 10 arches en

(1)

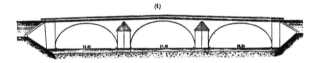

plein cintre de 19^m.50 d'ouverture, est mentionné par Gauthey comme construit en 1740, mais la forme très aiguë des chaperons des piles porte à attribuer à cet ouvrage une date de construction plus ancienne.

Pont d'Orléans.   Le pont d'Orléans, sur la Loire (fig. 3) a été projeté et commencé en 1751, sous la direction de Hupeau, nommé peu de temps après Premier Ingénieur des ponts et chaussées, et qui fut remplacé par Perronet pour la construction des travaux. Le pont n'a réellement été terminé qu'en 1761, et cette longue durée de l'exécution doit être attribuée principalement à des difficultés de fondation contre lesquelles on ne disposait alors que de moyens incomplets : un tassement de pile et plusieurs affouillements dangereux se produisirent, mais on y porta remède très habilement et l'ouvrage a depuis lors parfaitement résisté aux plus fortes crues. La dépense s'est élevée à 2.700.000 francs environ.

Ponts de Saumur et de Moulins   C'est en 1756, pendant que les travaux d'Orléans étaient en pleine exécution, que l'on commença la construction de deux autres ponts très importants, celui de Saumur sur le bras principal de la Loire et celui de Moulins sur l'Allier. Le premier (fig. 2), projeté par M. de Voglie et comprenant 12 arches de 17^m.50 chacune, présentait à cause de la grande profondeur et de la mobilité du lit des difficultés spéciales de fondations ; M. de Cessart, chargé de l'exécution des travaux, surmonta heureusement ces obstacles en inventant une scie qui permit de recéper les pieux jusqu'à 5 mètres sous l'eau et en faisant descendre, sur les têtes des pieux ainsi dérasés, des caissons foncés analogues à ceux dont on venait de faire usage pour la première fois au pont de Westminster en Angleterre. A Moulins, les difficultés très grandes aussi étaient d'un autre ordre : la profondeur d'eau n'était pas forte, mais les crues arrivaient très rapidement et produisaient des affouillements redoutables, de telle sorte que, dans l'espace de trente-cinq ans, trois ponts dont deux en maçonnerie avaient été successivement emportés, bien que le dernier eût été exécuté sous la direction du célèbre architecte Mansard. M. de Régemortes, chargé de l'exécution du nouvel ouvrage (fig. 5), commença par constater que le débouché des ponts précédents était insuffisant et en conséquence porta à 253 mètres, au lieu de 115, le débouché linéaire du nouvel ouvrage ; ensuite pour mettre ses fondations à l'abri des affouillements, il fit construire un radier général de 30 mètres de largeur, défendu par plusieurs files de pieux et palpanches. Les travaux ont été exécutés avec de très grandes précautions et le succès a été complet ; mais, ainsi que nous l'expliquerons dans la partie technique du cours, c'est à l'excellente exécution et surtout à la grande augmentation de débouché que le succès doit être attribué, plutôt qu'à l'emploi d'un radier général. Le pont de Moulins a été terminé en 1764, dans le même délai que le pont de Saumur.

Le pont de Tours (fig. 6), dont la construction était confiée à M. de Bayeux, a été commencé en 1765, peu de temps après l'achèvement de ces ouvrages. Composé de 15 arches de 24^m.36 d'ouverture, il a été fondé, pour la plus grande partie de sa longueur, sur pilotis et plates-formes en charpente assujetties directement sur la tête des pieux, à 2 mètres environ sous l'étiage au moyen de batardeaux et épuisements ; pour cinq piles, où la profondeur du lit était plus grande, on a eu recours aux caissons foncés qui venaient d'être employés à Saumur avec succès ; mais on ne prit pas d'aussi grandes

Pont de Tours

précautions, des vides furent laissés entre les pieux en contre-bas du fond de certains caissons et il en résulta à plusieurs reprises de très graves accidents que nous expliquerons ultérieurement. Ces accidents ont été d'autant plus regrettables que le pont de Tours, par ses heureuses proportions et les dispositions fort belles de ses abords, constitue certainement un des ouvrages les plus remarquables du siècle dernier. Sa construction a duré douze ans; mais, en réalité, par suite des tassements survenus de la chute successive de plusieurs arches et enfin des événements de la Révolution, lès travaux n'ont été complètement terminés qu'en 1809 : des ouvrages de consolidation sont encore devenus nécessaires, de 1835 à 1840, à la suite de quelques tassements; mais depuis les réparations très habilement dirigées par M. l'ingénieur en chef Beaudemoulin, aucun nouveau mouvement ne s'est manifesté. La dépense, notablement augmentée par les réparations successives, s'est élevée à près de 6 millions de francs.

Ponts de Mantes et de Nogent-sur-Seine. Le pont de Mantes sur la Seine (fig. 4) a, comme le pont d'Orléans, été commencé par Hupeau et terminé par Perronet; il comprend seulement 3 arches dont la principale présente une ouverture de 39 mètres; il est fondé sur pilotis et, comme la construction d'une des arches latérales avait été poussée trop rapidement tandis que l'arche centrale était à peine commencée, les pieux de la pile entre ces deux arches se sont un peu déversés et la pile a éprouvé un déplacement d'environ $0^m.12$ que l'on est parvenu à réduire à $0^m.06$ en se hâtant de construire l'arche centrale. Pendant la guerre de 1870, le pont a été entièrement détruit pour interrompre le passage et, en le reconstruisant un peu plus tard, on s'est astreint à reproduire le type primitif, en diminuant toutefois de deux mètres l'épaisseur des piles.

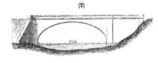
(2)

C'est de 1766 à 1769, environ à la même époque que pour le pont précédent, mais avec une durée moins longue, que Perronet a dirigé dans toutes ses parties la construction du pont de Nogent-sur-Seine (2), formé d'une seule arche en anse de panier de $29^m.24$

d'ouverture. Il y a fait des observations très intéressantes sur les mouvements qui se produisent pendant l'exécution d'une voûte. Sous l'action des premiers voussoirs, les cintres sont d'abord comprimés sur les flancs et se relèvent au sommet; puis à mesure que la voûte monte le cintre tasse de plus en plus à sa partie supérieure, pendant que les côtés sont au contraire repoussés vers l'extérieur. Ces effets se produisent dans toutes les voûtes en maçonnerie, mais avec des cintres très fixes ils sont presque insensibles, tandis qu'ils deviennent au contraire considérables avec des cintres retroussés, surtout quand les arbalétriers forment entre eux des angles très obtus comme à Nogent. Avec des mortiers à prise lente tels que ceux qu'on employait alors, ces mouvements n'avaient pas d'influence bien nuisible sur la cohésion des maçonneries et on croyait même y trouver l'avantage d'obtenir des massifs plus serrés; tandis qu'avec nos mortiers actuels, des mouvements aussi prononcés auraient de funestes conséquences. Quoi qu'il en soit, les expériences de Perronet lui ont fait connaître quelles étaient, dans les conditions où il se trouvait placé, les précautions à prendre dans l'exécution des grandes voûtes et l'arche de Nogent, où le tassement à la clef a atteint 0ᵐ.41, ne lui a pas inspiré d'inquiétude, puisqu'à Neuilly il n'a pas redouté d'avoir des tassements encore plus considérables.

Le pont de Neuilly (fig. 7) formé de 5 arches de 39 mètres d'ouverture *Pont de Neuilly.* surbaissées au quart, est considéré avec raison comme le chef-d'œuvre de Perronet. L'épaisseur des piles n'atteint même pas un neuvième de l'ouverture et les têtes sont dégagées par des cornes de vache dont l'arc extérieur est d'un très grand rayon, ce qui donne à l'ouvrage un aspect de légèreté remarquable, bien que l'épaisseur à la clef soit un peu forte; les appareils sont traités largement et exécutés avec soin en belles pierres de taille; les moulures sont très simples, mais les abords sont dessinés avec beaucoup d'ampleur et ce pont doit être considéré comme le plus beau de tous ceux du siècle dernier qui est cependant bien riche sous ce rapport. Les fondations ont été établies sur pilotis avec de larges empattements et le succès en a été complet à **tous égards.**

Dans les autres ponts construits ultérieurement par Perronet, cet éminent Ingénieur, ayant à opérer dans des situations où les hauteurs étaient restreintes, a fait de très intéressantes applications des voûtes surbaissées en arcs de cercle. La première en date concerne le pont de Saint-Maxence, sur l'Oise, formé de 3 arches de $23^m.40$ surbaissées à un dixième (fig. 8). Chacune des piles est formée de 4 colonnes, assemblées 2 à 2, ainsi que l'indique en plan

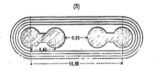

le croquis (3) et réunies à leur sommet par de petites voûtes : les assises en ont été reliées entre elles par des barres verticales en fer placées au centre de chaque colonne et, dans chacune de ces assises, les pierres sont rattachées entre elles par des crampons. Grâce à ces précautions, lorsque dans la campagne de 1814 on fit sauter l'arche attenant à la rive gauche non seulement les deux autres arches restèrent debout, mais de plus une zone de $2^m.60$ de largeur se maintint en place sur la tête d'amont de l'arche où l'explosion avait eu lieu. Toutefois la pile attenant à cette arche éprouva un léger déversement de $0^m.012$ à $0^m.030$ et l'arche subit un tassement à la clef de $0^m.080$ à $0^m.170$; quelques réparations suffirent pour assurer la conservation de cette arche et la voûte attenant à la rive droite n'avait pas éprouvé la moindre altération. L'ouvrage a été fondé sur pilotis, mais on avait eu soin de donner aux piles de très forts empattements à l'aide de retraites successives et chacun des pieux ne se trouvait porter qu'environ 16,000 kilogrammes.

Le pont de la Concorde (fig. 9) est composé de 5 arches en arc de cercle dont les ouvertures varient de $25^m.34$ à $31^m.18$ et dont le surbaissement est d'environ $1/8$; il repose sur des piles très minces qui seraient certainement loin de pouvoir former culée si une des voûtes se trouvait détruite; cette faible épaisseur facilite l'écoulement des eaux sous les arches et la partie basse du pont présente un aspect très remarquable de légèreté; mais ce dernier effet est détruit à la partie supérieure par les dimensions beaucoup trop fortes données aux couronnements des piles et surtout aux corps carrés qui les surmontent : on a essayé d'utiliser ces dernières parties en leur faisant supporter des statues ou d'autres motifs de décoration pour lesquels on n'a jusqu'à présent obtenu aucune disposition satisfaisante.

Enfin le pont de Nemours (fig. 10), dont le projet est dû à Perronet, mais dont l'exécution, ajournée par suite des événements de la Révolution, n'a eu lieu qu'en 1805 sous la direction de Boistard, réalise pour ses 3 arches de 16^m.20 d'ouverture un surbaissement de $^1/_{15}$, qui n'a été dépassé jusqu'à ce jour par aucune construction définitive. Il montre combien Perronet était devenu de plus en plus hardi à mesure qu'il sentait augmenter son habileté de constructeur et il a donné lieu de la part de Boistard à des expériences très utiles. Toutefois en raison des précautions qu'ils exigent et des chances d'accident qu'ils présentent, des surbaissements aussi considérables ne doivent être employés qu'à titre exceptionnel et en cas d'impérieuse nécessité.

En outre des ponts que nous venons de décrire et qui constituent l'œuvre directement réalisée par Perronet, indépendamment aussi des services rendus par son intervention, par ses dessins et ses avis dans l'exécution d'un grand nombre d'autres ouvrages, cet éminent Ingénieur avait dressé pour Saint-Pétersbourg le projet d'un pont tout à fait monumental sur la Néva, avec travée mobile au milieu pour le passage des navires. Enfin, il avait étudié le projet d'une arche en plein cintre de 160 mètres d'ouverture [a] dont l'exécution soulèverait sans doute bien des appréhensions et dont il aurait incontestablement modifié lui-même certaines dispositions avant d'arriver à la mise en œuvre, mais cette étude, émanant d'un homme de cette valeur, autorise à penser que la réalisation d'une voûte aussi immense ne doit pas être regardée comme impossible.

L'aqueduc de Montpellier (fig. 16), construit vers 1750, a une longueur de 980 mètres, une hauteur de 28 mètres au maximum et comprend deux

Aqueducs de Montpellier et de Carpentras.

(a) Mémoire sur les moyens à employer pour construire des arches jusqu'à 500 pieds d'ouverture, publié en 1793.

rangs d'arcades : l'étage inférieur est un peu massif, mais l'étage supérieur est très léger d'aspect ; l'exécution est excellente et les 3 arches servant de passage sur un des terre-pleins de la promenade du Peyrou sont traitées avec un goût et une élégance tout à fait exceptionnels. Cet ouvrage fait le plus grand honneur à Pitot, savant géomètre, ingénieur en chef du Languedoc et Inspecteur général du canal des Deux Mers. L'aqueduc de Carpentras est moins élevé, moins élégant, mais constitue néanmoins un ouvrage très important, dont la longueur atteint 780 mètres et qui, au passage de la rivière d'Auzon, présente à des niveaux différents 2 arches de 23 mètres d'ouverture dont l'une sert à la conduite d'eau, tandis que l'autre est affectée au passage d'un chemin.

Ponts de Vizille, de Lavaur et de Gignac. Le pont de Vizille sur la Romanche (fig. 11) a été élevé en 1760 par Bouchet pour la route de Grenoble à Briançon : c'est le premier des trois ponts construits dans la dernière partie du dix-huitième siècle, dont les voûtes présentent des ouvertures exceptionnelles. L'arche de Vizille, dont la flèche dépasse à peine le $1/4$ de son ouverture de 41^m.90, est d'un bel effet. L'amplitude de l'arche du pont de Lavaur sur l'Agout (fig. 14) est encore plus grande, car elle atteint 48^m.70, mais son surbaissement est bien moins fort que celui de l'ouvrage précédent ; ce pont a été projeté par M. Saget, l'un des directeurs des travaux publics dans la province de Languedoc et on s'était beaucoup préoccupé d'en faire le pont le plus remarquable de la contrée. Dans ce but, on a adopté un dessin très monumental, traité fort largement et même avec des dimensions exagérées, car l'archivolte de la voûte a une épaisseur de 3 mètres et devait en outre être surmontée à la clef d'un entablement très riche, avec consoles cannelées, dont la hauteur aurait atteint 5 mètres : en cours d'exécution on a redouté les effets d'une aussi lourde charge sur une voûte de très grande amplitude, et l'épaisseur du couronnement a été réduite à 3 mètres, ce qui est encore excessif. L'archivolte elle-même est beaucoup trop forte, mais le profil en est très correct, les culées sont raccordées avec les murs en retour par des tours rondes à grand rayon, les saillies de ces murs sont elles-mêmes bien accusées, les abords sont largement disposés et l'ensemble de l'ouvrage, bien que trop massif, produit incontestablement un grand effet. Le pont de Gignac sur l'Hérault (fig. 12) est formé de 3 arches, dont les deux latérales de 21ᵐ.80 d'ouverture sont en plein cintre surhaussé avec de larges chanfreins tandis que l'ouverture de 47ᵐ.26 de l'arche centrale est à peine plus faible qu'à Lavaur et que sa construction a présenté des difficultés au moins aussi grandes, car le surbaissement y est plus prononcé. La largeur de l'archivolte est ramenée à des proportions ordinaires et les appareils ont été étudiés avec tellement de soin, qu'avant d'entreprendre ce grand ouvrage on a, sur un cours d'eau moins important, construit préalablement un pont d'après le même modèle à une échelle restreinte. Le pont de Gignac doit à notre avis être préféré à ceux de Vizille et de Lavaur, car il est plus grandiose que le premier et il ne présente aucun des défauts signalés dans le second; il fait le plus grand honneur à M. l'Ingénieur Garipuy sous la direction duquel il a été projeté et exécuté.

Indépendamment du mérite dont ont fait preuve, au siècle dernier, dans la province de Languedoc les Ingénieurs chargés d'en exécuter les travaux, il est juste de reconnaître que les États de cette province ont imprimé à l'ensemble de ces travaux une impulsion et une direction supérieure très remarquable. Le nombre d'ouvrages construit dans cette période est extrêmement considérable et ils se font généralement remarquer par de belles proportions, une exécution très régulière, de l'ampleur dans les appareils et de larges dispositions dans les

(4)

abords. Le croquis (4) relatif au pont de Lagamas dans le département de l'Hérault peut être donné comme un exemple des ponts de dimensions moyennes construits à cette époque. Un grand nombre de ponts pour le canal des Deux Mers pourraient également être cités comme types. Enfin plusieurs ouvrages de plus grande importance et se rattachant au même mode de construction ont été exécutés au siècle dernier dans le Languedoc, notamment sur le Tarn et sur l'Agout. Cette province nous paraît être celle où l'influence d'une bonne direction supérieure s'est fait le plus complètement et le plus utilement sentir pour les ouvrages dont nous nous occupons.

On n'a pas construit au dix-huitième siècle beaucoup de ponts en plein cintre avec de larges ouvertures; toutefois, en outre du pont des Têtes précédemment cité, il est juste de parler du pont de Rumilly, sur le Chéron, en Savoie (fig. 13). Cet ouvrage construit par M. Garella est formé d'une belle arche de 39 mètres de diamètre comprise entre des murs de soutènement appuyés par des contreforts.

Le pont de Semur sur l'Armançon (5), exécuté en 1780, donne, sur une

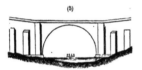

échelle plus restreinte, un second exemple d'un pont en plein cintre aux abords duquel les remblais sont soutenus par des contreforts qui dans ce cas spécial sont nombreux et très rapprochés.

Parmi les autres ouvrages de moyenne importance élevés en très grand nombre dans la dernière partie du siècle dernier, on peut citer le pont Navilly sur le Doubs (6) construit en 1780 par Gauthey

et qui est formé de 5 arches de 23ᵐ.60 en anses de panier surbaissées au tiers; il présente cette particularité que la section horizontale des piles a été faite elliptique, afin de rendre aussi faible que possible la contraction des eaux dans le passage sous les arches; mais la complication que cette disposition entraîne pour l'exécution des voûtes, fait plus que compenser le faible avantage qui en résulte pour l'écoulement des eaux et on aurait obtenu plus simplement le même résultat en augmentant très légèrement l'ouverture des arches. Le pont sur la Drôme, formé de 3 arches en anses de panier de 26 et 29 mètres d'ouverture, et servant à la route de Lyon à Marseille, mérite également d'être mentionné ainsi que le pont de Lempde sur l'Alagnon, dont la voûte de même forme et de 30ᵐ.80 d'amplitude est raccordée avec les terrassements aux abords par des murs en aile. Ces deux derniers ouvrages ont été construits en 1776 et 1785.

En ce qui concerne les arches en arc de cercle surbaissé, on peut signaler Ponts très surbaissés. principalement le pont Fouchard sur le Thouet à Saumur, le pont de Homps sur l'Aude et le pont de Pesmes, sur l'Oignon. Le premier de ces ouvrages (7),

formé de 3 arches de 26 mètres surbaissées à ¹/₁₀, a été construit de 1776 à 1782 et a donné lieu à des tassements à la clef

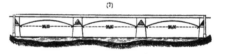

(7)

qui ne se sont arrêtés définitivement qu'après plus de vingt ans et ont atteint jusqu'à 0ᵐ.18 et 0ᵐ.23; ils paraissent être dus principalement à ce que les voussoirs voisins des naissances étaient composés de plusieurs morceaux, ne présentaient pas des longueurs suffisantes, ne s'appuyaient pas sur des sommiers convenablement disposés et enfin n'étaient pas reliés par des mortiers assez résistants.

Au pont de Homps (8) construit en 1785, les voûtes de 21ᵐ.40 d'ouverture ne sont réel-

(8)

lement surbaissées qu'au 7ᵉ dans le corps de la voûte, mais se trouvent élégies sur les têtes par des cornes de vache qui leur donnent de l'élégance : aucun mouvement nuisible ne paraît s'y être produit. Enfin au pont de Pesmes où le surbaissement a atteint ¹/₁₂, les 3 voûtes, quoique ayant seulement 13ᵐ.64 d'ouverture, ont beaucoup tassé et les culées dans lesquelles des lézardes s'étaient produites ont dû être notablement renforcées. Le succès remarquable obtenu au pont de Nemours, dont les ouvertures et le surbaissement étaient plus grands qu'au pont de Pesmes, fait ressortir combien est grande l'efficacité des précautions et des soins apportés à la construction par un Ingénieur tel que Boistard.

Parmi les nombreux ouvrages d'art qui ont été bâtis en Angleterre au dix-huitième siècle, on doit citer spécialement trois ponts sur la Tamise. Celui de Blackfriars (Pl. IX, fig. 13), construit en 1776, comprenait 9 arches en arc peu surbaissé dont les ouvertures variaient de 22 mètres à 29^m.56 et présentaient de part et d'autre des déclivités prononcées : il était bien appareillé, les tympans au-dessus des piles étaient décorés par des niches avec pilastres et le parapet à balustres avait un caractère d'élégance. Mais les fondations des piles, effectuées sur pilotis, avaient fléchi avec le temps, dans les mauvais terrains qui constituent le lit de cette partie de la Tamise et le pont en maçonnerie est maintenant remplacé par un ouvrage métallique formé de 5 travées dont une de 56 mètres. Le pont de Westminster (fig. 12), achevé en 1750, avait été fondé sur pilotis au moyen de caissons sans fond, selon la première application de ce système, ainsi que nous l'avons mentionné précédemment. Mais une des piles ayant tassé d'une manière notable, par suite d'un battage incomplet, on a été obligé de démolir les deux voûtes qu'elle supportait, de charger la pile d'un poids très considérable et de reconstruire ensuite les arches : l'ouvrage a subsisté ainsi pendant un siècle environ, puis comme la largeur était devenue insuffisante et comme d'ailleurs le lit a dû être régularisé dans cette partie du fleuve, un pont en métal de 7 travées, présentant une largeur de 26 mètres sur une longueur totale de 353 mètres a été substitué à la construction du siècle dernier. Le troisième pont en maçonnerie, celui de Kew (fig. 16) subsiste encore actuellement : il est situé en amont de Londres, dans une partie où la Tamise est beaucoup moins large; ses arches sont de dimensions moyennes, mais il est construit très correctement.

Comme exemple d'ouvrage ornementé à l'excès, nous avons donné le dessin du pont de Blenheim près d'Oxford, dans le parc du château qui fut donné au duc de Marlborough par le Parlement d'Angleterre comme récompense nationale à la suite de ses victoires. Le style de ce monument est trop lourd, trop surchargé, et manque de goût (fig. 15).

Le pont d'Essex, sur la Liffi, à Dublin, se compose de cinq petites arches reposant sur des piles très épaisses (fig. 14); le mode de décoration, emprunté à d'anciennes constructions anglaises, est analogue à celui que présentait le pont en maçonnerie de Westminster.

Enfin dans le pays de Galles, on voit à Pont-y-Pridd, sur le Taf, un pont datant de 1751, construit par un architecte du pays, ancien ouvrier qui s'était peu à peu instruit lui-même. L'ouvrage se compose d'une seule arche de 42^m.70 (9) d'ouverture, surbaissée au quart et ayant seulement 0^m.76 d'épais-seur à la clef (a) : il est tombé deux fois successivement, aussitôt après avoir été décintré, mais avant la troisième épreuve, le constructeur ayant reconnu

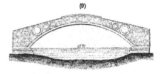

qu'il fallait diminuer la poussée produite par le poids de la voûte, y est parvenu en pratiquant de part et d'autre dans les tympans trois évidements circu-laires. L'expérience lui a appris ainsi ce que le calcul aurait pu lui indiquer, si son instruction avait été plus étendue, et il a fait preuve d'une ténacité remarquable en persistant à reconstruire, malgré deux échecs successifs, une arche d'une aussi grande ouverture avec une épaisseur très faible à la clef.

Le premier pont de Dresde sur l'Elbe, bâti aux douzième et treizième siècles, comprenait vingt-cinq arches, mais plusieurs piles furent emportées à diverses époques et c'est seulement au siècle dernier, de 1727 à 1731, que le pont fut rétabli, tel qu'il existe encore de nos jours (fig. 8). L'épaisseur des piles est très forte et leurs extrémités s'élèvent jusqu'au niveau des trottoirs où elles constituent des plates-formes entourées de bancs et servant de lieu de repos; les garde-corps sont en fer et s'appuient de distance en distance sur des piédestaux en maçonnerie surmontés de vases ornementaux ; la chaussée est presque horizontale, et l'ensemble de cet ouvrage, dont la longueur atteint 441 mètres, est d'un bel aspect.

Ouvrages construits en Allemagne et en Espagne.

(a) D'après un tableau donné dans le *Traité d'équilibre des voûtes* de M. Dupuit, l'épaisseur serait de 0^m.91, valeur très faible encore eu égard à l'ouverture.

Le pont de Madrid, sur le Mançanarès (fig. 9), présente comme le précédent des piles dont les avant et arrière-becs de forme demi-circulaire viennent former des refuges au niveau de la voie publique; il est loin d'avoir la même longueur que celui de Dresde, mais les piles y sont relativement moins épaisses; il est appareillé avec beaucoup plus de soin et sa position au pied du palais royal justifie bien le caractère monumental donné à cette construction. Le pont de Valence, sur le Guadalaviar (fig. 10), est formé de 10 arches de 13 mètres d'ouverture surbaissées à $1/10$. Il est très peu élevé au-dessus des eaux, mais il a été construit très soigneusement et doit par son mode de construction dater seulement des dernières années du dix-huitième siècle. Enfin le pont d'Ingersheim sur le Fecht (fig. 11), situé dans notre ancien département du Haut-Rhin, aurait dû être plutôt classé parmi les ponts français: il a été construit en 1773 par un de nos Ingénieurs militaires, M. Clinchamp. Il est formé de trois arches de 15ᵐ.30 et 18ᵐ.30 d'ouverture en anses de panier très surbaissées et ses culées sont appuyées par de forts épaulements.

Ouvrages construits en Italie et en Portugal.

Parmi les ouvrages d'art édifiés en Sicile, nous avons précédemment décrit le pont de Capodarso en faisant remarquer le caractère spécial de cette construction: nous avons maintenant à citer un pont construit entre Termini

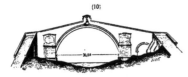

et Palerme sur le torrent de San Leonardo (10), et qui, bien que datant de deux siècles plus tard, s'en rapproche beaucoup par le style (a). Il se compose aussi d'une grande arche ayant 30 mètres d'ouverture, dont l'intrados à la clef s'élève jusqu'à 17 mètres au-dessus de l'étiage, cette grande hauteur étant nécessitée par l'élévation et la rapidité qu'atteignent pendant les orages les eaux du torrent. Seulement dans ce cas le chemin, au lieu d'arriver sur le pont à peu près en ligne

(a) C'est à l'extrême obligeance de M. Billia, ancien élève externe de l'École des Ponts et Chaussées, actuellement directeur des travaux des chemins de fer en Sicile, que nous devons les renseignements et dessins relatifs aux ouvrages très intéressants que renferme cette île italienne.

droite comme à Capodarso, traverse en temps ordinaire à gué et en aval le lit presque à sec du cours d'eau, tandis qu'en temps de crue ce chemin suit l'une des rives par une rampe très inclinée, se retourne à angle droit pour traverser la gorge et redescend l'autre rive parallèlement à la première branche. Les plans (11) indiquent cette disposition qui est bien justifiée par l'état des lieux. Comme la masse d'eau, qui arrive avec une extrême vitesse dans les orages, pourrait exercer sur l'amont des culées une pression assez grande pour les renverser, on a avec raison soutenu ces culées en aval par des contreforts (12) dont la base présente un fruit très considérable, ainsi que l'indique la coupe suivant AB et qui sont surmontés d'encadrements contenant des inscriptions. La première est en l'honneur de Charles VI, empereur des Romains et roi des Deux-Siciles; la seconde donne l'énumération des autorités

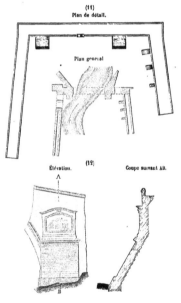

(11)
Plan de détail.

Plan général

(12)
Élévation.   Coupe suivant AB.

qui ont pris soin de rebâtir « dans un emplacement meilleur et pour la sécurité perpétuelle des voyageurs un pont renversé six fois ». Cette dernière reconstruction a eu lieu en 1763. Il est probable que le pont avait d'abord été établi en aval, sur la direction même de la route, qu'il se trouvait alors sur un terrain affouillable et que c'est seulement après les six chutes successives que l'on a pris le parti de le reporter dans le ravin assez en amont pour que les fondations pussent être assises sur le rocher. Les reconstructions ont dû probablement être séparées par d'assez longs intervalles, ce qui expliquerait comment le style de l'ouvrage se rapproche autant de celui de Capodarso.

Le prince de Biscari, possesseur de vastes domaines traversés par le Simeto au pied occidental de l'Etna, avait fait construire pour le passage de la vallée un aqueduc à double rang d'arcades : le dessus de l'étage inférieur servait de voie muletière d'un coteau à l'autre et l'étage supérieur portait une conduite d'eau. La rivière était franchie par une grande arche ogivale d'environ 29 mètres d'ouverture et 23 mètres de hauteur sous clef. Enfin la longueur totale de l'aqueduc à sa partie supérieure atteignait 370 mètres et sa hauteur maxima, de 40 mètres environ au-dessus des rives, arrivait jusqu'à près de 50 mètres par rapport au niveau des eaux. La construction, commencée en 1765, fut terminée en 1777, mais malheureusement quatre ans seulement plus tard un tremblement de terre renversa presque complètement ce bel ouvrage.

On ne perdit pas de temps pour le reconstruire, car le nouvel aqueduc était terminé en 1790. Seulement, comme l'expérience avait fait reconnaître le danger de construire un ouvrage d'une grande élévation dans une région volcanique aussi exposée aux tremblements de terre, on se décida à réduire de moitié environ la hauteur de l'aqueduc et à faire passer la conduite d'eau en siphon, comme l'indique le croquis (13). La traversée du fleuve pour la voie

(13)

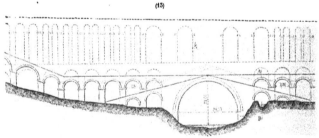

Coupe sur A B.

(14) muletière est effectuée à l'aide de rampes qui passent sur l'arche principale et la coupe en travers (14) indique les dispositions de ce passage ainsi que des tuyaux du siphon. Les lignes pointillées du

croquis s'appliquent à la première construction, seulement le dessin qui en a
été donné d'après un tableau existant chez le prince de Biscari ne paraît pas
pouvoir être considéré comme offrant une reproduction exacte de l'ouvrage,
surtout en ce qui concerne sa partie supérieure : il est peu probable en effet
que dans la partie au-dessus de la grande arche on ait donné aux pleins des
épaisseurs aussi considérables.

Le grand ouvrage généralement appelé aqueduc de Cazerte est en réalité
situé à quelques kilomètres au sud-est de cette ville près Maddaloni et désigné
spécialement dans le pays sous le nom de Ponte della Valle. Il comprend trois
rangs d'arcades et présente à l'étage supérieur une longueur d'environ
500 mètres (fig. 17.) L'ouverture des arcades est de 6ᵐ.34 : de grands contreforts s'élevant sur toute la hauteur existent de deux en deux piles et d'autres
contreforts plus étroits sont adaptés aux piles intermédiaires de l'étage supérieur. Le maximum de hauteur est de 55ᵐ.64 jusqu'au niveau supérieur des
parapets et s'applique au passage d'une route qui est flanqué de deux grands
contreforts et couronné par un entablement. Le chemin de fer de Naples
à Foggia passe sous une des arches inférieures et permet d'admirer facilement
ce bel ouvrage qui a été construit en 1753, sous le règne de Charles III. Les
piles sont épaisses et par suite le rapport des pleins aux vides est trop considérable, surtout eu égard aux proportions actuellement adoptées, mais
l'aspect est très monumental et l'ouvrage fait grand honneur à l'architecte
Vanvitelli, qui en a dressé les projets et dirigé l'exécution.

L'aqueduc d'Alcantara, près Lisbonne, a été attribué par Gauthey à Trajan
qui avait donné une très grande impulsion aux travaux publics dans la
péninsule Ibérique ; mais en réalité les Romains, qui avaient bien eu l'intention
d'établir une conduite d'eau pour l'alimentation de Lisbonne, n'ont fait que
commencer de faibles ouvrages dont quelques vestiges subsistent encore.
Les rois de Portugal, aux quinzième et seizième siècles se sont occupés de
cette question à plusieurs reprises, mais c'est seulement en 1731 que les
travaux de la conduite actuelle ont commencé : ils étaient déjà très avancés
et l'eau arrivait presque à Lisbonne lorsque survint le terrible tremblement

Aqueducs
près de Lisbonne.

de terre de 1755 qui détruisit la plus grande partie de la ville. Les travaux
de la conduite d'eau et notamment le grand aqueduc en ont peu souffert
à cause de la très grande solidité de leur construction et aussi parce qu'ils
étaient assez éloignés des points où la secousse a été la plus forte.

Cet aqueduc d'Alcantara comprend en réalité 35 arches, dont 21 en plein
cintre avec des ouvertures variant de 5 à 13 mètres, 13 en ogive dont les
ouvertures sont comprises entre 12 et 18 mètres, puis enfin l'arche principale
dont l'ouverture en ogive atteint 30 mètres; la flèche de celle-ci est de
27 mètres, et comme elle repose sur des pieds-droits de 33 mètres de hauteur,
l'intrados à la clef se trouve placé à 60 mètres au-dessus du niveau des eaux
de la rivière (fig. 18). La hauteur maxima de l'ouvrage, y compris la conduite
d'eau, atteint 70 mètres : c'est la plus forte qui existe pour les ouvrages en
maçonnerie sans étage intermédiaire. L'épaisseur à la base des piles des
arches principales est notablement renforcée par des élargissements en pans
coupés : cette disposition, bonne pour la solidité, n'est pas d'un heureux
effet. Les parements sont en pierre de taille calcaire résistante dont le ton,
devenu jaunâtre avec le temps, rappelle celui du travertin d'Italie. A la partie
supérieure de l'ouvrage existent de petits édicules qui permettent de visiter la
conduite d'eau, tout en réalisant de légers motifs de décoration. La grande
variation des ouvertures d'arches, ainsi que des épaisseurs de piles, l'absence
de contreforts et la brisure des alignements nuisent à l'aspect général de cet
immense aqueduc, mais il produit un très grand effet par ses dimensions et
on doit reconnaître que bien peu d'ouvrages aussi élevés auraient été capables
de résister à une épreuve telle que celle qu'il a subie.

En outre de l'aqueduc d'Alcantara, il en existe, sur la même conduite d'eau,
deux autres, dont celui des Amoncinas, de 150 mètres environ de longueur
et accédant au château d'eau même de la ville, est décoré avec une certaine
recherche, tandis que celui de Carvalhaõ, bâti pour le passage d'un petit ravin,
se compose seulement de 4 arches de faible ouverture.

Ponts en bois. La construction des ponts en bois s'est beaucoup développée dans la dernière
partie du siècle dernier et surtout a été appliquée avec des portées bien plus

grandes que précédemment. Jusqu'alors en effet les travées dépassaient
rarement 15 mètres et étaient en général formées de poutres droites consolidées par des sous-poutres et des contrefiches, comme par exemple les ponts
de Saint-Clair à Lyon et de Bassano sur la Brenta, cités par Gauthey; néanmoins on commençait aussi à employer des arcs sur lesquels le tablier
s'appuyait dans les parties voisines des culées et était au contraire suspendu
dans la partie centrale, comme au pont de Stuttgard (Pl. IX, fig. 5); quelquefois l'arc était double, comme au pont de Feldkirch (fig. 3).

L'exemple le plus remarquable de ce mode de construction est donné
par le pont de Mellingen, construit en 1794 sur la Reuss et dont la portée
atteint 48 mètres (15). La pièce essentielle dans chacune des deux fermes
longitudinales de cet ouvrage est un arc de
cercle surbaissé à $^1/_8$ environ et constitué
par 7 cours de pièces en sapin assemblées
à crémaillères, présentant ensemble une hauteur de 1".95 avec une largeur de 0".32.
Le tablier supporté par ces grands arcs est

(15)

en outre soutenu en son milieu par des arcs ayant la hauteur d'une seule
pièce de bois et qui par suite de leur fort surbaissement ne doivent pas
avoir une grande efficacité.

Pour de plus grandes ouvertures, on faisait entièrement porter le tablier
par les arcs : c'est aux ponts de Chazey sur l'Ain et de Tournus sur la Saône que
paraissent avoir été faites les premières applications de cette disposition.
Mais les ouvrages en bois les plus remarquables à cette époque étaient les ponts
suisses à poutres droites d'une grande portée : le premier à citer est le pont
de Zurich (fig. 2) dont les parois sont principalement constituées par de
grandes fermes verticales comprenant plusieurs cours d'arbalétriers, espacés
entre eux et reliés par des moises verticales; les longerons sur lesquels
repose directement le tablier se composent chacun de trois pièces de bois,
assemblées à endents ou crémaillères, dont les extrémités sont renforcées
par des sous-poutres. Comme la plupart des ponts suisses, celui de Zurich
était couvert par un toit et fermé sur les côtés par des parois verticales dans

lesquelles on ménageait seulement vers le haut de petites fenêtres pour donner du jour [a]. Les ponts ainsi fermés et couverts sont encore nombreux en Suisse et on doit reconnaître que si leur aspect manque complètement d'élégance, ils sont construits d'une manière très rationnelle au point de vue de la durée, puisque toutes les pièces essentielles sont préservées des intempéries par de simples planches qu'il est toujours très facile de remplacer graduellement : il existe encore des ponts de ce genre datant de plusieurs siècles.

Le pont de Zurich n'avait qu'une portée de 39 mètres qui a été dépassée en 1757 au pont de Schaffouse sur le Rhin (fig. 1), car ce dernier comprenait 2 travées de 51 mètres et 59 mètres : il a subsisté pendant 42 ans et aurait probablement duré beaucoup plus longtemps s'il n'avait été détruit en 1799 pendant la guerre. Un malheur semblable, survenu dans la même guerre, s'est produit pour le pont de Wettingen (fig. 4) dont la travée unique atteignait l'énorme portée de 119 mètres qui n'a jamais été atteinte ailleurs pour des ponts en charpente : il n'avait été terminé qu'en 1778 et par conséquent sa durée n'a pas dépassé 21 ans.

Comparativement aux grands ponts qui viennent d'être décrits, il paraît utile de mentionner ceux qui ont été établis en Bavière par l'habile ingènieur Wiebeking, et qui, bien qu'appartenant en réalité aux premières années du dix-neuvième siècle, se rapprochent des précédents par leurs dimensions, quoique leur mode de construction soit très différent. Les tabliers de ces ponts sont entièrement supportés par des arcs, comme pour les ponts de Chazey et de Tournus, mais ils sont beaucoup plus surbaissés, et le trait caractéristique de ce mode de construction consiste en ce que les bois n'y ont jamais été courbés par l'action du feu et de la vapeur. D'après des expériences très complètes, Wiebeking a constaté que les pièces de bois de $0^m,29$ à $0^m,30$ d'épaisseur pouvaient, sous la seule action de charges convenablement disposées, arriver à prendre des flèches de $1/20$ à $1/50$ de la longueur; tous ses grands arcs de pont ont en conséquence été formés de plusieurs cours de

(a) Ces parois ne sont pas indiquées sur les figures 2, 1 et 4, afin qu'on puisse se rendre compte du mode de construction des fermes.

pièces de bois, à joints entrecroisés et dont les longueurs étaient telles que pour chacune d'elles la flèche ne dépassait pas les proportions précitées. Les diverses pièces étaient reliées entre elles dans chaque ferme par des étriers et des boulons, tandis que les fermes étaient rattachées l'une à l'autre par des entretoises et des contreventements. Le pont de Scharding (fig. 6) présentait une ouverture de 58^m.31 et un surbaissement de $1/11$ environ, tandis que celui de Bamberg (fig. 7), dont l'ouverture atteignait 62^m.76, n'était pas surbaissé à plus de $1/9$. Ces rapports ont été portés à $1/13$ et $1/15$ pour les ponts de Freysingen sur l'Iser et Neu-Œttingen sur l'Inn, dont les ouvertures respectives étaient de 46 mètres et 31 mètres. Ces divers ponts se sont bien comportés sous le passage de très lourdes charges. Enfin, Wiebeking avait fait pour Munich le projet d'un pont de 85 mètres et comme étude celui d'une travée de 175 mètres, l'un et l'autre conçus dans le même système que les ouvrages déjà exécutés par lui, mais aucune suite n'a été donnée à ces derniers projets.

Pendant la première moitié du dix-huitième siècle, on n'a pas construit en France un très grand nombre de ponts, et ceux qui ont été bâtis dans cette période, tout en présentant plus de régularité dans les dispositions, se rapprochent beaucoup de ceux exécutés en dernier lieu dans l'époque précédente. Mais à partir de 1750 une impulsion extrêmement vive a été donnée aux constructions de cette nature, et de grandes modifications, dues principalement à l'initiative de Perronet, se sont opérées dans les formes, par la réduction d'épaisseur des piles, par un emploi plus fréquent des voûtes en arc de cercle et enfin par l'introduction de surbaissements de plus en plus prononcés. Même lorsque l'anse de panier était conservée pour les voûtes proprement dites, on la rattachait souvent à la forme en arc de cercle au moyen de cornes de vache comme à Neuilly. Dans le midi de la France, l'emploi de courbes à plusieurs centres s'est maintenu presque exclusivement, mais on a augmenté les ouvertures, on a donné de l'ampleur à l'ornementation et on a réalisé sur plusieurs points, notamment à Lavaur et à Gignac, des constructions vraiment monumentales.

Caractères principaux des ponts construits au XVIII° siècle.

A l'étranger, la construction des ponts n'a pas pris autant de développement qu'en France, et on n'a pas à citer d'exemples aussi saillants pour ce genre d'ouvrages ; mais deux grands aqueducs remarquables à des titres différents ont été exécutés en Italie et en Portugal. Celui d'Alcantara surtout présente une heureuse application des voûtes en ogive élevée, dont l'emploi est très rationnel pour soutenir une charge constante comme celle d'une conduite d'eau, et si certaines dispositions dans quelques parties du monument ne paraissent pas heureuses, elles sont bien largement rachetées par l'excellence de construction qui a permis à cet immense ouvrage de résister, très peu de temps après son achèvement, au grand tremblement de terre de Lisbonne. Enfin, les grands ponts en bois exécutés vers la fin du siècle, principalement en Suisse et en Bavière, ont atteint des portées jusqu'alors inconnues et ont, à certains égards, préparé aux constructions réalisées de nos jours, par l'emploi des grandes travées métalliques.

En résumé, dans la période afférente au dix-huitième siècle, les exemples de nouveaux ponts en pierre abondent, surtout en France, et ils sont en grand nombre à citer pour l'amplitude et les belles dispositions des arches ; tandis que pour une série spéciale d'entre eux, sous l'influence du génie de Perronet, on est parvenu à réaliser des œuvres remarquables au plus haut degré par l'emploi de surbaissements jusque-là sans exemple, par la faible épaisseur des piles, l'horizontalité des chaussées, la pureté des lignes, l'ampleur donnée aux abords et enfin par une belle exécution. Dans les autres pays de l'Europe, les ponts proprement dits en maçonnerie n'avaient pas fait autant de progrès qu'en France, mais des aqueducs très élevés ont été construits dans les contrées méridionales, et les ouvrages exécutés en charpente ont fait constater des progrès extrêmement remarquables dans ce genre de constructions.

§ 7. — PONTS CONSTRUITS A L'ÉPOQUE ACTUELLE

Depuis le commencement de ce siècle et surtout à partir de la création des chemins de fer, le nombre des ponts s'est multiplié dans d'énormes proportions et les sujétions toutes spéciales, auxquelles ils sont assujettis sur ces nouvelles voies, ont imposé aux Ingénieurs des divers pays l'obligation de rechercher des dispositions nouvelles et de recourir à des systèmes très variés. Les ouvrages remarquables construits à notre époque sont tellement nombreux que, pour ne pas sortir du cadre de ce précis, nous devons nous borner à passer rapidement en revue, dans chaque catégorie, ceux qui par leurs dimensions, leurs formes et leurs modes de construction peuvent principalement servir de types. Nous nous attacherons surtout à en faire ressortir les caractères principaux et, à cet effet, nous considérerons successivement les ponts et viaducs en maçonnerie, les ponts en bois, les ponts métalliques et enfin les ponts suspendus, en commençant par la France pour chaque partie de ce classement et en passant ensuite aux autres États.

Les 3 ponts principaux construits avant 1830 sont ceux d'Iéna, de Rouen et de Bordeaux. Le premier, terminé en 1812 et formé de 5 arches de 28 mètres en arcs surbaissés à $1/8$ (Pl. X, fig. 1) mérite surtout d'être admiré pour sa belle construction, la justesse de ses proportions et la sobriété de sa décoration d'un goût très pur. Il a été exécuté par M. Lamandé, depuis Inspecteur Général, ainsi que le pont de Rouen qui s'applique à deux bras de la Seine séparés par un terre-plein et dont les fondations difficiles ont été établies sur pilotis défendus contre les affouillements par des crèches basses très habilement disposées. A Bordeaux, le pont, comprenant 17 arches de $20^m.84$ à $26^m.49$ d'ouverture, en arcs surbaissés seulement à $1/5$, mais dont les têtes sont élégies par des cornes de vache (fig. 5), présentait des difficultés de fondation encore plus grandes et qui pendant bien des années avaient fait retarder la construction de cet ouvrage ; mais elles ont été heureusement surmontées par M. l'Inspecteur Général Deschamps, au moyen de dispositions ingénieuses qui ont consisté principa-

Ouvrage
en maçonnerie.
France.
Premiers grands ponts.

13

lement à établir une grande solidarité entre les pieux et à réduire autant que possible le poids des maçonneries par des élégissements intérieurs. Les travaux ont été terminés en 1822.

Pendant les vingt années suivantes, aucun pont ne paraît devoir être mentionné; mais à dater de 1842 où on a commencé, à partir d'Orléans, la construction des chemins de fer dirigés vers Bordeaux, Nantes et le centre de la France, plusieurs ponts très importants ont été établis sur la Loire. C'est alors que M. Morandière, encore Ingénieur ordinaire, a projeté et fait exécuter le pont de Montlouis, formé de 12 arches en anses de panier de 24ᵐ.75 d'ouverture (fig. 3). Cet ouvrage, d'après les instructions de l'Administration supérieure, devait être constitué avec des piles en maçonnerie supportant des travées en charpente, conformément à ce qui venait d'être effectué sur divers points de la Seine pour la ligne de Paris à Rouen : on croyait pouvoir réaliser ainsi une économie importante; mais pendant la construction des piles, M. Morandière présenta un projet comparatif avec voûtes en maçonnerie, et prouva que, dans les conditions où on se trouvait placé à Montlouis, des arches en maçonnerie ne coûteraient pas plus cher que des travées en bois. Ses conclusions, appuyées par M. l'Ingénieur en chef Foulon, furent adoptées par l'Administration, et c'est ainsi qu'on a exécuté le pont en pierre, terminé en 1846, qui a depuis servi de type pour un grand nombre d'ouvrages analogues. Il mérite bien en effet de servir d'exemple, non seulement pour les proportions et le mode de construction, mais aussi parce qu'il a été établi dans des conditions de dépenses modérées. Les dispositions des cintres en bois employés pour la construction des voûtes ont surtout été combinées d'une manière très heureuse et sont devenues d'une application très étendue[a].

Presque immédiatement après, MM. Bailloud et Kleitz[b] ont fait exécuter le pont de Cinq-Mars à 18 kilomètres en aval de Tours, pour la ligne dirigée vers

[a] Le *Traité de construction des ponts* par M. Morandière donne, page 544 et suivantes, des renseignements très détaillés et d'un grand intérêt sur la construction de cet ouvrage.

[b] Toutes les fois que, comme dans ce cas, deux noms sont cités pour la construction d'un pont, le premier s'applique à l'ingénieur en chef et le second à l'ingénieur ordinaire.

Nantes; en même temps on construisait à Orléans un autre grand pont pour la ligne dirigée vers le centre de la France. Enfin, de 1846 à 1848, MM. Dupuit et Mayer ont fait reconstruire les ponts de Cé pour la route nationale d'Angers aux Sables-d'Olonne.

Quelques années plus tard et par suite de la création de nouvelles lignes de chemins de fer, de nouveaux ponts sur la Loire sont devenus promptement nécessaires et c'est ainsi notamment que pour le chemin de fer de Tours au Mans, MM. Morandière et Déglin ont été chargés de faire établir le pont de Plessis-lez-Tours à 3 kilomètres en aval de cette ville: il a été terminé en 1856. On a ensuite entrepris presque simultanément deux autres traversées de la Loire, l'une à Chalonnes pour la ligne d'Angers à Niort et l'autre à Nantes pour la ligne dirigée vers la Roche-sur-Yon. Le pont de Chalonnes (fig. 4), formé de 17 arches de 30 mètres d'ouverture, en ellipses surbaissées à $1/4$, présente une longueur totale de 601^m.50 et constitue un des plus importants ouvrages de cette nature existant en France. Il a été fondé sur des massifs de béton immergé dans des enceintes de pieux, comme les autres ponts sur la Loire ci-dessus mentionnés, mais à Chalonnes les fondations ont été plus profondes, car on a été obligé de descendre, pour certaines piles, jusqu'à 9 mètres au-dessous de l'étiage. L'emploi des pierres de taille y a été restreint autant que possible, car, même pour les bandeaux des têtes, chacun des voussoirs est formé par la réunion de 8 à 10 moellons d'appareil et en résumé la dépense par mètre superficiel de ce grand ouvrage projeté par M. l'Ingénieur Moreau et exécuté par M. l'Ingénieur Dubreil, sous notre direction, est restée notablement inférieure à celle du pont de Montlouis. A Nantes, les conditions étaient beaucoup moins favorables; d'abord le fleuve comporte plusieurs bras, ce qui est toujours désavantageux en exigeant la construction d'un plus grand nombre de culées et de travaux accessoires; ensuite sur les deux bras principaux, pour lesquels les arches sont au nombre de 9 et de 7, avec les mêmes dimensions qu'à Chalonnes, le fond du lit est constitué par des couches alternatives de sable et de vase au-dessous desquelles on ne rencontre le rocher qu'à des profondeurs de 16 à 26 mètres: on a donc été obligé de fonder à l'air comprimé et les dépenses de ces ouvrages, exécutés également sous notre direction par M. l'Ingénieur Moreau, ont dépassé beaucoup celles du pont de Chalonnes. Le même Ingénieur avait précédemment fait établir en 1858 à Roanne, dans la partie supérieure de la Loire, un beau

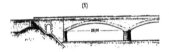

pont comprenant 7 arches de 28 mètres en arc de cercle surbaissé (1) sous la direction de M. l'Ingénieur en chef Bazaine.

Enfin le pont de Port-Boulet, entrepris aux frais du département d'Indre-et-Loire avec subvention de l'État, pour servir en même temps à un chemin de fer et à une route départementale (Pl. XIV, fig. 3), a été exécuté de 1874 à 1876, moyennant un prix très modéré, par M. l'Ingénieur de Basire, sous la direction successive de MM. Schérer et Dubreil.

Ainsi dans la période de 1845 à 1876, neuf traversées de la Loire par des ponts en maçonnerie ont été réalisées depuis Roanne jusqu'à Nantes, indépendamment de plusieurs ponts métalliques dont deux sont en cours d'exécution près de Blois et de Saumur.

Sur les divers affluents de la Loire, l'établissement des chemins de fer a entraîné la construction d'un nombre beaucoup plus considérable de ponts en maçonnerie, notamment sur l'Allier, le Cher, l'Indre, la Creuse, la Vienne, la Maine, la Sèvre, etc.; la plupart de ces ponts ont une importance réelle, par le nombre, la hauteur ou l'ouverture de leurs arches.

Le plus considérable de ces ouvrages est incontestablement le pont sur l'Allier au Guétin, formé de 15 arches elliptiques de 20 mètres d'ouverture

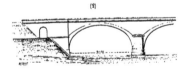

et construit par M. l'Ingénieur en chef A. Boucaumont. On peut citer ensuite le pont de Port-de-Piles, sur la Creuse (2), qui comprend 3 arches de 31 mètres d'ouverture et pour lequel les fondations des piles ont été établies par épuisements dans des caissons étanches sans fond, d'après des dispositions très habilement combinées par M. l'Ingénieur en chef Beaudemoulin.

C'est également d'après un autre type de caisson, avec parois à claire-voie, étudié par M. Beaudemoulin, qu'ont été construites sur massifs de béton immergé, reposant sur un rocher inaffouillable, les piles du pont d'Auzon sur la Vienne (3), à 2 kilomètres en amont de Châtellerault.

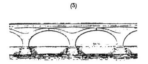

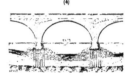

Le croquis (4) s'applique au pont de Bouchemaine près d'Angers, pour lequel nous donnons la coupe en long d'une arche et de deux piles, afin de montrer comment elles ont été fondées sur pilotis, défendus par des enrochements, à travers des couches épaisses de vases.

Enfin le pont sur la Sèvre-Nantaise au Pallet, dont le croquis (5) représente la partie centrale, donne un type d'ouvrage en plein cintre, avec voûtes reposant sur des piédroits élevés et pour lequel les fondations des piles ont été descendues jusqu'au rocher, à l'aide de batardeaux et d'épuisements.

Dans les paragraphes relatifs aux deux époques précédentes, nous avons mentionné les ponts de Paris antérieurs au siècle actuel et nous avons fait connaître que trois des plus anciens, les ponts au Change, Notre-Dame et Saint-Michel avaient été entièrement reconstruits de 1853 à 1859. C'est dans cette même période que la nécessité de multiplier les moyens de communication entre les deux rives de la Seine a fait naître l'établissement de nouveaux ouvrages ; ainsi en 1853, MM. Couche et Petit ont fait élever à l'amont de Paris le pont National, qui sert simultanément de passage au chemin de fer de ceinture et au boulevard extérieur ; en 1854 on a remplacé par des arches en maçonnerie les anciennes travées en fonte du pont d'Austerlitz ; à la pointe de l'île de la Cité, le pont Louis-Philippe, formé d'abord par une travée sus-

Ponts à Paris.

pendue, a été reconstruit en 1862 au moyen de trois belles arches elliptiques ; enfin en 1864 et 1880 on a intercalé entre le pont National et le pont d'Austerlitz, deux nouvelles communications réalisées par les ponts de Bercy et de Tolbiac.

En aval du pont de la Concorde, celui des Invalides, d'abord formé de 3 travées suspendues, a été remplacé en 1855 par un pont en pierre de 4 arches, mais la construction avait été faite trop à la hâte, des tassements se sont produits dans les fondations, des mouvements inquiétants ont eu lieu dans les voûtes et on a été obligé de reconstruire il y a peu d'années la plus grande partie de l'ouvrage, en reprenant presque complètement la fondation de deux piles.

Le pont de l'Alma, terminé en 1856, est formé de 3 grandes arches dont la principale a 43 mètres d'ouverture (Pl. X, fig. 6). Les voûtes, en ellipses surbaissées à un cinquième, sont évasées sur les têtes par des cornes de vache qui leur donnent beaucoup de hardiesse et d'élégance ; les tympans sont décorés de statues, peut-être trop grandes, mais qui donnent du caractère à la construction ; enfin le couronnement a été traité avec goût. L'ouvrage a été fondé sur pilotis dans des caissons foncés, mais malgré les précautions que l'on avait prises en remplissant de moellons les intervalles entre les pieux et en entourant l'ensemble de chaque fondation par de gros enrochements, des tassements assez considérables se sont manifestés et on a été obligé d'élégir beaucoup les tympans par des voûtes intérieures.

Le grand ouvrage qui traverse la Seine au Point-du-Jour (fig. 7) et qui se compose en réalité d'un pont très large, pour voies de terre, supportant en son milieu un viaduc sur lequel passe le chemin de fer de ceinture, a été construit sous la direction de MM. Bassompierre et de Villiers du Terrage. C'est un ouvrage éminemment remarquable par son importance et ses heureuses dispositions. Les fondations des piles ont été faites en massifs de béton immergé dans des caissons sans fond et la culée de rive droite seule a été fondée sur des pilotis, mais on a évité avec raison de couronner ces pieux par un plancher, on a pris soin d'envelopper leur partie supérieure dans un massif de béton, et ces précautions ont très bien réussi. Le pont proprement dit, avec le viaduc de chemin de fer qu'il supporte, mais non compris les viaducs situés sur les rives, présente une longueur de 175 mètres et a coûté environ 2,700,000 francs.

Ce dernier ouvrage ainsi que les ponts d'Iéna et de l'Alma sont, à notre avis et dans des types différents, les plus remarquables de tous les travaux de cette nature qui existent à Paris : le premier paraît plus correct, le deuxième plus hardi et le troisième plus monumental.

A 17 kilomètres de la gare de l'Est, le chemin de fer de Paris à Belfort traverse à une grande hauteur la vallée de la Marne, par un long viaduc dans lequel se trouve intercalé, pour le passage de la rivière, un pont formé de 4 arches de 50 mètres d'ouverture (fig. 8). Ces grandes arches en plein cintre sont d'un très bel aspect. Les Ingénieurs chargés des projets et de l'exécution étaient MM. Collet-Meygret et Pluyette.

Ponts
de Nogent-sur-Marne
et de Saint-Sauveur.

L'ouverture de 42 mètres du pont de Saint-Sauveur sur le Gave de Pau (fig. 10) est un peu moindre que celle des grandes arches de Nogent ; les difficultés étaient d'un tout autre ordre : on n'avait pas dans ce cas à se préoccuper des fondations, mais l'établissement des cintres à 65 mètres au-dessus de l'étiage du Gave était pénible et dangereux, tandis que les approvisionnements de matériaux pour les maçonneries n'arrivaient au lieu d'emploi qu'avec peine. On peut regretter que la douelle de la voûte ait été exécutée en maçonnerie commune avec enduit de ciment, parce que cet enduit est déjà tombé en partie, et d'un autre côté, dans une situation où abondent les belles pierres de taille, l'emploi d'un garde-corps en fonte n'était pas motivé. Mais dans son ensemble, cet ouvrage, projeté et exécuté par MM. Schérer, Marx et Bruniquel, est d'un aspect grandiose et produit incontestablement beaucoup d'effet.

Parmi les ponts présentant de grandes voûtes, il y a lieu de citer aussi les ponts de Berdoulet, Signac, Claix et Collonges. Le premier (Pl. XIV, fig. 5), situé sur l'Ariège un peu en aval de Foix, consiste principalement dans un arc de cercle de 40 mètres de portée, dont les naissances s'appuient d'un côté directement sur le rocher des rives et de l'autre sur un massif de maçon-

Autres ponts
à grandes ouvertures.

nerie peu élevé; les tympans sont évidés par des arceaux de 12 mètres d'ouverture; les voussoirs, qui forment de larges bossages saillants, se détachent très nettement des maçonneries à joints de hasard qui forment le nu des tympans et cette construction très simple convient parfaitement à la région montagneuse où elle se trouve placée. Le deuxième ouvrage (fig. 6), exécuté sous la direction de MM. Decomble et Schellinx, consiste en une voûte de 40 mètres d'ouverture comme la précédente, mais qui en diffère par ce que son intrados est une anse de panier déterminée par la méthode de M. Saint-Guilhem, d'après laquelle la courbe des pressions passerait par les centres de gravité des voussoirs. Sans admettre que cette condition soit vraiment réalisée, il est certain que la voûte, exécutée avec un très grand soin, en belles pierres de taille à bossages rustiques avec mortier de ciment, a été décintrée, sans ouvertures apparentes dans les joints, avec un succès complet.

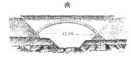
(6)

Une autre arche, de 33 mètres d'ouverture, a été construite d'après les mêmes règles, sur la Gimone (6), pour le chemin de fer de Toulouse à Auch et M. l'inspecteur général Decomble a constaté également qu'aucun mouvement ne s'était produit dans la voûte quand on l'a décintrée, mais on avait encore opéré dans cette circonstance avec mortier de ciment. Le nouveau pont de Claix sur le Drac (fig. 4), qui remplace avec grand avantage pour la circulation des voitures l'ancien pont du seizième siècle, parce qu'il fait éviter les rampes très fortes que présentent les abords, a pour courbe d'intrados un arc de 52 mètres d'ouverture surbaissé à un septième, dont les épaisseurs sont 3^m.10 aux naissances et 1^m.50 à la clef pour le corps de la voûte, tandis que pour les bandeaux des têtes les épaisseurs correspondantes sont seulement 2^m.20 et 1^m.20 : des différences aussi grandes paraissent exagérées, mais il en résulte une grande apparence de hardiesse pour les arcs des têtes. Le pont a été construit avec de grandes précautions et en employant exclusivement du ciment Vicat pour les maçonneries de la voûte. Le décintrement, opéré 42 jours après la pose des clefs, n'a accusé qu'un tassement de 4 millimètres; mais les mouvements dus aux variations de température sont plus prononcés et ainsi, pour une différence de 52 degrés, on a constaté un relèvement de 7 millimètres. Les tympans sont élégis par 3 rangées de voûtes d'arête de 1ᵐ.50 d'ouverture. La dépense de 139,000 francs est modérée pour une aussi grande arche et la construction fait honneur à MM. les Ingénieurs en chef Berthier et Gentil, ainsi qu'à MM. les Ingénieurs ordinaires Pasqueau et Cendre, qui y ont successivement concouru. Le nouveau pont de Claix a seulement le défaut de manquer de hauteur, ce qui a dû être accepté en raison du but à atteindre, mais au point de vue de l'aspect, la forme générale de l'ancien pont produit un plus grand effet.

. Enfin le pont de Collonges, construit sur le Rhône pour la route nationale n° 206, à 800 mètres en amont du
fort l'Écluse (7), pré-
sente une arche en
plein cintre de 40
mètres d'ouverture,
de part et d'autre
de laquelle ont été

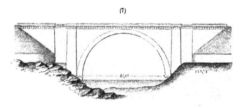

établies, à la demande du génie militaire, 2 travées métalliques de faible ouver-
ture reposant sur des piédroits très élevés. Le point caractéristique à citer au sujet de cet ouvrage consiste en ce que, pour fonder à l'air comprimé la culée de la rive gauche, c'est là qu'en 1870 M. l'Ingénieur Sadi-Carnot a projeté, et a fait ensuite appliquer sous la direction de M. l'Ingénieur en chef Collet-Meygret, la disposition par laquelle les écluses à air sont placées immédiatement au-dessous du plafond de la chambre de travail, ce qui fait éviter l'emploi de l'air comprimé dans toutes les parties supérieures à ce niveau. Il est à remarquer que cette disposition paraît avoir été conçue en même temps, en France, pour le pont de Collonges, et aux États-Unis, pour le grand pont de Saint-Louis sur le Mississipi.

Si maintenant nous revenons à des ouvrages dont les ouvertures n'atteignent plus d'aussi grandes dimensions, mais qui se font remarquer par d'autres Ponts de Tilsitt et des Andelys.

14

caractères, nous citerons en première ligne le pont de Tilsitt à Lyon, exécuté
en 1864 par MM. Kleitz et Jacquet (Pl. X, fig. 2). Il a été reconstruit sur les
fondations de l'ancien pont, en diminuant l'épaisseur des piles, en augmentant
la largeur entre les têtes et en remplaçant les voûtes en anses de panier par
des arcs de cercle surbaissés, de sorte que l'on a augmenté de un cinquième
environ la section d'écoulement au-dessus de l'étiage, réduit beaucoup l'importance du remous et enfin créé un ouvrage d'une rare élégance de formes.
M. l'Inspecteur général Kleitz a, pour la première fois, fait appliquer à cet
ouvrage une disposition de pose des voussoirs qui, en laissant d'abord vides,
à partir des naissances, les deux premiers joints de la voûte dans lesquels
l'écartement des voussoirs était provisoirement maintenu par des tasseaux
et en ne les remplissant de ciment qu'après la cessation de tout mouvement
dans les cintres, a permis d'éviter toute ouverture de joints dans les voûtes lors
du décintrement.

Le pont des Andelys (Pl. XIV, fig. 2) a été construit pour une route départementale, en remplacement d'un pont suspendu détruit pendant la guerre
de 1870 : il comprend 4 arches en anse de panier de 33 mètres d'ouverture
surbaissée à 1/4. L'épaisseur à la clef est de 1m.10 seulement; les tympans
sont évidés dans les deux sens par des voûtes en plein cintre de 2m.10 d'ouverture, et ces évidements sont laissés apparents sur les têtes. Il en résulte
que le pont présente un aspect remarquable de légèreté, et l'ouvrage a d'ailleurs été exécuté dans des conditions très économiques, avec des matériaux
de petites dimensions, sous la direction de MM. Degrand et Cordier.

Ponts sur la Garonne
et ses affluents.   Les ponts en maçonnerie sur la Garonne étaient nombreux, surtout dans
la partie supérieure, parce que les fondations pouvaient sans grandes difficultés y être établies sur le tuf à de faibles profondeurs; mais dans la grande
crue de 1875 on a reconnu que ce tuf est affouillable dans une certaine mesure
et que cette circonstance a entraîné la chute de plusieurs ouvrages, tant pour
chemins de fer que pour routes. A la suite de ces graves accidents, on a cru
devoir recourir à des travées métalliques avec piles fondées à l'air comprimé
pour remplacer la plupart des ponts détruits; cependant le maintien des

autres a prouvé suffisamment qu'il est très possible de faire directement dans ce terrain des fondations parfaitement solides, seulement il faut avoir soin de les descendre au-dessous des couches affouillables et d'en défendre les bases énergiquement. Parmi les ponts qui ont bien résisté dans la partie la plus haute du fleuve, on peut citer les ouvrages construits par M. Decomble pour la ligne ferrée de Luchon à Montréjeau et le pont même de cette dernière ville, dont la ruine aurait été d'autant plus regrettable qu'il a été construit avec beaucoup de goût. Plusieurs ponts entre Montréjeau et Toulouse se sont aussi bien maintenus, notamment le pont de Pinsaguel sur la ligne de Toulouse à Foix, tandis que celui de la route nationale, à 100 mètres en aval du précédent, a été renversé sur la moitié de sa longueur. Les ponts d'Empalot eux-mêmes, placés à quelques kilomètres en amont de Toulouse sur les deux bras de la Garonne, ont été détruits en partie et la compagnie du Midi a jugé nécessaire d'employer pour l'un d'eux des travées métalliques. Parmi ceux qui ont résisté en aval de Toulouse, on doit citer principalement le pont de Saint-Pierre-de-Gaubert, construit par M. l'Ingénieur en chef Regnault pour la ligne d'Agen à Auch : c'est un grand ouvrage, terminé en 1866, qui comprend 17 arches d'environ 22 mètres d'ouverture et dont la longueur totale atteint 450 mètres. Les beaux ponts-canaux de Moissac sur le Tarn et d'Agen sur la Garonne se sont aussi parfaitement maintenus. A Port Sainte-Marie, le pont entrepris pour le chemin de fer dirigé vers Condom était à peine commencé et le travail des fondations a été rendu très difficile par les crues de 1875 et 1876; mais aucun accident grave n'a eu lieu, et cet ouvrage formé de 8 grandes arches elliptiques de 32 mètres d'ouverture (Pl. XIV, fig. 1), indépendamment des travées de décharge qui ont été établies dans plusieurs parties de la vallée, a été exécuté avec un plein succès par MM. Faraguet et Petit, avec le concours d'un conducteur très expérimenté, M. Marchand. Un pont bien plus considérable encore, parce qu'il doit être suivi sur chaque rive d'un grand viaduc de décharge, est actuellement en cours d'exécution à Marmande pour la ligne du chemin de fer vers Mont-de-Marsan : il a été projeté et fondé par MM. Faraguet et Séjourné.

Sur la Dordogne, un grand nombre de ponts ont été ou sont encore en

construction pour divers chemins de fer : ils se trouvent d'autant plus multipliés que, par suite de la nature accidentée des terrains, une même ligne
traverse fréquemment plusieurs fois la rivière. Le pont de Trémolat (fig. 11)
donne un spécimen des ouvrages de cette nature construits récemment par
la compagnie d'Orléans pour la ligne de Bergerac au Buisson : il se compose
de 7 arches de 24 mètres situées immédiatement à la sortie d'un souterrain.
Les fondations ont été descendues sur le rocher dans un caisson en bois sans
fond, avec bordage étanche, et les avant et arrière-becs des piles sont continués jusqu'au niveau de la voie par des parties cylindriques dont le dessus
forme refuge. Ce type est appliqué à 4 ponts dont 2 sont exactement semblables à celui de Trémolat et dont le dernier, celui de Mauzac, diffère
seulement des précédents par l'ouverture des arches, qui a été portée
à 30 mètres. Ces ouvrages ont été exécutés par MM. Dupuy et Liébeaux.
D'autres ponts à peu près de mêmes ouvertures, mais avec des fondations
beaucoup plus profondes qui ont nécessité l'emploi de l'air comprimé, ont
été précédemment construits par MM. Lionnet et Roman, pour la ligne de
Libourne à Bergerac; enfin dans une partie plus élevée de la rivière, d'autres
traversées ont nécessité des ouvrages de même nature, construits sous la
direction de MM. Fargaudie, Roman et Liébeaux, et sur plusieurs desquels
on a appliqué avec succès une disposition introduite par un habile entrepreneur, M. Montagnier, pour supprimer, dans les profondeurs restreintes,
les solutions de continuité que présente l'emploi des appareils ordinaires
dans les fondations à l'air comprimé [a]. Parmi les affluents de la Garonne, le

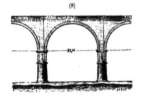

Lot et le Tarn ont donné lieu également à
l'établissement de nombreux ponts en maçonnerie dont plusieurs ont été exécutés avec
succès en briques disposées avec goût, notamment ceux de Lexos sur l'Aveyron, de
Saint-Sulpice sur l'Agout et d'Albi sur le Tarn.
Le croquis (8) donne les lignes générales

(a) Mémoire de M. Liébeaux. (Annales de 1881.)

d'une arche de ce dernier pont dont l'appareil sera indiqué avec détail dans
le Cours.

Dans la partie sud-ouest de la France, il y a lieu de citer, parmi les ponts
construits sur l'Adour, celui de Dax, exécuté par M. Boutillier pour le chemin
de fer de Bordeaux à Bayonne, et celui de Lanne, achevé en 1876 seulement
pour la route nationale n° 117. Ces deux ouvrages ont été fondés avec succès
sur des pilotis dont les têtes sont engagées dans des massifs de béton. Le
dernier d'entre eux (fig. 9), dont la largeur est seulement de 6^m.50 entre
garde-corps, a été exécuté dans des conditions très économiques, sous la
direction de MM. Perreau et Aubé. Enfin, à l'origine du chemin de fer de
Puyoo à Saint-Palais, un pont qui par ses proportions, son appareil et sa bonne
exécution, mérite de servir de type pour les constructions d'importance analogue, vient d'être terminé par MM. Lemoyne et Maurer.

Dans le Languedoc, les ponts en maçonnerie construits à notre époque ne
sont pas nombreux, précisément parce qu'on en avait élevé beaucoup au
dix-huitième siècle, mais il est juste de mentionner spécialement les ponts
biais construits pour la grande ligne du Midi, à Carcassonne, sur l'Aude,
par M. Endrès, et à Béziers, sur l'Orb, par M. Simon. En Roussillon, les deux
ponts sur l'Agly à Rivesaltes et sur la Tet à Perpignan, établis sur la ligne de
Narbonne à la frontière d'Espagne, font honneur à M. l'Ingénieur en chef
Bonnet pour leurs bonnes dispositions, le goût apporté dans le dessin des
moulures et le fini d'exécution dont témoignent ces travaux.

Enfin, pour terminer cette énumération des ponts en maçonnerie de notre
époque qui méritent à divers titres d'être mentionnés d'une manière spéciale
et sous réserves, au sujet des omissions qui se trouveront exister dans ce
résumé, il nous reste à citer trois ouvrages situés l'un dans le département
du Tarn et les deux autres dans le département de l'Aveyron. Le premier est
le pont construit à Albi, pour la route nationale n° 88 : il est formé de
5 arches en plein cintre de 27^m.60 d'ouverture, est biais à 74° et a été
construit par arceaux indépendants reliés par de petites voûtes. C'est un
ouvrage fort intéressant, mais le biais était trop faible pour motiver un appareil
aussi compliqué.

Le deuxième ouvrage est le pont de Coursavy, sur le Lot (9), formé d'une

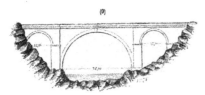

(9)

grande arche en plein cintre de 34 mètres d'ouverture et de deux petites arches latérales de 12 mètres. Les proportions sont bonnes et l'aspect de la construction est satisfaisant.

Enfin le troisième ouvrage, celui de la Cadène sur la Truyère (10), a été

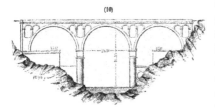

(10)

construit en 1845, en remplacement d'un ancien pont en charpente dont on a utilisé les piles; les trois arches sont en pleins cintres de 22m.10 et les tympans ont été évidés chacun par trois petites voûtes transversales, dont la disposition est analogue à celle employée à Albi. L'ouvrage actuel est léger d'aspect et produit un bon effet.

Ponts-canaux
et ponts-aqueducs.

Les ponts-canaux sur de grandes rivières ne sont pas nombreux en France, et nous mentionnerons seulement les principaux. Il convient de citer en première ligne celui du Guétin sur l'Allier, construit par M. Jullien aussitôt après sa sortie de l'École des ponts et chaussées. Quelques années plus tard il a fait construire avec le même succès le pont de Digoin sur la Loire. Ensuite

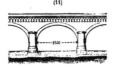

(11)

est venue l'exécution du canal latéral à la Garonne, qui a donné lieu aux ponts-canaux d'Agen et de Moissac. Le premier, dont la longueur atteint 539 mètres, est formé de 23 arches de 20 mètres d'ouverture en anse de panier peu surbaissée.

La hauteur des tympans, nécessairement très forte dans les ponts-canaux, a été dissimulée habilement dans ce cas par des machicoulis, comme l'indique le croquis (11). Les travaux ont été exécutés de 1840 à 1848, sous la direction de M. l'Ingénieur en chef de Job, par MM. les Ingénieurs Maniel et Couturier.

Le pont de Béziers, construit sur l'Orb pour le canal du Midi (12), a moins d'importance comme dimensions, mais présente un type encore plus heureux que celui d'Agen. Les murs qui limitent la cuvette du canal ont des épaisseurs aussi réduites que possible et sont accompagnés sur chaque tête par des galeries à arcades qui, tout en formant une décoration très élégante, ont principalement l'avantage de laisser apparents les points où des filtrations se manifesteraient et d'en faciliter beaucoup les réparations. Tous les détails de cet ouvrage ont été étudiés et exécutés avec un goût et un soin exceptionnels par MM. Maguès et Simonneau.

Comme ponts-aqueducs, en désignant sous ce nom les ouvrages qui, sans s'appliquer à un canal de navigation, transportent d'une rive à l'autre une conduite d'eau, seulement à la hauteur nécessitée par le régime de la rivière, nous avons à mentionner plusieurs travaux importants projetés et construits par M. l'Inspecteur général Belgrand pour l'alimentation de Paris. L'un d'eux (Pl. XIV, fig. 7) s'applique à la traversée de l'Yonne à Montereau et comprend de grandes arches de 30 et 40 mètres d'ouverture en ellipses très surbaissées; les tympans sont élégis par de petites arcades et l'ensemble de la construction est très léger d'aspect, mais les effets de la dilatation ou de la compression sont beaucoup trop sensibles avec d'aussi grandes arches et donnent lieu à d'abondantes filtrations.

Le pont-aqueduc de Moret est construit sur un type analogue; seulement l'ouverture de l'arche centrale ne dépasse pas 35 mètres.

Un autre ouvrage (fig. 8), qui est affecté au passage de la Marne, se trouve dans de meilleures conditions, parce que les arches sont moins grandes et que les tympans sont pleins; mais le mode de construction en béton Coignet, employé pour certaines parties de ces ouvrages et de plusieurs autres analogues, a donné de mauvais résultats et oblige fréquemment à faire des consolidations ou des réparations dispendieuses. Ces défauts dans l'exécution sont regrettables, mais les dispositions générales prises pour l'alimentation d'eau de Paris ont été conçues avec une habileté exceptionnelle.

Au moment de la création des chemins de fer, on employait presque indistinctement le nom de viaduc pour tous les ouvrages d'art relatifs à ces nouvelles voies ; mais il en résultait une certaine confusion au sujet de l'importance relative des travaux, et les ingénieurs ont généralement été amenés à réserver cette dénomination pour les ouvrages qui, par le nombre de leurs arches, leur longueur ou leur hauteur, dépassent notablement ce qui serait nécessaire pour l'écoulement des eaux ou le maintien des communications. C'est donc seulement dans ce sens que nous l'appliquerons.

Le premier viaduc important construit en France est celui du Val-Fleury, élevé en 1840 par MM. Perdonnet et Payen pour le chemin de fer de Paris à Versailles, sur la rive gauche de la Seine. Son exécution a présenté des difficultés sérieuses par suite de la mauvaise nature du terrain, et pour quelques-unes des piles les fondations ont dû être descendues jusqu'à 14 mètres de profondeur dans le sol.

Ensuite sont venus les viaducs de la ligne de Rouen au Havre, exécutés en 1845 par une Compagnie anglaise. Ces travaux, construits très légèrement en briques de qualité très inégale, n'ont pas bien réussi : l'un d'eux, celui de Barentin, a dû être reconstruit entièrement et un autre n'a été maintenu qu'au moyen d'armatures en fer. Pendant ce temps, de nouvelles lignes étaient entreprises et sur celle de Tours à Bordeaux, M. Morandière a fait élever les viaducs de l'Indre et de la Manse qui, prudemment conçus, parfaitement étudiés et exécutés avec beaucoup de soin, ont donné d'excellents types qui ont ensuite

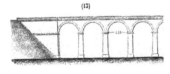
(15)

été imités avec succès sur un grand nombre d'autres points. Au viaduc de l'Indre (15), dont la hauteur est de 20 mètres seulement, les arches avaient 9^m.80 d'ouverture; l'épaisseur des piles aux naissances était de 2^m.20 et, en outre, des piles culées dont l'épaisseur au même niveau attei-

gnait 3ᵐ.20, étaient disposées de 5 en 5 arches. L'ouvrage entier a une longueur de 751 mètres.

Le viaduc de la Manse (14) est moins long, mais plus élevé. L'ouverture des
arches est de 15 mètres et l'épaisseur
aux naissances est uniformément de
3ᵐ.40 pour les piles.

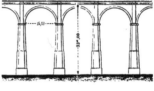

(14)

La longueur totale est de 303 mètres et la plus grande hauteur au-
dessus du sol atteint 33 mètres. Ces
deux ouvrages, d'autant plus remarquables qu'à cette époque les bons
exemples faisaient défaut, ont été terminés en 1848.

Quelques années plus tard M. Jullien, devenu Directeur de la Compagnie
du chemin de fer de Paris à Lyon, a fait construire, pour la traversée de deux
vallées profondes en avant de Dijon, les grands viaducs de la Combe-de-Fin (15)
et de la Combe-Bou-
chard : ils sont tous les
deux bâtis d'après le
même type; l'étage infé-
rieur, de hauteur res-
treinte, présente des piles
extrêmement épaisses, et
celles de l'étage supé-
rieur, plus élevé, sont

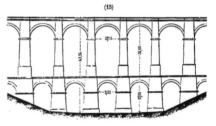

(15)

encore très fortes. En outre, des piles culées encore plus résistantes sont établies de 5 en 5 arches. Ces viaducs sont lourds d'aspect et ont coûté cher, mais
ils sont d'une solidité à toute épreuve et les travaux ont été exécutés très
habilement par M. l'Ingénieur Ruelle, actuellement directeur des travaux neufs
de la Compagnie.

Vers la même époque, on construisait en Bretagne, à Dinan, un viaduc pour
route nationale au-dessus de la vallée de la Rance. Le dessin de cet ouvrage
a été donné par M. l'Inspecteur général Reynaud (16). Le viaduc comprend

15

10 arches de 16 mètres, supportées par des piles de 4 mètres d'épaisseur,
dont les parements sont verticaux dans le sens de la longueur de l'ouvrage,
mais qui sont appuyées par des contreforts avec fruit dans le sens transversal.
Cette verticalité des piles est conforme aux traditions romaines, mais ne se
trouve pas bien motivée au point de vue des pressions ; d'un autre côté, le
manque de couronnement pour les contreforts rend, à notre avis, trop froid
l'aspect de cette partie du viaduc. Mais l'ensemble de l'ouvrage est extrêmement
remarquable et il a été très bien exécuté par M. l'Ingénieur en chef Fessard.

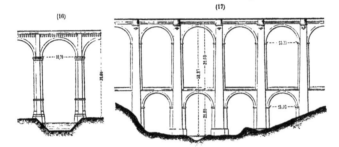

Le viaduc de la Gartempe (17) construit en 1854 pour le chemin de fer de
Châteauroux à Limoges, est plus élevé que celui de Dinan et comprend deux
rangs d'arcades dont les ouvertures sont de 13 et 15 mètres. Par une disposition spéciale, les contreforts, à partir du soubassement, s'élèvent d'un seul
jet jusqu'à la plinthe et sont couronnés par des tourelles, avec cul-de-lampe,
qui servent de refuges. Il résulte de là que les contreforts forment des cadres
saillants en arrière desquels se profilent les diverses lignes des deux rangs
d'arcades du viaduc. Cette disposition mériterait d'être reproduite.

Le viaduc de Chaumont, construit par MM. Zeiller et Decomble, pour le
chemin de fer de Paris à Mulhouse, est un des ouvrages les plus importants de
ce genre dans notre pays. Sa longueur totale est de 600 mètres et il comprend
50 arches consécutives en plein cintre, dont les piles sont contre-butées à deux
niveaux différents par des voûtes en arc de cercle ; de sorte qu'à distance le

viaduc paraît réellement être composé de trois étages comprenant 130 arcades
(Pl. X, fig. 11). Des piles culées, disposées de 5 en 5, garantissent, en cas de rupture partielle en temps de guerre, la conservation du reste de l'ouvrage et sont
munies de contreforts qui s'opposent à tout déversement, en même temps qu'ils
constituent un motif de décoration pour l'ensemble. Seulement, comme les arches
sont très petites et le viaduc fort long, il en résulte que si l'on se place en face
de la partie centrale, on ne voit de jour qu'à travers un nombre restreint d'ouvertures et que de part et d'autre l'ouvrage a l'apparence de murs pleins ; il y
aurait donc eu, sous ce rapport et aussi au point de vue de la dépense, avantage
à employer des arches plus grandes, ainsi que nous en citerons plus loin des
exemples.

Sur la ligne de Lyon à Genève, M. Schlemmer, actuellement Inspecteur
général, a fait construire le viaduc
de la Valserine (18), qui comprend de
part et d'autre un certain nombre
d'arcades peu élevées, mais qui, à la
traversée de la rivière, prend une
très grande importance parce que les
rails s'y trouvent placés à 47 mètres
au-dessus des eaux. L'arche qui sert
à franchir ce passage a 32ᵐ.40 d'ouverture en plein cintre et ses piédroits sont contre-butés par une

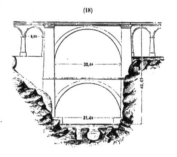

autre grande arcade de même forme : elles sont toutes les deux encadrées
entre deux pilastres d'un beau style et la disposition, très rationnelle
d'ailleurs, employée dans cette circonstance spéciale, produit un grand
effet.

Le viaduc de Commelle, construit en 1858, pour la ligne de Paris à Creil,
par MM. Couche et Mantion (19), présentait des difficultés de fondation d'autant
plus sérieuses que, pour une partie des piles, il a fallu employer des pilotis,
qui peuvent difficilement donner des garanties sérieuses de solidité quand il
s'agit de supporter un ouvrage d'environ 40 mètres de hauteur. On s'est

attaché par suite à diminuer autant que possible le poids de la construction,

en donnant aux piles des fruits prononcés dans les deux sens et en élégissant les tympans par des voûtes intérieures; tandis que d'autre part on affectait à la plate-forme de fondation un large empatement et que cette plate-forme était constituée par un massif de béton très hydraulique dans lequel se trouvaient solidement enchâssées les têtes des pieux. Ces précautions ont bien réussi et le viaduc est d'un très bel aspect.

A la même époque on construisait sur la ligne de Saint-Germain-des-Fossés à Roanne cinq viaducs, dont il a été rendu un compte détaillé dans les Annales des ponts et chaussées de 1859. Le viaduc de la Feige, formé d'arches de

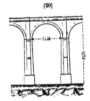

14 mètres d'ouverture et dont la hauteur maxima est 31 mètres (20), donne le premier exemple des ouvrages de ce genre dont les piédroits et les voûtes sont construits exclusivement en moellons d'appareil, sans pierre de taille. Non seulement cette disposition est économique, mais de plus elle a le grand avantage de donner à la construction une homogénéité complète.

Elle a été appliquée depuis avec le plus grand succès à plusieurs viaducs des lignes de Nantes à Brest et de Limoges à Brive, pour des ouvertures et pour des hauteurs de plus en plus grandes, ainsi que nous le préciserons un peu plus loin.

Le viaduc de Morlaix (Pl. X, fig. 12) traverse le port de cette ville à 57 mètres au-dessus du plan d'eau, et dans notre pays, n'a été dépassé jusqu'à présent en hauteur que par trois autres ouvrages en maçonnerie, le viaduc sur l'Altier, le viaduc de Crueize et l'aqueduc de Roquefavour. Il est formé de deux étages d'arches reposant sur des piles très épaisses, surtout à la partie basse, parce que leur fruit est très prononcé. Cet ouvrage, entièrement construit en granit et d'une solidité incontestable, est d'un effet très imposant. Il a été projeté et exécuté par MM. Planchat et Fénoux : ce dernier a publié dans les Annales de 1867 une notice détaillée sur ce remarquable ouvrage.

Plusieurs autres grands viaducs ont été construits également sur la ligne de Rennes à Brest : celui du Gouet, dont la hauteur au-dessus du sol est sensiblement la même qu'à Morlaix, se compose également de deux rangs d'arches et a été exécuté par M. de Boisanger. Le viaduc du Goëdic, situé aux abords mêmes de Saint-Brieuc, contient seulement un rang d'arches et sa hauteur est de 34 mètres. Enfin le viaduc de Kerhuon, situé sur une anse où sont conservés les dépôts de bois pour la marine, a été construit sous la direction de MM. Planchat et Maréchal.

Le chemin de fer de Nantes à Brest a également donné lieu à la construction de plusieurs grands viaducs qui, sans atteindre la hauteur de ceux de Morlaix et du Gouet, doivent être mentionnés pour leurs dispositions spéciales et pour les grandes difficultés de fondation auxquelles la plupart d'entre eux ont donné lieu. Ils sont au nombre de 7 et leur mode de construction, analogue à celui du viaduc de la Feige précédemment cité, est caractérisé par une grande homogénéité dans toutes les parties de chaque ouvrage et notamment parce que toutes les faces vues jusqu'au-dessous des plinthes sont construites en moellons équarris de granit, dont les parements sont rustiqués en bossages avec ciselures sur les arêtes saillantes seules. Des contreforts sont appliqués à toutes les piles lorsque la hauteur dépasse 30 mètres : avec les hauteurs moins grandes, on établit seulement des contreforts pour les piles formant culées, comme par exemple à Auray. Les fondations de cet ouvrage, exécutées par épuisement dans des enceintes blindées, ont donné lieu de la part de M. l'Ingénieur Sévène à des dispositions spéciales dont le succès a été complet. Le viaduc d'Hennebont, qui traverse le Blavet dans sa partie maritime et dont les 5 arches principales ont reçu à cet effet une ouverture de 22 mètres, a entraîné des difficultés de fondation très grandes qui ont été surmontées par M. l'Ingénieur Dubreil avec une remarquable énergie. C'est lui également qui a fait construire le viaduc de Quimperlé, dont la hauteur atteint 32 mètres avec des ouvertures d'arches de 15 mètres et dont l'exécution a été faite avec une régularité peu ordinaire. Les quatre autres viaducs, ceux de Châteaulin, Port-

Launay, Pont-de-Buis et Daoulas, ont été exécutés par M. l'Ingénieur Arnoux avec un soin, une sollicitude et un dévouement exceptionnels. Le viaduc de Port-Launay sur l'Aulne, dont il a rendu compte dans les Annales de 1870, fait connaître en détail toutes les précautions prises pour assurer le succès de ce grand ouvrage et notamment les dispositions ingénieuses qu'il a adoptées pour fonder par épuisement les piles en rivière. L'arche représentée sur la Pl. X, fig. 9, montre combien les proportions adoptées donnent du jour et de l'air à l'ouvrage, en même temps que la saillie prononcée des contreforts diminue la largeur apparente de la pile et que la suppression du cordon, ordinairement employé aux naissances, donne à l'arche un caractère spécial de hardiesse et de grandeur.

Le viaduc de l'Altier (fig. 14), construit dans une région très accidentée sur la ligne de Brioude à Alais, près Villefort, est placé dans une courbe de 400 mètres de rayon et dans une déclivité de $0^m.025$; il est formé de 10 arches de 16 mètres d'ouverture et comporte une seule voie de fer; sa hauteur est de 69 mètres au-dessus des eaux du torrent et atteint 73 mètres à partir du fond du lit. Les piles sont contre-butées, dans leur partie basse, à 47 mètres au-dessous des rails, par des voûtes de 3 mètres de largeur entre les têtes. Leurs contreforts laissent les bandeaux apparents, comme sur les viaducs de la ligne de Nantes à Brest, et présentent des fruits qui augmentent graduellement du sommet à la base jusqu'à $0^m.10$ par mètre. Ce magnifique ouvrage dont la figure précitée permet d'apprécier la hardiesse et la légèreté est principalement l'œuvre de M. Dombre, Ingénieur en chef des ponts et chaussées, agissant sous la direction de M. Ruelle, Directeur des travaux neufs de la partie Sud du réseau de la compagnie de Paris à Lyon et à la Méditerranée, avec le concours de M. Joubert, Ingénieur de cette Compagnie. La construction de cet ouvrage n'est revenue qu'à un prix très modéré.

Ce viaduc est par sa hauteur celui qui, de tous ceux existant en France, se rapproche le plus de l'aqueduc de Roquefavour (fig. 13), construit en 1847 par le célèbre Ingénieur en chef des ponts et chaussées, M. de Montricher, pour conduire à Marseille une dérivation des eaux de la Durance. Cet aqueduc, destiné au même usage que le pont du Gard, se compose comme lui de trois étages d'arches et le rang supérieur est également formé de très petites voûtes, ainsi qu'il est très rationnel d'en employer pour des conduites d'eau. A Roquefavour, la hauteur des deux étages inférieurs est beaucoup plus considérable qu'au pont du Gard, mais les ouvertures sont moins grandes et l'ouvrage ne présente pas assez de jour, ainsi que nous l'avons déjà fait remarquer pour le viaduc de Chaumont. Quand on le compare au viaduc sur l'Altier, on constate que ce dernier paraît notablement plus léger dans la partie supérieure à son soubassement. Dans l'aqueduc on a en outre exagéré les saillies des bossages, et il en résulte une incertitude regrettable dans l'aspect des lignes principales de la construction. Mais ce monument n'en est pas moins un de ceux qui font le plus d'honneur à la France et à l'éminent Ingénieur qui l'a fait élever.

Le chemin de fer de Limoges à Brives traverse une région très accidentée qui a nécessité la construction de sept viaducs dont le plus important est celui de Pompadour (Pl. XIV, fig. 12). Il est construit d'après le même type que le viaduc de l'Aulne ; seulement comme il est plus élevé, l'ouverture des arches a été portée à 25 mètres, sans qu'il en soit résulté de difficultés sérieuses pour la construction des voûtes, et l'ouvrage se trouve ainsi établi dans d'excellentes proportions. Cet exemple, réalisé par M. l'Ingénieur en chef Dupuy, sous la direction supérieure de MM. Morandière et Sevène, permet de penser qu'il serait possible de porter les ouvertures jusqu'à 30 ou même 35 mètres, de manière à obtenir des viaducs de 60 à 70 mètres d'élévation, sans arceaux intermédiaires pour contre-butement et en conservant le mode de construction en maçonneries tout à fait homogènes, dont tous les parements resteraient constitués en moellons équarris, comme sur les ouvrages déjà nombreux auxquels il en a été fait application.

Le viaduc de la Selle, construit à 4 kilomètres de Gap, sur la ligne venant de Grenoble (fig. 14), a 55 mètres de hauteur comme l'ouvrage précédent, mais ses arches, au nombre de 9, n'ont que 16 mètres d'ouverture, et les piles les plus élevées sont contre-butées à 33 mètres en contre-bas des rails par des arceaux de 3 mètres de largeur. Il est situé dans une courbe de 350 mètres de rayon, avec une déclivité de $0^m.025$ et présente, sous une échelle moins grande, des dispositions analogues à celles du viaduc de l'Altier : les pressions y sont modérées, ainsi que les dépenses. Cet ouvrage important a été construit par la compagnie de Paris-Lyon-Méditerranée, sous la direction de M. Ruelle.

Sur le chemin de fer de Rodez à Millau, dont l'exécution a présenté, surtout par suite de la mauvaise nature des terrains, des difficultés considérables, M. l'Ingénieur en chef Robaglia a fait construire, avec le concours de M. l'Ingénieur Pader, plusieurs viaducs dont le plus important, celui de Vezouillac, est situé dans une courbe de 300 mètres de rayon, présente une hauteur maxima de 43 mètres et comprend 7 arches de 16 mètres d'ouverture (fig. 13). Les contreforts ne s'appliquent qu'à une partie de l'épaisseur des piles, de manière à laisser apparents les bandeaux et une partie des piédroits, comme dans un grand nombre des ouvrages précédemment cités ; mais en outre ils présentent, ainsi que les parements des piles, des fruits gradués qui vont en augmentant vers la base, de telle sorte que la pression soit à peu près la même à toute hauteur. Cette disposition, rationnelle au point de vue des pressions, a l'inconvénient de donner trop de largeur à la base des piles, surtout quand on tient à ce que les pressions restent faibles. Les saillies des contreforts des piles sont différentes d'un côté à l'autre de l'ouvrage dans les viaducs en courbe comme celui-ci ; enfin les élégissements intérieurs ont été faits avec des voûtes de

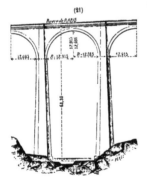

décharge disposées dans le sens de la longueur. Les travaux de ce viaduc, ainsi que ceux d'autres ouvrages analogues entre Sévérac et Mende, notamment le viaduc de Saint-Laurent d'Olt, ont été exécutés avec beaucoup de précision et de soin.

La ligne de Marvejols à Neussargues donne également lieu à la construction d'un grand nombre d'ouvrages importants en maçonnerie, parmi lesquels on doit citer principalement le viaduc de Crueize (21), construit par MM. Bauby et Boyer. Il présente dans ses formes beaucoup d'analogie avec le viaduc de Vezouillac, mais ses dimensions sont plus grandes, et les fruits courbes que présentent ses piles sont beaucoup moins accentués, parce que l'on a admis des pressions notablement plus fortes.

Le viaduc de Cize sur l'Ain a été construit en 1875 par M. Mangini, Ingénieur de la compagnie des Dombes et du Sud-Est. C'est un grand ouvrage de 55 mètres de hauteur, à deux étages, dont les piles n'ont pas de fruit dans le sens de la longueur et dont les contreforts seuls sont inclinés dans le sens transversal. Les parements sont exécutés en moellons têtués, en laissant saillantes les pierres d'échafaudages. Cet ouvrage, très léger, a été exécuté dans des conditions extrêmement économiques.

Le viaduc-de-Pont de Bordes (22), construit sur la Baïse par MM. Faraguet et Petit, est formé d'une grande arche en 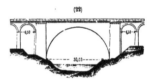 plein cintre de 30 mètres d'ouverture au-dessus de la rivière et d'un certain nombre de petites arches de 6^m.50 qui s'étendent sur chaque rive pour éviter les glissements que la charge de remblais aurait occasionnés dans le sol et qui avaient déjà commencé à se manifester d'un côté. La grande arche est accompagnée de deux larges pilastres formant contreforts, et cette disposition, très rationnelle, produit un bon effet.

Enfin M. l'Ingénieur en chef Lavoinne, dans un mémoire inséré aux Annales de 1882, a rendu compte d'un viaduc de dimensions restreintes et d'un type très économique exécuté près de Chatellux, dans le département de l'Yonne, pour une route départementale. Cet ouvrage (23), dont la hauteur est de 20 mètres, est formé de 11 arches de 9^m.50 d'ouverture, reposant sur des piles dont l'épaisseur aux naissances est seulement de 1^m.25; celle des voûtes à la clef a été réduite à 0^m.42, et toutes les maçonneries, à l'exception des plinthes et cordons, ont été exécutées avec des moellons bruts de petites dimensions maçonnés avec mortier de ciment. La dépense s'est élevée à 100,000 fr. seulement pour une longueur de viaduc de 132 mètres. Ce sont des conditions

économiques tout à fait exceptionnelles, mais elles ne se réaliseraient pas à
un égal degré loin des fabriques de ciment, et en outre ce genre de construction
employé pour des piles et des voûtes aussi minces ne nous paraît devoir inspirer
pour l'avenir qu'une confiance limitée.

Les renseignements ci-dessus s'appliquent exclusivement à des ouvrages
déjà terminés, mais il existe beaucoup d'autres viaducs en cours d'exécution,
notamment dans le service de M. l'Ingénieur en chef Lanteirès, sur la nouvelle
ligne de Limoges à Montauban, destinée à rendre beaucoup plus rapide le trajet
de Paris à Toulouse.

Angleterre.
Ponts à Londres. Les ponts sur la Tamise, à Londres, sont très nombreux, mais il n'en existe
que deux en maçonnerie. L'un, le pont de Waterloo, qui a été terminé en 1817,
se compose de 9 voûtes en anse de panier de 36^m.60 d'ouverture, surbaissées au
quart (Pl. XI, fig. 6). Les avant et arrière-becs sont décorés chacun par deux
colonnes couronnées par un entablement; les parapets se composent de parties
évidées avec balustres, séparées aux clefs et à l'aplomb des piles par des dés
de fortes dimensions. Cet ouvrage, entièrement en granit, a été construit par le
célèbre Ingénieur Rennie.

Le nouveau pont de Londres (fig. 7), qui remplace l'ancien ouvrage construit
au douzième siècle et dont les arches n'étaient pas assez larges pour les besoins
actuels de la navigation, a été livré à la circulation en 1831. Il est formé de
5 arches en anse de panier surbaissées à plus de $^1/_5$, présentant un caractère
remarquable de hardiesse. La décoration est plus simple qu'au pont de Waterloo,
mais la largeur entre parapets est plus considérable et atteint 33 mètres à cause
de l'immense circulation qui se produit dans cette direction en face de la Cité.

Pont de Chester. Parmi les autres grands ponts construits en Angleterre à notre époque, il est
juste de citer en première ligne celui de Chester sur le Dee, dont la voûte en
arc de cercle, surbaissé à $^1/_5$ environ, a une ouverture de 61 mètres (fig. 8).
Cette ouverture, la plus grande qui ait été atteinte jusqu'à présent en Europe
pour une arche en maçonnerie, n'a été dépassée qu'aux États-Unis pour le pont
de Cabin John, qui sert seulement à une conduite d'eau et est loin de présenter

un caractère aussi monumental que le pont de Chester; seulement on a, pour celui-ci, exagéré l'ornementation des contreforts saillants, tandis que l'arche proprement dite, avec son archivolte et les lignes très simples accusant les divers plans des tympans, est d'un bien meilleur effet. Pour diminuer, autant que possible, les pressions à exercer par la voûte, on a eu recours à des évidements intérieurs qui étaient dans cette circonstance bien motivés, et les maçonneries des culées ont été rationnellement disposées de manière à répartir ces pressions sur des surfaces graduées par échelons, aussi largement que possible. D'après le livre anglais de MM. Hann et Hosking, le projet serait dû à M. Thomas Harrison et l'Ingénieur des travaux devait être M. J. Hartley. Mais il résulte d'un marché passé entre celui-ci et M. James Trubshaw que ce dernier a été chargé à la fois comme ingénieur et comme entrepreneur de l'exécution complète du pont de Chester, et dès lors ce serait à lui qu'appartiendrait presque complètement la réalisation de cette œuvre remarquable.

Il existe à Glasgow plusieurs ponts dont trois paraissent à citer : pour celui *Ponts à Glasgow.* sur le Kelvin, qui est formé de 2 arches principales en arc de cercle de 27 mètres d'ouverture et de 2 petites arches aux abords (fig. 1), M. l'Ingénieur Thompson n'a donné aux grandes voûtes que $0^m.76$ d'épaisseur à la clef; mais comme à Chester, et par des dispositions encore mieux combinées, il a eu soin de bien reporter sur le sol de fondation les pressions de la voûte et de les réduire autant que possible par des élégissements dans les tympans. Les deux autres ponts sont construits sur la Clyde. Le premier, élevé par Robert Stephenson en 1833, se compose de 5 arches de $19^m.81$ à $24^m.18$ d'ouverture en

arcs de cercle (24); les fondations des piles et culées ont été établies sur pilotis, dans des enceintes de batardeaux, afin que les plates-formes pussent être faites avec précision et que les maçonneries pussent être commencées

directement à 3 mètres environ au-dessous de l'étiage. Les piles sont décorées par des niches, dans lesquelles, pour les piles centrales, on a mis les statues des frères Hutcheson, fondateurs d'un hôpital et d'un quartier qui portent leur nom.

Le second ouvrage, spécialement appelé pont de Glasgow, a été construit en 1835, d'après les projets de Telford; il est formé de 7 arches en arc de cercle de 15 à 17 mètres d'ouverture (fig. 2), présente une largeur de 20 mètres entre parapets et a été appareillé avec beaucoup de goût et de soin.

Autres ponts construits par Telford. Ce goût, que l'on retrouve dans toutes les constructions de Telford, est une des qualités distinctives de cet éminent Ingénieur et nous allons en retrouver successivement l'empreinte dans chacun de ses ouvrages. Le plus ancien en date paraît être celui de Monford, sur le Severn, construit en 1792, et dont les dimensions diffèrent peu de celles du pont qui a été établi en 1799 sur la même rivière

près de Bewdley (25). Celui-ci est formé de 3 arches au-dessus desquelles la chaussée est horizontale au milieu du pont, tandis qu'elle présente de part et d'autre des pentes irrégulières. Le pont de Dunkelt sur le Tay (fig. 5) a été bâti en 1808 et comprend 7 arches, dont 5 principales, en arc de cercle, ont des ouvertures de 22^m,55 à 27^m,55. Cet ouvrage, situé dans un des plus jolis sites de l'Écosse, s'harmonise très bien avec le paysage, a été parfaitement étudié dans ses détails et a servi de type pour d'autres ouvrages du même constructeur, notamment pour un pont sur le Conon (Rooschire) et pour un autre à Lovat (Invernesshire).

Au-dessus de ce dernier ouvrage (26), la chaussée et les lignes du couronnement forment une courbe, un peu trop prononcée pour la facilité de la circulation, mais certainement fort élégante. Le pont de Tongueland, sur le Dee, élevé en 1806 (fig. 4), est situé dans le pays de Galles, et l'ingénieur a voulu mettre sa construction en rapport avec le style des vieux châteaux qui existent encore dans la contrée; l'utilité de cette décoration pourrait être contestée, mais on ne peut pas s'empêcher de reconnaître qu'elle est bien réussie.

Beaucoup d'autres ponts, notamment ceux de Potarch sur le Dee, d'Allness, de Helmsdale, de Johnstone sur l'Annan, ainsi qu'un pont sur l'Avon pour le chemin de fer de Glasgow à Carlisle, ont été construits de 1813 à 1820 par cet habile Ingénieur. Enfin, et indépendamment des viaducs que nous décrirons plus tard, c'est d'après le projet de Telford qu'a été construit en 1827 le remarquable pont de Glocester sur le Severn (fig. 9). Il est formé d'une grande arche de 47ᵐ.75 d'ouverture en anse de panier surbaissée au quart, avec des voussures dont l'arc de cercle de tête est surbaissé au dixième, et les cornes de vache s'avancent sous la douelle jusqu'à plus de 2 mètres de chaque tête, ce qui donne à la voûte, vue par-dessous, un aspect exceptionnel de hardiesse, qui pourrait inspirer des craintes sur la solidité, si elle n'était pas consacrée par plus d'un demi-siècle de durée.

Le pont sur la Tamise à Staines (27), projeté et construit par Rennie, se   Ponts divers.
compose de trois arches prin-
cipales en arc de cercle à ¹/₈ et
de deux arches accessoires pour
passages sur les rives. Les piles
et culées sont fondées sur pi-

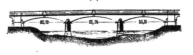

lotis avec de forts empatements. L'épaisseur des voûtes à la clef est de 0ᵐ.71 seulement.

Le pont de Wellesley à Limerick comprend 5 arches dont l'ouverture est uniformément de 21 mètres (fig. 3). La courbe d'intrados est une ellipse surbaissée à ¹/₄ avec cornes de vache, et les bandeaux des têtes forment des archivoltes d'un très bon effet. Le fruit des piles au-dessous des naissances présente une légère courbure et leur couronnement est formé par des chaperons à nervures. Le parapet est à balustres avec dés en pierre par intervalles. Le couronnement des dés à l'aplomb des piles et culées est lourd, ainsi que le profil de la plinthe, mais l'ensemble de l'ouvrage est d'un aspect fort élégant.

C'est également de 5 arches d'ouverture uniforme que se trouve formé le pont sur l'Eden à Carlisle (28), d'après un projet de Robert Smirke; seulement les arches de 20 mètres environ, en anse de panier, ne sont surbaissées qu'à $^1/_3$; les naissances dépassent très peu le niveau des eaux moyennes, l'extrados des voûtes est simplement appareillé par redans et l'ouvrage est loin de présenter un aspect aussi satisfaisant que le pont de Limerick.

A Darleston (Staffordshire), on a construit un pont en arc de cercle de 26 mètres d'ouverture dont les culées sont décorées de portiques très riches que l'importance restreinte de l'ouvrage ne comporte pas : il aurait gagné à l'adoption de dispositions plus simples.

Enfin le pont de Maidenhead (29), construit en 1838 pour le chemin de fer

(2¹)

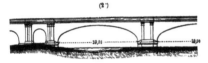

Great Western, comprend sur le cours d'eau deux grandes arches de 39 mètres d'ouverture, très surbaissées, et sur chacune des rives quatre petites arches de 6 à 8 mètres en plein cintre. La pile centrale et les deux culées sont décorées par des portiques à colonnes, dont les formes ont été étudiées avec soin, mais dont l'emploi ne paraît pas bien motivé pour un ouvrage dont la hauteur est aussi restreinte.

Viaducs

C'est en Angleterre que les chemins de fer se sont le plus rapidement développés et, par suite, qu'ont été construits en peu d'années un grand nombre de viaducs nécessités par ces nouvelles voies. L'un des premiers est celui entre Londres et Greenwich, comprenant 855 arches de 5ᵐ.50 d'ouverture et s'étendant sur 5633 mètres de longueur ; la ligne du South Western à Londres a également exigé une série de 263 arches sur une longueur de 3000 mètres ; mais comme la hauteur à donner à ces ouvrages se trouvait limitée à celle nécessaire pour passer au-dessus des voies de communication existantes, elle dépassait rarement 7 ou 8 mètres et les arches ou travées recevaient des dispositions très variables suivant l'importance, la largeur et l'obliquité des rues ou chemins à traverser. En dehors des centres de population, les viaducs nécessités par les inégalités du terrain atteignent au contraire fréquemment de grandes hauteurs, et les ingénieurs ont dû rechercher, par des études approfondies, quelles étaient les meilleures dispositions à adopter dans les circonstances extrêmement différentes où ils avaient à élever ces importantes constructions.

Parmi les ouvrages de ce genre, nous citerons le viaduc construit en 1850 à Berwick, sur la Tweed qui, sur ce point, sert de frontière entre l'Angleterre et l'Écosse. Il comprend 28 arches en plein cintre de 19 mètres environ d'ouverture, s'élevant jusqu'à 38 mètres au-dessus du lit du fleuve, et sa longueur totale est de 662 mètres. Les piles, dont le fût présente deux retraites successives, sont construites en grosses pierres de taille à bossages très irréguliers, car les saillies atteignent jusqu'à $0^m.25$, ce qui produit beaucoup trop d'inégalités dans les lignes de cette partie de la construction. La taille n'est faite suivant des surfaces régulières qu'à partir d'une très faible hauteur au-dessous des naissances, tandis qu'au-dessus, les moulures paraissent au contraire trop recherchées : il en résulte un contraste regrettable entre la partie inférieure et la partie supérieure de l'ouvrage, dont les proportions générales sont d'ailleurs très bonnes. Les Ingénieurs principalement chargés de cette construction étaient MM. Robert Stephenson et Harrison.

Le viaduc de Linlithgow (fig. 11), dont la longueur atteint 459 mètres et qui est situé sur la ligne d'Édimbourg à Glasgow, a été construit à la même époque que le précédent et comprend 23 arches en arc de cercle surbaissées à $1/5$. Les piles sont verticales, mais comportent des soubassements et des socles dans les parties les plus élevées, afin de diminuer les pressions à la base. L'ouvrage est construit entièrement en pierre de taille. La disposition qui consiste à employer des voûtes en arc de cercle sur des piles élevées est d'un emploi fréquent en Angleterre, mais elle a le grand inconvénient d'augmenter en cas de rupture d'une arche, la tendance au renversement du reste de l'ouvrage.

Une observation tout à fait analogue s'applique au viaduc de Brent (30), dont les arches de $21^m.35$ d'ouverture sont en ellipses surbaissées à $1/4$. En outre, les piles et culées de cet ouvrage sont

évidées par des voûtes intérieures à un degré inquiétant, surtout quand
il s'agit, comme dans ce cas, d'un ouvrage dont les maçonneries sont
exposées aux trépidations produites par le passage des trains de chemins
de fer.

Le viaduc sur la rivière Colne près Watford (51) est formé de voûtes en plein

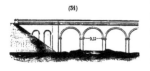

(51)

cintre et présente en élévation des dispositions beaucoup plus rationnelles, à notre
avis, que celles des deux ouvrages précédents, mais ses culées contiennent des évidements tout à fait exagérés sur lesquels
nous donnerons des détails dans le cha-
pitre V du Cours, ainsi que sur ceux du viaduc de Brent.

Le viaduc sur le Dee (fig. 14) donne passage au chemin de fer de Chester à
Shrewsbury à 2 kilomètres en aval du pont-canal de Cysylte ; il est composé
de 19 arches de 18^m.50 d'ouverture, a une hauteur maxima de 44 mètres et
présente une longueur totale de 460 mètres. Les piles ont 3^m.98 d'épaisseur
uniforme dans le sens de l'élévation, mais transversalement leurs parements
présentent aux angles, dans chaque sens, des refouillements de 0^m.60 ; de
sorte que les arceaux de tête ont en réalité 19^m.50 d'ouverture et que l'extrémité des piles est réduite à 2^m.78 ; les arêtes des piles et des voûtes présentent
en outre un large chanfrein. Cette disposition est élégante et mériterait d'être
appliquée pour un ouvrage en vue, par exemple dans une traversée de ville.
Les pierres d'angles des voûtes et des piles, les modillons, les plinthes et les
parapets sont taillés avec soin, tandis que les douelles des voûtes sont en
briques et tous les autres parements sont en pierres brutes. Cette belle construction produit beaucoup d'effet.

Le viaduc de Lockwood, construit en 1849 près de Huddesfield (Yorkshire)
par Sir John Hawkshaw, alors Ingénieur en chef, a 436 mètres de longueur
et 38 mètres de hauteur au-dessus du fond de la rivière dont il traverse
la vallée (fig. 12). Ses arches, en plein cintre, ont 9^m.12 d'ouverture et
reposent sur des piles dont l'épaisseur est seulement de 1^m.36 au sommet ;
ces piles ont 0^m.015 de fruit par mètre dans le sens de la longueur de

l'ouvrage et 0ᵐ.02 dans le sens transversal; les bandeaux des voûtes paraissent, d'après les dessins, avoir au plus 0ᵐ.50 d'épaisseur. Cet ouvrage est d'une légèreté tout à fait exceptionnelle et cependant paraît avoir été entièrement construit en pierres brutes dégrossies au marteau. Il mérite d'être admiré pour sa hardiesse, mais nous ne regarderions pas comme prudent d'en faire de nouvelles applications, surtout pour un chemin de fer.

Un ouvrage dont les dimensions peuvent être plus sûrement recommandées, est le viaduc de Folkestone, sur le South-Eastern Railway. Il est entièrement construit en briques et comprend 19 arches en plein cintre de 9ᵐ.20, reposant sur des piles dont l'épaisseur au sommet est de 1ᵐ.80 (32). Leurs fûts présentent dans les deux sens un fruit de 0ᵐ.03 par mètre et la hauteur maxima de l'ouvrage est de 32 mètres. La construction est entièrement en briques et les voûtes ont seulement 0ᵐ.46 d'épaisseur. Cette dernière dimension, quoi-

que faible, peut suffire avec de bonnes briques, et les piles, par leur épaisseur ainsi que par leur fruit, présentent plus de stabilité que celles du viaduc de Lockwood.

C'est en 1822 que Telford a fait construire pour une route son premier viaduc, celui de Mouse Water (fig. 13). La chaussée est à 36 mètres au-dessus des eaux de la rivière et les arches, au nombre de 3, sont en plein cintre et ont chacune 15ᵐ.86 d'ouverture. Les piles, dont les fûts présentent dans les deux sens un léger fruit et sont évidés à l'intérieur par trois cheminées verticales, ont 2ᵐ.59 d'épaisseur au niveau de la naissance des voûtes et sont continuées sur les têtes jusqu'à la plinthe par des pilastres dont le pied est exactement compris entre les bandeaux des voûtes. Enfin les parements en élévation des piles et des pilastres présentent des refouillements très accusés qui ont pour effet de les élégir beaucoup en apparence. Les proportions des différentes parties de l'ouvrage sont excellentes, sauf pour le parapet dont, suivant l'usage adopté en Angleterre, la hauteur est notablement plus forte

17

que celle adoptée en général dans les autres pays. Ce viaduc est incontestablement très bien réussi.

Mais celui d'Édimbourg, construit en 1831 par le même ingénieur et
désigné dans le pays sous le nom de Dean Bridge, est encore plus remarquable (fig. 10). Il se compose de 4 arches, dont chacune est en réalité
formée de 3 voûtes, l'une principale de 27^m.45 d'ouverture, en arc de cercle
surbaissé à $^1/_5$ et qui porte la chaussée, tandis que les deux autres, qui soutiennent les trottoirs, ont des ouvertures de 29^m.28 et sont surbaissées à
environ $^1/_6$. Ces arceaux supérieurs, de 1^m.60 de largeur, s'appuient sur des
contreforts très saillants qui projettent des ombres sur les piles proprement
dites et dont les faces présentent des encadrements refouillés, bien plus
prononcés encore qu'au pont de Mouse Water. Ces dispositions donnent à
l'ouvrage un aspect de légèreté merveilleux, et le Dean Bridge mérite
réellement d'être considéré comme un chef-d'œuvre de goût et d'élégance.
Au point de vue de la construction, il est d'ailleurs tout à fait rationnel de
donner à la partie de pont qui supporte le passage des voitures une épaisseur et une forme plus favorables à la résistance qu'aux deux autres parties
qui ont seulement à soutenir des trottoirs, et cette disposition, qui a si bien
réussi à Édimbourg pour un viaduc, obtiendrait aussi beaucoup de succès
pour un pont dans une ville. Enfin M. Morandière a fait très justement
remarquer qu'il serait souvent facile d'élargir les anciens ponts au moyen
d'arceaux appuyés sur des pilastres saillants de faible largeur, à construire
sur les avant-becs, comme dans la disposition qui vient d'être décrite, et
ce mode d'élargissement, préférable dans la plupart des cas à ceux actuellement en usage, nous paraît en effet appelé à recevoir de nombreuses
applications.

Avant de construire le viaduc que nous venons de décrire, Telford avait
fait exécuter l'année précédente, dans le même genre, à Pathead, entre
Édimbourg et Coldstream, un viaduc de 5 arches pour chacune desquelles
les trottoirs étaient supportés par des arceaux indépendants de la voûte
principale; ce viaduc, moins élevé que celui d'Édimbourg, car sa hauteur
atteint à peine 23 mètres, est loin d'avoir attiré l'attention au même degré,

mais il mérite cependant aussi d'être admiré pour sa légèreté et ses excellentes proportions.

En résumé, on voit que les viaducs de Telford ont complété de la manière la plus heureuse la réputation d'habileté et de goût que cet Ingénieur avait déjà conquise par ses constructions de ponts pendant une période d'environ quarante années.

Le grand ouvrage désigné par plusieurs auteurs sous le nom de pont Victoria (fig. 16) est en réalité un viaduc, car ses dimensions dépassent beaucoup celles qu'aurait nécessitées la traversée du Wear, dont le chemin de fer dirigé sur Newcastle franchit la vallée près de Durham. Les deux parties extrêmes sont symétriques et comprennent chacune trois petites arcades de 6^m.10 seulement; la partie centrale, beaucoup plus importante, est formée par 4 grandes arches en plein cintre, dont les deux principales ont des ouvertures de 48^m.77 et 43^m.89, tandis que celles qui les accompagnent ont uniformément 30^m.48. Cette différence dans le diamètre des deux plus grandes arches a été probablement introduite pour diminuer des difficultés de fondation; elle est contraire à nos habitudes françaises et aurait pu, selon toute apparence, être évitée; mais il est juste de reconnaître qu'avec des dimensions aussi grandes la différence d'amplitude est moins sensible en réalité que sur un dessin. Les têtes des voûtes sont décorées par de belles archivoltes, et les piles sont surmontées de contreforts demi-circulaires, dont les parties supérieures forment des refuges au niveau des voies ferrées. L'ensemble de cette construction est d'un grand effet.

Un autre viaduc, celui de Ballochmile, présente pour la traversée de l'Ayr une arche encore plus grandiose (fig. 15), car son ouverture est de 55 mètres et sa hauteur sous clef atteint 45 mètres au-dessus du niveau des eaux. C'est la plus grande voûte en plein cintre qui ait été construite jusqu'à ce jour; elle est accompagnée sur chaque rive d'un viaduc formé d'arches de 15 mètres d'ouverture et de 25 mètres de hauteur, qui paraissent très petites à côté de la voûte principale; les pilastres qui accompagnent chaque culée ne semblent pas heureusement dessinés. L'auteur anglais, qui a fait connaître par une

notice ce travail exceptionnel, s'est borné à des renseignements très succincts
sur sa construction, parce que M. Millar, l'Ingénieur qui a fait exécuter
le viaduc, avait témoigné l'intention d'en publier une description détaillée.
L'auteur précité a donc principalement appelé l'attention sur la hardiesse de
l'ouvrage et a fait observer que, malgré le remarquable succès obtenu, on
devait reconnaître que les élégissements intérieurs avaient été portés jusqu'à
des limites hasardeuses. Ces élégissements sont en effet excessifs, ainsi que
nous aurons occasion de l'expliquer dans le chapitre V du Cours; mais il
est juste de reconnaître que cette construction remonte au moins à trente ans
et qu'aucun accident grave ne paraît avoir été signalé jusqu'à présent au
sujet du viaduc de Ballochmile.

Italie.

Ponts sur la Dora, la
Scrivia et l'Adige.

Le premier pont important construit dans le siècle actuel en Italie est celui
de Turin, sur la Dora (Pl. XII, fig. 1). Il est formé par une seule arche
de 44ᵐ.80 d'ouverture, en arc de cercle surbaissé à $^1/_8$ pour le corps de la
voûte et à $^1/_{12}$ sur les têtes qui sont évidées en cornes de vache. Les culées,
auxquelles on a donné une épaisseur considérable, sont fondées sur pilotis.
La construction a été faite avec beaucoup de soin; les abords ont été dessinés très largement, d'une manière qui rappelle ceux du pont de Neuilly, et
les travaux ont été très habilement dirigés par M. l'Ingénieur en chef Mosca,
dont les études techniques avaient été faites sous le premier Empire, à notre
École des ponts et chaussées.

Le chemin de fer de Turin à Gênes a nécessité l'établissement, près de

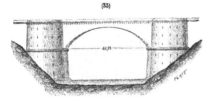

Maretta et Pranolo, d'un
pont sur la Scrivia, qui a
été construit en 1850 par
M. l'Ingénieur Ranco. Il est
formé par une très grande
arche dont la partie apparente figure un arc de cercle de 40 mètres d'ouver-
ture surbaissé à $^1/_4$ (33), mais qui en réalité constitue une voûte en plein cintre

de 50 mètres de diamètre dont les parties inférieures se trouvent comprises dans deux tours fortifiées servant à la défense du passage en temps de guerre. Les dispositions adoptées dans ce cas tout spécial sont d'autant mieux motivées, que l'ouvrage est placé dans une courbe de 400 mètres de rayon et que la saillie des tours empêche de remarquer que le pont est fait en ligne droite.

Le pont sur l'Adige à Vérone (fig. 2) a suivi de près celui sur la Scrivia, car c'est en 1853 qu'il a été terminé, sous la direction de M. l'Ingénieur en chef Negrelli. Il a été fondé avec beaucoup de soin sur des pieux en mélèze espacés de 1 mètre d'axe en axe au centre et de 0ᵐ.50 au pourtour de chaque massif de fondation ; ces massifs sont défendus par des crèches remplies d'un corroi d'argile pilonnée entre deux enceintes, l'une intérieure en béton et l'autre extérieure en palplanches ; enfin ces enceintes sont reliées par un grillage placé à 3 mètres au-dessous de l'étiage, et l'ensemble des fondations est protégé par de très forts enrochements, car le régime de l'Adige est essentiellement torrentiel. L'ouvrage est construit pour chemin de fer, mais il est complété de chaque côté par des trottoirs appuyés sur les consoles de la corniche et qui sont compris entre deux balustrades, l'une en pierre et l'autre en fonte pour la circulation des piétons.

Indépendamment des ponts pour chemins de fer, qui se multiplient rapidement dans les diverses parties de la péninsule italienne, mais qui se rattachent presque tous à des types déjà connus, plusieurs arches de très grande ouverture ont été exécutées dans la période de 1869 à 1877. La première d'entre elles s'applique à la traversée du Volturne près de Capoue : les restes de deux anciens ponts existaient encore sur ce point et, d'après une tradition ancienne, la construction d'un de ces ouvrages était attribuée à Annibal, tandis que, suivant une autre version, ce pont remonterait encore à une époque plus éloignée et aurait été détruit par ce général comme mesure stratégique. Quoi qu'il en soit, les maçonneries qui existaient encore de nos jours s'appliquaient aux deux culées, à deux petites arches attenant à la rive gauche et aux fondations de trois piles isolées, ce qui prouvait que

Ponts sur le Volturne, le Sele et la Fegana.

l'ouvrage avait été composé de 6 arches de dimensions irrégulières. Du second pont antique précité, il ne restait presque rien. C'est en 1864 que l'on commença à présenter des projets pour la reconstruction du pont Annibal. On se proposa d'abord de conserver à l'ouvrage son ancien caractère, en régularisant toutefois la largeur des arches, et un marché fut passé à cet effet avec des entrepreneurs, par la députation de la province. Les travaux commencèrent en 1866, mais dès l'année suivante une forte crue renversa deux des nouvelles piles : on reconnut qu'il fallait adopter des dispositions plus favorables à l'écoulement des eaux et un contrat intervint entre la province et MM. les Ingénieurs Fiocca et Pasquale Sasso, pour que le pont fût exécuté avec une grande arche de 55 mètres surbaissée à ¹/₄ et deux ouvertures annulaires dans les culées (fig. 6). Les travaux entrepris en 1868, et dans lesquels on commença par relier exactement les nouvelles maçonneries avec les anciennes fondations romaines, eurent à subir l'action de quelques crues qui produisirent des affouillements autour des pieux des cintres et même emportèrent une moitié de cette énorme charpente; mais elle fut rétablie et la voûte, entièrement construite en briques, avec précautions, par zones et par anneaux, fut terminée le 2 septembre 1869; le décintrement n'eut lieu que le 5 avril 1870 et le tassement total fut de 0ᵐ.329.

La route de Salerne à Pœstum traverse le Sele, près de Barizzo, mais jusqu'à ces dernières années, aucune des tentatives faites pour établir un pont dans cette partie du fleuve n'avait réussi. La question fut reprise en 1868, des projets furent successivement envoyés par divers constructeurs pour des ponts en métal ou en maçonnerie, et comme M. Fiocca venait de terminer avec succès le pont Annibal sur le Volturne, la députation de la province de Salerne traita avec lui pour le pont sur le Sele. Il se compose d'une seule arche de 55 mètres d'ouverture, de même surbaissement que celle du Volturne, mais dont les naissances sont placées plus bas (fig. 4). Cette arche présente également des cornes de vache dont les arcs de tête sont surbaissés à ¹/₉ et viennent se terminer contre deux pilastres saillants. Les culées et les parties de voûte au-dessous du joint de rupture sont en maçonnerie calcaire revêtue de pierre de taille, tandis que le reste de la voûte est en briques. Les parements de la partie supérieure sont recouverts d'un enduit, sur lequel, au-dessus des bandeaux de la voûte, on a tracé des filets parallèles qui figurent des assises en pierre de taille de grand appareil ; l'ornementation du parapet est également simulée. Il en résulte que cet ouvrage, de construction récente, présente déjà des marques très regrettables de dégradation et que la voûte seule paraît avoir été réellement bien construite, tandis que toutes les parties secondaires ont été beaucoup trop négligées.

Il n'en est pas de même du pont sur la Fegana dans la province de Lucques (fig. 5). Le projet en a été dressé par un architecte très distingué, M. Nottolini, qui avait préalablement fait construire l'aqueduc de Lucques. Le pont sur la Fegana avait été commencé en 1845, mais par suite des événements politiques, il resta abandonné pendant vingt-sept ans et n'a été terminé qu'en 1877. La voûte, en arc de cercle, a une ouverture de 47^m.84 et son surbaissement est d'environ $1/7$. Les culées sont décorées par des pilastres saillants contenant des niches ; les matériaux ont été bien choisis, l'exécution paraît très bonne et l'appareil a été étudié avec soin ; seulement l'adoption de petits matériaux dans le bandeau de la voûte ne paraît pas rationnelle, à côté des pierres de grandes dimensions employées pour le reste de l'ouvrage. M. l'Ingénieur en chef Marzocchi a rendu, avec ordre et clarté, un compte très détaillé de la construction de cet important ouvrage, à l'exécution duquel il a pris une grande part.

Le pont de Solférino (fig. 3), construit il y a peu d'années, sur l'Arno à Pise, Pont de Solférino. ne présente pas d'arches de grande ouverture comme les trois ponts qui viennent d'être décrits ; mais il a été traité avec beaucoup plus de goût et présente un caractère tout spécial d'élégance. Il se compose de 3 arches dont la forme et les ouvertures sont presque les mêmes qu'au pont de la Trinité à Florence, seulement les piles sont moins épaisses, les pentes et rampes ont des inclinaisons plus douces ; les parapets, au lieu d'être pleins, sont à balustres et l'ornementation diffère un peu. En réalité, le pont de Solférino est une imitation du pont de la Trinité, adaptée d'une manière très heureuse aux besoins, aux convenances et au goût de notre époque.

Parmi les ponts modernes, c'est à peine si on pourrait en citer quelques-uns présentant une aussi grande élégance, et cet ouvrage fait le plus grand honneur à M. l'Architecte Micheli, auteur du projet, ainsi qu'à M. l'Ingénieur Talenti, directeur des travaux.

A une date encore plus récente, car ils ont été terminés seulement en 1881, deux nouveaux ponts sur le Pô ont été construits aux frais de la municipalité de Turin, l'un en amont, l'autre en aval de cette ville. Le premier (fig. 7), presque attenant à la belle promenade du Valentino dont il a pris le nom, est formé de 5 arches de 24 mètres d'ouverture dont la courbe d'intrados est une demi-ellipse presque complète, car le grand axe correspondrait seulement à 1 mètre au-dessous des naissances. Le fruit des piles est légèrement curviligne et le raccordement de leurs parements avec les voûtes se trouve assez heureusement dissimulé par le cordon. Les bandeaux, dont les voussoirs sont à refends sur les têtes, présentent une moulure continue à l'arête de douelle; les tympans sont décorés par de belles rosaces; le couronnement est élégamment profilé; les panneaux en fonte du garde-corps, dans les intervalles des dés, sont d'un modèle très orné; enfin les culées présentent de doubles retours d'un bon effet. La pierre de taille, en granit très bien taillé, a été employée pour toutes les lignes principales de la construction et encadre d'une manière heureuse les parements en briques. Enfin l'ouvrage a été traité dans toutes ses parties avec beaucoup de soin et de goût sous la direction de M. l'Ingénieur en chef Pecco.

Le pont de Vauchiglia (fig. 8) se compose seulement de 3 arches de 30 mètres d'ouverture et de deux petites voûtes pour passages dans les culées. Les grandes arches ont pour intrados une partie d'ellipse surbaissée à $1/5$ et présentent des cornes de vache dont le surbaissement dépasse $1/10$ sur les têtes; les voûtes ont donc un grand caractère de hardiesse, et, d'après la comparaison des dessins seuls, ce pont serait supérieur au précédent; mais en réalité il présente moins d'harmonie dans l'ensemble de la construction, les saillies des culées sont exagérées, le type du parapet laisse à désirer et enfin l'exécution ne nous a pas paru valoir celle du pont du Valentino.

Comme type de pont ou plutôt de petit viaduc simple, d'un usage courant pour chemins de fer, nous donnons (34) le croquis d'un ouvrage récemment construit par la compagnie des chemins de fer méridionaux pour la li-
gne de Bénévent à Cam-
pobasso. Il se compose

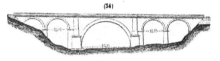

(34)

d'une arche principale de 24 mètres d'ouverture au fond du ravin que suit le Tammaro et de 4 petites arches de 10 mètres établies 2 à 2 sur chaque versant. Les piles principales sont fondées à 6 mètres au-dessous du sol et leurs massifs sont consolidés par des enrochements en gros blocs.

Le viaduc sur le vallon de Pignataro (35), construit sur la même ligne de chemin de fer, donne un autre exemple des ouvrages exécutés dans des conditions simples et économiques par la compagnie des chemins de fer méridionaux. Les ar-

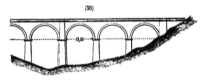

(35)

ches ont uniformément 13 mètres d'ouverture et sont réparties par groupes de 3 au moyen de piles-culées. Le viaduc est situé dans une courbe de 250 mètres de rayon et suivant une rampe de $0^m.025$, car à cause de la nature tout à fait instable des terrains, on a dû s'attacher avec le plus grand soin à restreindre le plus possible la hauteur des déblais et remblais. On a même dans ce but réduit les rayons des courbes jusqu'à 180 mètres, sur le prolongement de la même ligne entre Campobasso et Termoli. Pour la ligne d'Aquila à Rieti et à Terni, qui doit traverser les Apennins dans une partie extrêmement accidentée, les déclivités seront portées jusqu'à $0^m.035$ à ciel ouvert et à $0^m.028$ dans les souterrains, mais les rayons des courbes ne paraissent pas devoir descendre au-dessous de 250 mètres.

L'établissement de chemins de fer en Sicile, où le relief du sol est très acci-
denté, a nécessité la construction de nombreux viaducs dont nous allons citer quelques exemples. Le plus élevé est celui qui traverse le ravin Bussitti (fig. 10).

Il est situé sur la ligne de Catane à Licata, un peu en avant de Caltanisetta. Il comprend 12 arches de 12m.50 d'ouverture chacune et sa longueur totale est de 212 mètres. La hauteur maxima au-dessus du terrain naturel atteint 40 mètres et les piles sont contre-butées entre elles, vers le milieu de l'élévation, par des arceaux surbaissés à 1/4 ayant 4 mètres de largeur; en outre deux piles-culées ont été construites de manière à diviser en 3 parties, comprenant chacune 4 arches, la longueur totale du viaduc. Ces précautions paraîtraient exagérées en France, où des viaducs de 50 à 55 mètres de hauteur ont été récemment construits avec des arches de 22 à 25 mètres d'ouverture, sans contre-butement entre les piles et où l'on tend à agrandir encore ces dimensions parce que la dépense par mètre superficiel en élévation diminue, à hauteur égale, en même temps que l'aspect de l'ouvrage devient plus grandiose; mais il ne serait pas prudent d'agir ainsi en Sicile, sur un sol volcanique où l'on est exposé à de fréquents tremblements de terre et où le terrain de fondations est généralement de très mauvaise nature. On est tellement obligé de se mettre en garde contre les glissements que, pour le viaduc de Bussitti, les ingénieurs ont jugé nécessaire de contre-buter entre elles, par des massifs de maçonnerie, les fondations de plusieurs des piles. C'est également dans le même esprit de précautions que l'on a réduit à des dimensions très faibles les évidements pratiqués dans les tympans du viaduc. Ce grand ouvrage, très bien étudié dans toutes ses parties, a été exécuté avec beaucoup de soin.

Au sud-ouest de Caltanisetta, sur la ligne de Caldare qui relie le chemin de fer de Catane à Licata avec celui de Palerme à Girgenti, trois autres viaducs en maçonnerie ont été exécutés d'après les mêmes bases que le précédent. Le premier de ceux-ci, celui de Ranciditi (fig. 9), se compose de 9 arches de 10 mètres séparées en trois groupes par deux piles-culées; sa hauteur maxima au-dessus du terrain naturel est de 21 mètres, mais elle atteint 27 mètres jusqu'au sol de fondation pour une des piles. Néanmoins on n'a pas établi de contre-butement inférieur pour cet ouvrage, de même que pour le viaduc Conte, qui reproduit exactement le même type avec une arche de moins. Mais pour le viaduc Pozzilo (fig. 11), également formé d'arches de 10 mètres d'ouverture, au nombre de 13, et qui a exigé, pour une partie notable de ses piles, des fondations de 9 à 10 mètres de profondeur au-dessous du terrain naturel, les piles de la partie la plus élevée ont dû être contre-butées par une rangée d'arceaux à 15 mètres environ au-dessous des rails.

Les quatre grands ouvrages que nous venons de décrire ont été construits d'après les projets et sous les ordres de M. l'Ingénieur en chef Billia, ancien élève externe de notre École des ponts et chaussées, actuellement Directeur de la construction des chemins de fer en Sicile pour le compte de l'État. M. Billia a eu, en outre, à surmonter des difficultés peut-être encore plus grandes et dans tous les cas plus ingrates, pour consolider les tranchées et les remblais des lignes dont il est chargé. Ces terrains complètement bouleversés depuis des siècles par des tremblements de terre, par des exploitations de soufre, par des infiltrations d'eau et enfin par suite de leur nature argileuse, sont tout à fait instables et ont exigé des travaux de consolidation d'une très grande importance. Les travaux, consistant en drainages, revêtements, contreforts, etc., ne diffèrent pas d'une manière générale de ceux que l'on emploie dans d'autres pays ; mais il s'en est rarement présenté à faire ailleurs sur une aussi large échelle et dans des circonstances aussi difficiles. Il a fallu du reste en varier beaucoup les applications et avoir recours parfois à des dispositions nouvelles. Nous en avons constaté le succès avec d'autant plus d'intérêt que ces travaux, aussi bien que les viaducs déjà cités, font réellement honneur à cet ancien élève de notre école française.

L'ouvrage de Gauthey mentionne comme étant de construction romaine une chaussée avec aqueduc, supportée par deux rangs d'arcades, pour accéder à Civita Castellana. Or, d'après des renseignements authentiques recueillis dans le pays, aucun ouvrage romain n'a existé sur ce point ; non seulement il ne reste pas de trace de l'ancien aqueduc, mais en outre l'agglomération de Civita Castellana ne remonte pas au delà du dix-septième siècle. C'est seulement en 1712 que l'on a construit, au-dessus du ravin profond qui entoure cette ville, un viaduc qui était composé uniformément d'arcades de 9 à 10 mètres ; mais la construction avait été grossièrement faite et une des piles fondées dans le bas du ravin a été détruite par le torrent. On a rétabli le viaduc en 1864 en construisant, dans la partie la plus profonde, une arche d'environ 21 mètres d'ouverture sous laquelle les eaux s'écoulent sans rencontrer aucun obstacle (fig. 13).

Le travail que nous venons de mentionner est seulement une œuvre municipale, mais nous avons à décrire un autre ouvrage bien autrement important, le viaduc construit pour une grande route en 1852, entre Ariccia et Albano, sous le gouvernement de Pie IX. Ce viaduc, d'une longueur totale de 323 mètres, se compose de trois rangs d'arcades, et celles de l'étage supérieur sont au nombre de 18. La hauteur totale est de 59 mètres (fig. 12). Le style se rapproche de celui de l'aqueduc de Cazerte, mais le viaduc d'Ariccia est plus élevé et présente un caractère plus grandiose. Des passages ménagés dans les piles à chaque étage permettent de circuler d'une extrémité à l'autre de l'ouvrage à diverses hauteurs. Tous les détails de la construction ont été très bien étudiés et l'exécution a été dirigée avec un très grand soin par M. l'Ingénieur A. Betocchi, actuellement Inspecteur du génie civil et membre du Conseil supérieur des travaux publics.

Enfin parmi les aqueducs, il est juste de mentionner celui de Lucques, dont la hauteur moyenne est seulement de 16^m.40, mais dont le développement atteint 3,535 mètres; il a été construit de 1833 à 1835 par M. l'architecte Nottolini, celui qui a fait le projet du pont sur la Fegana, comme nous l'avons précédemment expliqué.

Un grand nombre de viaducs élevés pour chemins de fer ont été construits en Italie, notamment sur les lignes de Bologne à Pistoja, de Gênes à la Spezia et d'Ancône à Orte, mais ils présentent beaucoup d'analogie avec les premiers viaducs construits en France et par suite nous avons cru devoir citer de préférence les ouvrages de cette nature qui offrent des caractères plus spéciaux. Or pré-

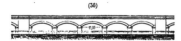
(56)

cisément pour ce motif il importe de mentionner le viaduc sur les lagunes de Venise (56), ouvrage qui, reliant cette ville au continent à travers un bras de mer, est unique au monde par sa situation. Les travaux en ont été exécutés sous la direction de M. l'Ingénieur Miladi. La longueur totale est de 3,605 mètres, et les arches de 10 mètres d'ouverture, en arc de cercle, sont au nombre de 210, avec piles-culées de 5 en 5. Toutes les fondations ont été exécutées sur pilotis avec de larges empatements, et les travaux, dont la construction a duré 5 ans, ont été terminés en 1846.

Les ponts en maçonnerie sont rares en Hollande, à cause des grandes   Hollande.
difficultés de fondations que présentent les terrains vaseux de ce pays, et actuellement on n'y construit presque plus d'ouvrages de ce genre, surtout depuis que l'emploi du métal permet d'obtenir des portées beaucoup plus grandes et par suite de réduire le nombre des appuis, tout en diminuant les charges à faire supporter par chacun d'eux. Néanmoins on a construit en 1874 à Amsterdam, pour la partie de chemin de fer qui conduit à la gare centrale, un viaduc de 594 mètres de longueur (Pl. XIII, fig. 1), dont les arches en maçonnerie ont 6 mètres d'ouverture et reposent sur un radier général supporté lui-même par des pilotis de 14 à 18 mètres de longueur. Cet ouvrage, construit avec beaucoup de soins et de précautions par M. l'Ingénieur en chef Van Prehn, a parfaitement réussi, bien que le sol vaseux sur lequel il repose présente de grandes inégalités de résistance.

En Belgique, le terrain, vaseux dans la partie voisine de la mer, devient   Belgique.
résistant quand on se rapproche de la Prusse et les ouvrages en maçonnerie sont assez nombreux dans cette dernière région. Le pont du Val Benoît sur la Meuse (fig. 5) sert à la fois au passage d'une route et d'un chemin de fer ; il est formé de 5 arches de 20 mètres d'ouverture en arcs surbaissés, non compris deux petites voûtes pour passages dans les culées, et a été construit avec beaucoup de soin en belles pierres calcaires. Le viaduc de Dolhain (fig. 8), qui comprend 20 arches de $9^m.64$ d'ouverture et a seulement $17^m.40$ de hauteur, constitue la plus importante des traversées de la vallée de la Vesdre par la section de chemin de fer comprise entre Liège et Aix-la-Chapelle. Les piles, terminées par des avant et arrière-becs demi-circulaires, présentent des retraites successives, de manière à donner beaucoup d'empatement à la base; des retraites analogues existent aussi sur les culées. Ce viaduc est construit en briques avec encadrements en pierre de taille. Il peut, ainsi que le pont du Val Benoît, être considéré

comme type des ouvrages d'art construits lors de la création des chemins de fer dans cette partie du pays.

Parmi les ponts en maçonnerie élevés en Allemagne, celui sur le Neckar à Ladenbourg, dans le duché de Bade, est un des mieux réussis. Il est formé de 7 arches de 27 mètres d'ouverture surbaissées à $1/8$ pour le corps de la voûte et à $1/10$ sur les têtes par suite de l'emploi de cornes de vache ; l'épaisseur des piles aux naissances est de 3 mètres seulement (fig. 6). Les fondations reposent pour la plupart sur le gravier compact par l'intermédiaire de massifs de béton immergé dans des enceintes et défendus par de forts enrochements : la culée rive droite et la pile voisine ont dû toutefois être fondées sur pilotis, parce que le gravier y était mélangé d'argile. Les parements vus du pont sont entièrement en pierres de taille appareillées avec soin; seulement les modillons de la corniche et surtout les consoles supportant les dés sont trop découpés pour un grand ouvrage. Les arêtes des avant-becs sont protégées par des armatures en métal contre le choc des glaces.

Le pont sur le Mein à Francfort comprend 8 arches de 20 mètres en arc de cercle surbaissées à $1/10$ et une travée mobile pour le passage des bateaux. Le pont sur l'Elbe à Dresde (37), terminé en 1851, est encore plus important que

les deux précédents, car il se compose de 12 arches de $28^m.33$ surbaissées à $1/4$, et sa longueur totale, non compris un grand nombre d'arcades aux abords, est de 408 mètres. L'axe du pont est rectiligne sur la moitié de sa longueur et en courbe d'environ 500 mètres de rayon sur le reste. L'épaisseur des piles est de $4^m.53$, à l'exception de la pile centrale, qui, destinée à former pile-culée, a reçu une épaisseur de $6^m.80$. Le pont présente une largeur suffisante pour servir à la fois au passage du chemin de fer et à celui des voitures ordinaires. Les piles en rivière ont été fondées sur pilotis solidement défendus, et celles de rives ont été fondées seulement sur béton. Ce pont, lourd d'aspect et dont les voûtes ont leurs naissances placées trop bas, est, à notre avis, inférieur aux deux précédents.

Les viaducs de hauteur moyenne pour chemins de fer sont très nombreux Viaducs de dimensions
moyennes. en Allemagne et nous en citerons seulement quelques-uns. Celui de Spreethal (fig. 7), construit en Saxe près de Bautzen, a 19^m.40 de hauteur dans sa partie centrale, qui comprend 5 arches de 17 mètres d'ouverture ; les piles sont terminées par des avant et arrière-becs pour faciliter le passage des eaux en temps de crue. Cette partie présente un caractère décoratif, mais les deux autres, établies sur le penchant des coteaux, sont formées chacune de 5 arcades de 8^m.50 reposant sur des piles rectangulaires et construites très simplement. Le viaduc de Löbau (fig. 12), construit également en Saxe, a des arches de même ouverture que la partie centrale du précédent, mais présente plus d'élévation et par suite se trouve dans des proportions plus avantageuses. Les piles et leurs contreforts offrent des retraites successives pour diminuer les pressions à la base, et c'est avec raison que les contreforts ont été continués jusqu'à la plinthe ; seulement ils auraient dû être terminés par un couronnement. Enfin le viaduc de Gorlitz (fig. 11) est situé en Silésie sur la vallée de la Neiss et présente dans sa partie centrale, au-dessus de cette rivière, une hauteur de 35 mètres. Il est divisé en plusieurs sections par des piles-culées avec contreforts comme à Löbau, mais les arches sont plus grandes et le couronnement est beaucoup mieux traité. L'ensemble de la construction est en beau granit et les parapets à jour sont seuls en pierre calcaire.

Les grands viaducs sur les vallées de la Göltzsch et de l'Elster sont situés Viaducs du Goltzschthal
et de l'Elsterthal. sous le chemin de fer saxo-bavarois de Leipzig à Hof. Le premier (fig. 13) a une longueur de 579 mètres et sa hauteur au-dessus du niveau de la rivière atteint environ 80 mètres ; il devait être entièrement exécuté en arches d'ouverture restreinte, mais dans cette hypothèse une pile aurait dû être fondée au milieu de la rivière et, comme des sondages firent reconnaître que sur ce point le rocher plongeait jusqu'à 29 mètres au-dessous du sol, on prit le parti de construire au-dessus du thalweg deux grandes arches superposées et de réduire au contraire la dimension des arches adjacentes, de telle sorte que les 4 piles les plus voisines des grandes ouvertures formassent culées deux à deux. Les coupes transversales font ressortir la largeur des empatements donnés de part et d'autre du viaduc pour empêcher tout déversement de la partie supérieure. Les dispositions prises pour assurer la stabilité de l'ouvrage ont été certainement suffisantes, puisqu'il a très bien résisté ; seulement, au point de vue de l'aspect et probablement aussi de la dépense, il y aurait eu avantage à employer des ouvertures plus grandes de part et d'autre des arches centrales. M. Morandière a même fait remarquer, qu'à son avis, on aurait dû appliquer à toute la longueur du viaduc l'emploi d'arches d'environ 30 mètres d'ouverture formant seulement deux étages. Il est certain que la construction aurait pris alors un aspect extrêmement remarquable d'ampleur et de légèreté.

Le viaduc sur l'Elster a 260 mètres de longueur et 69 mètres de hauteur au-dessus des eaux (38). La partie centrale est tout à fait analogue à celle de l'autre

(38)

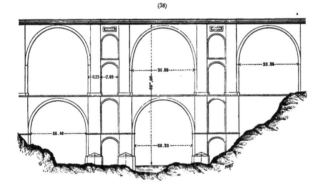

viaduc, mais de part et d'autre des piles jumelles formant culées, on a continué à employer de grandes arches autant que l'a permis le relief du terrain. L'aspect de l'ouvrage gagne beaucoup au choix de cette disposition.

Pour l'un et l'autre de ces ouvrages, toutes les parties situées au-dessous de la naissance des voûtes du premier étage, les fondations et soubassements des autres piles, les sommiers des arches, les plinthes, les trottoirs et les parapets ont été construits en granit ou en grès ; toutes les autres parties des viaducs sont en briques. Les ingénieurs chargés de faire exécuter ces grands viaducs, qui ont été construits en régie, étaient MM. Wilcke, Tost et Köller.

Pour les premiers chemins de fer établis en Autriche, on a exécuté en maçonnerie un assez grand nombre de ponts et viaducs, moins toutefois que sur d'autres lignes aussi accidentées, parce que les ressources forestières de ce pays ont permis de faire en bois les travées de beaucoup d'ouvrages, sur le chemin de Vienne à Trieste principalement. Il convient toutefois de mentionner, comme différant beaucoup des dispositions ordinaires, un viaduc en maçonnerie présentant, dans sa partie la plus haute, deux grandes arches superposées dont le dessin figurait à l'exposition de 1878. *Autriche.*

Comme type de petit viaduc établi dans des conditions économiques, nous citerons celui de Baden près de Vienne, construit en 1842, formé d'arches surbaissées ayant 11^m.20 et 7^m.50 d'ouverture, suivant leurs positions (Pl. XIII, fig. 2) et dont la longueur totale atteint 436 mètres.

Le pont de la Nydeck sur l'Aar à Berne (fig. 9) a été construit en 1844 par M. l'ingénieur E. Müller. Il se compose d'une arche principale de 45 mètres d'ouverture en arc très peu surbaissé et de deux arches secondaires de 16^m.12 d'ouverture pour passages sur les rives. La voûte principale est belle et l'ensemble de la construction, dont les lignes sont simples, mais dont les bandeaux ainsi que les pilastres ressortent bien par leurs saillies et par leurs refends sur le nu des tympans, est d'un excellent effet. *Suisse.*

Vers la même époque, un architecte de Lausanne, M. Péchaud, a rendu à cette ville un grand service en faisant construire un viaduc pour relier entre eux deux quartiers séparés par un ravin dans des conditions qui rendaient la solution difficile. La plus grande hauteur de ce viaduc est de 25 mètres et sa longueur atteint 200 mètres environ.

Enfin de nombreux viaducs en maçonnerie, dont quelques-uns sont très élevés,

19

ont été établis pour les lignes de chemins de fer, surtout dans des passages de montagnes, comme par exemple au Val de Travers et sur la ligne d'Yverdon, mais leurs dispositions ne diffèrent pas beaucoup de celles précédemment décrites.

Espagne. Plusieurs ponts ont été récemment construits en Espagne. Celui de Fuenteçen sur le Riaza (Pl. XIII, fig. 3), formé de 4 arches de 16 mètres d'ouverture surbaissées à $1/7$, est fondé sur un terrain de sable et gravier affouillable, au moyen de massifs de béton qui ont seulement 1 mètre d'épaisseur, mais qui sont défendus par des enceintes de pieux et palplanches descendant à 4 et 3 mètres au-dessous de l'étiage ; de plus, pour éviter les ravinements du sol entre les arches, on a formé un radier avec de gros blocs de pierre, défendus en aval par une file de pieux et palplanches ; enfin les rives ont été protégées par des fascinages ou des perrés, puis des digues, également revêtues, ont été établies pour diriger le courant pendant les crues.

Le pont sur la Garganta Ancha (fig. 4) comprend seulement 3 arches de 14 mètres d'ouverture, mais il présente cette particularité que la forme des voûtes a été déterminée suivant la théorie de M. Yvon Villarceau, de telle sorte que la courbe de pression soit parallèle à l'intrados et passe par le milieu des joints. Avec la flèche adoptée de $4^m.24$ et une épaisseur de $0^m.50$ à la clef, la pression par mètre superficiel est de $8^k.46$. D'après la méthode de calcul déjà citée, la courbe d'intrados a été tracée pour le cas dont il s'agit avec 15 rayons différents et l'épaisseur de chaque voûte est uniforme sur tout son développement. Ces voûtes ont été construites en mortier hydraulique ; les clefs et contreclefs seules ont été posées avec du ciment, mais en évitant que le serrage fût distinct sur ces points de celui qui se produisait dans le reste des voûtes. Enfin le décintrement n'a eu lieu qu'après le chargement complet de l'ouvrage, afin que les efforts fussent bien ceux sur lesquels on avait basé le tracé de la courbe de pression. La construction paraît avoir très bien réussi, mais rien ne prouve qu'en réalité la courbe de pression passe par le centre des joints. Nous devons les renseignements et les dessins de ces deux ponts, ainsi que beaucoup d'autres documents analogues, à l'extrême obligeance de M. Carlos de

Castro, alors président du conseil supérieur des travaux publics en Espagne ; les dessins en ont été exécutés d'une manière remarquable.

Enfin, comme type de viaduc pour chemin de fer, nous donnons, d'après un numéro des Annales des travaux publics en Espagne, le croquis (39) d'une partie du viaduc de la Chanca,

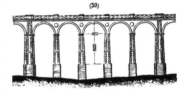

(30)

exécuté dans le nord-est de l'Espagne, sur la ligne de Palencia à la Coroña, par M. l'Ingénieur en chef Garcia del Hoyo. Ce viaduc a 298 mètres de longueur et une hauteur maxima de 29 mètres, il comprend 20 arches de 10 mètres, divisées par des piles-culées en groupes de 5 arches chacun. L'ouvrage, très correctement projeté, est construit pour une voie et paraît être revenu à un prix modéré.

La plupart des ponts construits aux États-Unis sont en bois ou surtout en fer ; il n'en existe donc qu'un très petit nombre en maçonnerie. Parmi ces derniers, le plus remarquable est incontestablement le pont de Cabin John, construit en 1859 par M. Rives pour l'aqueduc du Potomac. Il est formé d'un arc de cercle dont l'ouverture est de 67^m.10, la plus grande qui ait été atteinte depuis le pont de Trezzo ; la flèche est un peu inférieure au quart de l'ouverture et la hauteur totale de l'ouvrage, au-dessus des eaux, atteint 25^m.50. L'épaisseur de la voûte à la clef est de 1^m.30 seulement, mais elle augmente rapidement sur les reins dans une proportion beaucoup plus forte que le bandeau, car aux naissances elle atteint 6^m.10 ; les pierres d'épaisseur irrégulière, mais longues et plates, qui complètent la maçonnerie de la voûte, sont posées avec soin dans le sens des rayons et cet appareil bien motivé dans sa forme, sinon dans ses proportions, reste très visible en dehors du bandeau proprement dit. Les retombées de la voûte s'appuient sur trois assises dont les surfaces augmentent par degrés et qui sont disposées normalement à la courbe de pression, l'espace entre les murs de tête est élégi par une série de voûtes intérieures. En-

États-Unis.

fin, à l'exception des bandeaux et de la plinthe, tous les parements présentent un aspect rustique qui accentue le caractère de cette construction exceptionnelle.

Parmi les autres ouvrages en maçonnerie, on doit mentionner le High Bridge, également consacré à l'aqueduc du Croton. Il comprend 22 arches, dont 15 ont 24ᵐ.40 d'ouverture ; la hauteur au-dessus des eaux est d'environ 35 mètres et la longueur entre les culées atteint 457 mètres. C'est un ouvrage considérable, mais qui ne paraît présenter aucune particularité méritant d'être signalée.

Ponts en bois.
France.

Pendant la première partie du siècle actuel, on a continué à construire des ponts en bois. Ainsi en France le pont de la Pile sur l'Ain, de 36ᵐ.50 de portée, a été établi en 1811 ; le tablier était suspendu à l'arc au moyen de moises verticales dont la partie supérieure se reliait aux fermes supportant la toiture (40). Ce pont était en

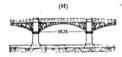
(40)

effet couvert et fermé sur les côtés, comme les ouvrages suisses décrits précédemment. La partie gauche du croquis représente l'extérieur, tandis que la partie à droite figure la disposition intérieure. Le pont d'Ivry, sur la Seine, un peu en amont de Paris, a été construit en 1828 par M. Emmery père, alors Ingénieur en chef, avec un soin et une perfection de détails qui ont fait de cet ouvrage un modèle, décrit par son auteur dans un livre spécial qui sera toujours consulté avec fruit pour les travaux de charpente. Il était formé de 5 travées en arcs de 21ᵐ.25 à 23ᵐ.75 d'ouverture (41), disposées à peu près comme au pont de

(41)

Chazey précédemment cité, mais bien mieux combinées et présentant une très grande résistance par suite des précautions prises. La durée a dépassé beaucoup celle des autres ponts en bois, car c'est seulement en 1881 que sa super-

structure a été remplacée par des travées métalliques à poutres droites. Vers la même époque, on avait construit à Paris, sur deux bras de la Seine, les ponts de Grenelle, formés chacun de 3 travées de 25 mètres ; les dispositions générales de ces travées différaient peu de celles du pont d'Ivry, mais l'exécution, confiée à des concessionnaires, était beaucoup moins bonne. Les charpentes ont dû être refaites une première fois après vingt-cinq ans et comme, à la suite d'une nouvelle période de vingt-deux ans, les bois avaient de nouveau besoin d'être remplacés, la ville de Paris, devenue propriétaire des ponts de Grenelle par le rachat de la concession, a fait reconstruire la superstructure avec des arcs métalliques.

Pour le chemin de fer de Paris à Rouen, des entrepreneurs anglais, chargés de l'exécution de cette ligne, avaient fait construire sur la Seine plusieurs ponts en bois, dont les arcs étaient composés de madriers de faible épaisseur, et M. Morandière, ayant à présenter un projet analogue pour le pont de Montlouis sur la Loire, avait étudié avec beaucoup de soin le type qu'il proposait dans cette hypothèse (42). Ce type réalisait de grandes améliorations par rapport aux ouvrages exécutés sur la ligne de Rouen, et mérite par suite d'être mentionné d'une manière spéciale, mais en réalité il n'a pas été mis à exécution, parce qu'un pont en maçonnerie a pu être construit au même prix, ainsi

(42)

que nous l'avons expliqué précédemment. Depuis que l'emploi de la tôle s'est répandu, on a tout à fait renoncé en France à établir des ponts en bois pour chemins de fer et si, pour les routes, on en construit encore quelquefois, c'est seulement dans des régions montagneuses, sur des points où il serait trop difficile de faire arriver d'autres matériaux.

En Angleterre, des ponts importants ont été construits en bois et nous donnons   Étranger.

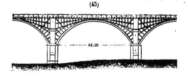

(45)

pour exemple une travée du viaduc de Willington Dean près Newcastle (45). Les arcs, de 36 mètres de portée, étaient formés chacun de 15 madriers de 0^m.075 d'épaisseur et devaient, par conséquent,

... 46.00 ...

présenter une grande résistance, mais la liaison des arcs avec les longerons portant la voie ne paraît pas avoir été aussi bien combinée que dans le projet pour Montlouis : il est juste toutefois de reconnaître que la grande hauteur des tympans rendait la solution plus difficile.

Le pont de Trenton (44) sur la Delaware aux États-Unis est un des exemples  les plus intéressants du système Bürr, qui consiste à suspendre le tablier par des tiges en fer à des arcs formés de madriers en bois ; des contrefiches inclinées empêchent les déformations qui, sans cette précaution, pourraient se produire dans les fermes. Ce pont est remarquable à la fois par sa durée et par sa solidité, car il servait déjà depuis quarante ans à une circulation active de voitures ordinaires, lorsqu'on l'a utilisé pour des transports sur chemin de fer, sans y faire de consolidations.

C'est également aux États-Unis que l'on a commencé à faire usage de poutres droites à grandes portées, dont les systèmes de construction diffèrent essentiellement de ceux qui avaient été employés en Suisse vers la fin du siècle dernier. Ils étaient d'abord seulement au nombre de trois. Le premier, système Town, a pour élément principal des séries de planches, se croisant à 45° environ et serrées à 2 ou 3 niveaux différents par des madriers formant moises horizontales. Les fermes ainsi constituées sont reliées entre elles par des moises transversales et des croix de Saint-André. Le pont de Richmond (Pl. XVI, fig. 1), qui avait près de 600 mètres de longueur et comprenait 12 travées de 43 mètres, est le type principal de ce genre de constructions : il est très économique, puisqu'il n'exige que des bois de faibles épaisseurs, juxtaposés sans coupes d'assemblages, mais il offre peu de solidité et n'est pas durable. On ne s'en sert plus actuellement que pour des passerelles ou ponts provisoires, mais il a le mérite d'avoir donné l'idée des ponts à treillis en métal. Le système Long exige des bois plus épais et consiste principalement en une poutre à grands cadres dont les parties attenant aux rives sont appuyées sur des contrefiches, tandis que la partie centrale est renforcée au sommet par une ferme triangulaire. Les diverses pièces sont reliées entre

elles par des boulons (45). Ce système, quoique ayant reçu à l'origine des applications assez nombreuses, est aujourd'hui presque abandonné pour les constructions en bois, mais la disposition générale en est
utilisée pour beaucoup d'ouvrages métalliques.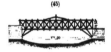
Enfin la troisième combinaison, système Howe, est
celle qui a rendu le plus de services et on en
trouve encore de nombreuses applications en Au-
triche, en Allemagne et aux États-Unis. Au pont de Wittemberg sur l'Elbe
(Pl. XVI, fig. 2), les semelles horizontales sont formées chacune de plusieurs
pièces parallèles sur lesquelles s'appuient alternativement les diagonales, et
l'ensemble de la semelle supérieure est relié à celui de la semelle inférieure
par de forts boulons, au moyen desquels on peut augmenter le serrage quand
les bois éprouvent du retrait. Ce système n'est pas à l'abri de l'usure, mais
elle y est moins rapide que dans les autres dispositions et la solidarité des
pièces est beaucoup mieux assurée. Le pont de Wittemberg comporte une
seule voie de fer placée à la partie
basse des poutres, tandis qu'au
pont de Poganeck en Autriche (46),
l'ouvrage est construit pour deux
voies, ainsi que le montre la coupe transversale. Enfin, dans un certain nombre
des ponts de ce système, les voies sont placées à la partie supérieure des
travées, ce qui permet de relier parfaitement entre elles les fermes verticales
de chaque tête.

A la suite des trois systèmes à poutres droites qui viennent d'être décrits,
on en a imaginé et appliqué en Amérique beaucoup d'autres analogues, mais
le métal y a pris de plus en plus la prépondérance et par conséquent ces derniers
ouvrages doivent être classés de préférence avec les ponts métalliques.

Parmi les plus grands ponts en forme d'arcs construits aux États-Unis, celui
de Cascade Gleen (47) est d'une hardiesse remarquable. Il franchit une vallée
de 53 mètres de profondeur par un arc de 84 mètres d'ouverture, constitué
par 4 fermes dans chacune desquelles l'arc est formé de deux semelles courbes
assez espacées, ce qui lui donne beaucoup de résistance. Ces semelles sont

composées de plusieurs rangs de madriers dont le nombre va en diminuant
des naissances à la clef et elles sont reliées entre elles par des moises normales à
l'arc et par des croix de Saint-André. Le prolongement de ces normales forme des

(47)

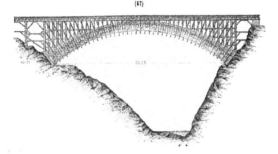

triangles avec les montants verticaux, de sorte que chaque ferme se trouve
ainsi parfaitement contreventée. Les 4 fermes du pont sont également bien
reliées entre elles et l'ouvrage résiste parfaitement au passage des trains de
chemins de fer. Il a été exécuté sous la direction de MM. Brown et Adam.

Un autre pont de portée encore plus considérable, car son ouverture atteignait 103 mètres, avait été construit précédemment à Philadelphie et désigné
sous le nom de Colossus. Le tablier suivait la courbure de l'arc, qui était lui-
même formé de cadres en bois très solides, appuyés les uns sur les autres
comme les voussoirs d'un pont en maçonnerie; on avait pris de grandes
précautions pour la conservation des pièces de bois qui étaient séparées les
unes des autres par des armatures en fer reliées entre elles par des boulons,
ce qui permettait, suivant les besoins, de resserrer les assemblages et de
remplacer les pièces avariées.

Les Américains du Nord, toujours pressés d'établir dans le plus bref délai
de nouvelles voies de communication, emploient fréquemment à cet effet,
pour le passage des vallées profondes, des viaducs provisoires en bois qu'ils
remplacent plus tard par des ouvrages métalliques. Nous indiquons ci-
après (48) les dispositions adoptées pour le viaduc provisoire de Portage

sur le Genessee-River pour le chemin de fer de l'Érié. Il comprenait 14 palées espacées de 15ᵐ.25 d'axe en axe, reposant sur des soubassements en maçonnerie de 9 mètres de hauteur et s'élevant jusqu'à 69 mètres au-dessus, du niveau de la rivière; il était divisé en cinq étages par des moises longitudinales et les angles formés par ces moises avec les montants des palées étaient consolidés par des contrefiches, indépendamment des croix de Saint-André qui, à chaque étage, reliaient solidement entre elles les diverses palées. Cet ouvrage bien combiné durait depuis vingt-trois ans, quand en 1875 il a été incendié par accident, et il se trouve actuellement remplacé par un viaduc

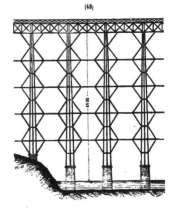

(48)

métallique dont nous indiquerons plus loin le mode de construction.

C'est en Angleterre et seulement vers la fin du siècle dernier que l'on a commencé à construire des ponts en métal. Le premier ouvrage de quelque importance ainsi établi est le pont de Coalbrookdale, sur le Severn, en 1779. Il est en fonte comme tous les autres ponts métalliques successivement construits jusque vers 1840, et il se compose d'une seule arche de 30ᵐ.62 d'ouverture presque en plein cintre (49). Chacune des fermes comprend un arc inférieur et deux portions d'arc concentriques reliées avec le premier dans la direction des rayons; les fermes sont rendues solidaires par des entretoises. Cette disposition, d'après laquelle les arcs sont interrompus et dont les éléments sont formés de simples barreaux, est évidemment défavorable.

Ponts métalliques.
Ouvrages en fonte.

(40)

En 1796, on a appliqué au pont de Sunderland sur le Wear une autre disposition (50) consistant à constituer l'arc par une série de châssis, formant chacun

20

l'ossature d'un voussoir, et reliés ensemble par des boulons. On a atteint ainsi une portée de 73 mètres et cette arche, surbaissée à ¹/₃ environ, présentait déjà un progrès notable par rapport à la précédente.

Ces deux dispositions ont été imitées à Paris quelques années plus tard, l'une au pont des Arts, en 1803, l'autre pour le pont d'Austerlitz, en 1816.

Le premier (51), qui constitue seulement une passerelle pour piétons, est très léger d'aspect, mais il ne présente que de faibles garanties de solidité, car parfois on a cru devoir y limiter la circulation; aussi lorsque plus tard, pour les besoins de la navigation, on a remplacé deux des anciennes travées par une travée unique, celle-ci a été faite en fer, en conservant à cette partie de l'ouvrage le même caractère qu'à l'autre.

Au pont d'Austerlitz, formé de 5 arches de 32ᵐ.50 d'ouverture (52), les voussoirs étaient formés de châssis analogues à ceux de Sunderland, mais les barres de ces châssis étaient trop faibles, et lorsque en 1855 on a reconstruit l'ouvrage en maçonnerie, on a constaté un nombre très considérable de cassures. Les inconvénients résultant de l'emploi de voussoirs aussi évidés étaient d'ailleurs reconnus depuis longtemps et ainsi aux ponts de Southwark sur la Tamise à Londres (Pl. XVI, fig. 6), de Trent sur le Lary et de Tewksburg sur le Severn, construits de 1818 à 1850, on a employé la fonte sous forme de voussoirs peu épais, mais pleins ou tout au moins légèrement évidés, comme on le fait encore de nos jours.

Un système tout spécial, imaginé par l'Ingénieur en chef Polonceau, a été appliqué par lui en 1855 à la construction du pont des Saints-Pères ou du Carrousel, à Paris (Pl. XV, fig. 5). Les arcs, au nombre de 5, ayant 47ᵐ.67 d'ouverture et surbaissés à ¹/₁₀ ont une section ovoïde (53), sont formés de deux parties

réunies entre elles par des boulons et sont garnis à l'intérieur de madriers
en bois goudronnés. Les tympans sont constitués avec des anneaux dont les
rayons vont en diminuant depuis les naissances jusqu'à la clef et ne sont reliés
entre eux que vers leurs centres. L'ensemble est extrêmement élastique et il
en résulte que le pont vibre beaucoup sous le passage des voitures. On serait
porté à croire que ces oscillations doivent fatiguer considérablement le pont,
mais en réalité leur amplitude n'est pas forte et l'ouvrage fonctionne, sous une
circulation très active, depuis près de 50 ans. Quelques autres applications de
ce système ont été faites, et l'expérience prouve qu'on aurait pu les multiplier
sans danger pour le passage des voitures ordinaires, mais on ne peut les
employer pour chemins de fer qu'en donnant aux ouvrages plus de fixité.

A partir de la création de ces nouvelles voies, l'emploi des ponts en fonte
s'est multiplié beaucoup, d'abord pour permettre de passer avec de faibles épaisseurs soit au-dessus, soit au-dessous des communications existantes et ensuite
pour obtenir de grandes portées et diminuer ainsi notablement le nombre des
piles à fonder sur les cours d'eau. Les ouvrages établis dans ce but sont généralement composés d'arcs en fonte dont la section est celle d'un double **T**,
et qui sont disposés, les uns plus forts à l'aplomb de chaque file de rails,
et d'autres plus légers pour soutenir les trottoirs; ces arcs sont fortement reliés
entre eux et surmontés de tympans évidés que l'on a également soin de bien
entretoiser; enfin ils portent à la partie supérieure un plancher et même souvent
du ballast pour la pose des voies. L'un des premiers grands ponts construits
en France pour cet usage est celui
de Nevers sur la Loire, formé de
7 travées de 42 mètres d'ouverture
(54). Il a été construit à l'usine de
Fourchambault par M. Émile Martin,
sous la direction de M. l'Ingénieur

(54)

en chef Boucaumont aîné. L'ouvrage, très bien étudié dans toutes ses parties,
a parfaitement résisté aux épreuves qui ont eu lieu en 1850.

Le pont de Tarascon sur le Rhône, terminé en 1852, est un ouvrage encore
plus considérable; il comprend 7 travées de 60 mètres de portée, qui, par

suite d'encorbellements aux naissances, correspondent à des ouvertures de
62 mètres entre les piles (Pl. XV, fig. 7). Il a été exécuté également à Fourchambault par M. Émile Martin, sous la direction supérieure de l'Ingénieur
en chef Talabot. MM. les ingénieurs Collet-Meygret et Desplaces ont publié sur
ce remarquable travail un mémoire très complet, inséré aux Annales de 1854
et qui, après avoir décrit la construction, donne les résultats des expériences
et des épreuves très multipliées auxquelles il a donné lieu. Le pont de
Tarascon, très largement traité dans toutes ses parties, produit un effet
monumental et présente une grande stabilité, mais le poids de métal employé
y est considérable relativement à plusieurs autres ponts qui ont aussi bien
résisté.

Le pont de la Voulte, situé également sur le Rhône, mais notablement en
amont de Tarascon, comprend seulement 5 arches de 55 mètres d'ouverture,
et étant destiné à un embranchement de chemin de fer, n'a été fait que
pour une voie ; toutefois, on a cru devoir former chaque travée de 4 poutres,
ce qui a exigé un poids de métal assez considérable, tandis que dans le pont

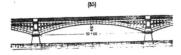
(55)

construit sur le Var (55), pour la
ligne de Marseille à Nice, et destiné à porter deux voies, on n'a
employé également que 4 poutres.
en plaçant les trottoirs sur des
encorbellements soutenus par des consoles. Ce dernier ouvrage s'est trouvé
par suite exécuté dans des conditions beaucoup plus économiques que le pont
de la Voulte.

Indépendamment des ponts pour chemins de fer, on en a construit beaucoup
pour voitures ordinaires, soit dans les villes, soit sur des routes, et c'est même
dans ces situations que la fonte peut le plus avantageusement être employée,
d'abord parce qu'elle offre moins d'éventualités de rupture, n'ayant pas à
résister à des actions aussi violentes, et ensuite parce qu'elle se prête mieux
que la tôle à l'ornementation. C'est par ces motifs que l'on a construit à Paris,
en 1859 et 1861, deux ponts en fonte sur la Seine, celui de Solférino, comprenant 5 travées en arc de 40 mètres (Pl. XV, fig. 6), et celui de Saint-Louis,

formé d'une seule arche de 64 mètres (même Pl., fig. 9). Le premier est plus
ornementé, mais le second produit plus d'effet par sa grande arche très surbaissée. Ces deux ouvrages ont été exécutés par M. Georges Martin, sous la
direction de l'Ingénieur en chef Romany. Plus tard on a également employé
à Paris la fonte dans la reconstruction du pont de Grenelle, ainsi que dans
la création des ponts Sully, sous la direction de MM. Vaudrey et Brosselin,
et enfin, tout récemment, dans la transformation du pont au Double, sous la
direction de MM. H. Bernard et Lax : pour ces ouvrages, les pièces de pont
et les entretoisements ont été exécutés en fer, la fonte n'ayant été conservée
que pour les arcs.

Le pont de Suresnes, près Paris, est formé de 3 travées qui ont seulement
52 mètres et 44 mètres d'ouver-
ture (56), mais il est fort élégant,
tant par la courbe elliptique de ses
arches que par la disposition, simple et donnant beaucoup de jours,
adoptée pour ses tympans. Il a été

(56)

construit par M. Georges Martin, à qui est due également l'exécution en 1864 du
pont d'El-Kantara sur le ravin du Rummel (57), de 120 mètres de profondeur,
à Constantine. L'arc en fonte,
de 57ᵐ.40 d'ouverture, est appuyé sur des arcades en maçonnerie formant culées, mais
la mise en place des pièces de

(57)

fonte présentait des difficultés très sérieuses, et pour les surmonter on a jeté
d'abord, d'une culée à l'autre, des câbles de pont suspendu, on a fait supporter par ces câbles un cintre en bois, et c'est à l'aide de celui-ci que l'on
a posé les voussoirs en fonte du pont définitif.

Le pont construit sur le Rhône à Lyon, à la sortie de la gare de Perrache
dans la direction de Marseille, a également été construit par l'usine de Fourchambault (58). Les travées n'ont que 40 mètres d'ouverture, mais la partie

métallique est bien traitée et les refuges demi-circulaires au-dessus des piles sont disposés avec goût.

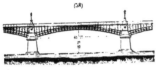

En Angleterre, le pont de Roches-ter, sur la Midway, dans la direction de Douvres à Londres, comprend trois travées fixes et une tournante. Cet ouvrage (Pl. XVI, fig. 4), dont les dispositions en élévation sont d'un bon modèle, est le premier pour lequel on ait employé les fondations à l'air, comprimé. Chacune des piles repose sur 14 tubes en fonte de $2^m.14$ de diamètre, descendus graduellement jusqu'au terrain solide, à l'aide de la compression de l'air, et qui ont été ensuite remplis de béton. Cette première application, qui a servi de départ pour toutes les autres, dont le développement augmente tous les jours, a été fort dispendieuse à cause du grand nombre de tubes employés, mais on s'explique facilement que pour une première expérience de ce genre on ait procédé avec une prudence excessive.

On trouve dans le même pays plusieurs exemples de ponts dans lesquels le tablier est suspendu à des arcs en fonte. Le pont de Leeds (Pl. XVI, fig. 5), construit en 1829, donne l'exemple le plus remarquable de cette disposition : la corde de l'arc a pour cet ouvrage environ 47 mètres de longueur. Quelquefois aussi l'arc se trouve coupé à mi-hauteur par le tablier, comme nous en avons cité un exemple pour le pont en bois de Stuttgard. D'un autre côté, aux États-Unis, on a utilisé pour la construction d'un pont sur le Rock-Creek, près de Washington, une conduite d'eau en fonte dont les tuyaux, de $1^m.22$ de

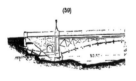

diamètre, sont courbés en arc et forment siphon, tout en servant de support au tablier du pont (50).

Enfin l'un des plus remarquables ouvrages en fonte qui existent dans le monde entier est le viaduc à double étage construit en 1849 sur la Tyne, à Newcastle, par R. Stephenson (Pl. XVI, fig. 9). Il comprend, en outre des arcades et murs de soutènement aux abords, 6 grandes travées de 58 mè-

tres d'ouverture, dont le tablier inférieur, destiné au passage d'une route, est
à 25 mètres au-dessus des hautes eaux, tandis que le tablier supérieur, qui
porte 3 voies de fer, se trouve placé à 54 mètres au-dessus du même niveau.
Le premier de ces tabliers est suspendu à des arcs, au moyen de boulons traversant des pilastres creux, tandis que le prolongement de ces pilastres supporte directement le tablier du chemin de fer. Ce viaduc, très bien combiné
au sujet des communications qu'il dessert, présente un aspect très monumental.

Par imitation des premiers ponts à poutres droites en tôle construits en
Angleterre, c'est avec parois pleines qu'ont été exécutés d'abord en France les
ouvrages pour lesquels la fonte a été remplacée par le fer laminé. En 1851,
M. Ernest Gouin construisait ainsi le pont de Clichy, biais à 25 degrés et néces-
sitant 33^m.72 de longueur de poutre pour 14 mètres d'ouverture droite. L'année suivante, M. Flachat faisait construire le pont d'Asnières sur la Seine, comprenant 5 travées droites de 31 mètres, dont les 4 voies s'appuyaient sur des
entretoises horizontales, très solidement fixées contre des poutres à section rectangulaire de 2^m.28 sur 0^m.50, dont les parois étaient en tôle pleine. En 1855, le
même Ingénieur employait également des poutres à âme pleine pour le grand
pont de Langon sur la Ga-

Ouvrages en fer.
Ponts à poutres droites.
—
France.

ronne (60) ; seulement,
dans ce cas, chaque pou-
tre ne contient qu'une paroi verticale fixée à deux
larges semelles raidies par
des goussets très solides et

(60)

des montants verticaux. Dans les trois travées de 73 mètres et 63 mètres de
portée, les voies se trouvent placées à peu près à mi-hauteur et sont très
solidement contreventées en dessous.

Pour le pont de Moissac sur le Tarn (61), chacune des voies est placée dans
une poutre tubulaire indépendante et il en est résulté une augmentation notable
dans le poids. Les portées entre les piles sont de 46 mètres pour les travées

attenant aux rives et de 68 mètres pour les 3 travées intermédiaires. Enfin le

pont sur le Lot près d'Aiguillon ne comprend que 5 grandes travées comme à Langon, mais les voies y sont placées au bas des poutres principales comme à Moissac.

Plusieurs autres ponts ont aussi été établis avec des parois pleines, notamment ceux de Mâcon sur la Saône et de Moulins sur l'Allier ; mais on y a bientôt renoncé pour employer des poutres dont les parties verticales sont formées de pièces croisées, à mailles plus ou moins grandes, généralement désignées comme poutres à treillis. Le passage n'y est plus renfermé entre deux murs pleins, le bruit est moindre, l'aspect est meilleur et les parois offrent moins de prise au vent. Quatre ponts construits presque en même temps peuvent à cet égard être considérés en France comme des types. Celui de Bordeaux sur la Garonne, terminé en 1860 et le plus important des quatre, comprend 7 travées dont 2 de 59 mètres et 5 de 73 mètres (Pl. XV, fig. 3). Les poutres ont 6^m.35 de hauteur et présentent de larges plates-bandes reliées entre elles par de forts montants verticaux ainsi que par des diagonales en fers à double T, ce qui donne à chacune des poutres beaucoup de résistance et de stabilité ; les pièces ainsi disposées peuvent résister également à la tension et à la compression. Cet ouvrage a été exécuté par MM. Nepveu et Eiffel sous la direction de MM. de la Roche-Tolay et Regnault.

Le pont de Lorient sur le Scorff (Pl. XV, fig. 4), exécuté en 1862, est formé de 2 travées de 52 mètres et 1 de 64 mètres ; les poutres ont 6^m.36 de hauteur et leurs plates-bandes de 0^m.80 de largeur sont reliées entre elles par un treillis à larges mailles très rigides et dont chacune a environ 3 mètres de hauteur : il n'y existe pas de verticales, mais les parois au-dessus des piles sont pleines. La construction a été faite par MM. Gouin et Lavalley, sous la direction immédiate de M. l'Ingénieur Dubreil. C'est par la même maison de construction et sous la même direction qu'a été exécuté le pont du Louet près de Chalonnes, sur la ligne d'Angers à Niort (Pl. XV, fig. 1). Les travées, au nombre de 4, ont des ouvertures de 37 mètres et 43 mètres ; les voies se trouvent placées au-dessus du pont, ce qui permet d'entretoiser très complétement toute la superstructure métallique ; les mailles des treillis ont 1ᵐ.50 de hauteur et toutes leurs barres sont en fer à **T** pouvant résister également à l'extension et à la compression. Enfin le pont d'Argenteuil sur la Seine (Pl. XV, fig. 2) est formé de 5 travées dont 2 de 30 mètres et 3 de 40 mètres : le niveau du passage ne permettait pas de placer la superstructure au-dessous des voies, comme au Louet, et la dimension des travées ne comportait pas assez de hauteur pour que l'on pût entretoiser l'ouvrage à sa partie supérieure, comme à Bordeaux ou à Lorient ; on a donc simplement formé les parois verticales par un treillis en fers plats à petites mailles, mais on a donné une forte largeur aux semelles et on a soutenu la paroi par de forts montants verticaux formant goussets. Cette disposition n'est pas avantageuse au point de vue du poids, mais elle était commandée par les circonstances spéciales où l'on se trouvait placé. L'ouvrage a été exécuté par la maison Joly d'Argenteuil, sous la direction de MM. A. Martin et Léonard.

Depuis la période de 1860 à 1865, pendant laquelle les ouvrages que nous venons de décrire ont été construits, les applications des divers systèmes de ponts à treillis se sont multipliées dans des proportions extrêmement considérables, et nous en citerons seulement quelques exemples. L'un des plus importants consiste dans le pont construit à Arles sur le grand bras du Rhône, pour le chemin de fer dirigé vers Lunel et Mont-

pellier (62). Les travées sont au nombre de 4, dont 2 de 50ᵐ.25 et 2 de 64ᵐ.50. Les voies se trouvent placées dans le bas ; les parois sont doubles, comme au Scorff, et les mailles, au

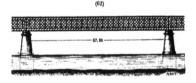

(62)

nombre de 4 dans le sens de la hauteur, sont formées de fers en ⊔ adossés : le système est en outre fortifié par des verticales, de sorte que le poids atteint un chiffre élevé. Il a été construit par l'usine du Creusot, qui a également fourni à la Compagnie de Paris-Lyon-Méditerranée, pour la ligne d'Avignon à Miramas, un grand pont sur la Durance, dont les travées sont encore un peu plus grandes, mais dont les dispositions offrent beaucoup d'analogie. Une travée de 60 mètres

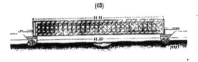

d'ouverture pour la ligne de
Grenoble à Gap, au passage de
la Romanche (63), a également
été établie par la même compagnie. Cette travée à parois

simples et à une voie, mais très bien entretoisée, est au contraire très légère,
toutes proportions gardées ; elle a été terminée en 1876.

Sur la ligne de Tours aux Sables d'Olonne, la Société de construction de
Fives-Lille a fourni pour la Compagnie alors existante des chemins de fer de la
Vendée plusieurs ponts remarquables par leurs dispositions très simples et par
la modération de leurs poids. Le pont sur le Cher aux abords de Tours mérite
principalement sous ces deux rapports d'être mentionné. Ses parois sont formées de grandes croix de Saint-André s'appliquant à toute la hauteur, comme
à Bordeaux ; mais le mode de construction est plus simple et le poids est comparativement bien moins fort.

Le pont de Conflans sur la Seine, construit en 1877 par la maison Joly
à Argenteuil, sous la direction de MM. Pagès et Lecomte, se compose de 4 travées de 39 et 47 mètres d'ouverture. Les voies sont placées dans le bas et les
grandes poutres sont formées de treillis à mailles moyennes et à parois simples
consolidées par des montants verticaux (64) ; les barres du treillis travaillant

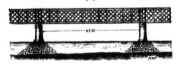

à la traction sont plates, tandis
que celles qui travaillent à la compression sont en fer à **T**. Les poutres, bien entretoisées et contreventées tant en haut qu'en bas,
reposent sur les piles par l'inter-

médiaire de patins à charnière, imités de ceux déjà employés dans d'autres
pays, notamment en Hollande, et qui présentent l'avantage de faire passer par
le centre des piles la résultante des pressions. Enfin le plancher a été construit
en tôle striée, ce qui fait éviter l'emploi de ballast et diminuer beaucoup les
frais d'entretien. Ces deux dernières dispositions, patins à charnière et plan

cher en tôle striée, constituent deux innovations utiles qui tendent à se multi-
·plier de plus en plus.

. Parmi les grands ouvrages à poutres droites exécutés récemment, il y a lieu
de mentionner le remplacement de l'ancien pont suspendu de Cubzac par un pont
fixe et la reconstruction en fer du pont d'Empalot sur un des bras de la Garonne
près Toulouse. Ces deux ouvrages importants ont été construits par la maison
Eiffel.

Ainsi que nous l'avons déjà expliqué, c'est en Angleterre qu'ont été construits   Angleterre.
les premiers ponts en tôle et on a commencé presque immédiatement par un
ouvrage de dimensions colossales, le pont Britannia, sur le détroit de Menai. Le
chemin de fer auquel il donne passage a une grande importance, car après avoir
traversé l'île d'Anglesey, immédiatement à la suite du détroit précité, il aboutit
au port de Holyhead, qui est le point d'attache le plus direct pour les communications entre l'Islande et la métropole. Le pont Britannia (Pl. XVIII, fig. 1) comprend 4 travées dont 2 de 70 mètres attenant aux rives et 2 de 140 mètres sur
la partie la plus profonde du détroit. Sa longueur entre les culées est de
453 mètres. Il se compose de deux tubes à section rectangulaire, tout à fait

indépendants l'un de l'autre, ainsi que l'indique la coupe transversale (65), à l'échelle
de $0^m.005$. La hauteur totale varie depuis
7 mètres au-dessus des piles jusqu'à $9^m.15$
au milieu des grandes travées. Les parois
verticales sont pleines et les semelles sont
formées l'une de 6 et l'autre de 8 cases fortement constituées. Les tubes ont été construits sur la rive, amenés à pied d'œuvre

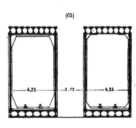

(65)

sur radeaux et élevés au moyen de fortes presses hydrauliques. Ce pont, conçu
et exécuté par le célèbre ingénieur Robert Stephenson, est d'autant plus remarquable qu'il n'a été précédé d'aucun essai en grand, mais il contient proportionnellement beaucoup plus de fer que les ponts actuels et son aspect est
loin de produire l'effet que l'on devait espérer d'un ouvrage aussi considérable.

Le pont de Conway (66), exécuté à la même époque que le pont Britannia
par les mêmes ingénieurs, est situé à 25 kilomètres en avant de celui-ci et .
se compose d'une seule travée de 122 mètres d'ouverture. Immédiatement à

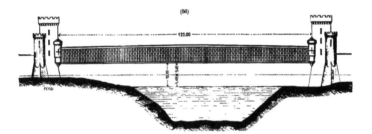

(66)

la sortie du pont, on passe en tunnel sous le coteau qui contient les ruines
du château de Conway, et c'est pour ce motif que l'on a donné aux culées un
caractère moyen âge. Cette décoration est traitée avec goût et l'aspect
de cet ouvrage est plus satisfaisant que celui du pont Britannia.

Parmi les autres premiers ponts en fer construits en Angleterre, il y a lieu de
citer celui de Newark sur le Trent (67). Il est formé d'une seule travée de

(67)

72 mètres dont les semelles
sont reliées entre elles par
des pièces inclinées for-
mant triangles. Ce systè-
me, dont les dispositions
ont été successivement modifiées et étendues, est actuellement l'objet de
nombreuses applications dans l'Inde et en Amérique sous le nom de système
triangulaire. A l'égard des ponts à poutres droites de construction plus récente,
il convient de mentionner ceux de Charing Cross et de Cannon Street à Londres.
Le passage des trains y est incessant par suite de l'immense circulation qui
se produit dans les gares qui portent ces noms, et les voies, dont le nombre est
porté à 4 pour le premier de ces ouvrages et à 5 sur le second, sont disposées
en éventail du côté des stations. Le pont de Charing Cross, terminé en 1864,

est formé de 8 travées de 47 mètres d'ouverture (68). Les parties verticales des
poutres de ce pont sont à jour et disposées en croix de Saint-André, tandis
qu'au pont de Cannon Street, exécuté en 1866, les poutres sont placées entièrement au-dessous des voies et construites en tôle pleine (69). Ces poutres sont

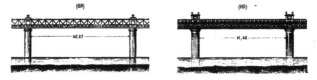

au nombre de 13, dont les 2 extrêmes sont doubles et forment caisson, tandis
que les 11 autres sont seulement à section de double **T**. Les trottoirs se
trouvent supportés par des consoles en encorbellement qui servent à la décoration des têtes du pont. Ce dernier ouvrage a été fait sous la direction supérieure de M. Hawkschaw.

Le pont ou viaduc qui traverse le Tay en face de la ville de Dundee, dans
une partie où le fleuve est très large et très profond, constitue incontestablement un des ouvrages les plus hardis qui aient jamais été réalisés (Pl. XX,
fig. 1). Il a une longueur totale 3,153 mètres et comprend 85 travées dont 82 à
poutres droites. Les principales, au nombre de 13, ont des portées de 69 à
75 mètres d'axe en axe des supports et soutiennent, à leur partie inférieure,
la voie placée à une hauteur d'environ 27 mètres au-dessus des basses mers
pour le passage des navires ; sur les autres travées, dont les portées son
moins grandes, la voie a été posée à la partie supérieure des poutres. Les
difficultés de fondation ont été considérables dans la partie profonde du lit et
des accidents avaient déjà eu lieu pendant la période de construction. L'ouvrage avait néanmoins résisté aux épreuves, mais dans la nuit du 28 décembre
1879, par l'effet d'une tempête de vent d'une violence excessive, les 13 grandes
travées ont été précipitées dans le fleuve avec un train de voyageurs qui
passait précisément alors vers le milieu de cette partie. A la suite de cette
terrible catastrophe, qui ne sera jamais oubliée, la reconstruction a eu lieu
dans des conditions qui paraissent offrir la sécurité nécessaire.

En Allemagne on a fait dès l'origine de nombreuses applications des ponts en treillis à petites mailles. L'un des premiers exemples est donné par le pont d'Offenbourg (Pl. XVI, fig. 3). Il se compose d'une seule travée de 63 mètres d'ouverture et comprend 3 grandes poutres de 6^m.30 de hauteur, de sorte que chaque voie passe dans un compartiment distinct. En dehors des poutres extrêmes, on a établi des trottoirs pour la circulation des piétons, et cette disposition, très peu coûteuse, ne saurait être trop recommandée. Le pont de Dirschau (Pl. XVIII, fig. 2), formé de 6 travées de 121 mètres d'ouverture, a été construit sur la Vistule en 1857 ; ses parois verticales sont également en treillis à mailles très serrées ; il constitue un des ponts les plus importants de l'Allemagne. Celui de Cologne sur le Rhin (70) comprend en réalité deux ouvrages

(70)

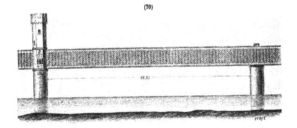

accolés, l'un pour chemin de fer, l'autre pour route. Tous les deux ont aussi des parois verticales à petites mailles, mais pour le chemin de fer le treillis est double, tandis qu'il est simple pour la route. Le pont est orné de portiques très élégants, mais pour les travées les parois avec des mailles aussi serrées paraissent presque pleines, et sous ce rapport l'aspect manque de légèreté. Le pont de Tulln, sur le Danube, est double comme celui de Cologne, et les deux ouvrages qu'il comporte sont aussi tout à fait indépendants ; mais les travées sont un peu moins longues et la largeur du passage pour route n'est pas aussi grande. Le mode de construction présente des différences assez notables : ainsi à Tulln le treillis est moins serré qu'à Cologne et les contreventements supérieurs sont beaucoup plus efficaces.

D'autres ponts très considérables ont été établis sur le Danube, notamment aux abords de Vienne. Celui de Stadlau, pour la Staatsbahn, est le plus important. Les 5 grandes travées qu'il comporte au-dessus du fleuve proprement dit (71) ont uniformément

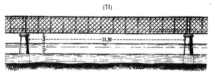

(71)

75^m.86 d'ouverture; elles sont suivies de 10 travées de 33^m.75 pour l'écoulement des eaux d'inondations. Pour les premières, les voies sont placées à l'intérieur des poutres, tandis que, pour les secondes, les voies sont au contraire placées au-dessus. L'ensemble des ouvrages a été exécuté par l'usine du Creuzot, sous la direction de MM. Bresson et de Ruppert. Le pont du chemin de fer de ceinture à Pesth, construit en 1876, se

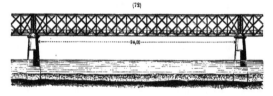

(72)

compose de 4 travées de 94 mètres d'ouverture (72); elles ne sont solidaires que de 2 en 2. Les parois sont doubles, à grandes mailles de 4^m.80 et fortement contreventées. Des trottoirs extérieurs ont été établis sur chaque tête. La partie métallique de l'ouvrage a été exécutée par MM. Cail et Cie à Paris.

Le passage des grands fleuves en Russie a nécessité la construction d'ouvrages **Russie et Danemark.** d'une très grande importance. Le premier, celui de Kowno sur le Niémen, est formé de 4 travées principales de 67^m.60 et 75^m.50

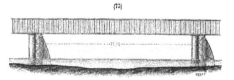

(73)

d'ouverture (73). Les voies passent à la partie inférieure des poutres qui sont
à parois pleines. Les piles sont composées chacune de deux colonnes en
fonte, protégées par de forts brise-glaces.

Le pont de Dunabourg sur la Dwina, construit en 1862, se compose de
3 travées de 84 mètres d'ouverture (74). Les grandes poutres sont chacune à
deux parois parfaitement reliées entre elles, comme au Scorff, et fortement
contreventées. Elles sont supportées par des piles tubulaires défendues par

(74)

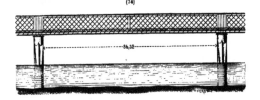

des brise-glaces en métal comme à Kowno. Un ouvrage analogue, comportant
6 travées de 74 mètres, a été exécuté l'année suivante à Varsovie. Les voies
de fer qu'il contient sont au nombre de 3 et deux passerelles sont établies en
dehors des poutres principales. Les piles de cet ouvrage, dont chacune est
fondée par l'air comprimé dans 4 tubes, sont construites en maçonnerie au-
dessus des fondations et forment du côté d'amont des brise-glaces très résistants qui paraissent bien préférables à ceux des deux ouvrages précédents.
Le pont sur le Volga à Ribinsk (Pl. XVII, fig. 1) est formé de 4 travées de
109 mètres de longueur d'axe en axe des piles, correspondant à 105 mètres
d'ouverture libre, et le niveau des voies placées à la partie inférieure des
grandes poutres, se trouve établi à 21 mètres au-dessus des eaux. Tous ces
ouvrages ont été exécutés par MM. Gouin et Cie, sous la direction supérieure de
M. Collignon et des autres Ingénieurs français qui ont organisé le service des
chemins de fer en Russie et construit les premières grandes lignes dans ce
pays.

La Compagnie de Fives-Lille a construit en 1879, pour le chemin de fer de
Rauders à Friedrichshaven en Danemark, sur un bras de mer appelé le Lümf-

jord un pont de 353 mètres de longueur, dont les plus grandes travées ont 60 mètres d'ouverture, et qui mérite surtout d'être mentionné à cause des difficultés toutes spéciales auxquelles ont donné lieu ses fondations.

En Italie, on fait un très grand usage des ponts en fer à poutres droites, parce que la plupart des rivières sont torrentielles, qu'il importe par suite de diminuer le nombre des supports et que, par l'effet de la grande vitesse des eaux, des travées placées à de faibles hauteurs sont généralement suffisantes. Parmi les ouvrages les plus importants, on doit citer le pont de Mezzana-Corti sur le Pô (75), qui sert à la fois à un chemin de fer dont les voies sont établies à la base des grandes poutres, tandis qu'une route passe sur le haut des travées. Sa longueur est de 800 mètres

Italie, Espagne et Portugal.

(75)

environ; sa construction a été faite par MM. Gouin et Cie en 1865. Un autre ouvrage établi sur ce même fleuve en 1874, le pont de Borgoforte pour la ligne de Mantoue à Modène, présente moins d'importance, car il ne porte qu'une voie de fer et sa longueur est seulement de 432 mètres. Il a été exécuté par MM. Joret et Cie, sous la direction supérieure de M. Amilhau, alors directeur général des chemins de fer de la Haute-Italie. Une maison de construction fort importante, dont le siège est à Naples, celle de MM. Cottrau et Cie, est actuellement chargée de la plupart des ponts en fer dans ce pays. Parmi les constructions qu'elle a exécutées, la planche XVII donne le spécimen de trois ponts, le premier sur la Bormida (fig. 8), formé d'une travée de 60 mètres à grands cadres, le deuxième (fig. 9), d'une travée de 60 mètres sur le Tibre à Sottogiove, en treillis serré avec voie au milieu de la hauteur, et le troisième (fig. 10), d'une travée de 70 mètres à mailles moyennes, sur la Fella, près Pontebba.

En Espagne, un assez grand nombre de ponts métalliques ont été construits pour l'établissement des grandes lignes de chemins de fer. Parmi ceux exécutés

plus récemment, il convient de citer le pont de Guadalhorce (pl. XVII, fig. 2),
qui a été construit en 1869 et comprend 3 travées de 35 mètres, encadrées par
des arches en maçonnerie de 12 mètres, le pont sur l'Araquil ayant 3 travées de
29 mètres et surtout celui sur l'Esla, formé de 9 travées de 31 mètres d'ouverture.

En Portugal, le pont de Vianna, construit en 1878, présente une très grande
importance, car il comprend 10 grandes travées de 47 mètres à 58 mètres
d'ouverture et 17 travées de 10 mètres pour les viaducs d'accès. La longueur
totale atteint 736 mètres.

Amérique. En Amérique, surtout aux États-Unis, les constructions en métal se sont
développées avec une rapidité tout à fait exceptionnelle ; les combinaisons
employées dans ce but sont nombreuses et on est arrivé en peu d'années à
atteindre des portées très considérables. Ces ouvrages diffèrent surtout de ceux
d'Europe en ce que les pièces, au lieu d'être rivées invariablement les unes
contre les autres, sont au contraire articulées entre elles, de manière à pouvoir
modifier un peu leurs positions respectives suivant la valeur et les points
d'application des charges. Ces combinaisons seront expliquées avec détails dans
le cours et nous nous bornons ici à en donner quelques exemples. Ainsi le pont
de Louisville sur l'Ohio (Pl. XVII, fig. 4), dont la longueur est de 1,607 mètres,
comprend 2 grandes travées du système triangulaire composé, dont l'une atteint
113 mètres et l'autre 122 mètres d'axe en axe des supports ; le bas de ces
travées est placé à 31 mètres au-dessus de l'étiage. Le pont Saint-Charles sur
le Missouri (fig. 5) a seulement 663 mètres de longueur, mais il se compose de
4 travées de 92^m.72 du système Fink et 3 de 96^m.04 du type triangulaire à
intersections. Enfin le pont de Cincinnati sur l'Ohio (Pl. XIX, fig. 4), dont la
longueur est d'environ 760 mètres, contient une immense travée de 158 mètres
d'axe en axe des supports dans le système Linville. Ces exemples qui correspondent aux types les plus usités pour de grandes ouvertures, suffisent pour
donner une idée de ce genre de constructions.

Ponts avec poutres de Les poutres droites, avec semelles horizontales, qui viennent d'être décrites,
systèmes divers. ont le grand avantage de n'exercer sur les appuis que des pressions verticales

et par suite de ne pas produire de poussées tendant à les déverser. Mais ces
mêmes résultats peuvent être obtenus avec des semelles courbes ou polygo-
nales, et il en est résulté l'emploi de plusieurs systèmes différents.

Celui qui présente une semelle supérieure courbe, dont les extrémités sont
reliées par une semelle inférieure horizontale, constitue précisément le Bow-
String. Le premier exemple important en est donné par le pont de Windsor,
construit en 1849 par Brunel (70) : son ouverture est de 57 mètres. Les deux
semelles de chaque poutre sont
très bien reliées ensemble par des
verticales et des diagonales, mais
les poutres au nombre de 3 ne sont
rattachées entre elles à la partie

(70)

supérieure que vers le milieu du pont, à partir des points où la hauteur est
suffisante pour le libre passage des trains au-dessous des entretoises. Les
bow-string de cette forme, qui a motivé spécialement leur désignation, ont
été principalement employés pour des ouvertures ordinaires. Ainsi en Suisse
le pont sur la Linth près Zurich (Pl. XVII, fig. 3) a 53 mètres d'ouverture et les
arcs du pont sur la rivière de Harlem à New-York ont des portées assez restreintes. Mais dans ces derniers temps on a abordé des dimensions plus considérables, et dans le grand pont de Sharpness sur le Severn (Pl. XIX, fig. 3), qui
comprend 20 travées en bow-string, dont une est double et tournante, il en
existe 2 principales de 93 mètres d'ouverture pour le passage des navires :
chacune de celles-ci est supportée par des piles formées de 4 colonnes en fonte
remplies de béton, tandis que, pour les autres travées, les piles se composent
seulement de deux colonnes. Ce grand ouvrage, dont la longueur atteint 1,085
mètres, non compris les viaducs en maçonnerie aux abords, a été exécuté sous
la direction de MM. G. W. Kecling et G. Wells Owen, M. Th. E. Thomas Harrison
étant ingénieur conseil. Parmi les ouvrages de cette forme, il convient de
mentionner le pont construit sur l'Elbe, à Domitz, par M. Schwedler, et dont
les éléments sont constitués d'une manière spéciale qui a fait donner à ce type
le nom de l'ingénieur ; il s'applique dans l'espèce à des travées de 65 mètres
d'ouverture.

Sous une forme un peu différente, celle où les semelles supérieures et inférieures sont courbes toutes deux, et qui continue cependant à mériter le même
nom, puisque la figure est celle d'un arc tendu au lieu d'un arc au repos,
on était arrivé précédemment à donner aux bow-string des dimensions très
considérables. Ainsi le pont de Saltash, construit en 1858 par Brunel sur
le Tamar, près de Plymouth, présente deux principales travées de 133 mètres
d'ouverture (Pl. XVIII, fig. 3); la semelle supérieure, qui doit résister à la
compression, est formée par un tube à section elliptique, la semelle inférieure,
qui doit être tendue, est constituée par une chaîne articulée, et enfin le tablier
se trouve suspendu à l'arc par des verticales très résistantes. L'ouvrage est
remarquable par ses grandes dimensions et par les difficultés vaincues, mais
les arcs supérieurs sont d'un aspect trop lourd, le poids est très considérable et l'effet de ces deux immenses travées est plutôt étrange que beau.
Cette même forme de poutres a été employée pour divers ouvrages de dimensions beaucoup plus restreintes et notamment pour un pont sur le Bötzbergbahn
en Suisse (Pl. XVII, fig. 6); les travées y sont au nombre de 5 et supportent,
en outre d'un chemin de fer, un tablier inférieur suspendu pour le passage
d'une route. C'est également à cette catégorie que l'on peut rattacher deux
très grands ponts construits en Allemagne, celui de Mayence sur le Rhin et
ceux de Hambourg sur deux bras de l'Elbe. Le premier (Pl. XIX, fig. 1),
construit en 1862, comprend 4 travées biaises, dont les ouvertures, suivant l'axe
du chemin de fer, ont chacune 101^m.30. Le mode de construction des travées,
qui appartient à M. l'Ingénieur Pauli, consiste principalement à employer des
pièces en forme de double T pour l'arc supérieur et une forte plate-bande formée
de plusieurs lames horizontales pour l'arc inférieur; l'écartement des arcs est
maintenu par des montants verticaux et des croix de Saint-André : l'extrémité
des arcs s'appuie sur des palées métalliques élevées sur les piles et culées. Cet
ouvrage est plus léger et d'un meilleur effet que celui de Saltash. Les ponts
établis sur l'Elbe entre Hambourg et Hasbourg sont droits et leurs travées
principales, qui ont 96 mètres d'ouverture, sont au nombre de 4 pour le premier
bras et de 3 pour le second. Le mode de construction diffère principalement
de celui employé à Mayence en ce que l'arc inférieur est aussi rigide que l'arc

supérieur : il en résulte que les croix de Saint-André ont été supprimées et que les montants verticaux entre les arcs sont relativement très faibles. La solidarité entre les arcs paraît donc beaucoup moins bien établie que pour le pont de Mayence. Les ponts sur l'Elbe ont été construits en 1872 sous la direction de MM. Lhose et Lobach (Pl. XIX, fig. 2).

La désignation de bow-string ne doit pas, à notre avis, être appliquée, comme on le fait souvent, aux types de ponts, très employés en Hollande, que nous allons décrire. Ils ont généralement une semelle supérieure courbe, mais elle ne se rattache pas directement à la semelle inférieure et les extrémités de ces deux pièces sont au contraire séparées par des montants plus ou moins hauts : il n'y a donc plus là de corde sous-tendant un arc. C'est en Allemagne que le système a pris naissance et la méthode employée pour le calcul des dimensions a été donnée par un ingénieur de ce pays, M. Ritter; mais en réalité c'est en Hollande que les applications en ont été faites principalement sur de très grandes dimensions et de la manière la plus correcte. Il est basé sur les principes suivants : 1° travées indépendantes ; 2° semelles supérieures ordinairement curvilignes et semelles inférieures droites; 3° treillis avec montants verticaux comprimés et diagonales généralement tendues; 4° diagonales croisées seulement vers le milieu de la travée. Le pont de Moërdyck sur le Hollandsch Diep, formé de 14 travées de 100 mètres d'ouverture (Pl. XVI, fig. 10), donne un spécimen tout à fait régulier de ce mode de construction. Pendant la période de 1868 à 1878 on en a fait de très grandes et nombreuses applications : ainsi en mentionnant seulement les ouvertures supérieures à 80 mètres, on compte, indépendamment du pont de Moërdyck, 1 travée de 100 mètres sur la Meuse à Crèvecœur, 3 de 85 mètres sur le même fleuve à Rotterdam, 2 de 83 mètres sur la vieille Meuse à Dordrech, 2 de 90 mètres sur le Rhin à Arnhem, 3 de 120 mètres sur le Wahal à Bommel, 5 de 127 mètres sur la même rivière à Nimègue et enfin 1 de 150 mètres sur le Lek à Kuilemburg. Cette dernière (Pl. XVIII, fig. 4) a une hauteur de 20 mètres en son milieu, les semelles ont 1".80 de largeur et comprennent 2 âmes verticales, espacées de 1 mètre, entre lesquelles sont comprises les verticales à section de double T, ainsi que les diagonales en fers plats qui complètent le système adopté ; ces dispositions ont été également appliquées, avec dimensions réduites, aux autres ponts précités. Pour les travées moins grandes, on a fréquemment admis des semelles supérieures rectilignes, mais en conservant le même mode de construction qui est la base essentielle du système. Ces ouvrages éminemment remarquables ont été projetés et exécutés sous la direction supérieure de MM. Michaëlis, Van den Berg et Van Diesen.

Le pont établi en Allemagne près de Düsseldorf sur le Rhin, en 1871, comprend 4 travées de 103^m.60 (77) construites sur le même type que les grands

(77)

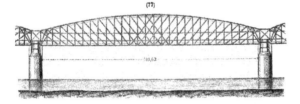

ouvrages précités, seulement sans établir la solidarité complète entre les travées, on les a reliées entre elles au-dessus des piles par des croisillons et des contre-fiches : cette disposition paraît peu motivée.

La dernière application faite sur une grande échelle, du type usité en Hollande, est celle du pont Alexandre sur le Volga, près Syzrane, pour le chemin de fer d'Orenbourg. Il comprend 13 travées de 107 mètres d'ouverture.

Le pont de Tilsitt sur le Memel (78), terminé en 1875, a été construit par

(78)

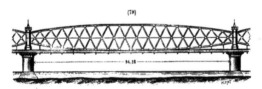

M. l'Ingénieur Schwedler, mais avec des dispositions très différentes de celles de son système précité. Il comprend un grand nombre de travées dont les plus

grandes, au nombre de 5, ont chacune 94 mètres d'ouverture. Les semelles supérieure et inférieure sont courbes, de forme rectangulaire avec des parties verticales très fortes ; les diagonales sont également composées de plusieurs lames et enfin les pièces de pont sont suspendues aux semelles inférieures. Le poids par mètre linéaire de voie est sensiblement le même que celui du pont de Mayence.

Quand les fondations d'un pont reposent sur des terrains tout à fait incompressibles et lorsque, en même temps, le niveau de la voie à établir se trouve à une hauteur assez grande au-dessus des eaux, il y a souvent avantage à remplacer par des arcs en métal les travées de divers systèmes dont nous venons de faire connaître les dispositions. La tôle, dont nous continuons à citer les applications, est dans ce cas presque toujours préférable à la fonte, surtout pour les ponts de chemins de fer, parce qu'elle fait éviter les cassures que cause souvent dans la fonte la trépidation des trains. Le premier grand pont où les arcs en tôle aient été employés est celui de Szegedin, sur la Theiss, en Hongrie. Il comprend 8 arches de 41 mè-

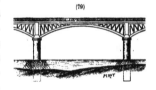

(79)

tres surbaissées à $\frac{1}{8}$ (79). La section des arcs, qui sont au nombre de 4 dans chaque arche, est celle d'un double **T** ; ces arcs sont reliés avec les longrines par des pièces formant triangles, et les assemblages étaient si rigides, que les arcs assemblés provisoirement sur chantier, avant la mise en place, n'exerçaient pas de poussée. Les fermes ont en outre été rendues solidaires par des contreventements très solides. Cet ouvrage a été construit en 1858 par MM. Gouin et C°, sous la direction de M. l'Ingénieur Cézanne.

Le pont d'Arcole, à Paris, projeté et exécuté par M. l'Ingénieur Oudry, est formé d'une seule arche de 80 mètres d'ouverture et de 6 mètres de flèche (Pl. XV, fig. 8). Le tablier, d'une largeur de 20 mètres, est supporté par 12 arcs remarquables par leur faible épaisseur à la clef et la simplicité de disposition des tympans ; c'est une construction très hardie et élégante. Le

pont de Saint-Just, sur l'Ardèche, établi pour une route en 1861 (Pl. XV,
fig. 10), est construit dans le même système, mais encore plus légèrement,
et doit être considéré comme un type très économique pour un pont-route.
Quelques années plus tard, en 1865, M. Mathieu, directeur de l'usine du
Creusot, a fait construire en Espagne, pour franchir à une grande hauteur
la vallée du Cinca, une arche de 68 mètres d'ouverture (80). Cette arche est

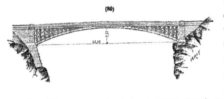

(80)

très bien combinée et,
comme elle se trouve à
une hauteur de 35 mè-
tres au-dessus de la ri-
vière, on a évité la con-
struction d'un cintre, en
reliant très solidement
avec les culées, par des tirants transversaux, tout le massif de chacune d'elles,
les premiers éléments trapézoïdaux des arcs et de leurs tympans, puis en
boulonnant successivement les nouveaux éléments sur les parties déjà fixées.

Le pont de Coblentz sur le Rhin (Pl. XVI, fig. 8) a été pendant plusieurs
années le plus grand ouvrage avec arcs métalliques construit en Europe. Il
comprend 3 arches dont chacune est formée de 3 arcs à double paroi de
90 mètres d'ouverture, au bas desquels se trouvent placées à la clef les pièces
de pont supportant les voies, tandis que ces mêmes pièces reposent au-dessus
des tympans dans les parties voisines des supports. En outre, les arcs sont
appuyés à leurs naissances sur des axes de rotation en acier correspondant au
milieu des sommiers, mais on a néanmoins employé des cales de part et d'autre
de ces axes, de manière à empêcher le tablier d'être trop mobile, tout en
conservant la faculté de régler le calage suivant les conditions moyennes de
température dans chaque saison. Le pont construit sur l'Erdre près de Nantes,
sous la direction de MM. Morandière et Dupuy (Pl. XV, fig. 11), comporte une
seule arche métallique de 95 mètres d'ouverture ; les arcs, au nombre de 4,
sont pleins et à section de double T ; les longerons y sont reliés par des tympans
évidés et les entretoisements en ont été très bien combinés; aux naissances,
les arcs sont appuyés sur des axes de rotation avec calages comme à Coblentz.

Tous les détails ont été étudiés avec beaucoup de soin et cet important ouvrage présente une très grande solidité.

Parmi les ponts pour routes construits en tôle, le plus remarquable est celui établi en 1875 sur le Danube, en Autriche, pour relier les deux villes de Pesth et Bude, en touchant à la pointe de l'Ile Marguerite (Pl. XVI, fig. 11). Il se compose de deux parties symétriques, contenant chacune 5 arches, dont les ouvertures varient de 73 mètres à 88 mètres ; les arcs sont formés de tubes à section rectangulaire et ont de très faibles hauteurs, ce qui donne à l'aspect du pont beaucoup de légèreté. C'est un ouvrage d'un grand effet, ornementé avec goût et d'un caractère tout à fait monumental. Il a été projeté et exécuté par MM. Gouin et Cⁱᵉ, à la suite d'un concours. A la même époque on terminait aux États-Unis la construction du pont de Saint-Louis sur le Mississipi (Pl. XVIII, fig. 5). Il est formé de 3 arches métalliques de dimensions exceptionnelles, 2 de 153 mètres et 1 de 158 mètres. Il supporte à un étage inférieur 2 voies de fer et à sa partie supérieure une route de 16 mètres pour voitures et tramways. Afin de diminuer le poids mort, ce qui, dans un ouvrage aussi considérable, était bien nécessaire pour ne pas augmenter outre mesure les pressions, l'acier a été presque partout substitué au fer dans cette construction : les arcs y présentent des dispositions toutes nouvelles et leur montage a donné lieu à de très graves difficultés. Cet ouvrage éminemment grandiose fait le plus grand honneur aux Ingénieurs qui ont pris part à son établissement, notamment à MM. J. Eads et H. Flad.

Un pont d'une ouverture encore un peu plus grande et dont les dispositions diffèrent aussi davantage de toutes celles réalisées jusqu'à présent, est celui construit sur le Douro à Porto (Pl. XIX, fig. 5). La nécessité de laisser à la navigation son libre cours a obligé à passer le fleuve à une grande hauteur. Dans ce but, M. l'Ingénieur Eiffel, dont le projet avait été adopté par le Gouvernement Portugais à la suite d'un concours, a pris le parti de faire supporter la travée métallique par un arc de 160 mètres d'ouverture, en forme de croissant renversé, franchissant d'un seul jet l'espace d'une rive à l'autre. Pour donner à l'arc la stabilité nécessaire, on a eu soin d'augmenter proportionnellement ses dimensions transversales depuis la clef jusqu'aux naissances, et le succès de ces dispositions a été complet. Une nouvelle application du même système est actuellement en cours d'exécution dans notre pays pour le chemin de fer de Marvejols à Neussargue : l'arc aura la même ouverture qu'à Porto ; mais, comme ses culées seront placées sur le flanc de deux montagnes, le passage aura lieu à 120 mètres au-dessus du fond de la vallée. La conception de cette traversée à grande hauteur qui, sans augmenter la dépense, améliore beaucoup le profil en long du chemin de fer, est due à M. l'Ingénieur Boyer ; le projet a été étudié et l'exécution est dirigée par MM. Bauby et Boyer ; enfin l'exécution a été confiée à M. Eiffel, auquel il était bien juste de s'adresser pour cette nouvelle et encore plus grandiose application de son système.

Viaducs métalliques.   Les viaducs métalliques forment deux catégories distinctes, suivant que leurs piles sont en maçonnerie ou en métal. Dans le premier cas, les ouvrages ne diffèrent généralement des ponts ordinaires à poutres droites que par une augmentation de hauteur plus ou moins grande. On peut citer en France, comme un des plus anciens, le viaduc de la Vézeronce sur la ligne de Lyon à Genève ; comme le plus élevé, le viaduc du Credo, formé de 4 travées de 45 à 66 mètres, dont la principale se trouve à 64 mètres au-dessus du Rhône, et enfin comme celui dont la portée est la plus grande, le viaduc sur la Rance près de Dinan, dont l'ouverture atteint 90 mètres (Pl. XIV, fig. 15) ; pour ce dernier ouvrage, les poutres ont leur semelle supérieure curviligne comme les ponts hollandais, mais les dispositions et le mode d'assemblage des pièces ne sont nullement les mêmes. En Suisse, des viaducs à poutres droites reposant sur des piles en maçonnerie existent sur la Limmat et la Glatt avec des travées de 40 à 50 mètres et des hauteurs de 25 à 35 mètres. Pour la ligne de Belfort à Berne, on a construit sur des piles en maçonnerie de 42 mètres de hauteur le viaduc de la Combe-Maron, comprenant 6 travées de 36 mètres d'ouverture et situé dans une courbe de 400 mètres de rayon : l'emploi de supports en maçonnerie est spécialement motivé quand les viaducs doivent être courbes ou biais.

Les piles métalliques présentent des avantages d'un autre ordre, ceux de la légèreté et de l'économie. Parmi les grands viaducs reposant sur ce genre de piles, le plus ancien est celui de Crumlin en Angleterre (Pl. XVI, fig. 12) ; il a une hauteur de 64 mètres, il comprend 10 travées de 45ᵐ.75 et sa longueur totale atteint 498 mètres. Chaque pile est formée de 14 arbalétriers en fonte, reliés horizontalement par des châssis de même nature et verticalement par des croix de Saint-André en fer. La superstructure de cet ouvrage, terminé en 1853, est construite dans le système triangulaire simple avec voies à la partie supérieure. En Suisse, M. l'Ingénieur d'Etzel a fait construire plusieurs viaducs métalliques, notamment celui sur la Sitter près Saint-Gall, qui comprend 4 travées de 40 mètres d'ouverture et 3 piles de 48 mètres d'élévation, reposant sur des socles de 10 mètres de hauteur en maçonnerie. Ces piles sont formées de châssis en fonte boulonnés entre eux et les travées sont en treillis avec voie à mi-hauteur des poutres : cette position de la voie est à recommander pour les situations exposées à de forts coups de vent. Le viaduc de Fribourg (Pl. XVI, fig. 13), construit en 1863 par les Ingénieurs de l'usine du Creusot, comprend 7 travées de 40 à 44 mètres et atteint une élévation de 76 mètres au-dessus des eaux de la Sarine. Les piles se composent de deux parties dont l'une inférieure est en maçonnerie sur 33 mètres de hauteur et l'autre en métal sur 43 mètres : celle-ci est formée de 12 colonnes en fonte réunies par des cadres horizontaux et par des croisillons verticaux en tôle. Cet ouvrage, le plus élevé de ceux de même nature existant en Europe, a été parfaitement exécuté.

C'est à la même époque que M. W. Nordling, alors ingénieur en chef du réseau central de la compagnie d'Orléans et qui a été plus tard directeur général des chemins de fer en Autriche, a commencé la construction d'une série de grands viaducs avec piles métalliques. Le premier, celui de Busseau d'Ahun (Pl. XV, fig. 13) pour le chemin de fer de Limoges à Montluçon, est imité du viaduc de Fribourg, mais sa hauteur totale est de 56 mètres seulement et celle de la partie métallique ne dépasse pas 39 mètres. Chaque pile est principalement constituée par 8 arbalétriers en fonte, disposés en forme de pyramide tronquée et très bien reliés entre eux, de manière à donner d'excellentes garanties de solidité. Le viaduc de la Cère pour le chemin de fer du Cantal est fait sur le même type, mais avec une travée de moins et en outre sa largeur est réduite, car la ligne est seulement à une voie. Les 4 viaducs de la ligne de Commentry à Gannat, construits quelques années après, sont beaucoup plus hardis, car chaque pile ne comprend que 4 arbalétriers et cependant pour l'un de ces viaducs, celui de la Bouble (Pl. XV, fig. 12), la hauteur s'élève jusqu'à 65 mètres. Ces ouvrages sont réellement d'une légèreté merveilleuse, mais ils vibrent beaucoup à la partie supérieure lors du passage des trains et cet effet pourra être nuisible à leur durée.

Plusieurs viaducs avec piles métalliques ont aussi été établis en Italie. Le plus remarquable est celui de Castellaneta près Tarente (Pl. XVII, fig. 7), qui a été construit par la maison Cottrau, comme les divers ponts italiens figurés sur la même planche. Il comprend 4 travées dont les principales ont 50 mètres d'ouverture et dans l'une d'elles la voie se trouve placée à 75 mètres de hauteur au-dessus des eaux du torrent ; les poutres s'élèvent encore un peu davantage, car la voie a été avec raison établie à peu près à mi-hauteur des travées, afin que les grandes poutres puissent retenir latéralement les voitures pendant les tempêtes de vent. Chaque pile ne comprend que 4 arbalétriers, comme sur la ligne de Commentry à Gannat, mais ils sont reliés entre eux par un treillis plus serré et paraissent offrir plus de garanties contre les vibrations.

Dans d'autres pays et surtout en Amérique, on a employé pour les viaducs métalliques des dispositions tout à fait différentes. Pour les types usités le plus couramment, les tabliers qui portent les voies sont soutenus par des chevalets dont plusieurs reliés entre eux par des croisillons constituent une pile, après laquelle se trouve un espace vide limité par une autre pile semblable et ainsi de suite. Quelquefois la pile est trois fois plus large que la partie vide, comme au viaduc de Cumberland (Pl. XX, fig. 2); ou bien elle comprend seulement deux travées. Sur d'autres points et principalement quand il s'agit d'ouvages plus élevés, le vide devient au contraire double du plein : le viaduc actuel de Portage, qui remplace l'ouvrage en bois précédemment cité, offre effectivement, entre les piles de $15^m.24$ de largeur, des espaces libres larges de $30^m.48$ et dans lesquels la voie est supportée par une poutre armée (fig. 5). Une disposition analogue a été suivie au Pérou pour le viaduc de Varrugas construit en 1873 et dont les piles métalliques ont respectivement 44, 77 et 54 mètres d'élévation (fig. 4) : la coupe transversale montre la disposition adoptée pour que dans chaque palée les croisillons ne présentent pas entre eux des angles

trop ouverts. Les travées de 30ᵐ.50 sont du système Fink. En Norwège, pour
le chemin de fer de Christiania vers la Suède, plusieurs viaducs de 25 à 30 mètres de hauteur, notamment celui de Rysedalen (fig 3), ont été construits dans
des conditions encore plus hardies, en ce sens que les piles sont formées par
des fléaux oscillants, analogues à ceux que l'on a employés autrefois pour
des ponts suspendus, mais cette disposition serait bien dangereuse avec des
trains à grande vitesse.

Enfin le viaduc métallique le plus remarquable qui ait été construit jusqu'à ce
jour est celui qui franchit le Kentucky River pour le Cincinnati-Southern railway.
Il est formé de trois travées de 114 mètres de longueur chacune, dont la partie
inférieure est placée à 72 mètres au-dessus de la rivière et la partie supérieure
à 81 mètres au-dessus du même niveau : l'immense poutre qui constitue ces
trois travées est construite dans le système Linville et s'appuie dans l'intervalle
des culées sur deux piles métalliques ayant chacune 54 mètres de hauteur au-
dessus du socle en maçonnerie (fig. 6). La forme triangulaire donnée à ces
piles est plus favorable pour supporter les axes de rotation que la forme de trapèze adoptée précédemment, mais elle est presque effrayante à l'œil et contri-
bue à donner à l'aspect de ce gigantesque ouvrage un caractère de hardiesse tout
à fait exceptionnel.

Les premiers ponts suspendus ont été construits vers la fin du siècle dernier, *Ponts suspendus.*
mais leurs ouvertures étaient encore restreintes et c'est seulement de 1820
à 1824 que l'on a établi en Angleterre les deux ponts de Berwick et de Menay
(Pl. XXI, fig. 1) ayant 110 et 177 mètres de portée. A la suite d'une mission
spéciale en Angleterre pour l'étude de ce genre de constructions, M. l'Ingénieur
en chef Navier publia un mémoire très important qui en établissait la théorie et
fut chargé de l'appliquer à un pont sur la Seine à Paris, en face des Invalides. Ce
pont, qui aurait présenté un caractère très monumental, a été malheureusement
abandonné à la suite de quelques mouvements dans les maçonneries d'une
culée. Mais, dès 1832, M. Séguin, qui depuis a établi un très grand nombre de
ponts suspendus, fit construire celui de Bry-sur-Marne, pour lequel les câbles
étaient soutenus au-dessus des piles par des fléaux oscillants, disposition qui

a été à juste raison abandonnée un peu plus tard, et en 1834 M. Chaley, Ingénieur civil, fit élever en Suisse, à Fribourg, une travée suspendue de 271 mètres de portée entre les points d'appui, à 51 mètres au-dessus de la rivière (fig. 2); cet ouvrage très hardi et très léger a parfaitement réussi. Deux ans plus tard, M. l'Ingénieur en chef Leblanc construisait à la Roche-Bernard, sur la Vilaine, à 33 mètres de hauteur au-dessus des eaux, un pont de 198 mètres de portée (fig. 3), accompagné sur chaque rive de plusieurs arches en maçonnerie. L'ouvrage avait été très bien exécuté, mais les tempêtes sont fréquentes à l'embouchure de la Vilaine, et dans l'une d'elles le tablier, pris en dessous par un coup de vent, fut relevé de champ par suite de la rupture des câbles de l'un des côtés; on empêcha le retour de ces accidents en disposant au-dessous du tablier un câble en sens inverse, dont les extrémités furent ancrées dans les maçonneries des culées. Le type de ce pont de la Roche-Bernard a été reproduit en 1847, à Lorient, par MM. Leclerc et Noyon, avec une légère diminution dans la portée, mais en y apportant des perfectionnements de construction très utiles (fig. 6).

D'une manière générale, c'est pendant la période de 1832 à 1850 que l'on a construit en France le plus grand nombre de ponts suspendus ; ils ont rendu des services très réels, principalement sur nos grands fleuves, tels que la Loire, la Garonne et le Rhône, où ce mode d'exécution permettait de créer à un prix très modéré des communications pour lesquelles on ne pouvait pas alors établir de ponts fixes sans être entraîné à des dépenses très considérables. Le pont construit sur la Dordogne à Cubzac, et qui comprenait 5 travées de 109 mètres de portée, placées à 26 mètres de hauteur, pouvait être cité comme le plus considérable des ouvrages de ce genre dans notre pays : il est actuellement remplacé par un pont fixe en métal. Le plus élevé de tous est celui de la Caille, en Savoie, à 148 mètres au-dessus du fond du ravin. A l'étranger, l'un des ponts suspendus les plus remarquables par les soins apportés à son exécution, a été celui de Pesth, sur le Danube (fig. 5), dont la travée principale a une portée de 203 mètres. Le pont de Clifton, près de Bristol (fig. 4), dont la portée est sensiblement la même, produit encore plus d'effet, parce qu'il est placé dans une position très pittoresque à 75 mètres au-dessus de la rivière.

Depuis les divers accidents qui se sont produits et dont le plus important a été la chute du pont de Basse-Chaîne à Angers, sous le passage de soldats en marche, on a renoncé à peu près complètement en France à construire des ponts suspendus, d'autant plus que la facilité d'obtenir, à des prix relativement modérés, des travées fixes en fer, a porté nécessairement à faire préférer beaucoup ce nouveau mode d'exécution.

En Amérique, les ponts suspendus sont toujours en faveur et on tend à leur donner des portées de plus en plus considérables ; mais il est juste de reconnaître qu'ils présentent, par rapport à ceux exécutés en Europe, de grands perfectionnements. Ceux qui sont appliqués depuis longtemps déjà consistent : 1° à incliner les plans des câbles de tête, de telle sorte qu'ils soient beaucoup plus distants entre eux dans le haut que dans le bas ; 2° à ajouter des haubans inclinés reliant le sommet des tours ou pilastres au pied des tiges verticales de suspension sur environ la moitié de la longueur du tablier ; 3° à employer au-dessous de la voie des amarres extérieures et diversement inclinées pour relier le tablier aux maçonneries des supports et l'empêcher ainsi d'être soulevé par le vent ; 4° à remplacer les garde-corps ordinaires par des poutres longitudinales en bois ou en fer pour augmenter la rigidité du tablier. Le pont d'aval du Niagara, construit en 1855 (fig. 7), donne l'exemple de l'application d'une partie de ces dispositions et en outre ce pont est à deux étages, car une route passe à la base, tandis qu'une voie de chemin de fer, soutenue par deux câbles spéciaux, est installée sur le haut de la super-structure de la travée, ainsi que le montre la coupe en travers (81). La vitesse des trains y

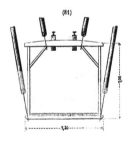

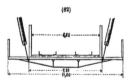

est limitée à 8 kilomètres par heure. Le pont de Cincinnati sur l'Ohio, terminé

en 1867, se compose d'une grande travée de 322 mètres et de 2 travées latérales de 90 mètres. — Conformément au croquis (82), la partie centrale du
tablier, comprise entre 2 parties de 5 mètres de hauteur, sert pour des voies
de tramways et pour la circulation des voitures, tandis que les deux parties
latérales sont réservées pour piétons. Le tablier est placé à 30 mètres au-dessus
des basses eaux, et les tours sur lesquelles passe le bout des câbles ont 70 mètres de hauteur. La passerelle de Niagara Falls, construite spécialement pour
les touristes qui visitent ces chutes célèbres, atteint une portée de 387 mètres.
Enfin le pont sur la rivière de l'Est, destiné à relier avec la ville de New-York le
faubourg très populeux de Brooklin, est formé d'une travée centrale de 487 mètres et de deux travées de rive de 286 mètres chacune (fig. 9); la longeur totale
de l'ouvrage, y compris les viaducs d'accès, atteint 1,543 mètres. Au milieu de
la grande travée, le tablier se trouve à 41 mètres au-dessus des hautes mers et
le sommet des tours atteint 82 mètres par rapport au même niveau. La coupe
transversale (83), de 26 mètres de longueur, comprend deux passages de 5ᵐ.70

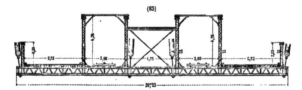

(83)

pour voitures, deux autres de 3ᵐ.86 pour voies de fer et enfin, au milieu, une
passerelle élevée d'où les piétons jouissent d'un magnifique coup d'œil. La
dépense sera énorme et les difficultés survenues pour sa réalisation ont interrompu à plusieurs reprises les travaux qui, commencés en 1870, viennent
seulement d'être terminés en 1883. Cet ouvrage colossal est certainement un
des plus curieux du monde entier.

Une disposition nouvelle, qui présente de grands avantages pour la fixité du
tablier, a été appliquée en 1877 pour un pont suspendu sur le Monogahela, près
de Pittsburg. Cet ouvrage, désigné sous le nom de Point-Bridge, comprend une
travée suspendue de 244 mètres de portée et deux travées fixes à poutres

droites de 44 mètres d'ouverture (fig. 8) ; la largeur, d'environ 10 mètres, est affectée à deux voies de tramways, une chaussée pour voitures ordinaires et deux trottoirs pour piétons. La grande travée, dont les chaînes de suspension sont formées chacune de barres verticales articulées, a été montée d'abord comme un pont suspendu ordinaire, et c'est seulement après l'avoir bien réglée que l'on a mis en place les cordes supérieures et les cadres de treillis qui rendent les câbles à peu près indéformables. Cette heureuse disposition donne à l'ensemble de la construction une grande rigidité et mériterait de recevoir des applications en Europe.

A partir du commencement de ce siècle et surtout depuis la création des premiers chemins de fer, les travaux publics ont pris en Europe et en Amérique un développement immense qui a nécessairement amené la construction d'un nombre de ponts très considérable, en même temps que les sujétions spéciales aux nouvelles voies obligeaient à rechercher pour une grande partie de ces ouvrages des dispositions nouvelles.

Caractères principaux des ponts construits dans le siècle actuel.

En ce qui concerne les travaux en maçonnerie, on n'a peut-être pas fait de plus beaux ponts qu'au siècle dernier et même on a rarement atteint d'aussi grands surbaissements ; mais on a inventé de nouveaux modes de fondation, notamment l'application de l'air comprimé, qui rend de si précieux services, et on a perfectionné les procédés d'exécution de telle sorte que la durée et le prix des constructions de cette nature ont diminué dans des proportions très fortes. D'un autre côté, l'établissement des chemins de fer a nécessité la construction d'un très grand nombre de viaducs et l'on est promptement arrivé à élever dans ce genre des ouvrages superbes à des prix très modérés. C'est également cette création des voies ferrées qui a fait naître ou tout au moins développer très rapidement les constructions métalliques dont l'emploi, souvent indispensable quand on dispose seulement de faibles hauteurs, permet de réaliser de sérieuses économies lorsque les fondations sont difficiles et donne la faculté d'atteindre de très grandes ouvertures qu'il serait impossible de franchir avec des arches en maçonnerie. Enfin les ponts suspendus, qui, après s'être d'abord multipliés très rapidement, ont, à la suite d'accidents, perdu presque

24

toute faveur en Europe, paraissent appelés, par suite des améliorations qui ont
été apportées en Amérique, à rendre encore de très grands services, surtout
lorsqu'il s'agit de franchir d'immenses espaces que jusqu'à présent on a regardé
comme impossible de traverser par d'autres moyens. Peut-être cependant
y arrivera-t-on avec des ponts fixes en métal, puisque l'on va tenter de construire en Écosse, sur le Forth, un ouvrage de cette nature pour lequel l'ouverture des travées serait portée à 500 mètres? Les progrès de ce genre de constructions sont incessants et augmentent d'une manière si rapide qu'il est
réellement impossible de prévoir jusqu'à quelles limites ils parviendront.

Lorsque pour la période actuelle on cherche à comparer les ponts construits
en France avec ceux établis à l'étranger, il paraît juste de reconnaître :

1° Que pour les ponts en maçonnerie, l'avantage appartient à la France, attendu
que, si l'on n'y a pas atteint des ouvertures tout à fait aussi grandes que dans
d'autres pays, c'est ici que l'on rencontre le plus grand nombre de beaux
ouvrages, soit pour ponts proprement dits, soit pour viaducs. L'Italie mérite de
son côté d'être mentionnée pour le goût remarquable apporté à l'exécution de
plusieurs de ses travaux, et l'Angleterre, où le mode de construction des ponts
présente des inégalités très grandes, montre à la fois des ouvrages massifs,
d'autres d'une rare élégance avec de justes proportions et plusieurs enfin
dont la légèreté paraît excessive.

2° Que pour les ponts métalliques, la France est notablement dépassée, sous
le rapport de l'amplitude des travées, et que les étrangers montrent incontestablement plus de hardiesse, mais que les grandes portées coûtent cher et que
dans notre pays leur emploi serait généralement peu motivé; qu'il en est
différemment dans d'autres contrées, et que notamment en Hollande, où les fondations sont très difficiles, l'emploi des grandes travées est parfaitement justifié; qu'enfin c'est dans ce pays, ainsi qu'aux États-Unis, en Angleterre, en
Allemagne et à Porto en Portugal, que l'on voit les plus remarquables exemples
de ponts en métal, de formes diverses, à grandes portées.

3° Que pour les ponts en bois et les ponts suspendus, l'avantage appartient
aux Etats-Unis d'une manière incontestable.

4° Qu'enfin les ingénieurs qui, à partir du commencement de ce siècle, ont fait progresser principalement l'art de la construction des ponts ont été, en se bornant à mentionner ceux qui n'existent plus :

En France, Lamandé, Deschamps, Beaudemoulin, Montricher, Jullien et Morandière.

En Angleterre, Telford, Rennie, Robert Stephenson et Brunel.

En Allemagne, von Denis, Lentze, Hartwick et d'Etzel.

En Autriche, de Ruppert.

En Italie, Mosca, Miladi et Nottolini.

Aux Etats-Unis, John A. Roebling.

COURS PROPREMENT DIT

CHAPITRE I

DISPOSITIONS GÉNÉRALES

§ 1. — CHOIX DE L'EMPLACEMENT DES PONTS

Ainsi que l'a fait remarquer avec raison M. Morandière, l'emplacement des ponts se trouve quelquefois imposé par les circonstances, notamment dans une ville, lorsqu'il s'agit d'établir un pont sur le prolongement d'une rue existante, ou bien quand on doit reconstruire un ouvrage détruit par une crue, ou enfin en pleine campagne lorsque le tracé de la route ou du chemin de fer auquel le pont doit donner passage est rendu obligatoire par les dispositions du terrain. Toutefois, dans ces deux derniers cas, la position de l'ouvrage n'est pas toujours commandée d'une manière absolue : ainsi, par exemple, si une route doit traverser une grande rivière RR′ (1), à laquelle elle accède par deux vallées secondaires qui se correspondent à peu près, et dans lesquelles existent deux affluents $a\,a'$ et $b\,b'$, la direction générale est bien indiquée, mais il importe néanmoins de choisir le mieux possible la position exacte

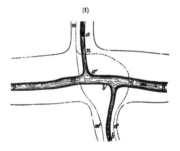
(1)

du passage du cours d'eau principal. La condition la plus avantageuse en général consiste évidemment à passer en amont des affluents suivant $m\,m'\,m''$; mais toutefois, si au point m' on devait éprouver pour le grand pont des difficultés sérieuses de fondation qui ne se rencontreraient pas en aval, il ne faudrait pas hésiter à traverser le premier affluent et à venir passer au-dessous de son embouchure, et même de celle du second cours d'eau, suivant le tracé $n\,n'\,n''$, bien qu'il doive en résulter la construction d'un petit ouvrage en n et une augmentation de débouché pour le grand pont en n'. De même, lorsque l'on est obligé de reconstruire un pont détruit par une crue, il y a presque toujours avantage à placer le nouvel ouvrage un peu en amont, afin de ne pas avoir à fonder à travers les blocs de maçonneries écroulées, et par suite, il convient d'adopter cette disposition, à moins que le maintien de la direction primitive ne soit commandé d'une manière impérieuse.

Mais, dans des conditions plus générales et au moins lorsqu'il s'agit d'une nouvelle voie de communication, l'Ingénieur reste libre de déterminer l'emplacement dans des limites assez étendues, et il doit s'attacher à le choisir dans les conditions les plus favorables pour la solidité, la durée et les facilités de construction de l'ouvrage. Par suite, lorsqu'il y a lieu de franchir une rivière importante, c'est généralement la direction de la nouvelle voie de communication qu'il convient de subordonner à l'emplacement du pont, surtout s'il s'agit d'une route, car pour un chemin de fer le tracé doit satisfaire à des conditions beaucoup plus impérieuses, et il n'est pas toujours possible de le dévier. Dans tous les cas, il importe de rechercher d'abord quel serait l'emplacement le plus favorable pour le pont, et d'étudier les moyens de s'y rattacher, sauf à revenir plus tard à une autre position si les raccordements devaient présenter trop de difficultés ou exiger trop de dépenses dans la première solution considérée. Ainsi, par exemple, avec la disposition générale indiquée (2),

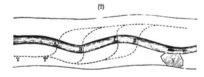

si le tracé établi sur la rive droite en $T\,T'$ doit nécessairement passer sur la rive gauche avant d'arriver à la ville V qui occupe l'espace compris entre la rivière et le coteau, il existe dans l'intervalle un certain nombre de positions, A, B, C, D, dans lesquelles le passage serait admissible, il importe de les comparer très attentivement afin de s'arrêter seulement à celle qui remplit le mieux les conditions principales auxquelles il faut satisfaire.

Ces conditions, que l'on doit s'attacher à réaliser autant que possible pour l'emplacement d'un pont, sont les suivantes : *Conditions à rechercher principalement.*

1. Bonne nature du sol de fondation ;

2. Tracé normal au courant ;

3. Fixité du lit ;

4. Concentration de toutes les eaux dans un même lit.

Examinons maintenant d'une manière successive, pour en faire ressortir l'importance et en expliquer les avantages, ces diverses conditions.

Il importe avant tout de chercher à placer un pont dans les parties du lit où le terrain offre le plus de résistance et où les fondations pourront être établies le plus facilement. La solidité de l'ouvrage y est principalement intéressée, car si l'on peut faire reposer les fondations sur le rocher dur, ces fondations seront indestructibles, et si cette condition n'est pas réalisable, il faut au moins que toutes les précautions soient prises pour rendre inattaquable le sol sur lequel on devra s'appuyer. D'un autre côté, au point de vue de l'économie, il importe à un très haut degré de choisir l'emplacement où le sol de fondation devra présenter les meilleures conditions de stabilité, attendu que si, même dans un mauvais terrain, on peut arriver à faire des fondations résistantes, ce résultat n'est jamais obtenu qu'au prix de sacrifices pécuniaires considérables. *Nature du sol de fondation.*

Il est très utile que le pont soit placé normalement au courant, car lorsqu'il traverse la rivière obliquement, on est nécessairement obligé de lui donner plus de longueur, puisque le débouché doit toujours être mesuré suivant la *Tracé normal au courant.*

section droite. Par rapport à la longueur normale l, la longueur biaise sera $\frac{l}{\sin \alpha}$ et par conséquent deviendrait égale à $1.41 \times l$ pour $\alpha = 45°$, de sorte que pour cette seule cause la dépense de construction serait notablement augmentée. De plus, avec une traversée oblique, pour ne pas créer de trop grands obstacles au cours des eaux, obstacles qui, avec des arches de faible

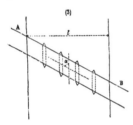

ouverture, arriveraient à paralyser presque complètement le débit, on est obligé de faire ce qu'on appelle un pont biais, ainsi que l'indique le croquis ci-contre (3), c'est-à-dire des arches dont les angles, au lieu d'être droits, seraient alternativement aigus ou obtus, ce qui nécessite des appareils plus compliqués, des matériaux plus choisis et, par suite, une nouvelle augmentation de dépenses qui vient s'ajouter à celle déjà produite pour l'accroissement de longueur.

Il faut donc, autant que possible, éviter les ponts biais. Pour les petits cours d'eau, on y parvient très facilement en déviant le lit naturel, de manière à le rendre normal à la route ou au chemin de fer à construire.

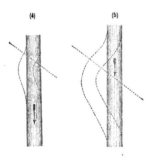

On peut faire la déviation, soit comme dans la figure (4), soit comme dans la figure (5). Avec la première disposition, la déviation est beaucoup plus courte, mais on est obligé de fonder une culée dans le lit actuel et on est gêné par les eaux. Avec la seconde disposition, on a plus de terrassements à exécuter, mais on obtient le grand avantage de pouvoir construire le pont entièrement en dehors des eaux courantes et, par suite, cette solution doit généralement être préférée. Elle devient encore plus naturelle si le lit est sinueux, comme cela a lieu dans un grand nombre de petits cours d'eau, et quelquefois même on en peut profiter pour rectifier ce lit (6). Mais lorsque le courant est très rapide, par exemple dans les pays de montagnes, les déviations sont souvent dangereuses, parce que les eaux débordées reprennent leur ancien cours, viennent attaquer violemment les talus de terrassements et même peuvent affouiller les fondations des ouvrages. Dans ces conditions, on peut donc être obligé de construire suivant le biais, non seulement les ponts, mais même certains ponceaux et aqueducs.

(6)

Pour les grandes rivières, on ne peut pas avoir recours à des déviations. D'abord elles entraîneraient des dépenses extrêmement considérables, par suite du cube énorme des terres à déplacer, et puis, dans les crues, le courant reprendrait généralement sa direction naturelle, de sorte que les eaux arriveraient obliquement sur le pont précisément dans les circonstances où leur volume et leur vitesse les rendent plus dangereuses. Il faut donc alors chercher à dévier le tracé de la nouvelle voie de communication, afin de la rendre normale au courant. Pour les routes, excepté dans la traversée des villes, on peut presque toujours y arriver : il n'en est pas de même pour les chemins de fer, surtout pour les grandes lignes, où les sujétions de tracé sont très rigoureuses, et c'est pour ce motif qu'on rencontre beaucoup plus de ponts biais sur les chemins de fer que sur les routes : l'emploi des travées métalliques rend dans ce cas de grands services et doit le plus souvent être préféré à celui des arches en maçonnerie.

(7)

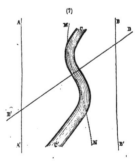

Toutes les fois qu'il s'agit de projeter un pont sur un cours d'eau important, il est indispensable d'en étudier avec soin le régime dans ses diverses phases, c'est-à-dire à l'étiage, dans les eaux moyennes, dans les hautes eaux navigables et enfin dans les plus fortes crues connues. La direction du courant peut varier beaucoup dans ces différentes circonstances. Ainsi, lorsque les rives sont peu élevées, si les basses eaux ou même les eaux moyennes sont contenues dans le lit CC′ (7), un pont suivant la direction DD′ serait normal au courant; mais dans les crues, lorsque toute la vallée est inondée jusqu'au pied AA′, BB′ des coteaux, le courant se rectifie presque toujours plus ou moins, par exemple suivant la ligne MN, et alors le pont se trouvant dans une position oblique, ne donnerait plus qu'un débouché insuffisant ou aurait besoin d'être allongé d'une manière sensible.

Il importe donc à un très haut degré, lorsqu'on veut éviter la construction d'un pont biais, que le tracé soit établi normalement au courant des fortes crues, ou bien que ce courant soit dirigé lui-même perpendiculairement au pont par des travaux construits à cet effet et qui sont analogues à ceux que nous allons décrire au sujet du maintien de la fixité du lit.

Fixité du lit.   Cette condition de fixité du lit présente en effet une très grande importance, lorsque le sol est très mobile et qu'il s'agit de vallées d'une largeur considérable. Quand on y construit un pont précédé et suivi de levées insub-

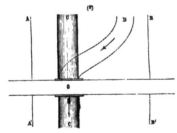

mersibles, le courant reviendra toujours passer sous le pont, mais sans cette précaution, et par suite d'un déplacement du lit, il pourra y arriver dans des directions très obliques. Ainsi, dans la figure (8), si la vallée est limitée par les lignes AA′, BB′, qui représentent le pied des coteaux, et si la rivière est en CC′, le pont sera très convenablement placé en O; mais, si plus tard, par suite du déplacement du lit, la partie C de sa direction se trouve transportée en D, le courant prendra, en amont de l'ouvrage, la direction DO et arrivera par conséquent sur lui très obliquement.

Il est rare d'ailleurs que le lit de la rivière présente sur une longueur un peu notable une direction rectiligne comme dans la figure ci-dessus, et le plus souvent il suit de grandes courbes successives présentant alternativement, par rapport à chaque rive, des parties concaves et des parties convexes. Or, les courants se portent naturellement vers les rives concaves, qu'ils tendent à creuser de plus en plus, tandis qu'ils s'éloignent, au contraire, des parties convexes. Il en résulte que si la rivière présente le cours indiqué par M M′ M″ (9), il faudra chercher à traverser soit en A A′, soit en B B′, soit en D D′, attendu que, pour chacun de ces cas, on passera dans une concavité près d'une rive, en un point où généralement cette rive sera facile

(9)

à fixer, tandis que si l'on passait en E E′ ou F F′, les courants deviendraient probablement bientôt obliques par suite des affouillements qui continueraient à se produire.

De plus, comme le lit est toujours plus creux du côté concave, ainsi que l'indique la coupe A A′ (10), il faudrait avoir soin d'établir une des culées sur cette rive A′ sans qu'elle formât de saillie, et en défendant ses abords par des revêtements ou des digues, ainsi que nous l'expliquerons plus loin ; tandis qu'à la rigueur l'autre culée pourrait s'avancer un peu sur la rive convexe, pourvu que le pont réservât encore un débouché suffisant et qu'une digue fût établie sur cette rive de manière à obliger les eaux à arriver normalement au pont.

(10)

Il convient donc de placer autant que possible les ponts dans les parties des cours d'eau où le lit présente naturellement le plus de fixité.

Mais cette condition n'est pas toujours réalisable, et, notamment pour un chemin de fer, il est assez rare qu'on puisse passer dans les concavités, parce

que, si les coteaux sont élevés, on ne trouverait pas à leur pied l'espace nécessaire pour se retourner normalement à la rivière avec des courbes de rayons
suffisants. On est donc conduit fréquemment, pour les ponts de chemins de
fer, à traverser dans des directions intermédiaires telles que E E', mais alors
il est indispensable de fixer les rives sur une

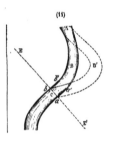

(11)

certaine longueur en amont et d'y établir des
digues, de telle sorte que l'on soit assuré que,
même dans les crues, les eaux arriveront toujours normalement au pont. Autrement, en
effet, si, en raison de la mobilité du sol, le lit
en amont venait à prendre la position A B'C, au
lieu de A B C, le courant arriverait très obliquement sur le pont, dont le débouché serait en
partie paralysé, tandis que, si l'on y construit
en amont des digues telles que *a a'*, *b b'*, les eaux devront nécessairement
venir passer entre les extrémités *a'* et *b'* de ces digues et reprendront, avant
d'arriver au pont, un cours normal à la direction de cet ouvrage.

Même dans le cas où les eaux arrivent naturellement dans une direction
perpendiculaire au pont, la construction de digues ou guideaux est encore
très utile, lorsqu'il s'agit de vallées submersibles sur de grandes largeurs,
parce que l'on évite ainsi les courants obliques que produisent les eaux débordées en rentrant dans le lit principal. Ces courants obliques présentent des
effets désastreux quand leur vitesse est considérable, parce qu'ils arrêtent en
partie l'écoulement normal et annulent ainsi une certaine proportion du
débouché. Il est évident, par exemple, que les courants *m n*, *m'n'* (12) seraient
extrêmement nuisibles si leur vitesse était grande, tandis que si l'on a construit les digues *a b* et *a' b'*, les eaux ne peuvent rentrer qu'en amont des
points *b* et *b'*, à une distance assez grande pour que tous leurs filets aient eu
le temps de redevenir parallèles à l'axe de la rivière avant d'arriver au pont.

En aval, les digues *c d*, *c' d'*, quoique moins nécessaires que celles d'amont,
présentent aussi, sur les rivières à courant rapide, une utilité très réelle,

parce qu'elles empêchent les eaux de s'épanouir aussitôt après la traversée du pont et diminuent beaucoup la hauteur de chute sous les arches mêmes, c'est-à-dire dans la partie qui est le plus à craindre pour la solidité de l'ouvrage. Elles offrent également le grand avantage d'empêcher la production de contre-courants et de tourbillons sur les rives immédiatement en aval des levées en remblais qui constituent la route ou le chemin de fer de part et d'autre du pont. En réalité, ces digues d'amont et d'aval constituent sur chaque rive, avec la levée de la route, les deux branches et le corps d'un **T** qui, d'après les observations faites sur la Durance, réalise la meilleure disposi-

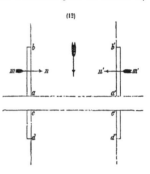

tion pour maintenir le cours de cette rivière dont le fond est extrêmement mobile et le courant très fort. D'après un mémoire de M. l'Inspecteur général Hardy, inséré aux Annales de 1876, on donne à la branche amont 60 à 80 mètres de longueur, et à la branche aval 25 à 30 mètres seulement. La première s'abaisse graduellement à partir de la levée, de manière à devenir submersible, afin de prévenir, par le déversement qui s'y produit, une trop grande accumulation d'eau devant la digue transversale.

Cette disposition est celle qu'il convient d'adopter dans son ensemble, pour les abords des ponts, et dont les applications ont déjà été faites à un grand nombre d'ouvrages. La longueur des branches doit être proportionnée à la vitesse du courant, de manière à assurer que les filets d'eau arriveront normalement au pont et que l'épanouissement en aval ne sera pas trop brusque. En outre, comme l'indiquent en plan et en élévation les figures ci-contre (13) et (14), au lieu d'arrêter les branches à une certaine hauteur au-dessus du terrain naturel, ce qui a lieu sur la Durance parce que les enrochements arrivent par le haut et que les charrettes ne pourraient pas descendre sur une pente trop forte, il y a lieu de raccorder avec le terrain naturel l'extré-

mité des digues. Cette disposition offre de grands avantages, parce que
l'extrémité de la digue est beaucoup plus facile à maintenir et surtout parce
qu'elle ne forme pas un musoir saillant contre lequel les eaux se briseraient,
attaqueraient le terrain naturel au delà des digues et feraient naître ainsi des demandes d'indemnité. Les talus et la partie submersible du dessus des digues doivent dans tous les cas être défendus par des moyens proportionnés à l'intensité des courants, tels que gazonnements, perrés à pierres sèches,

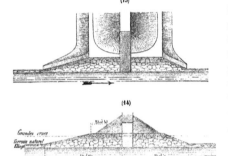

perrés maçonnés, enrochements et même gros blocs de maçonnerie. Il convient
fréquemment d'évaser plus ou moins les digues, et l'angle de 22° a été employé dans ce but avec succès, mais il convient toujours de se raccorder
normalement avec le pont avant d'y arriver. Enfin, le nombre des guideaux
à construire dépend beaucoup de la disposition des lieux et de la rapidité
du courant : il est évident, par exemple, que si une des rives est insubmersible, c'est seulement sur la rive opposée que le courant a besoin d'être dirigé.

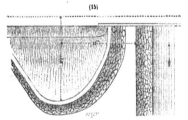

L'emploi des guideaux s'est beaucoup multiplié depuis la crue de 1875, parce qu'ils ont donné lieu de constater qu'une

partie des accidents éprouvés aurait pu être prévenue par des travaux de cette
nature. On en a construit, à la suite de cette crue, entre Montréjeau et Luchon,

pour plusieurs ponts sur la Garonne supérieure qui, quoique ayant résisté, avaient inspiré des craintes. Ceux qui ont été appliqués ainsi au pont de Labroquère ont la forme ci-contre (15). Leurs couronnements ont été établis au niveau de cette crue exceptionnelle, et l'espace qu'ils comprennent est remblayé de manière à présenter une légère pente à partir du chemin de fer. Ils forment ainsi des épaulements très solides dont les talus sont revêtus en maçonnerie. Cette disposition, qui est évidemment très efficace pour résister à des courants violents, a l'inconvénient de présenter peu de saillie et, par suite, de ne pas ramener les filets d'eau aussi normalement au pont qu'on l'obtient avec des guideaux parallèles aux rives.

Enfin, il existe des cas où l'on trouve de grands avantages à prolonger certaines digues de manière à les rattacher au terrain insubmersible. Ainsi, par exemple (16), si CC' est le tracé d'un chemin de fer, AA' et BB' les digues aux abords du pont, et MM' la limite des terrains supérieurs au niveau des plus grandes crues, les eaux qui s'introduiraient sur la surface PAMM' ne pouvant circuler qu'en revenant passer en amont du point A, s'accumuleraient dans l'entonnoir dont le sommet est M' et, par suite de la pente de la vallée, y monteraient nécessairement beaucoup plus haut que dans le lit principal. Pour éviter ce grave inconvénient, il suffit de rattacher la ligne PA à la limite des terrains insubmersibles au point N.

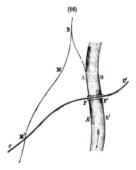

La concentration de toutes les eaux dans un même lit est très avantageuse au point de vue pécuniaire, car les dépenses des culées entrent toujours pour une somme importante dans le prix de revient d'un pont, et par conséquent, si trois bras pouvaient être réunis en un seul, on n'aurait à construire que deux culées au lieu de six. Cette réunion peut être obtenue quelquefois pour de petits cours d'eau. Mais, dès que le débit est considérable et surtout

Concentration des eaux dans un même lit.

quand le courant est rapide, on s'exposerait à de graves dangers en modifiant notablement le cours de la rivière. Il faut donc généralement se contenter d'utiliser la concentration des eaux quand elle est naturelle, et par exemple,

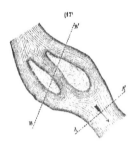

avec la disposition ci-contre (17), il existe un intérêt bien sérieux à pouvoir adopter la ligne AA'. Mais si le tracé de la route ou du chemin de fer à construire oblige nécessairement à passer en BB', il est beaucoup plus prudent de construire trois ponts séparés que de chercher à réunir les eaux sous un même ouvrage : tout au plus pourrait-on supprimer le petit bras de la rive gauche, si les eaux n'y avaient qu'une très faible vitesse, et il faudrait, dans ce cas, avoir la précaution de donner aux deux autres ponts de larges débouchés et de protéger la nouvelle rive gauche par des digues, afin qu'une partie des eaux ne vînt pas se rejeter dans cette direction.

Mais en principe, pour une grande rivière, il vaut beaucoup mieux conserver à tous les divers bras leur direction naturelle, et c'est ainsi que dans le passage de la Loire, en amont de Nantes, pour le chemin de fer dirigé sur la Roche-sur-Yon, on a construit sur les bras principaux deux grands ponts,

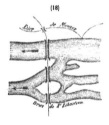

l'un de 9 arches de 30 mètres et l'autre de 7 arches de même ouverture, que l'on a établi une arche de 20 mètres sur l'étier de Mauves, dans les prairies de la rive droite, et qu'enfin un petit viaduc, présentant 68 mètres de débouché linéaire, a été édifié sur le bras de Saint-Sébastien, au pied du coteau de la rive gauche (18). La grande crue de 1866, survenue au moment où ces ouvrages étaient à peine terminés, a permis de constater que l'écoulement des eaux s'y opérait dans les conditions les plus satisfaisantes et avec un remous presque insensible.

Puisque, comme nous l'avons expliqué précédemment, il est très utile de Précautions à prendre contre les courants obliques. construire, aux abords des ponts, des guideaux pour éviter les courants latéraux qui viendraient diminuer le débouché et pourraient causer des affouillements, il importe, à plus forte raison, d'éviter de placer un pont immédiatement en aval d'un confluent dans lequel une des rivières arriverait presque à angle droit sur la direction du courant principal. Ainsi, la position M N (19) serait tout à fait défavorable s'il n'existait pas, entre le confluent C et le point N, une distance suffisante pour que la direction des eaux de la rivière (B) pût être ramenée normalement au pont comme celle de la rivière principale (A).

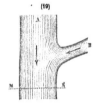

(19)

Les courants obliques présentent toujours de graves dangers, et on pourrait citer de nombreux exemples de désastres amenés par cette cause. Ainsi, à Orléans, le pont construit en 1843 pour le chemin de fer du Centre traverse la Loire à 1200 mètres en amont du pont élevé dans le siècle dernier par Perronet pour la grande route de Paris à Toulouse, et cet ancien pont ne présente que 279 mètres de débouché linéaire, tandis qu'on avait donné 300 mètres au nouvel ouvrage : il semblait donc devoir largement suffire, mais comme à cet emplacement la largeur du lit est beaucoup plus grande, la culée rive gauche s'avançait trop en rivière et il s'est formé en 1846, contre la levée du chemin de fer, un courant latéral qui a occasionné de profonds affouillements au pied des premières piles et entraîné la chute de trois arches. Dans la reconstruction, on a augmenté le débouché par deux nouvelles arches et surtout on a eu soin de diriger le cours des eaux par une digue longitudinale en amont.

Pour un très grand pont construit en Hollande, celui de Moerdyck sur le Hollandsch-Diep, on s'est trouvé, par suite des nécessités du tracé du chemin de fer, obligé de traverser ce bras de mer dans une partie où la largeur atteint 2300 mètres, tandis qu'en aval du confluent du Dordsche-Kil elle se réduit à 1700 mètres environ entre des digues insubmersibles (20). On a jugé avec raison qu'il suffisait de donner 1400 mètres de débouché au pont qui, effectivement, est formé de 14 travées de 100 mètres, non compris 2 travées tournantes de 16 mètres établies près de la rive gauche pour le service de la navigation. Il résulte de cette disposition que l'on a été obligé de

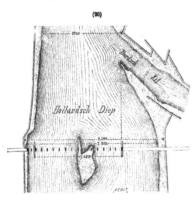

construire sur la rive droite, à la suite du pont, une levée qui forme une saillie d'environ 700 mètres : il importait à un très haut degré de défendre cette levée contre l'action des courants qui, par suite de l'action des marées, s'exercent tantôt dans un sens, tantôt dans l'autre, et à cet effet elle est protégée de chaque côté par des massifs de plates-formes en fascines et enrochements ; de plus, pour empêcher les courants latéraux on a établi, tant en amont qu'en aval de la culée, d'autres massifs de même nature qui s'étendent jusqu'à 100 mètres environ de l'axe du pont. Ce mode de défense, tout à fait approprié à la nature du pays, est très efficace, et l'ensemble des dispositions adoptées pour ce grand ouvrage est bien justifié.

Positions obligeant à des dispositions spéciales. Ainsi que l'a fait remarquer M. Morandière, la position d'un pont en amont d'un confluent est désavantageuse, parce que si l'une des rivières éprouve une crue subite tandis que l'autre reste basse, les eaux de la première tendent à se précipiter avec une grande vitesse dans la vallée de la seconde et il peut en résulter un courant très violent sous le pont; d'un autre côté, si la crue se manifeste dans la vallée où n'existe pas le pont, les eaux sous cet ouvrage peuvent se trouver former une chute de l'aval vers l'amont et les moyens de défense doivent être prévus en conséquence.

Des courants très violents se produisent également au passage de certains ponts lorsqu'ils sont placés au point où la vallée, après s'être maintenue très étroite en amont, s'épanouit brusquement à l'aval, ou bien lorsque l'ouvrage est placé à l'extrémité d'un vallon étroit qui débouche brusquement dans une vaste plaine. Il faut dans des situations semblables prendre de grandes précautions pour fonder les ouvrages ; en outre il y a lieu de construire en aval de chaque pont des digues longitudinales pour contenir les eaux latéralement sur une certaine distance : ce cas est celui où les digues d'aval précédemment mentionnées peuvent rendre les plus grands services, et il convient de les évaser quand le courant est très fort, afin d'éviter que les eaux ne prennent une trop grande vitesse à leur extrémité.

Enfin, lorsque l'on construit un pont en amont d'un barrage, il faut toujours avoir soin d'établir les fondations très solidement, afin qu'elles puissent résister au courant extrêmement rapide qui se produirait tout d'un coup, dans le cas où ce barrage viendrait à être brusquement emporté pour une cause quelconque. Cette éventualité peut surtout se présenter si le barrage est construit postérieurement au pont, puisque ce dernier ouvrage se trouvera exposé à un danger contre lequel on n'avait pas à se prémunir lors de sa construction.

Les viaducs sont quelquefois nécessaires pour franchir des vallées qui contiennent de grands cours d'eau, et alors il faut prendre, pour les fondations, d'autant plus de précautions que les pressions sur le sol sont presque toujours plus fortes que pour des ponts proprement dits : les vallées à fond de vase, dans le voisinage de la mer, donnent lieu, notamment pour les fondations des viaducs, à de grandes difficultés. Mais, en général, et surtout pour les viaducs à construire en pays de montagnes, on n'a pas beaucoup à se préoccuper de l'action des eaux ; les études à faire sont d'une autre nature : il faut rechercher, par un examen très attentif du terrain, quels sont les points où le passage est le plus étroit, où les fondations sont les plus faciles et où les coteaux se prêtent le mieux à l'établisement des culées. Il est nécessaire d'étendre cette exploration dans une large zone, car les combinaisons sont souvent très variées et la plus hardie peut quelquefois, comme celle du viaduc de Garabit sur la ligne de

Emplacement
des viaducs.

Marvéjols à Neussargues [a], être la plus avantageuse. Néanmoins, c'est en général dans des conditions moyennes de dimensions d'ouvrages que l'on aboutit
fréquemment aux résultats les moins dispendieux. Il faut chercher à profiter
habilement des dispositions du terrain : ainsi, par exemple, il est arrivé plusieurs
fois qu'en ayant soin de passer une vallée en aval d'un affluent, on épargnait la
construction d'un second viaduc, et dans des cas semblables on ne doit pas
hésiter à dévier un peu le tracé pour obtenir ce résultat.

Comme il importe à un très haut degré d'avoir d'excellentes fondations pour
des viaducs élevés, il faut, avant d'arrêter un emplacement, s'assurer avec le
plus grand soin si les rochers apparents appartiennent à de grands massifs ou
s'ils consistent seulement en blocs amenés par des éboulis même très anciens,
car cette dernière circonstance pourrait conduire à changer complètement le
tracé.

Enfin, lorsque dans une gorge de montagnes on doit franchir un torrent, il y
a fréquemment avantage à construire sur ce point une très grande arche ou
travée, de manière à pouvoir en appuyer les fondations sur les rochers des deux
rives, à une hauteur suffisante pour que ces deux fondations ne puissent en
aucun cas être affouillées par le courant.

------

§ 2. — DÉBOUCHÉ A DONNER AUX PONTS

Importance
de la
fixation des débouchés.

Après avoir déterminé l'emplacement d'un pont, il faut étudier avec beaucoup de soin quel sera le débouché à lui donner. Cette recherche soulève parfois des questions très complexes et présente d'autant plus de difficultés que les
renseignements sur lesquels on doit se baser sont très souvent incomplets ou
incertains. D'abord on doit en principe considérer : 1° Qu'un débouché trop grand
occasionne une dépense inutile et quelquefois provoque des atterrissements qui

------

(a) Cette solution, due à M. l'Ingénieur Boyer, consiste à franchir la vallée de la Trueyre à 120 mètres de
hauteur, au moyen d'un viaduc métallique dont la partie centrale est formée par un arc de 165 mètres d'ouverture du système Eiffel : on évite ainsi une contre-pente de 70 mètres de hauteur, on réduit les déclivités et on
diminue les dépenses.

paralysent une partie de la section des arches au moment des crues; 2° que, d'un autre côté, un débouché trop faible présente des inconvénients beaucoup plus graves, soit pour la navigation, soit pour les propriétés riveraines, et surtout peut faire naître de très sérieux dangers pour la solidité de l'ouvrage.

En effet, sauf dans le cas très rare d'une rivière qui ne déborde jamais et qui peut être franchie par une seule arche ou travée, la section du débouché est toujours moindre que la section naturelle des eaux, soit à cause des quantités d'eau répandues sur les rives et dont l'écoulement est arrêté par les remblais, soit par suite des obstacles créés dans le lit même par les piles. Il en résulte que la vitesse du courant sous les arches est augmentée et qu'il se produit en amont une surélévation dont la valeur correspond précisément à l'augmentation de vitesse acquise par les eaux. Plus cette surélévation, à laquelle on donne le nom de remous, devient considérable, plus la vitesse du courant s'accroît, et elle peut arriver à une valeur telle que le fond de la rivière se trouve attaqué et que les fondations des piles ou culées soient affouillées.

Suivant un tableau donné par M. Morandière, d'après l'ouvrage de Gauthey, et en prenant seulement les chiffres applicables à des natures de terrain bien définies, les vitesses par seconde des eaux qui corroderaient ou affouilleraient ces divers terrains sont les suivantes : Vitesses corrodant
les divers terrains.

Sable, $0^m.30$; — Gravier, $0^m.60$; — Cailloux agglomérés, $1^m.50$; — Roches lamelleuses, $1^m.80$; Roches dures, $3^m.00$.

Cette dernière limite est beaucoup trop faible; d'abord, même en dehors des montagnes, il existe un grand nombre de rivières ou de fleuves pour lesquels la vitesse dans les crues atteint 4 mètres, et par exemple sur le Rhône, à Tarascon, la vitesse a été assez forte pour produire des affouillements de 14 mètres. Ensuite dans les montagnes et surtout lorsque surviennent des crues exceptionnelles, les vitesses atteignent des valeurs beaucoup plus considérables.

Ainsi, pendant les crues de juin 1875, on a observé sur l'Ariège :

A Tarascon, une vitesse de. . . . . $12^m.16$

A Foix, une vitesse de . . . . 10 à 11 mètres

A divers autres ponts, une vitesse de. . . . . . .   7 à 11ᵐ.60

Les dénivellations de l'amont à l'aval de ces ouvrages ont été de 1ᵐ.96 et 2ᵐ.80 à Tarascon et à Foix; elles ont varié aux autres ponts de 0ᵐ.34 à 1ᵐ.87. Sur tous ces points, aucun accident n'est arrivé.

Il est donc incontestable que la vitesse de 3 mètres et même des vitesses beaucoup plus fortes ne corrodent pas les roches réellement dures. Le tuf qui lui-même constitue le fond de la Garonne supérieure et qui consiste en une marne argileuse très compacte, n'a été attaqué que sur quelques points et a bien résisté dans tous les autres.

Les croquis ci-contre, qui ont été relevés au moment de la crue de 1875 par le service de M. l'Ingénieur en chef Decomble, font connaître comment se sont produites les énormes dénivellations mentionnées plus haut : les cotes entre parenthèses s'appliquent aux altitudes par rapport au niveau de la mer. On

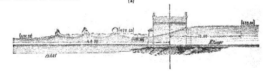

(1)

voit notamment (1) qu'à Foix, où le pont est formé d'une grande arche de 24ᵐ.75 et d'une petite arche de 6 mètres, la différence de niveau a été de

375ᵐ.40 — 372ᵐ.60 = 2ᵐ.80. En aval, l'eau reprenait son niveau normal à 25 mètres de la tête du pont sous la grande arche et à 13 mètres sous la petite; mais la vitesse maxima était bien celle due à la chute de 2ᵐ.80 et atteignait par suite 7ᵐ.41; en ajoutant 3 à 4 mètres pour la vitesse propre de la rivière, on arrive à 10 ou 11 mètres.

(2)

A Tarascon sur Ariège (2), la dénivellation a été de 473ᵐ.06 — 471ᵐ.10 = 1ᵐ.96.

La vitesse correspondante est de 6^m.20, et en y ajoutant celle de la rivière, calculée d'après la pente moyenne en amont, 5^m.96, on arrive pour la vitesse totale à 12^m.16.

La différence dans les effets observés à ces deux ponts s'explique en partie, parce qu'à Foix la vitesse due à la dénivellation même était plus grande qu'à Tarascon : il s'y est formé une onde unique qui se trouvait seulement être plus longue à la grande arche qu'à l'autre ; tandis qu'à Tarascon, les eaux formaient à la surface, immédiatement après la dénivellation principale, plusieurs ondes successives ; la différence doit tenir aussi à ce qu'à Foix la pente superficielle, en dehors de l'action du pont, était faible, pendant qu'à Tarascon cette pente, atteignant 0^m.03 par mètre, se trouvait très considérable. En somme, les effets constatés à ce dernier pont se rapprochent beaucoup plus de ce qu'on observe ordinairement sur les cours d'eau à pente très rapide.

En dehors de ces circonstances spéciales, il convient d'adopter 3 mètres pour *limite de vitesse* du courant, ce qui correspond à 0^m.46 comme *limite du remous*. Mais on ne doit pas atteindre cette dernière valeur, parce qu'il est indispensable de tenir compte : 1° de la vitesse propre de la rivière ; 2° de la nature plus ou moins attaquable du lit ; 3° de ce que des maçonneries encore fraîches pourraient souffrir d'un courant trop rapide ; 4° des sujétions inhérentes à la navigation, de telle sorte qu'à la limite de hauteur des eaux navigables, les bateaux puissent encore remonter le courant au passage du pont ; 5° enfin des dommages qu'une surélévation du plan d'eau pourrait causer aux propriétés riveraines. Il faut avoir égard d'une manière toute spéciale à cette dernière considération, surtout quand il s'agit d'une vallée large, fertile et présentant peu de pente, parce qu'alors un remous, même faible, s'étendant à des surfaces très grandes, pourrait occasionner des dommages extrêmement importants.

Limites à adopter ordinairement pour les remous.

Ainsi, par exemple, lorsqu'il s'est agi de construire le pont de Chalonnes sur la Loire, on a considéré qu'un remous de 0^m.10 suffirait, non seulement pour occasionner aux propriétés rurales des dommages très étendus, mais de plus pour entraîner la submersion des puits de mines situés à une faible distance en amont du pont, et on s'est astreint à réduire le remous à 0^m.06.

En résumé, d'une manière générale, il convient, en dehors des régions montagneuses, d'admettre seulement pour valeur des remous :

0^m.20 lorsque les terrains submersibles sont peu étendus et de nature médiocre ;

0^m.10 dans les vallées larges et fertiles ;

0^m.05 lorsque les terrains submersibles sont très étendus et d'une valeur exceptionnelle.

Enfin, dans les villes, un remous, quoique très faible, pourrait être très nuisible en déterminant l'inondation des caves et même du rez-de-chaussée des maisons dans certains quartiers. MM. Dupuit et Morandière en ont cité des exemples frappants : il faut évidemment, dans de semblables circonstances, ne pas hésiter à donner aux ponts des débouchés assez grands pour que le niveau des eaux en amont ne soit pas modifié d'une manière appréciable.

Coefficients de contraction

Pour l'évaluation des débouchés, il est indispensable de tenir compte de la contraction qui provient du passage sous les arches ou travées. Cette contraction varie avec deux causes : 1° l'ouverture des arches ; 2° la forme de l'avant-bec des piles.

Gauthey estimait que le coefficient de contraction dû à l'ouverture devait avoir pour valeur, 0.80 pour les arches de 10 mètres ; 0.90 pour celles de 30 mètres, etc. : pour des ouvertures de 100 mètres, dont on ne se préoccupait pas alors, mais qui ont été réalisées et dépassées de nos jours pour des ponts métalliques, le coefficient doit être presque égal à l'unité.

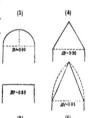

Gauthey admettait en outre que les valeurs ci-dessus s'appliquaient avec des avant-becs demi-circulaires (3) ou en forme de triangle équilatéral (4) ; que ces coefficients devaient être réduits dans le rapport de 0.90 à 0.85 quand les piles étaient terminées carrément (5), et qu'enfin ils pouvaient au contraire être augmentés dans le rapport de 0.90 à 0.95 lorsque les avant-becs présentaient un angle très aigu (6). Ce rapport s'applique aussi à une ogive très allongée.

Ces bases sont encore généralement admises, et par suite on peut représenter par les courbes ci-dessous (7) les séries des valeurs qui peuvent être attribuées

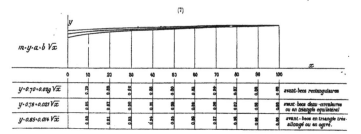

au coefficient de contraction m applicable à une ouverture donnée, suivant chacune des trois formes principales employées pour les avant-becs.

Pour de petites arches dont les naissances plongeraient dans les eaux, il conviendrait de prendre seulement $m = 0.70$.

La détermination des débouchés est généralement facile quand il existe des ponts sur le cours d'eau et surtout lorsque ces ponts sont situés à proximité de l'ouvrage à construire; toutefois, il faut avoir soin de faire relever très exactement les dimensions des ponts existants et de prendre des renseignements aussi exacts que possible sur les hauteurs de chute qui s'y sont produites dans les plus fortes crues connues. En effet, il ne suffit pas qu'un pont ait résisté pour que son débouché soit bon, il faut en outre qu'il n'ait pas causé trop de remous; car si l'inondation qui en résulte est acceptée parce que cette situation existe depuis longtemps, les riverains ne l'admettraient pas à beaucoup près avec un ouvrage neuf. A cet égard, il serait extrêmement utile qu'à la suite de chaque grande crue les Ingénieurs eussent le soin de faire marquer les hauteurs d'eau, non seulement en amont, mais aussi en aval : cette dernière

Détermination des débouchés :
1° Quand des ponts existent sur le cours d'eau.

27

indication est indispensable pour qu'on se rende compte exactement du remous produit par le pont existant. Les marques indicatives des crues doivent être placées, soit sur des murs de quais au delà de l'action des remous, soit contre les murs en retour des culées, dans les parties où l'eau y était la plus tranquille.

Pour la détermination du nouveau débouché, il faut en outre s'assurer que les conditions sont comparables à celles des ouvrages existants, qu'il n'existe pas de nouveaux affluents dans l'intervalle des emplacements des ponts à prendre pour bases, que la nature du fond est à peu près la même, que la vitesse de l'eau dans les crues ne diffère pas sensiblement et qu'enfin les effets de la surélévation des eaux ne seront pas plus à craindre. Dans le cas où ces conditions ne seraient pas remplies, il importe de s'attacher avec beaucoup de soin à apprécier l'influence des effets qui se produiraient et à modifier en conséquence le débouché à prévoir pour l'ouvrage.

2° D'après les superficies des bassins. Lorsqu'il n'existe pas de ponts sur le cours d'eau, on peut se baser sur la superficie des bassins et on a souvent admis comme règles dans ce cas :

$0^{m.s}05$ par kilomètre superficiel. — Coteaux de 20 mètres de hauteur au maximum.
$0^{m.s}094$ id.   . —   id.   40   id.   id.
$0^{m.s}125$ id.   . — Coteaux au delà de 50 mètres.

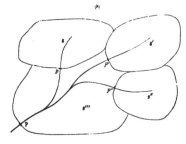

Mais la configuration du pays est loin d'être assez précise dans ces règles et il convient de prendre de préférence des bases de comparaison sur les affluents mêmes, quand il y existe des ponts tels que p, p', p''.

A cet effet (s) on mesure les superficies des bassins sur les cartes de l'État-major, après avoir fait passer les cours d'eau en bleu, ce qui rend bien plus facile la détermination des limites des divers bassins, et l'on a :

$$s + s' + s'' + s''' = S.$$

En désignant les débouchés par d, d', d'', x, on obtient les coefficients

$$c = \frac{d}{s}, \qquad c' = \frac{d'}{s'}, \qquad c'' = \frac{d''}{s''}.$$

D'où l'on déduit C, coefficient applicable au pont à construire, soit en prenant la moyenne des coefficients partiels c, c', c'', soit en se basant principalement sur celui de ces bassins qui présente le plus d'analogie avec les conditions où doit se trouver le nouvel ouvrage.

On a donc en résumé

$$x = \text{D} = \text{C} \times \text{S}.$$

M. Bouffet, Ingénieur en chef à Carcassonne, a cherché avec beaucoup de soin à déterminer les débouchés par rapport à la superficie des bassins dans le département de l'Aude, et il a établi à la suite de nombreuses observations les courbes ci-contre (9).

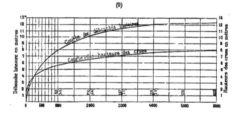

(9)

Équations de la courbe des débouchés.

De 0 à 20 kilomèt. superf. (x étant exprimé en kilomèt. superf.) : $y = -0.025\,x^2 + 1.11\,x$
De 20 à 1000 id. (x id. en centaines de k. s.) : $y = -0.55\,x^2 + 12.5\,x + 10.50$
De 1000 à 4000 id. (x id. en milliers de k. s.) : $y = -3.5\,x^2 + 30\,x + 54$
Au-dessus de 4000 id. (x id. id.) : $y = 2\,x + 110$

L'une des courbes se rapporte aux débouchés linéaires et l'autre à la hauteur des crues : les cotes relatives à cette dernière sont celles entre parenthèses; les cotes de la première courbe sont les ordonnées des quatre équations inscrites au-dessous du tableau : on voit qu'à partir de 4,000 kilomètres superficiels, la série des ordonnées est représentée par une ligne droite. Il semble que la série des débouchés pourrait être représentée par une seule courbe parabolique.

Dans les applications, M. Bouffet procède ainsi qu'il suit :

1° Calculer la superficie du bassin d'après la carte de l'État-major.

2° Prendre les débouchés d'après la courbe du tableau, en tenant compte ainsi qu'il suit du rapport entre la largeur l et la longueur L du bassin :

$$\frac{l}{L} \begin{cases} 0.05 \longrightarrow y\,(1-0.20) = 0.80 \times y \\ 0.10 \longrightarrow y\,(1-0.10) = 0.90 \times y \\ 0.20 \longrightarrow y \\ 0.30 \longrightarrow y\,(1+0.10) = 1.10 \times y \\ 0.40 \longrightarrow y\,(1+0.20) = 1.20 \times y \end{cases}$$ La courbe de la figure correspond au cas où le rapport de la largeur à la longueur du bassin égale 0.20. Les résultats pour toutes les courbes doivent être augmentés quand les versants sont dénudés et à fortes pentes, tandis qu'ils doivent au contraire être diminués pour les cours d'eau en plaine.

3° Prendre la hauteur des crues d'après les observations faites sur les lieux et l'augmenter de 1/10° pour tenir compte de l'incertitude de ces observations.

4° Calculer le remous d'après la formule ordinaire approximative et l'ajouter à la hauteur des crues d'après la courbe.

5° Enfin tracer l'intrados de manière à contracter le moins possible la section et laisser entre le niveau des crues et la clef une hauteur suffisante pour le passage des corps flottants.

Cette méthode est très rationnelle, mais les chiffres ci-dessus ne sont réellement applicables qu'au département même pour lequel les formules ont été établies. Ces chiffres doivent donc seulement être pris comme bases de comparaison avec les observations qui seraient faites, suivant cette même méthode, dans d'autres régions. Il serait très désirable que ces applications fussent répandues autant que possible et que les Ingénieurs s'attachassent à établir dans chaque département trois courbes, l'une pour la montagne, l'autre pour les terrains moyennement accidentés et la troisième pour la plaine.

5° D'après des observations directes.

Enfin, lorsqu'il s'agit de grandes rivières dont les bassins très étendus présentent des conditions trop variables pour que des coefficients réguliers leur soient applicables, ou bien lorsqu'il n'existe de ponts ni sur le cours d'eau principal ni sur ses affluents et en général quand les éléments de comparaison font défaut, on doit chercher à se rendre compte par le calcul de la surélévation qui se produira en amont par suite de l'établissement du pont projeté. Dans ce but, il faut d'abord arriver à connaître le plus exactement possible quel est le débit de la rivière dans les grandes crues. On peut à cet égard se baser sur des observations antérieures, s'il en existe, ou calculer soi-même le débit en mesurant directement les sections et les vitesses.

Le premier cas est évidemment le plus avantageux et peut même être considéré comme le seul qui permette de connaître exactement le débit dans les plus grandes crues, car il serait tout à fait exceptionnel qu'une crue de cette nature survint précisément vers l'époque où un Ingénieur est chargé de rédiger un projet de pont. Les renseignements antérieurs sont donc extrêmement précieux, seulement avant de les prendre pour bases il faut chercher à les obtenir pour plusieurs positions voisines, afin de contrôler les résultats les uns par les autres.

Dans le second cas et pour mesurer les sections de la rivière, on a recours à des profils en travers. Il faut toujours en prendre un certain nombre, afin d'arriver à des résultats moyens suffisamment exacts, et choisir pour ces profils les points où le lit présente le plus de régularité. Pour la partie afférente au lit proprement dit, on doit autant que possible tendre d'une rive à l'autre un fil de fer divisé par avance, repérer exactement la hauteur des eaux sur des objets fixes (arbres, maisons, etc.) et mesurer directement les profondeurs par des sondages correspondant aux divisions du fil. Pour les rives, quand elles sont submersibles, ce qui est le cas le plus général, on se borne à repérer exactement la hauteur des crues au droit des divers profils et on relève ensuite les hauteurs du sol par un simple nivellement lorsque les eaux se sont retirées : on ne pourrait pas ajourner de même les sondages destinés à faire connaître la forme du lit, parce que celle qu'il prend pendant la crue diffère quelquefois beaucoup de celle qu'il présente ensuite lorsqu'il s'agit de cours d'eau à fond mobile. A la suite de ces diverses opérations il ne reste plus qu'à calculer les surfaces des profils pour obtenir les sections totales.

Pour mesurer les vitesses à la surface, on se sert ordinairement de flotteurs et on doit opérer autant que possible par un temps calme, en ayant soin de mesurer les vitesses réelles sur des parcours un peu étendus afin de diminuer les chances d'erreur. Il faut avoir soin de mesurer séparément les vitesses dans les parties de la section où elles varient notablement, en distinguant surtout les eaux du lit principal de celles qui submergent les rives. Enfin, on doit déduire des vitesses observées à la surface les vitesses moyennes dans chaque section en se servant des formules citées dans les cours d'hydraulique et en appliquant celles qui paraissent le mieux s'adapter aux circonstances dans lesquelles on a opéré.

On ne saurait trop recommander aux ingénieurs de faire des observations de cette nature toutes les fois qu'ils en trouvent l'occasion et même lorsqu'ils n'en voient pas l'utilité immédiate pour leur propre service, parce que, ainsi que nous l'avons déjà dit, il est très rare que l'Ingénieur appelé à construire un pont se trouve dans des circonstances qui lui permettent de faire lui-même des observations sur ce point pendant les grandes crues.

Calcul des remous. Plusieurs méthodes sont employées pour le calcul des remous. La plus an-
—
Méthode de M. Navier. cienne de celles encore appliquées est due à M. Navier. Il considérait la section

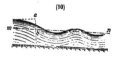

entière de la rivière (10) comme composée de deux parties, l'une inférieure à la surface des eaux d'a- val, m, n, dans laquelle l'eau s'écoule en vertu de la pente de la rivière et l'autre supérieure dans laquelle l'eau s'écoule comme par un déver- soir. En désignant par Q le débit de la rivière, l la largeur moyenne du dé- bouché sous le pont, h la profondeur moyenne de l'eau au-dessous de la ligne mn, $\omega = lh$ la section de l'écoulement sous le pont, m le coefficient de con- traction, u la vitesse moyenne du courant, $H = \frac{u^2}{2g}$ la hauteur due à cette vitesse et enfin par z la hauteur du remous, la formule de M. Navier peut être écrite sous la forme :

$$Q = m\omega\sqrt{2g(H+z)} + 0.57\,mlz\sqrt{2g(H+z)}.$$

D'où l'on obtient d'abord directement et ensuite en remplaçant ω par lh :

$$(1) \qquad \frac{Q}{m\omega + 0.57 m l z} = \sqrt{2g\,(\text{H}+z)} \qquad \frac{Q}{ml\,(h + 0.57 z)} = \sqrt{2g\,(\text{H}+z)}.$$

Ces expressions sont tout à fait comparables à l'expression ordinaire des vitesses $v = \sqrt{2g\,h}$, et comme il existe des tables qui donnent immédiatement h pour chaque valeur correspondante de v, il suffit de connaître le premier terme des formules ci-dessus pour avoir immédiatement la valeur de $\text{H} + z$.

C'est ainsi que l'on applique ordinairement la méthode de Navier.

En outre, si l'on veut se contenter d'un résultat approximatif, on peut considérer que z est ordinairement une quantité assez petite par rapport à h, négliger dès lors la seconde partie du dénominateur en ayant soin par compensation de ne pas tenir compte de la diminution de vitesse qui se produit en amont, et la formule se réduit à l'expression très simple :

$$(2) \qquad \frac{Q}{m\omega} = \sqrt{2g\,(\text{H}+z)}.$$

Cette expression est celle que l'on appelle *formule approximative*.

On trouve dans l'aide-mémoire de Claudel un autre mode de calcul, déduit du traité d'hydraulique de M. d'Aubuisson, et d'après lequel, en désignant par L la largeur de la rivière en amont du pont, l la largeur moyenne du débouché sous le pont, h la profondeur moyenne de la rivière, Q le débit, z le remous, v la vitesse en amont du remous, v' la vitesse correspondant au plus grand exhaussement du niveau de l'eau et v'' la vitesse de l'eau sous le pont, on obtient pour Q les trois valeurs ci-après :

Méthode de l'aide-mémoire Claudel.

$$Q = Lhv = L\,(h + z)\,v' = mlhv''$$

d'où l'on tire

$$v' = \frac{hv}{h+z} \qquad v'' = \frac{Lv}{ml}$$

et comme l'augmentation de vitesse est due à la hauteur z, on déduit des **deux** dernières expressions ci-dessus, suivant le théorème de Bernouilli :

$$z = \frac{v''^2 - v'^2}{2g} = \frac{v^2}{2g}\left(\frac{L^2}{m^2 l^2} - \frac{h^2}{(h+z)^2}\right).$$

Méthode de M. Bresse. Enfin, dans son Cours d'hydraulique, M. Bresse, en adoptant les **mêmes** notations que ci-dessus, mais en ne considérant pas directement la vitesse naturelle des eaux dont on tient suffisamment compte dans le débit, a donné pour ce débit les deux expressions ci-après, qui s'appliquent, l'une immédiatement en amont du pont et l'autre sous le pont même :

$$Q = L(h+z)v' \qquad Q = mlhv''$$

d'où l'on a

$$v' = \frac{Q}{L(h+z)} \qquad v'' = \frac{Q}{mlh}$$

et par suite, d'après le théorème de Bernouilli,

$$2gz = v''^2 - v'^2$$

d'où l'on déduit

$$z = \frac{Q^2}{2g}\left(\frac{1}{m^2 l^2 h^2} - \frac{1}{L^2 (h+z)^2}\right).$$

En réalité cette méthode conduit exactement aux mêmes résultats que la précédente, sous une forme un peu différente, et est celle que l'on emploie le plus généralement. L'autre fait seulement ressortir la vitesse naturelle du courant avant l'établissement du pont, ce qui peut être à considérer quand on veut établir une comparaison entre les remous et les vitesses.

La formule de M. Navier ne peut pas, comme les deux autres, conduire toujours à de bons résultats. M. Morandière a donné dans son Cours des exemples d'après lesquels la méthode Navier et la méthode Bresse donneraient des résultats sensiblement égaux, mais ceci n'est vrai qu'avec de faibles vitesses; quand elles sont fortes, les différences dans la valeur du remous s'accentuent beaucoup et la formule de M. Navier n'est plus admissible. L'erreur tient peut-être à ce qu'il n'y a pas de séparation entre les deux couches d'eau, qui sont supposées couler l'une à l'air libre et l'autre par un déversoir, et que par suite la vitesse de l'une peut influer sur celle de l'autre.

Mais pour les calculs approximatifs, la formule simple résultant de la méthode Navier $\frac{Q}{m\,\omega} = \sqrt{2g\,(H + z)}$ est extrêmement commode et son emploi abrège beaucoup les calculs en faisant écarter promptement plusieurs hypothèses. Il suffit de s'assurer ensuite par les formules exactes que les remous ainsi calculés ne diffèrent pas sensiblement de ceux précédemment obtenus.

Les formules ci-dessus donnent le moyen de se rendre compte de certaines circonstances qui se présentent dans la pratique. Ainsi par exemple on remarque souvent dans les pays de montagnes que, sur un même cours d'eau, des ponts situés en aval présentent beaucoup moins de débouché linéaire que ceux établis en amont. Cette anomalie apparente s'explique par le croquis (12) et par les chiffres ci-contre : il en résulte en effet que le pont en aval (B), où le débit de la rivière est double de celui qui se produit au pont en amont (A) et qui présente un débouché linéaire moindre, ne donnera lieu qu'à un remous de

*Applications
des calculs de remous.*

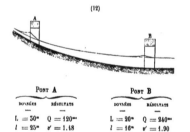

(12)

Pont A		Pont B	
DONNÉES	RÉSULTATS	DONNÉES	RÉSULTATS
$L = 30^m$	$Q = 120^{mc}$	$L = 20^m$	$Q = 240^{mc}$
$l = 25^m$	$v' = 1.18$	$l = 16^m$	$v' = 1.90$
$h = 1^m$	$v'' = 6$	$h = 6^m$	$v'' = 5.12$
$m = 0.80$	$z = 1.70$	$m = 0.80$	$z = 0.31$
$v = 4^m$		$v = 2^m$	

$0^m.31$, tandis qu'au pont supérieur le remous atteindra $1^m.70$.

Seulement il est juste de reconnaître que dans de semblables circonstances le remous de $1^m.70$ du pont A se produisant dans un terrain très abrupt et dans une vallée probablement étroite, sera peut-être moins nuisible que le remous de $0^m.31$ qui se produirait au pont B dans un terrain presque en plaine sur lequel les eaux peuvent s'étendre beaucoup [a].

On peut également comparer entre eux les remous produits par trois ponts A, B, C, de débouché linéaire et qui débitent la même quantité d'eau avec des vitesses différentes.

La série des remous, pour un même débit et un même débouché linéaire, est représentée par le croquis (13), dans lequel les abscisses s'appliquent aux

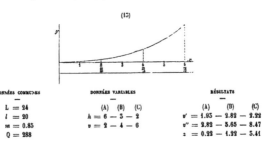

(13)

DONNÉES COMMUNES	DONNÉES VARIABLES			RÉSULTATS		
	(A)	(B)	(C)	(A)	(B)	(C)
L = 24						
l = 20	h = 6	— 3	— 2	v' = 1.95	— 2.82	— 2.22
m = 0.85	v = 2	— 4	— 6	v'' = 2.82	— 5.65	— 8.47
Q = 288				z = 0.22	— 1.22	— 5.41

Répartition des débouchés. vitesses naturelles du courant et les ordonnées aux remous produits. On voit que les remous augmentent beaucoup plus rapidement que les vitesses, au lieu de leur être simplement proportionnelles.

Règles à observer. La répartition des débouchés dans une large vallée est extrêmement délicate et les solutions à adopter varient beaucoup avec les circonstances.

La solution la moins nuisible aux propriétés riveraines consiste à établir dans les levées insubmersibles un très grand nombre de petits ponts ou ponceaux pour l'écoulement des eaux d'inondation. Mais il en résulte, dans les vallées à fond mobile, ou bien de très grandes dépenses, si l'on veut mettre les ouvrages

---

[a] Les résultats obtenus avec les données fictives ci-dessus sont en rapport avec les observations faites comparativement dans les pays de montagnes ou dans de larges vallées. Ainsi par exemple sur la Durance, à Bonpas, on a été obligé de donner au pont un débouché de 1,550 ^{m} ˙ pour une superficie de bassin représentée par 1, tandis que sur le Rhône, au pont Saint-Esprit, le débouché est seulement de 3,580 ^{m} ˙ pour une superficie représentée par 5 : elle aurait dû être portée à 7,650 ^{m} ˙ si l'on avait cru devoir s'astreindre à une même proportion.

dans des conditions de résistance absolue contre les affouillements, ou bien des éventualités d'interruption dans le passage, si quelques-uns de ces ouvrages sont emportés. Par suite, s'il s'agit d'une route, on sera généralement porté à construire un grand nombre de petits ouvrages légèrement fondés, parce qu'une interruption momentanée du passage ne présenterait pas de très grands inconvénients ; tandis que pour un chemin de fer, où les interruptions de service entraîneraient des conséquences beaucoup plus graves, on doit se décider á construire de distance en distance des séries d'arches très solidement fondées.

Comme l'écoulement des eaux d'inondation par de petites arches isolées détermine quelquefois, sous quelques-unes d'entre elles, des courants assez violents qui affouillent le terrain et entraînent la chute de ces arches, on a souvent employé, pour parer à ce danger, soit des poutrelles glissant dans des rainures, soit même de véritables portes comme dans la vallée de la Loire aux environs de Nantes : on ferme par ces moyens le passage aux eaux tant que leur niveau s'élève ; puis, quand la crue est en décroissance et lorsque les eaux ont perdu une partie de leur force, on ouvre les portes ou on relève les poutrelles, afin que les restes de la crue s'écoulent le plus promptement possible. Ce procédé, très rationnel en principe, présente de grands inconvénients dans la pratique, parce que les manœuvres sont rarement faites à temps, et en somme il en résulte plus d'inconvénients que d'avantages.

Lorsque les issues pratiquées sous les levées sont peu nombreuses, on s'expose soit, en amont, à des courants latéraux qui paralysent une partie des débouchés et sont nuisibles aux terres riveraines, soit, en aval, à des courants normaux qui ravinent les propriétés et y causent souvent de graves dommages : il faut s'attacher dans ce cas à disposer les ouvrages de telle sorte que les eaux n'atteignent jamais à leurs abords de grandes vitesses.

En résumé, la solution à adopter doit dépendre soit de la nature de la voie de communication, comme nous l'avons déjà expliqué, soit des circonstances locales. A ce dernier point de vue et lorsque des fondations solides peuvent être obtenues à peu de frais, il convient de multiplier les ouvrages ; tandis qu'avec des fondations coûteuses, il faut restreindre autant que possible le nombre des ouvrages, en ayant soin de les établir très solidement et de donner des débouchés assez grands pour ne pas causer de sérieux dommages aux propriétés riveraines.

Exemples divers   En amont de Chalonnes, le chemin de fer d'Angers à Niort traverse d'abord la Loire par un pont ayant 510 mètres de débouché linéaire, est continué par une levée en remblais sur 1,400 mètres de longueur, puis franchit le Louet par un deuxième pont présentant un débouché de 160 mètres. Plusieurs Ingénieurs pensaient qu'il serait utile d'ouvrir vers le milieu de la levée un passage de 40 ou 50 mètres de largeur pour faciliter l'écoulement des eaux d'inondation et empêcher des courants latéraux de se former en amont du chemin de fer. Nous avons considéré au contraire qu'une issue de 40 à 50 mètres serait sans importance par rapport aux 670 mètres de débouché offerts par les ponts, et que s'il ne s'établissait pas un fort courant sous la travée intermédiaire, cette travée serait sans utilité, tandis que si un courant violent s'y produisait, il en résulterait de graves dommages pour les propriétés en aval. L'événement a justifié ces prévisions, car la travée intermédiaire n'a pas été faite et la crue exceptionnelle de 1866, qui s'est produite aussitôt après l'achèvement des travaux, n'a causé aucun dommage sensible, ni aux ouvrages du chemin de fer, ni aux propriétés riveraines.

Pour la traversée de la Loire, en amont de Blois, par le chemin de fer de Blois à Romorantin, on s'est astreint à donner de très larges débouchés, de telle sorte que les eaux déversées dans le val ne prissent pas une vitesse dépassant 1^m.20 par seconde, limite déterminée par expérience comme suffisant à faire éviter tout dommage pour les propriétés riveraines. En résumé, on a donné pour la traversée de la Loire sur ce point 576 mètres de débouché linéaire sur le lit principal, 480 mètres dans le val de la rive gauche et 180 mètres dans celui de la rive droite, soit en totalité 1236 mètres; tandis qu'à Montlouis, situé à 50 kilomètres en aval, la même vallée est traversée avec un débouché de 297 mètres qui a été reconnu suffisant dans les plus grandes crues.

Si le passage, pour la ligne de Romorantin à Blois, s'était effectué à 4 kilomètres en aval de cette dernière ville, ainsi que l'avaient proposé les Ingénieurs dont l'avis n'a pas été suivi par suite de considérations d'un tout autre ordre, le nombre des arches de décharge aurait été diminué dans une très forte proportion, ce qui montre combien, dans de grandes vallées comme celle-ci, on peut souvent réaliser des économies très considérables, en choisissant un point de passage plutôt qu'un autre.

Aux abords de Gien, on paraît vouloir, pour le chemin de fer venant de Bourges, établir dans la vallée de la Loire une nouvelle traversée qui, en outre d'un pont de 380 mètres de débouché sur le lit principal, comporterait la construction de deux viaducs présentant des débouchés linéaires de 1250 mètres sur la rive gauche et de 250 mètres sur la rive droite. On voudrait ainsi éloigner d'une manière absolue tout prétexte de réclamations de la part des riverains, mais la dépense deviendrait énorme et il serait plus rationnel de s'astreindre seulement à ne pas faire dépasser aux eaux une vitesse déterminée, comme on l'a fait pour les abords de Blois.

Enfin, quand il s'agit seulement d'une route, au lieu d'un chemin de fer, on trouve souvent avantage à rendre la route submersible par des crues même moyennes. Ainsi à Bourret, dans les environs de Montauban, la levée de la route nationale qui traverse sur ce point la vallée de la Garonne, était submersible seulement dans les grandes crues; mais elle avait été coupée et détruite en partie à plusieurs reprises par des inondations exceptionnelles, et il en était résulté, à chaque fois, une longue interruption dans le passage. Après la crue de 1875, on a reconnu que la meilleure solution consistait à abaisser le niveau de la chaussée de telle sorte que les eaux pussent la surmonter sans qu'il en résultât une chute assez forte pour dégrader les terrassements. Il s'en suit que dans les crues moyennes, la route est couverte momentanément par les eaux, mais que l'interruption du passage dure très peu de temps, tandis que précédemment cette interruption se prolongeait pendant de longues périodes et qu'il fallait en outre dépenser de fortes sommes pour rétablir la route dans ses parties dégradées. La solution adoptée à Bourret mérite donc d'être recommandée.

§ 3. — MODE DE CONSTRUCTION ET DIMENSIONS PRINCIPALES

Lorsque l'emplacement et le débouché d'un pont ont été fixés d'une manière définitive, il s'agit d'abord d'arrêter quel sera le mode de construction à suivre, puis si la rivière est trop large pour être franchie sans points d'appui intermédiaires, il faut rechercher de quelle manière le débouché total devra être réparti en arches ou travées ; enfin, après avoir déterminé la largeur qui doit être donnée à l'ouvrage entre les têtes, il reste à choisir quelles sont les formes à adopter pour les arches ou travées dont la réunion doit servir, avec les piles et les culées, à constituer l'ensemble de l'ouvrage.

Choix du mode
de construction.

En ce qui concerne le mode de construction, on peut employer de la pierre, du bois ou du métal, et cette dernière nature de matériaux peut elle-même être utilisée, soit pour des ouvrages fixes, soit pour des travées suspendues. Il en résulte que l'on doit considérer en réalité quatre sortes de ponts, savoir :

1° Des ponts en maçonnerie. [a]
2° Des ponts en bois. [b]
3° Des ponts métalliques fixes.
4° Des ponts suspendus.

Les ponts en bois sont presque toujours les plus économiques, au point de vue de la dépense première ; mais ils exigent beaucoup d'entretien et ont peu de durée, de sorte que pour notre pays, où les bois sont chers, et au moins en dehors des régions montagneuses, il faut réserver cette solution pour des ponts provisoires, des passerelles de service ou tout autre emploi essentiellement temporaire. On doit remarquer à cet égard que même les petites Compagnies de chemins de fer, les plus intéressées à faire des travaux économiques,

---

(a) La désignation de *ponts en maçonnerie* est préférable à celle de *ponts en pierres*, parce qu'elle répond mieux à l'emploi des petits matériaux qui tend à se répandre de plus en plus.

(b) La désignation précédemment employée de *ponts en charpente* n'est plus spécialement applicable aux ponts en bois depuis que l'on constitue la plupart des travées avec des charpentes métalliques.

ne construisent plus en France de ponts en bois. Même dans les montagnes il n'y a plus avantage à en établir que quand les pierres sont rares ou que le transport de travées en métal serait très onéreux.

Les ponts suspendus ont donné lieu à divers accidents, dont quelques-uns fort graves, et d'ailleurs ils exigent de fréquentes réparations : ils ont par ces motifs et malgré la modicité relative de leur prix, perdu toute faveur en France. Néanmoins l'exemple des ponts suspendus construits récemment aux États-Unis, ainsi que les progrès remarquables qui y ont été apportés dans ce genre de constructions, sont de nature à appeler très sérieusement l'attention des Ingénieurs, parce qu'il permet d'atteindre des dimensions tout à fait exceptionnelles et, par suite, de réaliser des solutions auxquelles il serait impossible d'arriver avec les autres modes de construction. Cependant, les circonstances où l'emploi des ponts suspendus ainsi perfectionné se trouve motivé et qui correspondent soit à des fondations extrêmement profondes, soit à des passages fort élevés au-dessus de vallées très creuses, sont en réalité assez rares et par suite les applications de ce procédé paraissent devoir rester encore très limitées.

On n'a donc réellement dans la pratique courante qu'à choisir entre les ponts en maçonnerie et les ponts métalliques fixes.

Le choix dans chaque cas ne peut en général être définitivement adopté qu'après des études comparatives, faites au moins à titre sommaire ; néanmoins l'expérience a conduit à des résultats qui peuvent servir de bases dans certaines limites et par suite faire éviter, surtout pour les avant-projets, des recherches inutiles.

Ainsi pour les ponts de routes, lorsque la fondation des piles ne présente pas de difficultés sérieuses et que l'on dispose d'une hauteur suffisante, un pont en maçonnerie ne coûte pas *ordinairement* beaucoup plus cher qu'un pont métallique et doit par conséquent être préféré.

Nous disons *ordinairement*, parce que les prix des métaux employés pour superstructure ne varient qu'entre des limites restreintes, tandis que ces limites sont beaucoup plus étendues pour les maçonneries en raison de la nature des matériaux et de la proximité des carrières. Ainsi, par exemple, en

France, le prix du mètre cube de maçonnerie ordinaire varie de 10 à 30 francs, tandis que celui du kilogramme de fonte mis en œuvre reste généralement compris entre 0ʳ.30 et 0ʳ.50 et que le prix du kilogramme de fer ne s'étend guère qu'entre 0ʳ.40 et 0ʳ.70. Pour les maçonneries la dépense peut donc varier du simple au triple, tandis que pour les ouvrages en métal l'augmentation sur le prix le plus faible ne dépasse pas 75 0/0. Dès lors, il peut très bien arriver que dans certains cas, notamment quand les maçonneries sont très chères, les constructions métalliques deviennent notablement plus économiques, même lorsqu'il n'existe pas de difficultés de fondation.

Il en est ainsi, à plus forte raison, lorsque les fondations des piles sont dispendieuses et surtout quand la largeur du cours d'eau est assez restreinte pour qu'une seule travée en métal puisse, en remplaçant plusieurs arches en maçonnerie, dispenser d'établir aucune pile. Il convient également d'adopter une construction métallique, lorsque les piles et culées, devant être fondées dans des terrains de nature douteuse, peuvent éprouver des tassements qui entraîneraient la dislocation d'une voûte, tandis qu'ils obligeraient seulement à relever les poutres d'une superstructure en métal. Enfin, l'économie que peut produire l'emploi de travées métalliques devient d'autant plus sensible que le pont doit être plus étroit entre les têtes, à cause des sujétions que nécessite la construction de ces têtes par rapport à celle de la partie intermédiaire ; mais par contre, lorsque le pont présente une grande largeur, c'est la maçonnerie dont l'emploi devient en général le moins dispendieux.

Pour les ponts de chemins de fer, il faut d'abord distinguer s'ils doivent être à simple ou à double voie. Dans le premier cas, l'emploi des travées métalliques produit très souvent une économie notable ; dans le second cas, c'est la construction en maçonnerie qui devient fréquemment la moins chère, parce que la dépense de la superstructure métallique augmente à peu près proportionnellement au nombre de voies, tandis que, par le motif indiqué ci-dessus, le prix d'un pont en maçonnerie est loin de croître dans le même rapport que sa largeur. Ainsi, par exemple, lorsqu'un viaduc en maçonnerie serait évalué à 400,000 francs pour une voie, il ne coûterait qu'environ un cinquième en sus, soit 480,000 francs pour deux voies ; tandis que l'ouvrage correspondant en fer estimé 300,000 francs pour une seule voie reviendrait à $300,000 \times \frac{20}{11}$ = 550,000 francs pour 2 voies. Ces résultats sont déduits d'estimations comparatives faites pour un viaduc de 25 mètres de hauteur.

Dans le choix à faire entre les deux modes de construction, il importe à un très haut degré de tenir compte du régime de la rivière et de la force du courant. Ainsi lorsque ce dernier est violent et qu'en même temps la hauteur restreinte du passage ne permet pas de faire usage de très grandes arches, l'emploi de travées métalliques à longues portées doit être adopté de préférence à celui de petites arches en maçonnerie qui gêneraient l'écoulement des eaux et augmenteraient le remous d'une manière notable.

En résumé, il y a généralement lieu de recourir à l'emploi du métal : 1° Quand la hauteur du passage est faible ; 2° Lorsque les maçonneries sont chères ; 3° Avec des fondations coûteuses ; 4° Quand des tassements sont possibles par suite de la nature douteuse du terrain ; 5° Dans un courant violent, surtout si l'on peut alors supprimer toute pile.

Mais dans tous les autres cas, il faut donner la préférence à la maçonnerie, qui n'exige à peu près aucun entretien et offre des conditions de durée presque indéfinies.

En ce qui concerne le nombre d'arches ou travées entre lesquelles on doit répartir un débouché, soit pour un pont en maçonnerie, soit pour un pont métallique, il faut tenir compte du régime de la rivière, des difficultés de fondation et de la nature des matériaux dont on peut disposer.

Répartition
des débouchés
en arches ou travées.

Si le courant est faible, si les fondations sont faciles et si la hauteur est restreinte, il y a lieu d'employer de petites arches en maçonnerie qui donnent dans ce cas la solution la plus économique et la plus durable.

Lorsque le courant est rapide et que les fondations présentent des difficultés sérieuses tout en offrant d'excellentes conditions de sécurité, il convient de diminuer le nombre des piles et d'employer de grandes arches en maçonnerie, pourvu que l'on dispose d'une hauteur suffisante et de matériaux très résistants.

Enfin, dans le cas d'un courant rapide et de fondations qui ne présenteraient pas des garanties de sécurité complète, de même que si l'on manquait de hauteur ou de bons matériaux, il faudrait employer des travées métalliques, en leur donnant d'autant plus de portée que les fondations seraient plus dispendieuses.

Tels sont les principes généraux dont l'application peut être modifiée d'après l'ensemble des circonstances à considérer et principalement d'après l'importance de l'ouvrage à construire ou de la voie de communication à desservir. Il est évident en effet que les précautions à prendre doivent être beaucoup plus grandes pour un ouvrage considérable que pour un petit pont et que l'interruption des communications, sur une grande ligne de chemin de fer, aurait des conséquences bien autrement graves que celles qui pourraient résulter de la rupture d'un pont sur un chemin vicinal.

Classement
des ouvertures
et limites atteintes
jusqu'à présent. Pour se guider dans le choix des ouvertures à adopter pour les arches ou travées, il est utile d'établir entre elles un classement qui donne une sorte de mesure des difficultés que leur établissement doit présenter; il importe surtout de savoir quelles sont les limites atteintes jusqu'à présent, et enfin il convient de connaître la désignation ainsi que la situation des ouvrages les plus remarquables, afin que les ingénieurs puissent en étudier les dispositions sur des dessins et surtout aller autant que possible les examiner dans leurs voyages. Les enseignements qu'on en retire portent d'autant plus de fruit que l'on a déjà soi-même acquis de l'expérience pratique, car c'est surtout alors que l'on peut le mieux apprécier quelles peuvent être les dispositions à imiter et quels sont les défauts contre lesquels on doit se mettre en garde : rien ne peut être plus utile pour étendre et pour rectifier au besoin les idées des Ingénieurs.

Pour les ponts en maçonnerie, les ouvertures inférieures à 10 mètres peuvent être considérées comme petites, celles de 10 à 25 mètres comme moyennes, celles de 26 à 39 mètres comme grandes et celles de 40 mètres au moins comme exceptionnelles.

On ne peut en effet citer jusqu'à présent pour ces dernières que 11 ponts antérieurs au siècle actuel et 20 ponts construits dans ce siècle : les ouvertures varient de 40 à 72 mètres pour la première période et de 40 à 67 mètres pour la seconde. La désignation en est donnée dans le tableau n° 1, page 242.

Pour les travées métalliques, les limites sont naturellement beaucoup plus étendues ; ainsi les petites ouvertures sont celles inférieures à 30 mètres, les moyennes, comprises entre 30 et 49 mètres, sont généralement les plus avantageuses pour des ouvrages à plusieurs travées dans des conditions ordinaires de fondation ; les ouvertures de 50 à 99 mètres sont considérées comme grandes, et enfin celles de 100 mètres et au-dessus sont regardées comme exceptionnelles.

Les deux plus grandes travées construites en France sont celle de 90 mètres d'ouverture du pont sur la Rance près de Dinan et celle de 95 mètres du pont sur l'Erdre près de Nantes. Dans les autres pays on comptait 75 travées atteignant des ouvertures exceptionnelles de 100 à 160 mètres : elles s'appliquaient seulement, dans ces dernières années, à 24 ouvrages différents, ainsi que le montre le tableau n° 2, page 243, mais le nombre de ces grandes travées augmente rapidement.

A partir de certaines limites, le prix par mètre linéaire des arches en maçonnerie augmente dans une proportion plus grande que l'ouverture, mais d'un autre côté le nombre de piles diminue en même temps, et par suite c'est seulement d'après le plus ou moins de difficultés présentées par les fondations, que l'on est porté à augmenter ou à diminuer l'ouverture des arches.

Ouvertures à adopter, au point de vue des dépenses, pour ponts en maçonnerie.

Ainsi, par exemple, si l'on avait à construire un pont en maçonnerie de 80 mètres de débouché linéaire, pour lequel on pourrait employer 8 arches de 10 mètres ou 4 arches de 20 mètres, et si, pour une même hauteur, la partie de l'ouvrage au-dessus des fondations devait coûter 200,000 francs dans le premier cas et 240,000 francs dans le second, il suffirait, pour rétablir l'égalité dans la dépense totale, que la fondation de chacune des 4 piles supprimées, par suite de l'adoption de plus grandes arches (car il ne resterait que 3 piles à construire au lieu de 7), revînt à 10,000 francs environ. Dans cette hypothèse, les arches de 20 mètres d'ouverture, sous lesquelles les eaux s'écouleraient plus librement, devraient évidemment être préférées.

Les limites d'ouverture à partir desquelles le prix de revient augmente par mètre linéaire de pont, varient d'une part avec la hauteur de l'ouvrage, d'autre part avec la largeur entre les têtes, parce qu'il importe de tenir compte des parements vus au-dessous des arches et que ces parements, d'autant plus multipliés que les arches sont moins grandes, sont en outre proportionnels à la largeur en douelle.

Sans recourir à des projets comparatifs détaillés qui prennent beaucoup de temps et qui ne deviennent en réalité nécessaires que si la question est très douteuse, on peut se rendre compte approximativement des limites d'ouverture dont il convient de se rapprocher le plus possible suivant la hauteur et la largeur de l'ouvrage. On se borne dans ce cas à considérer deux éléments, le cube des maçonneries et la superficie des parements vus; on applique à ces éléments les mêmes prix moyens et on en compare les résultats.

Ainsi, comme premier exemple, s'il s'agissait d'un pont dont la hauteur au-dessus de l'étiage serait d'environ

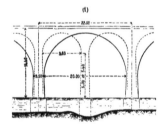

16 mètres (1), on trouverait pour la grande arche, avec une largeur de 8 mètres entre les têtes, une augmen-tation de dépense égale à 2,156 francs, dans le cas d'une grande arche de 20 mètres par rapport à deux arches de 9ᵐ.60, en ne considérant que la partie de l'ouvrage au-dessus des fondations. Seulement, comme il faudrait fonder une pile de plus avec les petites arches, la différence de dépense serait très probablement renversée, car il faudrait une fondation bien facile pour qu'elle ne coûtât pas plus de 2,156 francs. Mais si le pont avait moins de hauteur, par exemple si l'on supprimait les pieds-droits, l'emploi des petites arches deviendrait évidemment le plus avantageux. Dans cet exemple, on a supposé que le mètre cube de maçonnerie de toute nature coûterait 40 francs et que le mètre superficiel de parement vu reviendrait à 6 francs. Les résultats indi-qués dans les diverses hypothèses varieraient nécessairement un peu si l'on se basait sur d'autres prix élémentaires.

Quelquefois il suffit de calculer les superficies en élévation afin de reconnaître quelle est la solution la meilleure. Ainsi pour un viaduc de 33 mètres de hauteur qui serait formé d'arches de 15 mètres ou d'un nombre double d'arches de 7^m.20 (2), on trouve qu'en considérant une longueur de 18 mètres qui correspond à l'entre-axe des piles des grandes arches, les superficies en élévation seraient :

Avec les grandes arches. . .   147^m.23
Avec les petites arches . . .   170^m.35

Différence. . . . .   23^m.12

Pour cet exemple, les grandes arches seront évidemment le plus économiques, puisqu'elles nécessiteront moins de cube et moins de parement vu en élévation; il n'est donc pas nécessaire dans ce cas de tenir compte des parements au-dessous des voûtes, pour lesquels l'avantage appartient toujours aux grandes arches.

Si, comme au croquis (3), on portait l'ouverture à 20 mètres pour la même hauteur de viaduc que dans le cas précédent, l'excédent de superficie en élévation pour les petites arches se réduirait à 10^m.46, mais l'emploi des grandes ouvertures resterait toujours le plus avantageux. Si les piles n'avaient pas de fruit et si l'on supprimait la saillie des socles, la différence entre

les superficies changerait de sens et c'est la grande arche qui présenterait un excédent de superficie égal à 3^m.67; mais il serait plus que compensé par la différence des parements sous voûtes, surtout si la largeur entre les têtes était un peu forte.

Enfin pour les viaducs dont la hauteur dépasse celle indiquée dans les croquis (2) et (3), l'avantage des grandes ouvertures devient de plus en plus marqué, et c'est un des motifs pour lesquels on a été conduit à donner aux viaducs très élevés des arches beaucoup plus grandes qu'on ne le faisait dans le principe pour des hauteurs analogues.

M. l'Ingénieur en chef Des Orgeries, ayant à construire aux abords de Gien un viaduc de grande longueur pour l'écoulement des eaux d'inondation dans la plaine submersible de la Loire, a recherché par le calcul quelle serait l'ouverture la plus avantageuse à adopter. Comme la hauteur des rails au-dessus du sol est seulement de 10ᵐ.30 en moyenne, et afin de faciliter le plus possible l'écoulement des eaux débordées sans introduire dans les maçonneries de trop fortes pressions, M. l'Ingénieur en chef a projeté l'emploi de voûtes en arc de cercle dont la corde est égale au rayon (4). Il a exprimé en fonction de ce

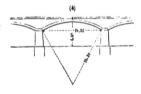

rayon la flèche, les épaisseurs de la voûte depuis les naissances jusqu'à la clef, l'épaisseur des piles aux naissances et la hauteur moyenne de ces piles ; puis, en tenant compte des diverses quantités constantes, telles que la largeur entre les têtes, la hauteur de surcharge au-dessus de la clef et le fruit par mètre des piles, il a établi une équation donnant, en fonction du rayon, le volume total des maçonneries par mètre linéaire de viaduc. En cherchant le minimum de cette fonction, il a trouvé que le rayon, ou l'ouverture qui lui est égale dans cet exemple, devrait avoir une valeur de 14ᵐ.29 ; mais pour se conformer aux conditions exigées par le service de la navigation au sujet des niveaux à adopter pour les naissances et pour l'intrados à la clef, M. des Orgeries a été conduit à fixer définitivement à 11 mètres l'ouverture des arches.

Le calcul dont les bases viennent d'être indiquées est un peu compliqué, mais il donne une solution rationnelle et il dispense des tâtonnements auxquels on a recours habituellement. Il mérite donc d'être signalé à l'attention des

Ingénieurs. Nous ferons remarquer toutefois que dans cette application on a considéré seulement le volume total des maçonneries, sans tenir compte des parements vus au-dessous des arches : il n'en est pas résulté d'inconvénient dans l'espèce, eu égard aux limites dans lesquelles l'ouvrage se trouvait compris ; mais, ainsi que nous l'avons expliqué précédemment, il est souvent nécessaire de tenir compte de ces parements dans l'appréciation des dépenses, et il serait d'ailleurs facile d'introduire cet élément dans la fonction dont on doit chercher le minimum.

En ce qui concerne les travées métalliques, le prix de revient augmente toujours plus que proportionnellement à l'ouverture, et par suite c'est seulement lorsque les fondations sont très difficiles ou dans des circonstances tout à fait spéciales que l'on doit avoir recours aux ouvertures exceptionnelles. *Ouvertures à adopter, au point de vue des dépenses, pour ponts métalliques.*

Ces difficultés de fondations existaient à un très haut degré pour le grand pont construit sur le Hollandsch Diep, près de Moerdyck, en Hollande, et c'est principalement pour cette cause que l'on a été conduit à employer pour cet ouvrage 14 travées de 100 mètres ; il est facile de se rendre compte que pour un pont à une voie placé dans de semblables conditions, l'adoption de travées de 50 mètres aurait entraîné une notable augmentation de dépenses.

En effet, pour la longueur de 1470 mètres, comprise entre les culées, et déduction faite de tous les ouvrages aux abords, les fondations et maçonneries des 13 piles ont coûté (en moyenne 311,000 francs pour chaque pile). . . . .   4,050,000 fr.

La superstructure, pour une longueur de 1470 mètres, a coûté, à raison de 2,500 francs par mètre . . . .   3,675,000 fr.

Total. . . .   7,725,000 fr.

Avec des travées de 50 mètres, le nombre des piles aurait été porté à 27, et quoique leurs sections horizontales eussent pu être un peu réduites, la profondeur et les difficultés seraient restées les mêmes ; de sorte que l'on aurait pu économiser au maximum sur chaque pile 50,000 francs environ. Les 27 piles, à raison de 260,000 francs l'une, auraient donc coûté. . . .   7,020,000 fr.

Sur la superstructure, l'économie aurait été de 1000 francs environ par mètre, de sorte qu'il aurait fallu compter seulement : 1470 mètres à 1500 francs. . . . .   2,205,000 fr.

Total. . . .   9,225,000 fr.

Cette dernière solution aurait donc occasionné un excédent de dépense d'environ 1,500,000 francs, et aurait été beaucoup moins bonne pour la navigation, qui est souvent difficile sur ce bras de mer, par suite de la violence des vents et de l'intensité des courants de marée.

Si l'ouvrage avait dû être construit à deux voies, il y aurait eu à peu près égalité dans les dépenses, soit avec travées de 100 mètres, soit avec travées de 50 mètres, parce que l'économie sur la superstructure, dans le cas de ces dernières travées, aurait compensé l'augmentation de dépenses résultant du plus grand nombre de piles ; mais au point de vue de la navigation, l'adoption des travées de 100 mètres aurait encore été bien motivée.

Toutefois l'exemple ci-dessus ne serait plus applicable si l'on eût dû établir le pont sur une rivière à faible courant, avec des fondations de profondeur moyenne, ou même si le prix des fers avait été plus élevé que pour le pont de Moerdyck.

Il faut donc généralement, lorsque les fondations sont faciles, adopter de préférence les petites travées, avoir recours aux travées moyennes lorsque les fondations se trouvent dans des conditions ordinaires, et employer les grandes travées sur les rivières importantes, où généralement les fondations présentent des difficultés sérieuses. En France il n'existe jusqu'à présent que deux travées dont les ouvertures atteignent ou dépassent 90 mètres ; cette circonstance tient d'une part à ce que notre pays ne contient pas des cours d'eau aussi considérables, et que les mauvais terrains de fondations y sont rares ; d'autre part, à ce que les Ingénieurs français ont fait preuve jusqu'à présent d'une très grande prudence.

L'emploi du mot *viaduc* n'est pas toujours fait de la même manière. A l'origine de la construction des chemins de fer, on a abusé de cette désignation en l'appliquant indistinctement à la plupart des ouvrages construits pour ces voies de communication. Ainsi les plus petits passages soit au-dessus, soit au-dessous des rails, étaient appelés viaducs, et il en résultait une exagération apparente, tandis que d'un autre côté la différence de nature avec les grands ouvrages n'était pas suffisamment accusée. Nous pensons que pour bien distinguer les ponts proprement dits des viaducs, il convient de réserver cette dernière désignation pour les ouvrages qui, traversant une vallée, sont notablement plus hauts ou plus longs que ne l'exigerait le cours d'eau.

Il en résulte que des ponts établis sur des rivières sujettes à de très fortes crues peuvent être plus élevés que des viaducs construits sur des vallées où il passe très peu d'eau, bien que, considérés dans leur ensemble, les viaducs soient généralement beaucoup plus élevés que les ponts.

En conséquence de la définition ci-dessus, les viaducs doivent être classés, non d'après les ouvertures de leurs arches, mais d'après la hauteur totale des ouvrages. Les hauteurs au-dessous de 15 mètres doivent être considérées comme faibles, celles de 16 à 30 mètres comme moyennes, celles de 31 à 49 mètres comme grandes, et celles de 50 mètres et au-dessus comme exceptionnelles.

Les viaducs de cette dernière catégorie, en y ajoutant les ponts-aqueducs, qui, malgré leur destination différente, doivent, par suite de leurs formes, être classés avec eux, étaient en 1882 au nombre de 29 seulement, dont 17 entièrement en maçonnerie, et 12 avec travées métalliques, ainsi que l'indique le tableau N° 3, page 244.

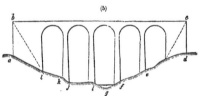

Dans les avant-projets et pour les comparaisons à faire entre la dépense des divers viaducs, on les évalue d'après le prix du mètre superficiel en élévation. Il convient de prendre pour superficie celle qui se trouve comprise entre le terrain naturel, le niveau de la route ou des rails et les extrémités des culées, sans tenir compte des parapets ni des fondations, conformément au croquis (5). Il faut toutefois avoir soin de mentionner, en regard du prix obtenu, si les fondations ont nécessité des dépenses exceptionnelles, et quelle est l'influence qui en est résultée sur la valeur du mètre superficiel en élévation.

Hauteurs à donner aux arches ou travées des ponts. Les viaducs, d'après la définition qui vient d'en être donnée, offrent toujours, par rapport aux cours d'eau, un excédant de hauteur ; mais pour les ponts proprement dits, il importe de déterminer quelles sont les hauteurs à réserver au-dessus des plus grandes eaux.

A cet égard, pour les ponts avec voûtes en maçonnerie, il convient de réserver entre le niveau des plus fortes crues et l'intrados des clefs une hauteur de 3 mètres sur les rivières à courant rapide, ou dont le volume d'eau est assez considérable pour prendre une agitation marquée sous l'action du vent, ou enfin qui sont exposées à charrier des corps flottants d'un volume considérable; cette hauteur peut être réduite à 2 mètres sur les rivières à faible pente, où la vitesse est faible ; enfin on peut à la rigueur la limiter à 1 mètre sur les très petits cours d'eau, lorsqu'ils ne sont pas exposés à recevoir des bois entraînés par les crues.

Pour les ponts avec travées métalliques, les hauteurs à laisser sous poutres au-dessus des plus fortes crues sont 2 mètres pour les rivières où la masse d'eau est considérable avec courant rapide, et 1 mètre sur les cours d'eau tranquilles où l'on n'a pas à craindre le passage de corps flottants : il ne serait pas prudent de descendre au-dessous de cette dernière limite, qui doit être considérée comme un minimum, quelle que soit la forme adoptée pour les ouvertures d'un pont. De plus, on doit même éviter d'aller jusqu'à cette limite quand on n'a pas de données certaines sur le niveau des plus fortes crues.

Sur les rivières navigables on doit, dans tous les cas, s'attacher à réserver un passage assez élevé pour les bateaux, au-dessus des eaux les plus hautes où puisse encore s'effectuer la navigation.

Il suffit d'ailleurs que les hauteurs ci-dessus spécifiées soient obtenues dans les arches sous lesquelles passent les principaux courants et qui sont employées pour la navigation. On profite souvent de cette faculté dans les villes pour donner un bombement à la partie supérieure des ponts pour voitures, afin de remblayer le moins possible le pied des maisons aux abords. Cette disposition a été employée à Paris pour plusieurs ponts, notamment ceux des Tuileries et de la Concorde.

La disposition dont il s'agit peut être appliquée dè deux manières différentes, soit en augmentant successivement les ouvertures, et en maintenant toutes les naissances au même niveau, ce qui donne des voûtes semblables entre elles, comme ci-contre (6); soit au contraire en conservant des ouvertures égales pour toutes les arches et en leur donnant des flèches de plus en plus grandes, à mesure qu'on se rapproche du centre du pont (7).

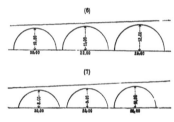

Mais dans l'un et l'autre cas les voûtes donnent lieu à des poussées différentes qui peuvent entraîner des conséquences très graves. C'est à l'une de ces dispositions que l'on doit attribuer en grande partie les accidents survenus en 1878 au pont des Invalides, à Paris. Il importe donc de n'y avoir recours que dans des limites très restreintes et de manière à éviter des différences notables dans les poussées, surtout lorsque les piles sont fondées sur pilotis.

Quand on est obligé d'introduire ainsi des déclivités au-dessus d'un pont, il convient de leur donner 0ᵐ.02 d'inclinaison par mètre au maximum, et de les raccorder entre elles au sommet du pont par une portion d'arc de cercle ou de parabole suffisamment développée.

Pour l'exécution des chemins de fer dans les régions montagneuses, on est souvent obligé de construire des ponts ou viaducs en rampe, et l'on peut à ce sujet employer deux dispositions :

La première, qui est le plus généralement appliquée, consiste à exhausser successivement les naissances d'une assise à chaque pile (8); de sorte que du côté le plus bas chaque voûte repose sur une petite partie droite.

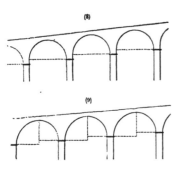

La seconde disposition, appliquée par M. l'Ingénieur en chef Dupuy au grand viaduc de Pompadour, sur le chemin de fer de Limoges à Brive, consiste à décrire chaque demi-voûte avec un rayon différent (9). Il en résulte que, d'un côté comme de l'autre, la courbure commence immédiatement au-dessus des naissances, mais la clef ne se trouve plus exactement au milieu de l'arche, et il doit en résulter quelques sujétions pour les cintres et pour l'appareil des maçonneries.

En ce qui concerne la traversée des chemins de fer, les ponts au-dessus des voies doivent présenter une hauteur de 4^m.80 par rapport aux rails extérieurs, et le passage, sous les voies ferrées, des routes et chemins, doit laisser une hauteur libre qui est fixée pour les ponts avec voûtes en maçonnerie à 5 mètres, et pour les ponts avec poutres métalliques à 4^m.30.

Largeur à adopter
pour les ponts.

La largeur à adopter pour les ponts, entre les têtes, dépend essentiellement de leur situation et de l'importance de leur fréquentation.

Dans les villes, cette largeur est extrêmement variable : dans les villes importantes comme Tours, Rouen, Lyon, elle est de 12 à 15 mètres. A Paris, pour les nouveaux ponts, on l'a portée à 20 et 30 mètres.

Pour les routes en rase campagne, les largeurs des anciens ponts présentent entre elles de notables différences, mais les dimensions à donner aux nouveaux ouvrages se trouvent maintenant déterminées par les cahiers des charges des chemins de fer, d'après lesquels il est prescrit de donner, entre parapets pour les ponts supérieurs à la voie et entre culées pour les ponts inférieurs, les largeurs suivantes :

Routes nationales. . . . .   8 mètres.
Routes départementales.   7   —
Chemins de grande communication.   5   —
Chemins vicinaux et ruraux.   4   —

La largeur de 5 mètres a l'inconvénient d'être trop étroite pour deux voies charretières et trop large pour une seule ; aussi on la remplace fréquemment par celle de 6 mètres.

Les largeurs de 8 et de 7 mètres pour les routes nationales et départementales sont aussi quelquefois augmentées, de manière à correspondre exactement aux largeurs des ponts situés dans le voisinage ou à la distance que laissent entre eux les alignements des constructions dans les traverses.

Pour les ponts et viaducs donnant passage aux chemins de fer, les ouvertures entre culées ou les largeurs entre parapets sont :

Pour les lignes à deux voies. . . . .   8 mètres.
Pour les lignes à une voie. . . . . $4^m.50$

A l'égard des ouvrages au-dessus de la voie, les largeurs ci-dessus sont très fréquemment augmentées par l'emploi de ponts à culées perdues, dont les voûtes paraissent s'appuyer de part et d'autre sur les talus des tranchées. Ces ponts, qui ont l'avantage de découvrir beaucoup mieux la vue sur les lignes ferrées, ne coûtent pas ordinairement plus cher que les ponts à culées verticales et sont devenus maintenant d'un emploi presque général.

La largeur à donner aux ponts-canaux ou aux ponts-aqueducs dépend nécessairement de l'importance de la voie navigable ou du volume des eaux à conduire : il ne peut pas être établi de règles générales à cet égard.

Enfin pour les aqueducs, ponceaux et petits ponts à établir sous de grands remblais, on limite généralement la hauteur à celle nécessaire pour le passage des eaux ou des chemins, et on augmente la distance entre les têtes conformément au croquis (10). Les dépenses sont loin de s'accroître en proportion directe de la distance entre les têtes, parce que ces têtes sont les parties les plus coûteuses en raison de l'appareil et à cause des murs en aile ou en retour qu'elles exigent.

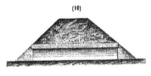
(10)

Pour les ponts sur rivières, les dépenses inhérentes aux têtes sont augmentées par les avant et arrière-becs, ainsi que par les frais de fondation des parties correspondantes. Par suite, pour se rendre compte de l'augmentation de dépense qu'occasionne un accroissement de largeur, il est nécessaire de faire le métré d'une section longitudinale de 1 mètre de largeur, telle que celle indiquée sur le croquis (11), et d'appliquer les prix aux quantités d'ouvrages ainsi déterminées. La comparaison de cette dépense pour 1 mètre de largeur, avec l'estimation totale d'un ouvrage de largeur normale, permet de se rendre compte exactement du sacrifice à faire pour augmenter cette dimension d'un nombre de mètres déterminé.

(11)

Lorsque l'on veut comparer les estimations de plusieurs ponts, il suffit d'en considérer les prix par mètre superficiel en élévation, si les largeurs de ces ouvrages sont les mêmes; mais si ces largeurs sont très différentes, ainsi que cela se présente souvent dans une grande ville, on évalue les ponts au mètre superficiel en plan, ainsi qu'on l'a fait notamment pour les ponts de Paris.

Quant aux ouvrages pour chemins de fer, il suffit de distinguer s'ils sont à une voie ou à deux voies et de comparer les prix de revient par mètre superficiel en élévation pour chacune de ces catégories, en limitant la surface de la manière indiquée pages 233 et 234.

Formes a adopter
pour les arches.

Les formes employées pour les voûtes de ponts en maçonnerie sont le plein cintre, l'ellipse ou anse de panier, l'arc de cercle surbaissé et enfin l'ogive ou toute autre courbe surhaussée.

Le plein cintre est une courbe très rationnelle, qui donne lieu à des pres- Pleins-cintres. sions moins fortes que les deux autres formes principales, et par suite né- cessite moins d'épaisseur pour les maçonneries. Elle est d'une exécution facile et son aspect est très monumental quand l'ouverture est grande. C'est la courbe dont les Romains ont fait usage presque exclusivement. Les deux plus grandes voûtes en plein cintre construites jusqu'à présent sont celles du pont de Nogent-sur-Marne, en France (50ᵐ), et celle du pont de Ballochmile-sur-l'Ayr, en Écosse (55ᵐ).

L'inconvénient de cette courbe est de nécessiter souvent trop de hauteur lorsque les arches doivent présenter une grande ouverture.

L'emploi de l'arc de cercle donne aux ponts un caractère de hardiesse, mais Arcs de cercle. cette courbe ne se raccorde pas bien avec ses pieds-droits; elle présente l'in- convénient d'exercer de fortes pressions et par suite de nécessiter des épais- seurs considérables pour les culées ; par contre, elle a l'avantage de se prêter à de grands surbaissements et de donner alors un maximum de débouché.

Les arcs surbaissés à $\frac{1}{3}$ ou à $\frac{1}{4}$ sont d'une exécution très facile et con- viennent au cas où l'on dispose seulement d'une faible hauteur, mais ils donnent alors beaucoup moins de débouché que les ellipses de même surbais- sement. Les voûtes surbaissées à $\frac{1}{6}$ ou à $\frac{1}{8}$ sont les plus satisfaisantes, parce qu'elles permettent de placer les naissances assez haut sans exiger des culées trop considérables.

Les plus grandes voûtes exécutées en arc de cercle sont celle du pont de Cabin John, aux États-Unis (67ᵐ), et celle de l'ancien pont de Trezzo sur l'Adda (72ᵐ) : le surbaissement de la première est de $\frac{1}{3.8}$ et celui de la seconde était de $\frac{1}{3.5}$.

Les voûtes en arc de cercle les plus surbaissées sont celles du pont de Nemours sur le Loing, à $\frac{1}{17}$ (16ᵐ), et celle de l'arche d'expérience de Souppes, à $\frac{1}{18}$ (38ᵐ).

Les voûtes elliptiques permettent, comme les arcs de cercle, de relever les Ellipses ou anses de panier. naissances et se raccordent d'une manière plus rationnelle avec les pieds-droits.

A surbaissement égal, elles doivent évidemment être préférées au point de vue .de l'écoulement des eaux, mais leur exécution exige plus de soin : elle deviendrait même très difficile pour de grands surbaissements, parce que le rayon de courbure à la clef serait trop considérable. Aussi on n'emploie jamais de voûte elliptique surbaissée à plus de $^1/_5$, et il convient d'adopter de préférence $^1/_4$ pour le rapport entre la flèche et l'ouverture.

Autrefois, on traçait exclusivement ces courbes au moyen de plusieurs arcs de cercle, ce qui constitue réellement les anses de panier, et on continue à en exécuter encore quelques-unes; mais maintenant on adopte de préférence l'ellipse, dont la courbe ne présente pas le moindre jarret et dont l'exécution ne soulève aucune difficulté réelle.

Les plus grandes voûtes construites suivant cette forme sont celles du pont de Lavaur sur l'Agout (49^m), du nouveau pont de Londres sur la Tamise (46^m) et du pont sur la Fejana en Italie (48^m) : les surbaissements de ces ouvrages sont de $^1/_5$ à $^1/_4$. Le pont elliptique le plus surbaissé pour une grande ouverture est celui de l'Alma à Paris (43^m), avec surbaissement de $^1/_5$.

Ogives
ou courbes surhaussées.
Les voûtes en ogive, dont on a fait tant usage au moyen âge, ne sont plus employées actuellement pour les voûtes de ponts que dans des circonstances exceptionnelles, notamment pour quelques aqueducs de conduite d'eau avec de petites arches. Au point de vue de la résistance, leur emploi serait rationnel pour de grands viaducs, parce que les ogives offrent l'avantage de présenter beaucoup de résistance aux pressions exercées sur la clef, mais elles ne seraient d'un bon aspect que sur des pieds-droits très-élevés relativement à l'ouverture, et pour obtenir cet effet on se trouverait porté à diminuer l'amplitude des arches, ce qui conduirait à multiplier les points d'appui et par suite augmenterait la dépense.

Mais à cause de la grande résistance que présente cette forme sous de fortes charges, on en a fait usage dans les substructions de certains ponts, notamment pour les viaducs aux abords du Point du Jour.

Des courbes surhaussées d'une autre forme, soit en ellipse, soit en anse de panier, sont d'un emploi beaucoup plus fréquent que les ogives. On les utilise en effet avec succès soit pour les voûtes des souterrains, soit pour des ponceaux situés sous de grands remblais : elles conviennent en effet, dans ces circonstances, par la résistance qu'elles opposent aux pressions extérieures, sur tout le développement de leur pourtour.

En résumé, lorsque la hauteur permet d'avoir des arches suffisamment grandes pour que l'on puisse employer des pleins cintres sans trop multiplier les fondations et sans gêner le débit des eaux, il faut adopter cette forme. Il en est de même à fortiori pour les viaducs élevés.   Résumé.

Quand au contraire il y a nécessité d'employer de grandes arches avec peu de hauteur, il convient d'adopter des ellipses, lorsque le surbaissement doit être de $1/3$ ou de $1/4$.

Si le surbaissement doit être plus fort, les ellipses doivent être remplacées par des arcs de cercle.

Enfin, si avec une largeur assez restreinte pour être franchie par une seule arche, on peut disposer d'une grande hauteur et obtenir en même temps à peu de frais des culées très solides, nous pensons qu'il y aurait lieu d'adopter des arcs de cercle d'une large ouverture avec surbaissement de $1/4$. Cette disposition conviendrait spécialement dans les gorges de montagnes où l'arc s'appuierait plus sûrement que le plein cintre sur les rochers des deux rives.

Pour résister à des pressions extérieures, la forme de voûte en ellipse surhaussée ou en anse de panier à grand axe vertical, doit généralement être préférée à des voûtes en plein cintre reposant sur des pieds-droits verticaux.

———

Nous donnons ci-après les tableaux comparatifs, déjà mentionnés, des ponts et viaducs présentant des dimensions exceptionnelles.

TABLEAUX COMPARATIFS

DES PONTS ET VIADUCS PRÉSENTANT DES DIMENSIONS EXCEPTIONNELLES

1° ARCHES EN MAÇONNERIE AYANT AU MOINS 40ᵐ D'OUVERTURE

N°ˢ D'ORDRE	DÉSIGNATION DES OUVRAGES	INDICATION DU PAYS	AFFECTATION DE L'OUVRAGE (1)	NOMBRE D'ARCHES SEMBLABLES	OUVERTURE DES ARCHES (C)	ÉPOQUE DE LA CONSTRUCTION
	Ponts antérieurs au XIXᵉ siècle.					
1	Pont Saint-Martin, sur le Tage, à Tolède	Espagne.	T.	1	40ᵐ	1203
2	Pont de Visille, sur la Romanche (Isère)	France.	T.	1	42	1760
3	Pont de Pont-y-Pridd, sur le Taf.	Angleterre.	T.	1	43	1751
4	Pont de Céret, sur le Tech (Pyrénées-Orientales).	France.	T.	1	45	1336
5	Ancien pont de Claix, sur le Drac (Isère)	France.	T.	1	46	1611
6	Pont de Gignac, sur l'Hérault (Hérault).	France.	T.	1	47	1795
7	Pont de Tournon, sur le Doux (Ardèche) . . . ,	France.	T.	1	49	1583
8	Pont de Vérone, sur l'Adige.	Italie.	T.	1	49	1354
9	Pont de Lavaur, sur l'Agout (Tarn).	France.	T.	1	49	1775
10	Pont de Vieille-Brioude, sur l'Allier (Hᵗᵉ-Loire). .	France.	T.	1	54	1454
11	Pont de Trezzo, sur l'Adda . . . . , . . .	Italie.	T.	1	72	1377
	Ponts du siècle actuel.					
1	Pont sur la Scrivia, près Turin	Italie.	F.	1	40ᵐ	1850
2	Pont de Berdoulet, sur l'Ariège (Ariège).	France.	F.	1	40	1861
3	Pont de Fium et Alto (Corse)	France.	T.	1	40	1865
4	Pont de Collonges, sur le Rhône.	France.	F.	1	40	1871
5	Pont de Signac, sur la Pique (Hᵗᵉ-Garonne) . . .	France.	F.	1	40	1872
6	Pont de St-Sauveur, sur le gave de Pau (Hᵗᵉˢ-Pyr.)	France.	T.	1	42	1861
7	Pont de l'Alma, sur la Seine, à Paris.	France.	T.	1	43	1856
8	Pont sur la Dora, à Turin	Italie.	T.	1	45	1854
9	Pont de Berne, sur l'Aar . . , ...	Suisse.	T.	1	45	1844
10	Nouveau pont de Londres, sur la Tamise. . . .	Angleterre.	T.	2, 1	43, 46	1831
11	Pont sur la Fégana (province de Lucques). . . .	Italie.	T.	1	48	1877
12	Pont de Glocester, sur le Severn.	Angleterre.	T.	1	48	1827
13	Pont Victoria, sur le Wear, près Durham	Angleterre.	F.	1, 1	44, 49	—
14	Pont de Nogent, sur la Marne (Seine).	France.	F.	1	50	1857
15	Nouveau pont de Claix, sur le Drac (Isère) . . .	France.	T.	1	52	1874
16	Pont du Diable, sur le Sele (province de Salerne).	Italie.	T.	1	55	1872
17	Pont Annibal, sur le Volturne (prov. de Cazerte).	Italie.	T.	1	55	1860
18	Pont de Ballochmile, sur l'Ayr.	Écosse.	F.	1	55	1849
19	Pont de Chester, sur la Dee.	Angleterre.	T.	1	61	1834
20	Pont de Cabin John	États-Unis.	A.	1	67	1861

(1) Les lettres T, F et A indiquent respectivement que l'ouvrage est affecté à une voie de terre, à un chemin de fer ou à une conduite d'eau.

(2) On a supprimé les décimales dans l'indication des ouvertures, afin de rendre les nombres plus faciles à retenir.

2° PONTS MÉTALLIQUES AYANT AU MOINS 100ᵐ D'OUVERTURE

Nᵒˢ D'ORDRE	DÉSIGNATION DES OUVRAGES	INDICATION DU PAYS	AFFECTATION DE L'OUVRAGE	NOMBRE DE TRAVÉES SEMBLABLES	OUVERTURE DES ARCHES OU TRAVÉES (¹)	ÉPOQUE DE LA CONSTRUCTION
1	Pont de Griethausen, sur le Vieux-Rhin	Allemagne.	F.	1	100ᵐ	1864
2	Pont de Crèvecœur, sur la Meuse	Hollande.	F.	1	100	1870
3	Pont de Moerdyck, sur le Hollandsh Diep	Hollande.	F.	14	100	1872
4	Pont sur le Rhin, à Mayence	Allemagne.	F.	4	101	1862
5	Pont sur le Saint-Laurent, à Montréal	États-Unis.	F.	1	101	1859
6	Pont sur l'Ohio, à Bellaire	États-Unis.	F.	1	101	1870
7	Pont sur le Missouri, à Leovenworth	États-Unis.	F.	2	102	1872
8	Pont sur le Rhin, à Dusseldorf.	Allemagne.	F.	4	104	1871
9	Pont sur l'Ohio, à Parkersbourg	États-Unis.	F.	2	106	1870
10	Pont sur le Volga, à Ribinsk.	Russie.	F.	2	106	1871
11	Pont sur l'Ohio, à Louisville.	États-Unis.	F.	1 / 1	109 / 118	1870
12	Pont sur le Volga, près Syzrane	Russie.	F.	13	107	1871
13	Viaduc sur le Kentucky, à Dixville.	États-Unis.	F.	1	114	1877
14	Pont sur le Wahal, près Bommel.	Hollande.	F.	5	120	1869
15	Pont sur la Vistule, à Dirschau	Allemagne.	F.	6	121	1857
16	Pont de Conway.	Angleterre.	F.	1	122	1849
17	Pont sur le Wahal, à Nimègue.	Hollande.	F.	1	127	1877
18	Pont sur le Tamav, à Saltash	Angleterre.	F.	2	133	1859
19	Pont Britannia, sur le Menai-Strait.	Angleterre.	F.	2	140	1849
20	Pont sur le Lek, près Kuilembourg	Hollande.	F.	1	150	1868
21	Ponts sur l'Ohio, à Cincinnati.	États-Unis.	F.	1 / 1	125 / 155	1871 / 1877
22	Pont sur le Mississipi, à Saint-Louis	États-Unis.	F.	2 / 1	152 / 158	1875
23	Pont sur l'Hudson, près Poughkeepsie	États-Unis.	F.	5	160	—
24	Pont sur le Douro, à Porto	Portugal.	F.	1	160	1878

(1) La dimension indiquée pour chaque travée est l'ouverture réelle entre les piles ou culées et non la distance entre les points d'appui des superstructures métalliques, parce que le débouché effectif est le but principal à réaliser dans un pont et qu'en outre c'est seulement ainsi que des comparaisons exactes peuvent être établies entre les ponts en arc et les ponts à poutres droites.

3° VIADUCS ET AQUEDUCS AYANT AU MOINS 50ᵐ DE HAUTEUR

Nᵒˢ d'ordre	DÉSIGNATION DES OUVRAGES	INDICATION DU PAYS	AFFECTATION DE L'OUVRAGE	NOMBRE D'ARCHES OU TRAVÉES	OUVERTURE DES ARCHES OU TRAVÉES	HAUTEUR MAXIMA DE L'OUVRAGE	ÉPOQUE DE LA CONSTRUCTION
	Ouvrages entièrement en maçonnerie.						
1	Viaduc de Chaumont-sur-Marne (²) . . .	France.	F.	50	10ᵐ	50ᵐ	1858
2	Viaduc de Port-Launay, sur l'Aulne . .	France.	F.	12	22	52	1867
3	Viaduc de la Gartempe (¹)	France.	F.	8	15	53	1854
4	Viaduc de la Selle (¹) (Hautes-Alpes) . .	France.	F.	9	16	53	1874
5	Aqueduc de Caserte (²)	Italie.	A.	43	6 à 8	55	1755
6	Viaduc de Pompadour (Corrèze)	France.	F.	8	25	55	1875
7	Viaduc du Gouet (¹), près Saint-Brieuc .	France.	F.	12	15	57	1866
8	Viaduc sur l'Ain (¹), près de Cize. . . .	France.	F.	11	20	55	1875
9	Viaduc de Morlaix (¹) (Finistère)	France.	F.	14	15	57	1866
10	Viaduc d'Ariccia (²), près Albano. . . .	Italie.	T.	18	9	60	1852
11	Viaduc de la Crueize (Lozère)	France.	F.	6	25	63	1882
12	Aqueduc de Lisbonne.	Portugal.	A.	35	5 à 30	70	1751
13	Viaduc de l'Elsterthal (¹), en Saxe . . .	Allemagne.	F.	8	8 à 31	70	1851
14	Viaduc sur l'Altier (¹), près Villefort (Lozère).	France.	F.	11	16	75	1869
15	Aqueduc de Spolète	Italie.	A.	10	5 à 10	74	1277
16	Viaduc du Goltzcherthal (³), en Saxe . .	Allemagne.	F.	29	8 à 31	80	1851
17	Aqueduc de Roquefavour (²), sur l'Arc. .	France.	A.	15	15	83	1847
	Ouvrages avec travées métalliques.						
1	Viaduc sur la Cère (Cantal)	France.	F.	5	50ᵐ	55ᵐ	1865
2	Viaduc du Busseau-d'Ahun, sur la Creuse.	France.	F.	6	50	56	1865
3	Viaduc de Crumlin.	Angleterre.	F.	10	40	58	1853
4	Viaduc sur la Sioule (Allier)	France.	F.	3	35 à 58	59	1870
5	Viaduc sur la Sitter	Suisse.	F.	4	58	62	1856
6	Viaduc du Credo (²), sur le Rhône . . .	France.	F.	4	45 à 66	64	1878
7	Viaduc de la Bouble (Allier)	France.	F.	6	50	66	1870
8	Viaduc de Portage.	États-Unis.	F.	7	15 à 36	72	1876
9	Viaduc de Castellaneta	Italie.	F.	4	47 à 54	75	1880
10	Viaduc de Fribourg.	Suisse.	F.	2 / 5	40 / 44	76	1863
11	Viaduc de Varrugas	Pérou.	F.	3 / 1	50 / 58	77	1873
12	Viaduc sur le Kentucky River	États-Unis.	F.	3	114	81	1877

(1) Viaducs ou aqueducs à 2 étages d'arches.

(2) — 3 étages d'arches. (Pour l'aqueduc de Roquefavour, l'étage supérieur comprend 53 arcades de 5 mètres.)

(3) Viaducs ou aqueducs à 4 étages d'arches.

(4) Les piles du viaduc du Credo sont entièrement en maçonnerie : pour les autres ouvrages de la série, les piles sont principalement ou même entièrement en métal.

CHAPITRE II

FONDATIONS

L'étude des fondations présente une importance extrême, car, surtout pour les ponts où des masses considérables se trouvent reposer sur des supports relativement faibles, un procédé appliqué mal à propos ou une précaution négligée suffit pour compromettre la solidité d'un ouvrage et souvent pour en occasionner la chute ; enfin, même dans le cas où les fautes n'ont pas de conséquences aussi graves, elles se traduisent toujours par des retards et par des augmentations de dépense presque toujours considérables. Les travaux de fondation, très simples en théorie, présentent dans la pratique de grandes difficultés, de sorte qu'il ne suffit pas de savoir quels sont les procédés à suivre ; il est en outre essentiel de connaître d'avance quels sont les dangers à éviter et quelles sont les précautions nécessaires pour faire réussir ces procédés. L'exécution des fondations constitue certainement la partie la plus difficile du service de l'Ingénieur, et c'est là qu'il a le plus d'occasions de déployer ses principales qualités qui doivent être, d'une part la prudence et la réflexion, d'autre part la décision et l'énergie.

---

§ 1. — NATURE DES DIVERS TERRAINS

Au point de vue des fondations, les terrains sont généralement divisés en trois classes :

Incompressibles et inaffouillables, c'est-à-dire qui ne peuvent ni éprouver de tassements sous la pression, ni être creusés et ravinés par l'action des eaux ; ils se composent seulement de roches dures et compactes, en massifs ou en bancs suffisamment épais, car des couches trop minces peuvent se briser sous la charge, et des roches schisteuses, même dures, peuvent être entraînées par feuillets dans de forts courants.

Incompressibles et affouillables, comprenant le sable, le gravier, les cailloux, l'argile ferme en couches minces, les tufs solides ou marnes dures, les calcaires feuilletés ou délités et certaines roches dures schisteuses.

L'incompressibilité de quelques-uns de ces terrains n'est que relative ; ainsi l'argile ferme et le tuf solide ne peuvent supporter que des pressions limitées. D'un autre côté, la tendance à l'affouillement est très variable ; ainsi le sable et le gravier sont bien plus facilement entraînés par les eaux que les autres terrains.

Compressibles et affouillables, qui comprennent la terre végétale, la terre argileuse, le sable argileux, l'argile sableuse, l'argile légèrement calcaire ou marne grasse, l'argile molle, la vase et la tourbe.

Pour ces terrains surtout la résistance à la pression et à l'action des courants varie dans des limites très étendues. Ainsi certaines argiles ou vases fermes, qui tasseraient sous de faibles charges, résistent assez bien aux courants, tandis que des sables légèrement argileux, qui pourraient supporter un poids considérable, seraient affouillés très facilement.

Au point de vue des moyens d'exécution, il faut aussi diviser les terrains en *étanches* ou *perméables*.

Ceux étanches sont les roches compactes, le tuf solide, l'argile et même la vase ferme.

Ceux perméables sont le sable, le gravier, les cailloux, les remblais pierreux, les roches fendillées ou délitées, les amas de blocs, etc.

Comme les définitions des terrains ne peuvent pas être absolues, il en résulte pour l'Ingénieur la nécessité d'étudier d'avance avec le plus grand soin, pour chaque cas en particulier, les terrains sur lesquels il aura à fonder des ouvrages.

Parmi les moyens d'étudier la nature et la résistance des terrains, il faut compter en première ligne les sondages que l'on exécute soit à l'air libre, en creusant des fouilles en dehors des eaux courantes, soit par des sondes artésiennes en pleine rivière; mais en ce qui concerne ces dernières, il faut avoir soin de ne pas se laisser tromper par l'apparence des échantillons ramenés par les cuillères des sondes, attendu que le terrain pulvérisé par les trépans et détrempé par les eaux forme presque toujours une pâte dont on ne peut apprécier que très difficilement la vraie nature. Pour arriver à des renseignements très précis, on est donc souvent obligé de recourir à des fouilles exécutées sur les rives. Ainsi pour le grand pont de Marmande, sur la Garonne, où le terrain, au-dessous du gravier, est formé par de puissantes couches de marne calcaire compacte, on n'a pu constater la résistance de cette marne qu'en faisant pratiquer sur la rive une fouille blindée jusqu'à la profondeur qui a pu être atteinte avec des épuisements ordinaires; puis en établissant à l'intérieur un cuvelage en bois étanche que l'on a fait descendre, par des déblais intérieurs et à l'aide d'épuisements très énergiques, jusqu'à ce qu'il fût encastré en partie dans le banc de marne, on a constaté alors que cette marne était complètement incompressible et pouvait par conséquent supporter en toute sécurité les maçonneries de fondation du pont; on a eu soin ensuite de comparer exactement les produits de cette fouille avec les résultats donnés par les sondes artésiennes pour les piles en rivière. M. l'Ingénieur Séjourné, dans le mémoire qu'il a publié dans les *Annales* de 1882 au sujet de cet important travail, fait remarquer avec raison que l'on aurait pu arriver plus promptement et peut-être plus économiquement au même résultat, en faisant descendre un tube en tôle au moyen de l'air comprimé. L'exécution des fondations des piles, pratiquée directement à l'air comprimé, a permis de constater plus tard que le sol de fondation des piles en rivière était bien exactement de même nature que celui reconnu sur les rives et que, par conséquent, les fondations se trouvaient établies dans d'excellentes conditions de sécurité,

Pour apprécier la résistance du sol inférieur, on a fréquemment recours à des battages de pieux d'essai et on doit avoir soin de les retirer pour s'assurer s'ils n'ont pas été brisés dans la descente, ainsi que pour examiner, d'après l'état dans lequel se trouve la pointe du sabot, quel peut être le degré de dureté du terrain sur lequel cette pointe s'est arrêtée. Mais il ne suffit pas de constater la dureté, il importe de s'assurer également si le banc, à la rencontre duquel les pieux se sont arrêtés, présente une épaisseur suffisante pour que l'on n'ait pas à craindre sa rupture sous la charge du pont ; dans ce but, toutes les fois que cette charge est un peu forte, il est nécessaire de pratiquer quelques sondes artésiennes.

Lorsque le terrain qui constitue le fond du lit, se relève sur les rives de manière à pouvoir y être rendu apparent et que l'on a quelques doutes sur sa résistance à la pression, on peut apprécier directement cette résistance au moyen d'un chargement. Une expérience de cette nature a été faite en 1845, au sujet du pont à construire sur la Creuse à Port-de-Pile, pour le chemin de fer de Tours à Bordeaux. Le fond du lit, au-dessous d'une couche de gravier, est formé par un massif très épais d'argile noire compacte, et comme cette argile est apparente sur la rive, on a pratiqué dans le talus un redan horizontal sur lequel on a fait reposer un poteau en chêne de 0".60 d'équarrissage, sup-

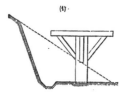

(1)

portant une plate-forme de 3 mètres de côté consolidée par des contre-fiches (1). Après l'avoir solidement amarrée avec des haubans pour éviter tout déversement, on a placé sur la plate-forme des pièces de fonte en quantité suffisante pour que l'appareil et son chargement pesassent 28,800 kilogrammes, ce qui, pour une section à la base de 3,600 centimètres superficiels, donnait une charge de 8 kilogrammes par centimètre carré, double de celle que devait supporter la fondation. Le tassement, observé pendant une épreuve de plus d'un mois, n'a été que de 0".025, ce qui était de nature à rassurer tout à fait sur la résistance du terrain sous la charge qu'il devait éprouver par suite de la construction, et en effet il n'y a pas eu le moindre tassement dans les fondations de l'ouvrage.

Mais quand on pratique de les emalbbs expériences, il faut s'assurer avec le plus grand soin que les résultats obtenus ne sont pas dus à quelque circons-

tance particulière. Ainsi à Redon, où le chemin de fer a été établi sur des terrains vaseux d'une grande profondeur, on avait construit sur le sol plusieurs
massifs de maçonnerie donnant par mètre carré une charge double de celle que
devaient produire les remblais. Ces massifs ont peu tassé, tandis que les remblais pratiqués plus tard se sont enfoncés très profondément : cette circonstance a tenu à ce que la couche supérieure du terrain était beaucoup plus
ferme que la partie intérieure, de sorte qu'il fallait une charge absolue considérable pour rompre cette couche. Pour que l'expérience fût concluante, il
aurait donc fallu avoir soin d'enlever préalablement la couche résistante.

Il est extrêmement important que les Ingénieurs s'attachent à acquérir de
l'expérience pour l'appréciation des diverses natures de terrain et, à cet égard, on
ne saurait trop leur recommander de s'enquérir avec le plus grand soin, dans
leurs tournées et leurs voyages, des procédés employés et des résultats obtenus
pour fondations dans les terrains qu'ils rencontrent successivement : les définitions données dans les livres ne peuvent en effet jamais suppléer à la vue des
terrains eux-mêmes. Les Ingénieurs doivent naturellement se renseigner d'une
manière toute spéciale sur les dispositions adoptées pour les ouvrages construits
dans la région où ils auront à travailler, ainsi que sur le régime des cours
d'eau pour la traversée desquels ils auront à établir des ouvrages.

Les moyens à employer doivent nécessairement varier avec la nature des
terrains, mais en outre ils ne doivent pas être toujours les mêmes pour une nature déterminée et on est souvent obligé d'en modifier l'emploi suivant la
profondeur des fondations ou l'importance des ouvrages. Il importe donc
d'étudier d'abord successivement et en détail les procédés dont les Ingénieurs
peuvent disposer à notre époque pour exécuter des fondations de ponts. Quand
nous aurons décrit ces procédés, il restera à indiquer dans quelles circonstances on doit employer de préférence chacun d'eux.

§ 2. — FONDATIONS PAR ÉPUISEMENT

Les fondations à sec ou par épuisement sont incontestablement les plus satisfaisantes, parce qu'elles permettent de reconnaître très exactement la nature du sol inférieur, de le déraser, de le nettoyer et de construire les maçonneries dans les meilleures conditions, avec tous les soins et toutes les facilités de surveillance que comporte l'exécution à l'air libre. Il faut donc s'attacher à employer autant que possible ce mode de fondation. Malheureusement cette possibilité fait souvent défaut d'une manière absolue, et dans beaucoup d'autres circonstances les fondations par épuisement exigeraient des dépenses trop considérables.

Fondations à l'abri des eaux courantes, Considérons d'abord le cas où la fondation doit être établie à l'abri des eaux courantes, soit sur un atterrissement, soit sur le bord d'une rivière, soit enfin à l'emplacement d'un pont sur route ou chemin, comme on construit si fréquemment pour les chemins de fer.

Fouilles ordinaires. *Lorsque le terrain est assez consistant*, on ouvre une fouille à l'air libre, d'abord avec des talus doux pour être à l'abri des éboulements, et l'on pousse cette

fouille jusqu'à la rencontre des eaux d'infiltration (1). A ce niveau on réserve une banquette de 1 à 2 mètres de largeur, puis on installe une ou plusieurs pompes et on continue le déblai, en raidissant le talus autant que le permet la nature du terrain et en épuisant les eaux à mesure qu'elles arrivent dans la fouille. Pour que les ouvriers travaillent à sec autant que possible, on a soin de conduire la fouille régulièrement, de telle sorte que les eaux parviennent directement aux puisards où plongent les tuyaux des pompes.

Quand on est arrivé à une couche de terrain dont la résistance paraît suffi-

. sante [a], on arrête momentanément le travail de la fouille et on fait pratiquer un ou deux sondages, afin d'apprécier si la couche se maintient assez solide et si l'on n'aurait pas avantage à descendre un peu plus bas. D'après le résultat de ces sondages on continue un peu la fouille ou on l'arrête définitivement. Si le terrain où la fouille est pratiquée est exposé à être envahi par les eaux d'une rivière voisine, on se met à l'abri des crues par de petites digues telles que D, D.

Lorsque la résistance du terrain n'est pas uniforme, on dresse la fouille par gradins dans le sens de la longueur (2) et il n'en résulte pas d'inconvénient, pourvu que le fond des divers gradins soit également solide ; mais pour les piles, il convient en général de ne pas pratiquer de 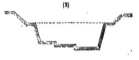 redans dans le sens de la largeur, parce que l'économie sur les maçonneries aurait peu d'importance et qu'on serait exposé à voir la pile se fendre par suite de tassements inégaux.

On construit ensuite le massif de fondation, soit en béton, soit en maçonnerie ordinaire, suivant les circonstances. Depuis quelques années, il existe une tendance à employer exclusivement la maçonnerie quand le massif peut être construit à sec, mais cette prévention contre l'emploi du béton n'est réellement motivée que quand la fondation peut être exposée à des courants d'eau. Lorsque cette éventualité n'existe pas, l'emploi du béton est plus avantageux, non seulement si son prix est inférieur à celui des maçonneries, mais parce qu'il donne des massifs plus homogènes et tout à fait incompressibles, tandis que la maçonnerie ordinaire peut éprouver des tassements quand la hauteur des massifs est considérable. Ces principes étaient ceux d'un Ingénieur en chef très habile et très expérimenté, M. Beaudemoulin. Ils ont été également appliqués par M. Morandière: ainsi pour la fondation d'une pile de grand viaduc, dans

(a) Pour les ouvrages peu importants, cette résistance n'est que relative et doit seulement être proportionnée à la pression à supporter : c'est pour ce motif que l'expression de fonder *sur le solide* n'est pas suffisamment exacte et qu'il faut se rendre compte du degré de solidité.

une fouille où le rocher présentait une chute verticale très profonde, cet Inspecteur Général a tenu à ce que la partie basse de la fouille fût remplie en béton plutôt qu'en maçonnerie, afin d'éviter dans cette partie toute chance de tassement, parce qu'il en serait résulté une disjonction dans les maçonneries de la pile.

On doit d'ailleurs avoir soin de conduire par gradins l'emploi du béton,

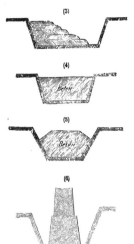

comme l'indique le croquis (3). Chaque gradin est successivement prolongé d'une manière assez rapide pour que la prise du rang inférieur n'ait pas encore eu lieu avant qu'un autre rang vienne se poser au-dessus; le béton est fortement battu à la dame plate et les massifs ainsi construits ne forment qu'un seul corps : ils sont bien préférables à ceux formés par couches horizontales. Si les talus de la fouille ont pu être tenus raides, on remplit ordinairement cette fouille à plein (4); sinon on la comble seulement dans la partie basse et on établit ensuite des talus au-dessus (5).

Enfin, quand on emploie des maçonneries, le cube est un peu moins fort, mais il faut avoir soin de donner à la fondation un fruit assez prononcé qui, dans tous les cas, soit au moins égal à celui de la pile (6).

Nous donnons ces détails de construction parce que les fondations de cette nature se rencontrent à chaque instant dans la pratique et qu'il existe un intérêt réel à les exécuter le mieux possible.

Fouilles blindées de profondeur restreinte. *Lorsque le terrain est peu consistant* et que la profondeur dépasse 2 ou 3 mètres, il y a presque toujours avantage à blinder la fouille: on évite ainsi d'avoir à lui donner trop d'amplitude et de s'exposer à des éboulements. Ces blindages peuvent être pratiqués de deux manières :

1° Si le terrain permet d'y enfoncer des palplanches verticales, on commence par en effectuer le battage autour de la fondation et ensuite, à mesure qu'on déblaye la fouille, on a soin de maintenir l'enceinte par des cadres horizontaux suffisamment étrésillonnés (7); d'après la nature du sol, on emploie des pal-

planches plus ou moins épaisses : on les écarte, ou on les rapproche jusqu'à les rendre jointives, suivant les besoins; les cadres aussi sont plus ou moins rapprochés et la force des étrésillons varie avec les circonstances, de sorte que cette disposition présente le grand avantage de se prêter à des

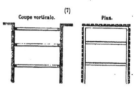

consolidations successives à mesure que la nécessité s'en fait sentir et, par conséquent, de ne pas exiger d'avance de trop grands moyens. Ainsi, dans le cas où l'on reconnaît que les palplanches sont trop espacées, rien n'est plus facile que d'en intercaler d'autres; si les cadres sont trop éloignés entre eux, on en introduit d'intermédiaires; si les étrésillons ne sont pas assez nombreux, on les multiplie, mais on agit toujours d'après un plan régulier, on ne fait pas de fausse manœuvre et la fouille est toujours parfaitement en ordre.

2° Quand le terrain est plus consistant, de telle sorte que l'on ne puisse pas facilement y battre des palplanches, on emploie pour blinder la fouille des

madriers horizontaux dont l'écartement est maintenu par des étrésillons appuyés sur des montants verticaux (8). Ce mode de blindage est celui que l'on emploie généralement pour les fouilles de fondations de maison ou la construction des égouts. On trouve avantage à opérer ainsi quand il s'agit d'un terrain bien connu

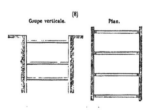

et on évite les embarras auxquels donnerait lieu le battage de palplanches dans des espaces très restreints ou sur les voies publiques; mais on a une enceinte formée de parties indépendantes, on est moins protégé contre les éboulements et on éprouverait plus de difficultés à renforcer le blindage s'il en était besoin.

Enfin, si dans l'un ou l'autre système on procède sans plan arrêté et en disposant les bois d'une manière irrégulière, comme on le voit trop fréquemment sur les chantiers, on emploie nécessairement plus de bois, on gêne le travail, on s'expose à des accidents et finalement on dépense plus de temps et d'argent. Il convient donc de procéder d'avance d'après un plan bien arrêté, après avoir suffisamment étudié la nature du terrain, et la première des deux dispositions ci-dessus est la meilleure à adopter, quand la nature du terrain et les circonstances le permettent.

Fouilles blindées
très profondes.

Lorsque la profondeur est considérable, il y a lieu de procéder encore à l'aide d'une enceinte formée de pièces verticales maintenues par des cadres horizontaux, à la seule condition de renforcer l'enceinte suffisamment.

Ainsi, dans la construction du viaduc d'Auray, pour le chemin de fer de Nantes à Brest, les piles 2 et 3 devaient être établies sur un atterrissement en dehors de la rivière et, après s'être mis à l'abri des hautes marées par un léger batardeau, on a établi les fondations dans des enceintes blindées (9).

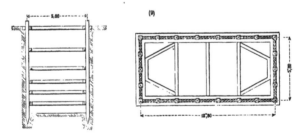

Comme l'épaisseur de vase était considérable, car elle atteignait 8ᵐ.15 à la pile 3, on a battu à l'emplacement de cette pile une enceinte de pieux équarris de 0ᵐ.25 de côté, intercalés par séries entre des pieux principaux de 0ᵐ.35 espacés de 1ᵐ.50 à 2ᵐ.00. On a fouillé ensuite à l'intérieur, en plaçant successivement contre les pieux, à mesure que l'on descendait, des cadres horizontaux solidement étrésillonnés, espacés de 2 mètres à la partie supérieure et se rapprochant jusqu'à 1 mètre vers le bas où s'exerçaient les plus grandes pressions. Ces pressions étaient considérables; aussi, quoique l'enceinte fût très forte, quelques bois se sont brisés dans le bas; il a fallu renforcer les cadres et doubler les étrésillons vers les angles. La vase était d'ailleurs très étanche; les épuisements, effectués à l'aide de pompes mues par une locomobile, étaient principalement motivés par les filtrations du terrain supérieur et n'ont donné lieu qu'à une dépense minime. Cet exemple montre que dans la vase compacte on peut, sans accident, descendre des fouilles à de grandes profondeurs, mais qu'il est indispensable de les blinder fortement.

Pour les piles entièrement situées en rivière, la hauteur de vase était moins grande et on rencontrait, en arrivant vers le fond, une couche de sable qui rendait les épuisements très difficiles. M. l'Ingénieur Sevène conçut alors l'heureuse idée d'établir sur la rivière, en aval du viaduc, un barrage avec pertuis à clapets, de manière à empêcher les eaux des hautes mers d'arriver jusqu'au chantier, tout en donnant écoulement aux eaux douces dans les moments de basse mer. Le régime de la rivière dans cette partie, et qui est indiqué ci-contre (10), montre que dans les vives eaux l'amplitude de la marée atteint 4 mètres et qu'elle se réduit à 2 mètres dans les mortes eaux. D'un autre côté, comme le débit de la rivière proprement dite ne dépasse pas 4 mètres par seconde, l'exhaussement dû à la fermeture du barrage pendant la haute mer ne devait pas dépasser $0^m.87$ au-dessus du zéro; en réalité il n'a même jamais atteint cette cote.

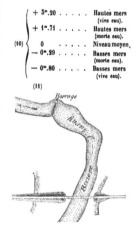

$+ 3^m.20$	. . . . .	Hautes mers (vive eau).
$+ 1^m.71$	. . . . .	Hautes mers (morte eau).
(10) $\{$ 0	. . . .	Niveau moyen.
$- 0^m.29$	. . . . .	Basses mers (morte eau).
$- 0^m.80$	. . . . .	Basses mers (vive eau).

(11)

Le barrage était placé, conformément au croquis (11), dans une partie rétrécie du lit et les maçonneries du pertuis étaient très solidement assises sur le rocher, de manière à rendre tout affouillement impossible. Ces dispositions ont parfaitement réussi et cet exemple montre comment un Ingénieur habile peut savoir profiter des circonstances locales pour diminuer notablement les difficultés que présente l'exécution d'une fondation à de grandes profondeurs. Dans le cas dont il s'agit, on est parvenu ainsi à fonder par épuisement, avec des dépenses très modérées, jusqu'à 9^m.60 en contre-bas des hautes mers.

Blindages avec rails et traverses. Pour construire près de Tours des arches de décharge, destinées à l'écoulement des eaux d'inondation sur la rive gauche de la Loire, au-dessous du chemin de fer de Paris à Bordeaux, sans interrompre la circulation sur cette ligne très fréquentée, M. Ratel, Ingénieur de la Compagnie d'Orléans, a employé avec succès des blindages constitués au moyen de rails et de traverses. Les terres des remblais, coupées verticalement, étaient soutenues par des madriers contre lesquels appuyaient des traverses sabotées ; dans les coussinets de ces traverses étaient engagés des rails verticaux ; l'écartement de ces dernières pièces était maintenu par plusieurs cours d'autres rails placés horizontalement et reliés avec les premiers au moyen d'éclisses et de boulons. Ce système a parfaitement réussi, mais il ne peut convenir qu'à une Compagnie ayant à sa disposition beaucoup de rails et des ouvriers habitués à les manier. Autrement la dépense par ce procédé serait devenue plus considérable et il aurait fallu recourir à d'autres dispositions.

Blindages avec cadres mobiles. M. Vigouroux, Ingénieur en chef, chargé de diriger l'exécution de plusieurs lignes de chemins de fer dans le midi de la France, a employé avec succès, pour des fondations de ponts, des batardeaux ou des blindages avec cadres mobiles.

Pour opérer en pleine rivière, lorsque le terrain qui recouvre le sol de fondation est perméable, on commence par draguer ce terrain et on construit ensuite les batardeaux dont l'ossature est constituée par des pieux en fer rond de 0^m.07 de diamètre, des moises en sapin de $\frac{0^m.20}{0^m.20}$ et des palplanches en même bois de 0^m.10 d'épaisseur (12) et (13). Avant la mise en place, les pieux sont chauffés légèrement et enduits de coaltar bouillant, ce qui les préserve de l'oxydation et en facilite l'enfoncement. Les moises sont réunies par des boulons et assemblées avec soin autour des pieux d'angle : le rang inférieur descend jusqu'au niveau du terrain et les autres rangs sont placés à des intervalles de 1m.50 à 2 mètres. L'intérieur du batardeau est contre-bouté par des étançons, armés à chacune de leurs extrémités de fourchettes en fer, qui embrassent des pieux en fer adossés à l'enceinte et maintiennent par suite l'écartement de celle-ci. La

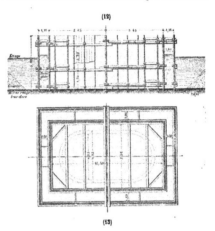

distance des étançons entre eux est maintenue tant horizontalement que verticalement par des pièces intermédiaires fortement coincées et soutenues à leurs extrémités par des plaques, ainsi que l'indiquent les divers assemblages (14) et (15). Après l'achèvement de la fondation, les batardeaux sont facilement démontés, les pieux peuvent être réemployés presque indéfiniment, et les moises, ainsi que les étançons, peuvent servir plus de dix fois, quand les dimensions ne varient pas. Toutefois,

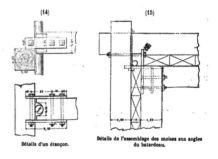

Détails d'un étançon.

Détails de l'assemblage des moises aux angles du batardeau.

comme on est souvent obligé de faire des recoupes et d'abandonner les moises

33

de fond, on peut admettre que les mêmes bois sont utilisés cinq fois en moyenne. Ce type de batardeaux a été employé à plusieurs ponts sur l'Aude, pour des profondeurs de 6 mètres au maximum en contre-bas de l'étiage.

Le même système de blindages a été également utilisé avec avantage pour des fondations par épuisement en dehors des eaux courantes, avec suppression du batardeau lorsque l'on peut maintenir la fouille à sec avec une ou deux

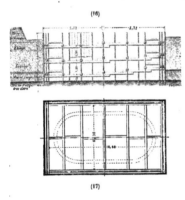

pompes à vapeur. Dans ce cas, on n'emploie à chaque étage qu'un seul rang de moises doubles et les palplanches sont placées à l'extérieur (16) et (17). L'enfoncement des pieux et des palplanches est effectué au fur et à mesure du déblaiement de l'enceinte; la pose des étançons est également faite peu à peu, par gradins, suivant que le permet l'avancement du travail de la fouille. A mesure que l'on arrive au sol de fondation pour une partie de la fouille, il faut se hâter d'y construire les maçonneries, en ayant soin d'y laisser des arrachements pour que les diverses parties soient parfaitement reliées entre elles. C'est ainsi qu'ont été fondées plusieurs piles de viaducs, notamment l'une de celles du viaduc de l'Yssanka, à 7 mètres de profondeur sous l'eau, à travers une couche de 4 mètres d'épaisseur de déjections rocheuses.

Fondations en pleine rivière.

Lorsque, pour une fondation en pleine rivière, le fond est imperméable et la hauteur d'eau faible, il suffit d'entourer l'emplacement de la fouille de petits batardeaux formés de gazons (18) ou de massifs de terres bien compactes, pilonnés avec soin et protégés contre le courant par des enrochements (19). Quand là hauteur est un peu plus grande, on applique les terres contre des panneaux ou vannages en planches de 0ᵐ.027 d'épaisseur, disposées horizontalement et reliées entre elles par d'autres planches ou dosses verticales.

Ces vannages sont eux-mêmes appuyés contre de gros piquets de 0ᵐ.10 à 0ᵐ.15 enfoncés solidement dans le terrain (20). La paroi extérieure est défendue par des enrochements si le courant est sensible, et un léger revêtement est fait à l'intérieur du batardeau si l'on peut craindre que les terres soient entraînées par les eaux, lorsque celles-ci baisseront par l'effet de l'épuisement.

(20)

Quand la hauteur dépasse deux mètres et même quelquefois avec une hauteur moins grande, lorsque le courant prend de la force et que l'on peut craindre des mouvements dans le sol inférieur, on emploie deux files de piquets et de panneaux ; puis successivement, à mesure que les difficultés augmentent, on arrive à des enceintes de pieux et palplanches, pour lesquelles les pieux sont généralement espacés de 2 mètres en 2 mètres et enfin on a recours au besoin à des pieux jointifs.

Les deux enceintes sont toujours reliées entre elles au sommet par des liernes ou des moises boulonnées. On en emploie fréquemment plus bas, mais c'est toujours une cause de filtrations parce que les terres tassent au-dessous de ces pièces : les boulons valent mieux que les moises ou les liernes, parce que leur surface est moins grande,

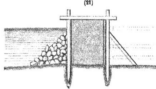

(21)

mais ils donnent encore lieu à des fuites et en général il faut s'efforcer de n'avoir recours qu'à des contre-boutements en dehors du batardeau ; ils sont alors effectués avec des enrochements du côté extérieur et avec des étrésillons du côté intérieur. Ceux-ci sont placés tantôt horizontalement, suivant les lignes pointillées du croquis (21), tantôt obliquement suivant les lignes pleines.

Pour constituér le corps du batardeau, il faut employer de l'argile compacte, de la terre argileuse ou même de la terre franche, en ayant soin d'enlever toutes pierres, racines, bois, etc. On mouille ensuite la terre et on la corroie avec soin, puis on fait des boules que l'on met successivement en place et que l'on pousse à mesure le plus possible avec des dames ou des pilons. Il faut se rappeler que la moindre précaution négligée peut amener des accidents graves et on doit, à notre avis, éviter d'employer en batardeau de la glaise ou argile molle qui devient fluente et qui alors, non seulement ne forme pas massif contre la poussée de l'eau, mais presse trop fortement contre la paroi intérieure du batardeau et parfois la fait renverser.

Avant de mettre les terres à l'intérieur des enceintes, il faut avoir bien soin de draguer le sable, le gravier et les cailloux qui peuvent recouvrir le fond du lit, jusqu'à ce qu'on soit arrivé à des couches sinon complètement imperméables au moins très compactes.

Il suffit de donner au batardeau $1^m.20$ à $1^m.60$ d'épaisseur, de telle sorte qu'on puisse y faire descendre facilement des ouvriers pour des réparations. Au delà de ces limites l'excédent d'épaisseur donné à un batardeau ne fait guère qu'en augmenter les difficultés et les dépenses ; mais il faut qu'il soit consolidé très fortement, de manière à ne pas éprouver le moindre mouvement qui amènerait des disjonctions et par suite des voies d'eau. Nous verrons plus loin que des épuisements ont très bien réussi avec des batardeaux extrêmement minces, mais très solidement contre-boutés. Dans tous les cas, il importe de disposer toujours les charpentes avec beaucoup de régularité et d'après un plan qui permette de consolider successivement les diverses parties des enceintes.

On a quelquefois remplacé le remplissage des batardeaux en terre argileuse par du béton immergé, en le disposant de manière qu'il servît à défendre le massif de fondation ou même qu'il pût en faire partie. Cette disposition a bien réussi dans certaines occasions, mais les circonstances où elle est applicable sont rares. Dans tous les cas, il faudrait être bien assuré que le béton repose sur un terrain tout à fait imperméable, car autrement on éprouverait de très grandes difficultés à aveugler les sources et souvent on ne pourrait pas du tout y arriver. Nous en citerons plus loin un exemple au sujet des fondations d'une pile du pont de Madame sur l'Aude.

A la suite de la crue de juin 1875, qui a causé tant de désastres dans la vallée de la Garonne, M. l'Ingénieur en chef Lanteirès a été chargé de reconstruire plusieurs piles qui avaient été détruites, en amont de Toulouse, aux ponts de Muret et de Cazères. Le tuf qui forme le fond du lit, sur cette partie de la Garonne, est incompressible ; mais il est affouillable dans une certaine mesure. En outre il se brise facilement sous l'action du battage des pieux, de sorte que les premiers batardeaux construits, avant que M. Lanteirès fût chargé de ce service, ont été soulevés par les petites crues, qui se produisent d'une manière incessante à une aussi faible distance des montagnes, et que trois de ces batardeaux ont été emportés tout à fait. Les massifs de fondation devaient être descendus jusqu'à 4 et 5 mètres au-dessous de l'étiage, de telle sorte que les maçonneries fussent encastrées d'au moins 1 mètre dans le tuf.

Pour empêcher les nouveaux batardeaux d'être soulevés, M. Lanteirès a employé principalement des pieux en fer de $0^m.06$ de diamètre, dont la pénétration dans le sol ne pouvait pas faire éclater le tuf ; les pieux en bois, qu'il a jugé nécessaire de conserver aux angles et dans le milieu des grands panneaux des batardeaux, ont été armés de sabots terminés par une tige en pointe barbelée de $0^m.50$ de longueur ; en outre on a pris la précaution de faire forer préalablement, avec des tarières de $0^m.25$ de diamètre, les trous dans lesquels devait s'engager la base des pieux. Pour que ce forage pût être effectué à l'abri des graviers que charrie la rivière, on échouait à l'emplacement de chaque pieu une demi-barrique sans fond fortement lestée ; un plongeur la mettait en place, nettoyait avec soin l'intérieur, puis y introduisait la tarière et quand le trou était prêt, on n'avait plus qu'à y battre le pieu avec son sabot à tige barbelée. On plaçait ensuite successivement les deux rangs de moises, on les boulonnait sur les pieux en bois, on battait les pieux en fer avec une fiche de 2 mètres en moyenne dans le tuf, puis les panneaux de palplanches et enfin on opérait le moisage transversal autour des têtes des pieux. Les dispositions adoptées sont figurées sur la coupe transversale (22). Avant de mettre en place

Batardeaux employés par M. Lanteirès.

l'argile du batardeau, on a enlevé avec des dragues à main tout le gravier
contenu dans les enceintes, puis le nettoyage a été achevé avec le plus grand
soin par des plongeurs qui ont
également placé des couvre-joints
contre les parois ; enfin l'argile,
préalablement battue, triée et ma-
laxée, a été introduite dans la
forme, d'abord par pains rectangulaires de 0^m.40 de côté sur 0^m.15
de hauteur, que les plongeurs
posaient par assises comme des
briques. Après trois assises semblables, le remplissage était continué à la pelle
et pilonné par couches de 0^m.30 au maximum.

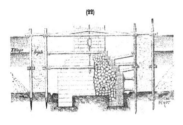

A mesure que l'on effectuait l'épuisement, on avait soin d'étançonner les
batardeaux, comme l'indique le croquis, et grâce à toutes ces précautions
l'enceinte, qui cubait environ 500 mètres, a pu être tenue à sec avec une
simple pompe à bras. Seulement, par suite de l'insuffisance d'épaisseur des
palplanches, quelques-unes d'entre elles se sont brisées et il en est résulté des
interruptions dans le travail. Elles avaient 0^m.10 d'épaisseur et ont généralement résisté, puisque trois seulement sur quatre-vingt ont cédé ; néanmoins,
M. Lanteirès pense que dans l'enceinte intérieure, qui travaille beaucoup plus
que l'autre, il conviendrait de fixer l'épaisseur par la formule $e = 0.04 +
0.02 \times h$, h étant la profondeur du fond solide au-dessous de la crête du batar-
deau. Les maçonneries de fondation ont été encastrées avec soin dans le tuf,
ainsi qu'il résulte du croquis, et on leur a donné beaucoup d'empattement.
Les dépenses pour fondation d'une pile, à 5 mètres au-dessous de l'étiage,
se sont élevées à 28 000 francs.

Batardeaux avec vieux rails

Pour reconstruire et consolider d'autres ponts détruits ou ébranlés également
par la crue de 1875, dans la même partie de la Garonne, les Ingénieurs de la
Compagnie du chemin de fer du Midi ont eu recours à des batardeaux avec
vieux rails. Les enceintes étaient formées de ces rails, reliés par des clayon-

nages, et dont une extrémité était affûtée en pointe ; ils ont été battus vertica_
lement et de manière à présenter au courant leur plus grande dimension trans_
versale, car ils offriraient trop de prise si on les plaçait dans l'autre sens ; ils
étaient en outre contre-boutés par d'autres rails placés obliquement. Pour le pont
du Foure, auquel s'applique le cro-
quis (25), on a commencé par établir un premier batardeau en gravier, qui avait pour but de rompre la
vitesse du courant et de permettre
d'employer avec succès un remplissage en argile bien corroyée dans
le batardeau proprement dit. Ces
batardeaux étaient submersibles :
par suite, dès qu'on était prévenu
par dépêche de l'arrivée prochaine

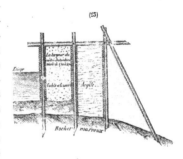

d'une crue, on avait soin de retirer la machine à vapeur ainsi que les pompes et
on prenait les précautions nécessaires pour garantir autant que possible les batardeaux sur lesquels la crue devait passer. On a pu descendre ainsi des fondations jusqu'à 6 mètres au-dessous de l'étiage.

Le système était bien combiné, mais il convient surtout à une Compagnie qui
dispose d'une grande quantité de vieux rails et qui a des ouvriers habitués à
les manier.

Lorsqu'une fouille pour fondation doit être pratiquée en rivière, dans une
enceinte blindée, il convient généralement d'en profiter pour y appuyer le
batardeau, puisque l'enceinte de la pile constitue par elle-même une paroi très
solide. C'est ainsi que l'on a procédé au viaduc d'Hennebont, mais surtout dans
la partie centrale du lit, l'exécution a présenté de très grandes difficultés ; les
conditions se trouvaient en effet beaucoup plus défavorables qu'à Auray. L'amplitude des marées était plus grande et la masse d'eau beaucoup plus considérable, ce qui donnait lieu à de très forts courants de jusant, la couche de vase
était très peu épaisse et moins compacte ; enfin au lieu de reposer sur le rocher,

Batardeaux appuyés
sur des
enceintes de fouilles.

comme avaient paru l'indiquer les sondages, cette vase était seulement appuyée sur un terrain très compact composé de gravier, de galets, d'argile dure et de blocs de rocher, sur lequel s'était arrêtée la pointe des pieux. Ce terrain, d'une épaisseur d'environ 2 mètres, était très difficile à fouiller, mais en même temps perméable dans une certaine mesure.

L'enceinte extérieure du batardeau (24) se composait seulement de grands

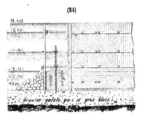

(24)

panneaux appuyés sur des pieux espacés de 2 mètres en 2 mètres qui, sous l'action des courants, laissaient à chaque marée l'eau entraîner une partie du remplissage intérieur, bien que, pour diminuer la charge sur les parties basses, on eût pris soin de revêtir d'un bordage calfaté, jusqu'au niveau des basses mers, les enceintes des piles. Pour améliorer le batardeau, on a battu au milieu de sa largeur une enceinte jointive de palplanches et on a remplacé la vase par de l'argile; mais les épuisements étaient encore fort difficiles : de nombreuses avaries ont en outre été occasionnées par des chocs de bateaux. Pour diminuer la hauteur d'épuisement, on avait placé les pompes sur des bateaux qui suivaient le niveau de la marée, et on avait installé un clapet d'évacuation pour empêcher la charge d'eau d'être trop forte quand la mer baissait. Enfin, après un grand nombre de péripéties pendant lesquelles on avait installé des dragues verticales pour achever au besoin la fouille par ce procédé dont les étrésillonnements intérieurs gênaient beaucoup le fonctionnement, on est arrivé à creuser le terrain jusqu'à 2 mètres en contre-bas de la tête des pieux, à mettre le rocher parfaitement à sec et à y construire une fondation excellente. Mais il a fallu de la part du personnel, principalement de M. l'Ingénieur Dubreil, beaucoup de persistance et d'énergie pour arriver à ce résultat qui, en ce qui concerne la pile 3, n'a pu être obtenu qu'après neuf mois de travail.

Pour maintenir exactement sans déformations l'enceinte de fondation de la pile, sous des charges d'eau allant jusqu'à plus de 9 mètres de hauteur, on a dû employer un mode d'étrésillonnage très solide, indiqué par le croquis (25).

Sur la rive droite du Scorff à Lorient,
à la suite du grand pont métallique, on
a établi un viaduc en maçonnerie dont
les fondations, pour une partie des
piles, étaient découvertes à marée
basse et, pour les autres, n'étaient
noyées à basse mer que sur une faible

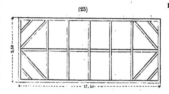

(25)

Batardeaux très minces
à Lorient.

hauteur. On a employé dans l'un et l'autre cas des batardeaux extrêmement minces, composés de poteaux carrés de 0^m.25, espacés de mètre en
mètre et reliés par plusieurs cours de moises entre lesquelles on avait fixé
des panneaux en planches parfaitement calfatés. Le remplissage était en vase
pure compacte, et ces batardeaux, de 0^m.25 seulement d'épaisseur, se sont
montrés complètement étanches. Parmi les croquis (26), A donne le détail d'un

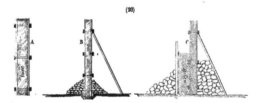

(26)

de ces batardeaux, B indique que dans les parties où le rocher découvrait
à basse mer, on y pratiquait une petite rainure et on y encastrait le bas du
batardeau dans un petit massif en maçonnerie de ciment. Enfin C s'applique au
cas où le rocher ne découvrait pas et où, par suite, il a fallu disposer du côté
extérieur des panneaux appuyés par des enrochements et soutenant un petit
massif en argile. Dans l'un et l'autre cas, les batardeaux étaient fortement
maintenus par des contrefiches et par des enrochements du côté intérieur. Le
succès obtenu à Lorient pour ce genre de batardeaux proposé et exécuté par
M. le chef de section Guillemain, montre que l'épaisseur d'un batardeau est

sans importance, pourvu qu'on puisse assurer son étanchéité et empêcher tout déversement.

Caisson sans fond
employé sur la Creuse. Les batardeaux dont l'emploi donne fréquemment lieu à beaucoup de difficultés et d'accidents, peuvent souvent être remplacés avec avantage par des caissons en charpente sans fond.

La première application en a été faite au pont de Port-de-Pile, sur la Creuse, d'après les indications et sous la direction supérieure de M. l'ingénieur en chef Beaudemoulin. Le lit se compose d'une couche de sable et de gravier recouvrant une argile dure schisteuse, dont les parties supérieures étaient un peu affouillables. On ne pouvait pas enlever ce terrain à la drague, et comme il était prudent d'y faire pénétrer les fondations d'environ 2 mètres, M. Beaudemoulin résolut de draguer la couche de sable et gravier, de descendre sur la surface de l'argile un caisson sans fond destiné à servir de batardeau et muni à cet effet d'un bordage extérieur bien calfaté ; d'épuiser dans l'enceinte ainsi formée, de creuser à sec la fouille de fondation, de la remplir de béton, de construire au-dessus les maçonneries de la pile et d'enlever ensuite la charpente du caisson.

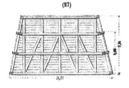

(27)

Celui-ci était formé, comme le montre la coupe transversale (27), d'une forte semelle et de deux cours de moises horizontales embrassant des poteaux espacés d'environ 1ᵐ.75 d'axe en axe, consolidés par des jambes de force et contre lesquels était cloué le bordage calfaté. Le caisson a été descendu, au moyen de treuils supportés par des bateaux, dans la fouille qui lui avait été préparée, et la semelle est venue reposer sur le banc d'argile destiné à la recevoir.

Les vides existant entre ce banc et la semelle, par suite de quelques irrégularités de la surface de l'argile, ont été fermés au moyen d'un bourrelet en forte toile rempli de terre glaise bien corroyée, et en outre une petite couche d'argile mélangée de fumier a été pilonnée au-dessus du bourrelet et consolidée par des enrochements. Le travail s'est opéré avec une très grande régularité ; les épuisements ont été très peu considérables et les maçonneries ont été construites à sec sans aucune difficulté.

Au pont sur le Scorff, à Lorient, comme la fondation de la pile-culée rive droite devait être effectuée jusqu'à 8^m.25 en contre-bas des hautes mers et comme le rocher présentait de grandes irrégularités, on a été obligé d'apporter des modifications importantes au type de caisson employé à Port-de-Pile. Il a fallu renoncer à l'emploi d'une semelle horizontale et par suite le caisson s'est trouvé seulement comprendre quatre cours de moises, dont la plus basse était supérieure aux plus fortes saillies du rocher. Entre ces cours, on a fait glisser des palplanches verticales dont chacune était enfoncée jusqu'à ce qu'elle s'appuyât sur le rocher ; enfin un bordage calfaté a été posé sur tout le pourtour du caisson à partir du dessus de la moise la plus basse (28). Avec ce mode de construction, il était évident que l'eau passerait facilement entre les interstices des palplanches verticales, mais on espérait pouvoir étancher cette base des parois au

(28)

moyen d'un bourrelet extérieur recouvrant un sac rempli d'argile comme à la Creuse. Cette éventualité ne s'est pas réalisée, parce que les courants, dont la vitesse était très grande, emportaient les bourrelets extérieurs, malgré les divers moyens essayés pour les consolider, et l'on a dû recourir à de petits batardeaux intérieurs en béton qui ont ensuite été compris dans le massif de fondation. Les épuisements ont été assez considérables, parce que la mise en place du béton a été beaucoup gênée par le rang inférieur d'étrésillons disposés en plan

(29)

suivant le croquis (29) ; mais en supprimant ce dernier rang, comme on l'aurait

certainement fait si l'emploi des batardeaux intérieurs avait été décidé dès
l'origine, on aurait pu épuiser bien plus facilement, et cette solution est de
nature à rendre des services lorsqu'on est obligé d'opérer au milieu de très
forts courants.

Caissons employés au viaduc de Quimperlé. Une autre disposition, employée aux fondations du viaduc de Quimperlé, pour
lesquelles la profondeur était moins grande qu'à Lorient, mais où les courants
étaient également très forts, a consisté à employer des caissons de dimensions

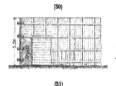

(30)

(31)

notablement supérieures à celles
des piles, afin que l'on pût employer à l'intérieur des batardeaux
en argile (30). La paroi intérieure de
ces batardeaux était constituée par
des panneaux en planches appuyés
sur des tiges en fer passant dans
des anneaux fixés à un cadre intérieur a, b, c, d (31). Cette disposition
exige des dimensions plus grandes
qu'avec des batardeaux en béton,
mais les caissons peuvent être réemployés plusieurs fois ; leurs pa-
rois étaient verticales, afin de ne pas trop augmenter l'empattement à la base,
et le béton du batardeau était ainsi plus facile à bien employer.

Caissons du viaduc sur l'Aulne. Une application encore plus considérable du système de caissons, dans
lequel on emploie à la fois des bordages horizontaux pour les parties supérieures et des palplanches pour la partie basse, a été effectuée avec un très
grand succès par M. l'Ingénieur Auguste Arnoux, pour les fondations des piles
en rivière du viaduc sur l'Aulne à Port-Launay.

Dans la partie où ce viaduc a été établi, la rivière est sujette à des marées
qui s'élèvent jusqu'à 5^m.20 au-dessus du niveau moyen, et un peu en aval de ce
viaduc se trouve un barrage éclusé qui maintient les eaux à la cote 3^m.20. Le

fond du lit est à la cote — 2ᵐ.50, soit à 7ᵐ.50 au-dessous des plus hautes mers. Enfin les dimensions de chaque caisson étaient à la base de 22ᵐ.75 sur 10ᵐ.60 ; la superficie atteignait 226ᵐᶜ et le poids 75,000 kilogrammes (32). Les disposi-

tions générales étaient les mêmes que celles des caissons de Lorient et de Quimperlé, mais on avait en outre pris la précaution de clouer, à l'extérieur des parois, le bord supérieur d'une toile dont le bord inférieur était momentanément re-levé, de manière à pouvoir se ra-battre plus tard sur le bourrelet

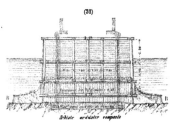

(32)

destiné à étancher à la base. Pour mettre le caisson en place, M. Arnoux a profité, de la manière la plus heureuse, de la faculté qu'il avait de faire baisser momentanément le niveau des eaux par les pertuis du barrage. En effet, le caisson, après avoir été préparé d'abord sur la rive, a été assemblé ensuite au-dessus de son emplacement définitif en faisant reposer le rang inférieur de

moises sur des béquil-les (A) soutenues par 8 bateaux (33). Des rails, empilés sur le bord des bateaux opposé aux bé-quilles, formaient con-trepoids. Quand tout a été prêt, on a fait bais-ser une première fois le niveau des eaux et les béquilles sont ve-

(33)

nues reposer sur le lit de la rivière ; en laissant le niveau diminuer encore un peu, les bateaux se sont trouvés dégagés ; puis, lorsque l'eau a remonté, le caisson s'est mis à flotter et l'on a pu enlever les béquilles. On s'en est servi de nouveau pour saisir le caisson au niveau du troisième rang de moises, et alors, par un nouvel abaissement des eaux, on est arrivé à déposer le caisson sur la surface même du rocher préalablement mis à nu autant que possible. On a placé alors les palplanches verticales, puis, après avoir établi au pourtour du caisson un petit batardeau en argile appuyé contre un coffrage (B), on a rabattu par-dessus la forte toile préalablement réservée à cet effet et qui empêchait toute dégradation par les eaux. Le succès obtenu à la suite de ces précautions a été complet, car sous une charge de 6 à 7 mètres d'eau, ce grand caisson s'est trouvé tellement étanche qu'une seule pompe, fonctionnant pendant deux ou trois heures par jour, suffisait à le tenir parfaitement à sec.

On en a profité pour décaper le rocher jusqu'au vif, ce qui était d'autant plus utile que ce schiste, dont les feuillets étaient inclinés à 45°, présentait beaucoup

(54)

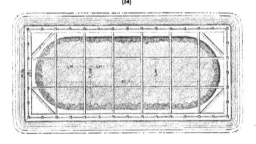

d'inégalités. Les étrésillonnements du caisson (54) ont été faits très solidement, afin d'éviter toute déformation qui aurait pu occasionner des voies d'eau.

Caisson en tôle employé au pont de Nogent-sur-Marne. Au grand pont de Nogent-sur-Marne, pour le chemin de fer de Paris à Mulhouse, M. l'Ingénieur Pluyette a employé, pour une des piles des grandes arches de 50 mètres d'ouverture, un caisson en tôle sans fond. Cette pile était à établir en pleine rivière, à 7 mètres de profondeur au-dessous de l'étiage, sur une couche de gravier compact, recouvert par des alternances de sable et d'argile. Le caisson avait 23 mètres de longueur sur 11^m.20 de largeur et présentait ainsi une superficie de 258 mètres carrés, un peu plus grande que celle des caissons de Port-Launay ; sa hauteur était de 9 mètres, afin que la fondation fût protégée contre les crues d'été, et ses parois étaient consolidées à l'intérieur au moyen de cornières en tôle et de cadres provisoires en bois.

Le caisson fut assemblé par zones horizontales et descendu peu à peu dans l'eau au moyen d'un bâti en charpente établi sur deux grands bateaux. Quand il eut été déposé, après dragage préalable, à la profondeur définitive, on immergea, sur 3 mètres de hauteur, un massif de béton qui fut bien appuyé contre les parois en tôle ; puis, lorsque ce massif eut fait prise, on épuisa dans l'intérieur pour construire les maçonneries.

Ce procédé a réussi, mais il a dû être très coûteux, car l'enveloppe en tôle pesait environ 70 000 kilogrammes ; il parait de plus que malgré la forte épaisseur du béton, les épuisements ont été très considérables. Enfin, si le fond avait été inégal, l'emploi de la tôle ne se serait pas prêté, comme celui du bois, à racheter les différences de profondeur ; la mise en place elle-même a dû être beaucoup plus difficile et coûteuse, puisque le fer ne perd dans l'eau qu'une faible partie de son poids. Nous pensons donc, avec M. Morandière, que cette innovation n'est pas à imiter et qu'il conviendrait de revenir, en pareille circonstance, à l'emploi de caissons en bois.

§ 5. — FONDATIONS SUR BÉTON IMMERGÉ

Lorsque le terrain à traverser pour atteindre le sol incompressible est perméable sur une grande épaisseur, les fondations par épuisement deviennent très coûteuses, et on peut souvent se contenter de fonder sur des massifs de béton immergé. Mais pour que ce procédé réussisse d'une manière durable, il faut : 1° que la couche de fondation soit incompressible et que cette couche puisse être préservée contre les affouillements ; 2° que les pressions restent

Conditions d'applicatio et de réussite du procédé.

modérées ; 3° que le courant soit peu rapide et que l'eau ne soit pas vaseuse ; 4° qu'enfin l'exécution soit faite avec beaucoup de précautions et de soin.

Ce mode de fondation n'a reçu d'applications que depuis les découvertes de M. Vicat, car l'emploi de bon mortier hydraulique est indispensable, et c'est cet Ingénieur éminent qui a fait connaître les moyens de s'en procurer facilement sur la plus grande partie du pays ; c'est lui également qui a fait au pont de Souillac, sur la Dordogne, la première application du béton immergé. Antérieurement, on ne connaissait réellement que deux modes de fondations, épuisements et pilotis.

Le béton immergé peut être employé soit dans des enceintes, soit dans des caissons sans fond.

Béton immergé dans des enceintes. Les enceintes doivent être composées de pieux et palplanches, ou bien de pieux jointifs, et même, dans ce dernier cas, on emploie généralement deux équarrissages, l'un pour les pieux principaux, l'autre pour les pieux intermédiaires : il convient généralement d'en déterminer les dimensions d'après les formules suivantes, dans lesquelles e représente le côté du pieu ou l'épaisseur de la palplanche et h la hauteur entre l'étiage et le sol de fondation :

Pieux principaux. . . . . $e = 0.10 + 0.025 \times h$

Pieux intermédiaires ou palplanches. . . $e = 0.05 + 0.025 \times h$

Cette dernière formule diffère peu de celle de M. Lanteirès, $e = 0.04 + 0.02 \times h$, déjà citée au sujet des batardeaux (page 262), et il convient de remarquer que dans celle-là, h s'applique à toute la hauteur du batardeau au-dessus du sol de fondation.

On a fréquemment, surtout pour des ponts exécutés par des concessionnaires, employé des enceintes beaucoup plus légères, en se contentant d'appliquer sur les pieux principaux des panneaux formés de planches horizontales fixées sur des dosses placées verticalement et qui sont appuyées à l'extérieur par des enrochements. Mais ce mode d'enceinte, qui, au reste, a donné lieu à beaucoup d'accidents, doit être complètement repoussé ; d'abord, parce que si le béton est en avance ou en retard sur l'enrochement, la paroi peut être déplacée dans un sens ou dans l'autre, et qu'il en résulte des disjonctions dans le massif; ensuite, parce que si une crue survient et enlève les enrochements avant que le béton soit devenu très dur, la chute du pont peut en résulter. Il faut considérer surtout que ce système d'enceinte est tout à fait incapable de résister à des crues successives, avant la dernière desquelles on n'aurait pas la possibilité de rétablir l'enrochement entraîné par la première, ainsi qu'on en a constaté de nombreux exemples.

Le dragage du terrain perméable peut être fait soit après le battage, soit auparavant. Dans le premier cas, le cube à enlever est beaucoup moins considérable, mais le dragage et le battage des pieux sont souvent alors longs et difficiles. Il vaut généralement mieux pratiquer un dragage préalable à gueule bée, au moins jusqu'à la profondeur où les machines ordinaires cessent de fonctionner avec avantage : le dragage s'applique dans ce second cas à un cube plus considérable, mais comme il est bien plus facile à exécuter, la dépense n'est ordinairement pas plus forte et le battage des pieux demande beaucoup moins de temps et d'argent. Il ne reste plus après l'achèvement des enceintes qu'à creuser ou nettoyer le fond et à enlever les petites quantités de sable qui ont pu rentrer pendant la période du battage.

On doit toujours commencer la construction des enceintes par l'amont, et il convient de les protéger contre les apports de sables soit par de petites digues en fer à cheval (1), soit par des digues se rattachant à la rive (2). Suivant la profondeur, on construit ces digues avec de simples enrochements ou avec des écrans formés de pieux et de panneaux.

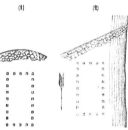

S'il s'agit de travaux considérables, il est indispensable d'avoir à sa disposition une ou plusieurs dragues à vapeur; des sonnettes à vapeur peuvent également être employées avec avantage quand on a beaucoup de pieux à battre; mais leur utilité est moins générale et dépend beaucoup de la fiche que les pieux doivent prendre dans le terrain.

Pour former une enceinte, on commence par battre les pieux d'angle, puis quelques autres pieux principaux, et on les relie le plus promptement possible par des moises provisoires qui guident pour le battage des autres pieux ou des palplanches : il convient d'avoir autant que possible deux rangs de moises, dont l'un est placé soit à l'étiage, soit très près de ce niveau.

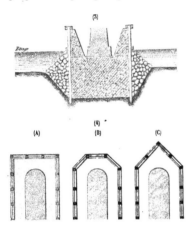

Les enceintes peuvent être terminées en plan suivant les trois formes ci-contre (4). La disposition (B) est la moins bonne, parce que les assemblages des moises sont moins solides ; (A) donne plus d'empattement et ne coûte pas sensiblement plus cher : c'est la disposition la plus fréquemment adoptée sur les rivières à régime calme; mais (C) doit être incontestablement préféré sur les rivières à courant rapide.

Dans tous les cas, il convient d'élever l'enceinte jusqu'au niveau des crues ordinaires d'été et de lui donner en dehors des socles une saillie de 1 mètre au moins, pour permettre l'établissement des petits batardeaux qui sont nécessaires pour la construction des premières maçonneries au-dessus du massif de fondation. Ces batardeaux, figurés sur le croquis (3), ont des parois intérieures légèrement inclinées, qui se composent de petits panneaux en planches appuyées sur les tiges en fer, pénétrant dans le béton de fondation, et le remplissage des batardeaux est fait en béton fin énergique : on pourrait diminuer leur épaisseur en clouant des toiles goudronnées contre les pieux ou en appliquant sur ces pieux un bordage calfaté, descendu assez profondément au-dessous de la surface du massif et relié avec cette surface par un bourrelet en béton de ciment.

Mais en général il vaut mieux se donner la largeur nécessaire pour établir solidement les petits batardeaux supérieurs.

Même avec des enceintes solides, des enrochements sont indispensables pour contre-balancer l'effet de la poussée du béton, ainsi que pour préserver les charpentes contre l'action des corps flottants, au moins pendant les premières années, jusqu'à ce que les bétons aient pris une grande dureté. Seulement, pendant l'exécution, il faut avoir soin de faire déposer à la main, jusque dans l'eau, les enrochements près des parois des enceintes, parce qu'autrement le batillage de l'eau délaverait les mortiers à travers les vides laissés entre les pieux, par suite des irrégularités du battage.

Le béton doit toujours être immergé avec beaucoup de soin, en évitant qu'il soit délavé et en veillant constamment à l'enlèvement des laitances. On doit, pour cette immersion, procéder de l'amont à l'aval, comme l'indique le croquis (5),

en conduisant l'opération de manière à former un seul massif présentant un talus à gradins sur lequel les laitances glissent. L'immersion par couches horizontales s'étendant sur toute la surface de la pile doit être prohibée complètement, parce que dans ce cas les laitances se déposeraient au-dessus de ces cou-

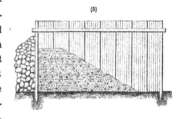

(5)

ches et pourraient plus tard occasionner soit des tassements, soit des disjonctions dans le massif. Il importe donc à un très haut degré de les faire glisser successivement jusqu'à la partie aval de la fouille, d'où on les fait sortir, soit en les chassant à l'extérieur par quelques intervalles ménagés à cet effet dans le côté aval de l'enceinte, soit en les draguant avec soin. Il est utile de presser successivement les divers gradins du béton, afin de les tasser et d'en faire sortir les laitances; mais il faut faire cette opération avec des plateaux en bois assez larges, chargés par des bandes de fer et non en frappant avec des pilons en fonte ou en bois de faible diamètre qui formeraient des trous et détruiraient la cohésion. Enfin, quand on se sert de balais pour faire glisser les laitances, il faut qu'ils soient extrêmement doux.

Le massif de béton doit toujours être élevé un peu plus haut que le plan inférieur des maçonneries, afin que la couche supérieure, presque toujours un peu irrégulière et imparfaite, soit décapée de manière à donner aux maçonneries une assiette très solide. On pose alors l'assise de socle, à laquelle on donne généralement 0^m.40 à 0^m.50 d'épaisseur et on élève ensuite rapidement les maçonneries jusqu'au-dessus du niveau des enceintes.

Le nombre d'ouvrages fondés sur béton immergé dans des enceintes, est très considérable : on peut citer notamment les ponts de Montlouis, de Plessis-lez-Tours, de Cinq-Mars, de Port-Boulet et de Chalonnes sur la Loire, ainsi que ceux qui ont été construits sur le Cher, sur l'Indre et sur la Vienne pour diverses lignes de chemins de fer.

Béton immergé
dans des caissons.

Lorsque le sol sur lequel on doit asseoir les fondations est formé d'un rocher assez dur pour qu'il soit difficile d'y faire pénétrer suffisamment les sabots des pieux, il y a lieu de recourir à l'emploi de caissons sans fond. Une première application de ce procédé avait été faite dans le principe par M. Vicat pour la fondation du pont de Souillac ; mais les dispositions en ont été plus tard perfectionnées et rendues plus pratiques par M. Beaudemoulin, au moment de la fondation des ponts sur le Cher et sur la Vienne pour le chemin de fer de Tours à Bordeaux ; le type employé pour ces ouvrages a été très fréquemment reproduit depuis lors et est encore le meilleur.

L'ossature de ces caissons est formée de montants espacés d'environ 2 mètres d'axe en axe, présentant un fruit et reliés entre eux par plusieurs cours de moises, entre lesquelles, pour achever de former l'enveloppe, on fait glisser des palplanches verticales (6). La partie supérieure peut recevoir à l'intérieur, un bordage calfaté, afin d'éviter l'emploi de petits batardeaux intérieurs et c'est ainsi que l'on a procédé au pont sur la Vienne : la manière dont ce bordage était fixé est indiquée en (B); seulement, dans ce cas, il faut avoir soin de faire descendre le bordage assez bas et, en conséquence, de placer le second rang de moises au moins à 0^m.75 au-dessous de la surface du béton.

Pendant que l'on prépare un caisson sur le chantier, on a soin de draguer le sable ou gravier et de nettoyer ensuite avec un très grand soin le rocher à l'emplacement de la pile ; puis on assemble les pièces du caisson au-dessus d'un plancher supporté par des bateaux qui servent à le conduire en place. On mesure alors

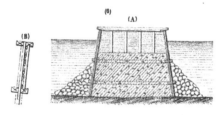

exactement la profondeur à l'aplomb de chaque montant, et on recèpe la base d'après les résultats de ces sondages : cette condition est indispensable pour que, après l'immersion, le caisson ne prenne pas d'inclinaison et que les moises restent horizontales.

On fait descendre ensuite le caisson au moyen de chèvres ou de treuils et, dès que les montants reposent sur le fond, on se hâte de compléter l'enceinte en faisant glisser entre les moises des palplanches verticales ; on les bat légèrement à la masse, puis on les arrête définitivement contre la moise supérieure au moyen de coins en bois, et on consolide la position du caisson par des enrochements. On immerge ensuite le béton avec toutes les précautions déjà décrites ci-dessus pour les fondations dans les enceintes. En outre, si on ne fait pas de petits batardeaux à la partie supérieure, il faut avoir soin de relier la surface du béton au bordage calfaté au moyen d'un bourrelet en béton de ciment.

Dans l'application qui a été faite au pont sur la Vienne, la profondeur du rocher au-dessous de l'étiage était de 4 à 5 mètres ; les rangs de moises étaient au nombre de trois, leur équarrissage de $\frac{0.25}{0.20}$, et celui des montants de $\frac{0.16}{0.16}$; les palplanches n'avaient que 0ᵐ.05 d'épaisseur, et avant de les mettre en place on avait eu soin de laisser entre elles de légers intervalles au lieu de les placer jointives, afin de faciliter l'évacuation des laitances : il était très facile de régulariser les intervalles en clouant de petits tasseaux d'égale épaisseur sur la tranche de chaque palplanche.

Le fruit des montants était de $^1/_5$ à ce pont, et M. Beaudemoulin y avait tenu, parce que le massif de béton présente alors beaucoup d'empattement et de stabilité. Depuis lors on a souvent diminué ce fruit et on l'a même quelquefois supprimé tout à fait : on y trouve l'avantage de pouvoir ainsi, sans accroissement de dépense, augmenter à la surface du béton l'espace nécessaire pour la pose du socle et des premières maçonneries. Mais on est moins sûr de la solidité du massif de béton quand ses parements extérieurs sont verticaux, et par suite on est porté à en augmenter la force. Nous pensons donc que dans la pratique il convient de donner généralement aux parois des caissons $^1/_{10}$ au moins de fruit.

Les fondations effectuées par ce procédé sur le Cher et sur la Vienne n'ont donné lieu qu'à des dépenses très modérées : on doit remarquer qu'en effet on peut employer, pour les caissons, des bois moins forts que pour les enceintes, puisqu'ils sont contenus entre plusieurs rangs de moises horizontales assemblées d'avance avec toute la précision désirable : ainsi, pour 5 mètres de hauteur, il aurait fallu donner $0^m.17$ d'épaisseur aux palplanches d'une enceinte ordinaire ; l'enveloppe du caisson, beaucoup plus légère, est ainsi rendue suffisamment solide, et le cube des enrochements peut sans inconvénient être diminué. Enfin l'exécution est plus rapide, puisqu'on n'a pas de battages à effectuer.

Mais, par contre, les montants des caissons ne pénètrent pas dans le sol comme les pieux, et, par suite, il est indispensable que le terrain sur lequel on asseoit la fondation soit complètement inaffouillable. En résumé, les deux procédés, enceintes et caissons, doivent être employés judicieusement suivant les circonstances, mais l'usage des caissons est toujours le plus économique et, par suite, doit être employé de préférence, toutes les fois qu'il n'y a pas d'affouillements à redouter.

Les caissons en charpente sans fond avec béton immergé ont reçu depuis cette époque un très grand nombre d'applications, notamment à plusieurs ouvrages importants tels que les ponts au Change, Saint-Michel, Louis-Philippe et Solferino, à Paris même, ainsi qu'au grand pont du Point-du-Jour, à Auteuil.

L'emploi du béton immergé, soit dans des enceintes, soit dans des cais- sons, constitue un mode de fondation qui est à la fois rapide et économique; mais de nombreux accidents survenus à la suite des crues de 1875 ont fait reconnaître que ce procédé était loin de présenter, dans certaines circonstances, les garanties nécessaires.

Ainsi, notamment au pont de Pinsaguel, sur la Garonne, qui sert au passage de la route nationale n° 20, à 10 kilomètres en amont de Toulouse, et qui se composait de neuf arches en plein cintre de 10 mètres d'ouverture, quatre sont tombées pendant la crue, et une cinquième, attenante à la rive gauche, est tombée quelques jours plus tard : des fissures très prononcées existaient à gauche de la clef, depuis la chute des autres arches, et indiquaient que la pile avait déjà éprouvé un petit mouvement (7); l'abaissement qui s'est produit plus tard dans le niveau des eaux a fait augmenter la poussée et, par suite, a déterminé la chute (a).

Le pont construit à 100 mètres environ en amont, pour le chemin de fer de Toulouse à Foix, a bien résisté; mais un petit pont sous rails, situé un peu plus loin, a été emporté par la violence des eaux débordées dans une légère dépression de terrain où se trouvait l'ouvrage. Cette même levée a été également sur le point d'être coupée immédiatement après la culée du grand pont par la formation d'un tourbillon ou remous circulaire, entamant d'abord le talus et ensuite le corps du remblai, par des ondes successives, suivant la forme d'un cône renversé (8) : c'est un exemple remarquable de la manière dont l'eau agit dans de semblables circonstances. Les deux ponts de Pinsaguel étaient l'un et l'autre fondés sur le tuf, à 3 ou 4 mètres

(a) Les arches tombées ont été remplacées par des travées métalliques, parce que l'on a cru pouvoir gagner ainsi du temps pour le rétablissement des communications; mais en réalité la construction en métal a éprouvé beaucoup de retards, tandis qu'avec les conditions faciles où se trouvaient les fondations, on aurait pu reconstruire au moins aussi vite les arches en maçonnerie. C'est un exemple des inconvénients qu'entraîne souvent le désir d'aller trop vite.

au-dessous de l'étiage, mais on avait pris plus de précautions pour le pont du chemin de fer, et c'est ce qui l'a sauvé.

Le grave accident arrivé à l'un des ponts d'Empalot, sur la Garonne, situés à 2 ou 3 kilomètres en amont de Toulouse, présente des circonstances très caractéristiques.

Ce pont (9) est celui du petit bras, et les fondations avaient été établies sur

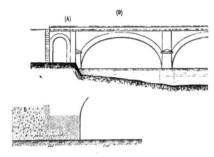

béton immergé, à 4 mètres environ au-dessous de l'étiage, pour les piles et pour la partie attenante à la rivière de la culée rive gauche (A); mais par économie on avait fondé plus haut et par redans le reste de cette culée, comme l'indique la partie de coupe en long (B), de sorte que toute la partie postérieure de cette culée reposait seulement sur du sable et du gravier. Les eaux, après avoir coupé le remblai en B, immédiatement en arrière de la culée, et s'étant frayé par là une brèche, ont affouillé le terrain sur lequel reposaient la petite arche et une partie de la culée : celle-ci a fait d'abord un mouvement en arrière par suite de la poussée de la voûte, puis est revenue s'incliner vers la rivière, après la chute de la partie centrale de l'arche, ainsi que l'ont constaté des photographies. En outre, l'angle d'amont de la culée s'est enfoncé de 0^m.40 dans le sol par rapport à l'angle d'aval. La chute n'aurait probablement pas eu lieu, si l'on avait descendu jusqu'au tuf le massif de la culée, et cette précaution devait être prise dans tous les cas, car l'économie réalisée était insignifiante. Elle n'aurait toutefois peut-être pas suffit pour sauver le pont, parce que l'expérience a prouvé que la surface de ce tuf est fréquemment affouillable et que le courant y a été très violent.

Le pont a été entièrement reconstruit depuis lors en remplaçant les voûtes en maçonnerie par des travées métalliques, et les observations faites sur les fondations des piles ont prouvé que le béton était dans des conditions très inégales : certaines parties ne contenaient que du gravier, et dans d'autres la laitance dominait. L'exécution avait été évidemment défectueuse et les variations du niveau des eaux de la rivière pendant la construction devaient y avoir beaucoup contribué, ainsi que nous allons l'expliquer au sujet du pont de Madame.

Les piles du pont construit sur l'Aude, près de Madame, pour le chemin de fer de Carcassonne à Quillan, ont été fondées en 1873, sur béton immergé dans des caissons. Ce pont comprend 5 travées métalliques reposant sur des piles et culées en maçonnerie. A la pile n° 1, quelques montants, laissés un peu trop longs par suite d'erreur dans les mesurages, furent enfoncés dans le terrain de fondation avec une sonnette (ce qui indiquait peu de dureté pour ce terrain); une crue survenue immédiatement à la suite d'une visite, dans laquelle l'Ingénieur avait reconnu que la fouille était en état de recevoir le béton, y amena une couche de sable vaseux, dont le Conducteur évalua l'épaisseur à 0^m.10 seulement et qui fut enlevée en partie avec des dragues à main; on procéda immédiatement après à l'immersion du béton. Lors de l'épuisement pour la pose des socles, des filtrations abondantes se manifestèrent à travers le massif de fondation; néanmoins les travaux furent terminés et de nombreux trains de ballastage circulèrent même sur le pont sans occasionner de tassement.

Mais pendant la crue du 23 juin 1875, cette pile éprouva un affaissement de 0^m.40 à l'amont et de 0^m.43 à l'aval; il se produisit en même temps un peu de rotation et un léger déversement latéral. Dès que les eaux eurent repris leur niveau normal, on constata que le massif de béton était brisé et qu'il offrait plusieurs larges fentes. On décida qu'il fallait reconstruire la pile sans interrompre le passage des trains, ce qui rendait l'opération difficile.

Pour arriver à ce résultat, on commença par supporter cette partie de la superstructure par de très fortes palées en charpente au-dessous desquelles

Pont de Madame,

36

passait le batardeau (10). On avait donné à celui-ci 2 mètres de largeur, en

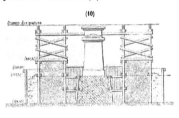

(10)

l'éloignant de 1^m.20 de l'ancien caisson ; puis, pour le défendre contre l'action du courant, on eut soin de battre tout autour une nouvelle enceinte extérieure. Le batardeau avait été rempli en béton de chaux du Teil au lieu de terre argileuse, pour qu'il présentât plus de masse et pour lui donner, à ce que l'on croyait, plus d'efficacité.

Les travaux, commencés le 15 septembre 1875, furent interrompus à plusieurs reprises par le froid et par des crues : celle du 1er avril 1876 détruisit tout ce qui existait alors ; une nouvelle crue amena un grave bouleversement le 19 mai ; enfin, en chargeant beaucoup les bois pour les empêcher d'être soulevés, on parvint à assurer la stabilité du batardeau ; mais les voies d'eau qui se formèrent des passages sous le béton furent très considérables, parce que la couche prise pour du rocher, même par les plongeurs, consistait seulement en cailloux agglutinés. Pour triompher de cette grave difficulté, on fut obligé de construire un contre-batardeau en argile, à l'aide duquel on parvint enfin à mettre la fouille à sec.

On constata, après l'épuisement, que le béton de l'ancienne fondation était divisé en un grand nombre de blocs dont les interstices étaient remplis par

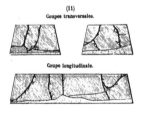

(11)
Coupes transversales.

Coupe longitudinale.

des cailloux délavés, du sable et même de la vase (11). Le béton, quoique immergé depuis près de quatre ans, était peu consistant. Sur aucun point l'ancienne fondation n'avait atteint le rocher, et le béton reposait seulement sur des galets et de l'argile dure. Il était évidemment nécessaire de descendre la fondation plus bas, et en effet elle fut approfondie d'environ 0^m.60. La première assise de maçonnerie fut posée le 17 janvier 1877 : les travaux de reconstruction ont duré quatorze mois et la dépense s'est élevée à 153,000 francs.

Nous nous sommes étendu sur la description de ces travaux parce que dans des ouvrages de ce genre on a très rarement occasion de constater après coup quelle est la vraie nature du sol de fondation et ce qu'est devenu le béton du massif. Cet exemple montre d'abord combien il est difficile de reconnaître d'avance la nature exacte du fond ; souvent, en effet, une couche de cailloux ou de gravier, agglutinée par de l'argile ou de la vase dure, offre une certaine résistance qui la fait prendre pour du rocher, et au-dessous de laquelle on trouve quelquefois un terrain encore moins ferme dans lequel il est indispensable de s'enfoncer jusqu'à une couche tout à fait compacte. D'un autre côté, le battage des pieux et palplanches offre beaucoup d'incertitude sur la nature du terrain, car de gros galets suffisent souvent pour les arrêter : dans des conditions de ce genre, il convient d'avoir recours à des pieux en fer.

Il est prouvé par cet exemple que dans les rivières torrentielles et traversant des terrains tels que ceux où coule l'Aude supérieure, le béton fait prise très lentement, puisque, avec de la chaux du Teil, la prise était encore incomplète après trois ans dans le caisson et après six mois dans le batardeau, quoiqu'on eût apporté les plus grands soins à la fabrication et à l'emploi du béton dans les travaux de réparation. Cette lenteur extrême dans la prise doit, à notre avis, être attribuée à la qualité du sable, ou plutôt à l'argile que les eaux amènent en suspension à chaque crue et qui se dépose sur le béton : chaque petite couche amenée par des crues incessantes détermine nécessairement des solutions de continuité dans le massif.

En résumé, ce mode de fondation, qu'il serait très regrettable de prohiber d'une manière générale, attendu que dans un très grand nombre d'exemples il a donné d'excellents résultats, ne doit être appliqué, à notre avis, qu'avec un fond de *rocher très compact*, pouvant être mis à nu facilement, ou de *gravier incompressible, avec des enceintes descendues très bas et dans des eaux claires*. Il faut l'écarter quand la *dureté du sol inférieur est variable*, quand ce *sol est affouillable au-dessous des pieux*, et enfin lorsque le cours d'eau est *rapide, torrentiel*, et que ses eaux apportent de la *vase* ou de l'*argile* à la moindre crue.

Les fondations que nous venons de décrire ont été souvent pratiquées avec
succès dans des terrains affouillables, mais alors il est indispensable de
prendre des précautions pour les préserver. Nous allons décrire successivement les divers moyens mis en œuvre dans ce but.

De simples enrochements constituent le moyen de défense le plus ordinaire, car en même temps qu'ils servent à consolider les enceintes, ils empêchent les affouillements de descendre jusqu'au sol de fondation. Mais pour
la réussite de ce procédé, il est indispensable que les enceintes descendent
au moins jusqu'à 2 mètres au-dessous de la limite des plus forts affouillements connus dans le lieu où l'on opère. Il convient en outre que les enrochements soient d'un poids assez considérable pour résister à l'action du
courant. On leur donne généralement la section ci-contre (12), c'est-à-dire

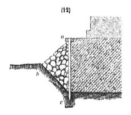

qu'on les appuie sur le talus de la fouille pratiquée dans le dragage, et qu'ils sont terminés
à la partie supérieure par le talus qu'ils prennent naturellement ; le sable vient ensuite com-
bler promptement les vides du triangle a, b, c.
Mais dans les crues, si le sable ou gravier sur
lequel s'appuie l'enrochement est enlevé, celui-
ci s'ébranle et se détache de l'enceinte sur une
partie de la hauteur ; puis, si les pierres elles-mêmes sont entraînées par la
violence du courant, la fondation reste sans défense. Il faut donc, après chaque
crue, et même pendant la crue toutes les fois que c'est possible, faire sonder
l'état des enrochements et se hâter de les rétablir, car une nouvelle crue,
survenant avant cette réparation, pourrait amener la ruine de l'ouvrage. On
emploie souvent, en cas d'urgence, des sacs en toile remplis de béton, de
chaux et même de sable, quand on n'a pas à sa disposition des pierres
suffisamment grosses.

Pour les anciens ponts, principalement quand ils étaient fondés sur pilotis,
on employait fréquemment des crèches formées d'un rang de pieux ou pal-

planches, reliés par des moises à la fondation même et formant ainsi des cases qui étaient remplies d'enrochements (13). Ces enrochements étaient

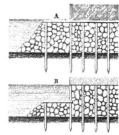

(13)

beaucoup moins mobiles que ceux à pierres perdues employés contre les parois d'une fouille de fondation ; seulement, quand on les élevait jusqu'au niveau de la plate-forme, suivant la disposition (A), l'angle de la crèche était exposé au choc des bateaux et des corps flottants. Il est bien préférable de recéper plus bas les pieux de la crèche comme en (B) : le système de protection devient alors réellement très efficace.

Au pont de Tarascon, sur le Rhône, où les affouillements atteignent quelquefois 12 à 14 mètres de profondeur, des enrochements ordinaires auraient été complètement insuffisants, et d'ailleurs la vitesse des eaux ne permettait pas de faire un dragage à gueule bée. On a pris le parti de battre deux enceintes parallèles, espacées de 3^m.10, on a dragué dans l'intervalle et on y a déposé 4 assises de grosses pierres débruties ayant

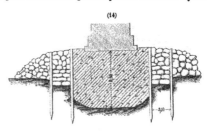

(14)

3 mètres de longueur et cubant chacune environ 2^m.50 (14). Puis on a complété les enrochements avec de gros moellons ordinaires, tant entre les deux lignes d'enceinte que du côté extérieur, et enfin on a dragué à l'intérieur jusqu'à 8^m.50 de profondeur et rempli en béton immergé la fouille ainsi préparée. La dépense a été considérable, mais les fondations ont bien résisté.

On a essayé dans le Midi l'emploi d'une résille en fer rond, articulée à tous les assemblages, fixée d'un côté aux maçonneries par des ancrages et terminée

Résille Chaubard.

de l'autre par des poids qui, en l'obligeant à s'appliquer contre les enrochements, rendent solidaires les différentes parties du massif (15). Les fers

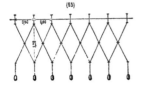

employés ont des diamètres de 6 à 40 millimètres : la dimension la plus ordinaire est
celle de 0ᵐ.016, mais quand le diamètre est
faible, le fer est usé très rapidement par
les gros cailloux ou les fragments de rocher
que roulent les rivières à courant rapide;
tandis qu'avec de forts diamètres, le sys-
tème deviendrait dispendieux. En outre les assemblages ne paraissent pas
être suffisamment solides. Pour recevoir des applications efficaces, ce système
aurait besoin d'être beaucoup perfectionné.

Un mode de défense bien préférable consiste à entourer la base du massif de
fondation avec de gros blocs artificiels en maçonnerie que l'on descend avec
précaution au pied de l'enceinte, en prenant soin de bien entre-croiser les joints
et de donner aux blocs une assiette très stable. On a rarement besoin d'en

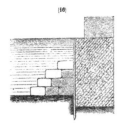

mettre autant que l'indique le croquis (16) :
2 rangs, ou 3 à la rigueur, suffisent généralement. Cette disposition est excellente et ne saurait être trop recommandée, d'abord parce que
les blocs, en raison de leur forme, de leurs dimensions et de la profondeur à laquelle on les
pose, sont très difficiles à déplacer et ensuite,
parce qu'ils n'empiètent presque pas sur le lit
de la rivière; tandis que les enrochements ordi-
naires diminuent beaucoup la section d'écoulement, surtout quand l'ouverture
des arches est faible, et augmentent par suite, d'une manière très notable la
vitesse du courant.

Plates-formes en fascines. Les Hollandais appliquent un autre procédé, qui convient d'une manière
toute spéciale à leur pays où les pierres sont très rares, mais dont on pourrait
aussi faire ailleurs des applications avantageuses. Il consiste à tapisser le lit,

sur une grande largeur autour de la pile, avec des plates-formes en fascines sur lesquelles reposent des enrochements. Les fascines sont formées avec des branches flexibles de saules, aulnes, peupliers, etc., et ont en moyenne 0^m.125 de diamètre. On en forme d'abord de longs saucissons avec lesquels on constitue le cadre inférieur dont les cases ont 0^m.90 à 1^m.00 de côté (17); on le recouvre avec un autre cadre semblable, dis-posé à angles droits sur le premier et on relie les intersections par des cordes goudronnées dont les bouts sont provisoirement relevés sur des piquets; puis on place, au-dessus du pre-mier cadre, un rang de fascines jointives affleu-rant le second cadre; on recouvre la surface ainsi formée par un ou deux rangs de fascines jointives et on termine par un dernier rang de saucissons dont les intersections sont reliées avec les cordes goudronnées dont il a déjà été fait mention. On enfonce alors des piquets dans ces intersections ou dans une partie d'entre elles seulement, suivant que l'on veut avoir des cases plus ou moins grandes pour retenir les enrochements; on entoure les piquets de clayon-nages, et quand la plate-forme est ainsi préparée, on la lance à l'eau, on la conduit au lieu d'emploi et on la fait enfoncer jusque sur le sol du lit de la rivière, en chargeant d'enrochements les cases précédemment formées.

Ces plates-formes, avec les enrochements qui les recouvrent, ont générale-ment 0^m.50 d'épaisseur : on les emploie principalement en Hollande à des défenses de rives ou à la construction de jetées et de barrages; dans ces diverses circonstances on leur donne souvent de très grandes superficies, 2000 ou 2400 mètres par exemple. Mais on les utilise aussi dans ce pays pour la défense des piles de ponts (18). On les dispose dans ce cas sur le fond de la rivière, tout autour de la pile, en leur donnant une largeur proportionnée à la profondeur que peuvent atteindre les affouillements. Lorsque ceux-ci se pro-duisent, la plate-forme se replie de manière à en épouser la forme, en passant par exemple de la position (A) à la position (B), et la fondation de la pile reste toujours parfaitement protégée, non seulement parce que l'affouillement

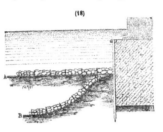

(18)

n'arrive pas jusqu'à elle, mais encore parce que les cases du clayonnage retiennent la plus grande partie de l'enrochement. Ces plates-formes ont une flexibilité extrême : il en existe qui se sont repliées jusqu'à 20 mètres de profondeur au pied du barrage du Scheur, près de l'embouchure de la Meuse. Il serait très désirable de voir faire en France des applications de ce mode de défense pour les fondations des piles de ponts et aussi, dans bien des cas, pour la défense des rives.

Radiers généraux. Les radiers généraux peuvent être considérés à deux points de vue :

1° Comme répartissant le poids de l'ouvrage sur une grande surface.

2° Comme servant de protection contre les affouillements.

Sous le premier rapport, ils présentent dans les terrains compressibles des avantages incontestables. Toutefois, leur efficacité, au point de vue de la pression sur le sol, ne s'étend que sur une certaine distance de part et d'autre des supports. Ainsi, par exemple, pour un petit pont tel que (19 A) on peut admettre

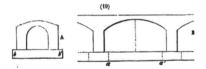

(10)

que la pression se répartit sur toute la base $b\,b'$. Mais si l'ouverture dépasse dans une forte proportion l'épaisseur des supports, comme dans le croquis (19 B), il est évident que la plus grande partie $a\,a'$ du radier, au-dessous de la partie centrale de l'arche, ne peut pas, à moins que les épaisseurs ne soient très fortes, être considérée comme aidant directement à supporter l'ouvrage : cette partie centrale pourrait tout au plus, dans certains cas, présenter quelque utilité pour maintenir l'écartement des piles dans un terrain vaseux.

Sous le second rapport, celui de la protection contre des affouillements, les radiers sont souvent utiles pour les petits ouvrages en empêchant les eaux de raviner le sol et par suite de déchausser les fonda-tions des culées ; seulement il est indispensable que le radier soit terminé à ses deux extrémités par des murs de garde tels que C (20), dont la fondation des-cende au moins aussi bas que les culées elles-mêmes. Cette disposition permet même quelquefois de fonder les culées moins profondément qu'on le ferait sans cela ; elle ne coûte pas cher, parce que,

(20)
Coupe transversale.

Coupe longitudinale.

pour un petit ouvrage, la distance entre les culées est faible et elle ne présente pas de danger tant que les eaux ne sont ni très abondantes, ni très rapides.

En ce qui concerne les grands ponts, l'exemple du pont de Moulins sur l'Allier, construit par M. de Régemorte au siècle dernier et qui a parfaitement résisté dans un emplacement où deux ponts avaient été successivement emportés par les crues, a porté à attribuer à l'emploi d'un radier général le succès obtenu. Conformément à la coupe ci-contre, la largeur du radier proprement dit est de 20 mètres, mais avec les risbermes de défense elle s'étend jusqu'à 33 mètres (21). Ce radier, dont le niveau est arasé à 1 mètre sous l'étiage, pré-sente une épaisseur de $1^m.60$ de maçonnerie et repose sur une très faible couche de terre argileuse recouverte par un plancher. Cette cou-

(21)

che a été employée pour permettre d'épuiser au-dessus du sable fin qui con-stitue, sur une très grande profondeur, le lit de la rivière, et des précautions spéciales ont été prises pour qu'elle fût d'égale épaisseur sur toute la surface, afin de ne pas occasionner de tassements inégaux. Les défenses du radier contre les affouillements consistent en 5 rangs de palplanches de 7 mètres de fiche dont 2 en amont et 3 en aval. Les palplanches étaient assemblées à grain d'orge et fortifiées par des pieux de distance en distance ; tous les bois étaient d'ail-leurs solidement moisés et reliés entre eux : c'est à ces précautions, qui ren-

57

daient solidaires toutes les parties de la fondation, à la grande largeur du radier
et à l'excès de fiche des palplanches sur les affouillements de 5 à 6 mètres précédemment constatés, que le succès doit être attribué. Sur les dessins de l'ouvrage de M. de Régemorte, rien n'indique qu'on ait mis des enrochements à
l'extérieur des files extrêmes de palplanches, mais on en a ajouté plus tard avec
raison.

On a conclu de ce succès que tous les ponts à construire sur l'Allier devaient
être fondés sur radier général, et M. l'Ingénieur en chef Jullien en a fait une
nouvelle application au pont-canal construit sur cette même rivière, au Guétin,

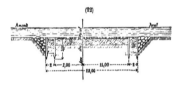

près du confluent de la Loire (**22**).
Le radier a 1ᵐ.65 d'épaisseur sous
le pont proprement dit et présente
en outre, tant en amont qu'en aval,
deux murs de garde de 3ᵐ.50 de
profondeur et 2 mètres de largeur.
Les palplanches descendent jusqu'à
5 mètres en contre-bas de la surface supérieure du radier dont la largeur est
de 22 mètres, en y comprenant les murs de garde.

M. l'Ingénieur en chef A. Boucaumont a fait construire plus tard, un peu en
amont du pont-canal, un pont destiné au passage du chemin de fer du Centre.
Cet ouvrage a été fondé d'après les mêmes principes ; seulement la forme du

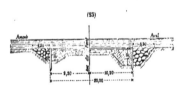

radier diffère un peu (**23**). Sa largeur totale est de 20 mètres et il
a seulement 1 mètre d'épaisseur
au-dessous du pont ; mais cette
épaisseur est portée à 3 mètres
dans le mur de garde d'amont et
à 4 mètres dans celui d'aval : ces
murs sont défendus chacun par une seule file de pieux et palplanches, contre
laquelle s'appuient des enrochements.

Dans ces divers exemples, on a donné plus de résistance à l'aval qu'à l'amont,
parce que l'on croyait alors que les affouillements tendaient surtout à se pro-

duire du côté d'aval. M. l'Inspecteur général Mary a émis l'opinion contraire et l'a justifiée par de nombreux exemples qui ont ensuite été corroborés par les effets des crues de 1856. Il est donc maintenant bien certain que les fondations des ponts doivent être protégées à l'amont au moins autant qu'à l'aval.

Les accidents de 1856 ont prouvé également que l'emploi des radiers généraux, appliqués à de grands ouvrages et sur des rivières à fond mobile, était très dangereux lorsque la vitesse des eaux est considérable. On comprend en effet qu'avec un régime torrentiel, d'après lequel le volume des eaux augmente en quelques heures dans une énorme proportion, il y ait danger à opposer à la rivière un seuil fixe qui empêche les eaux de creuser le lit entre les piles et qui, en privant le pont de ce supplément de débouché, accroît nécessairement beaucoup la hauteur de chute. Sans doute un radier présente l'avantage d'empêcher les affouillements sous les arches mêmes, mais il ne s'oppose nullement à ce qu'il s'en forme en amont et en aval d'où ils s'étendent rapidement au reste de l'ouvrage ; tandis qu'il les favorise au contraire par l'obstacle qu'il apporte à l'écoulement et par l'augmentation de hauteur de chute qui en est infailliblement la conséquence. Enfin, les radiers généraux coûtent fort cher et il est facile de se rendre compte qu'avec de grandes arches on emploierait bien moins de maçonnerie et on ferait moins de dépenses pour approfondir les fondations des piles que pour établir un large radier sur toute l'étendue de l'ouvrage. En effet, si on prend pour base de comparaison le pont du chemin de fer au Guétin, dont les arches ont seulement 20 mètres d'ouverture, on trouve que la dépense aurait été sensiblement la même, en faisant reposer les voûtes sur des piles isolées dont on aurait descendu les fondations jusqu'à 8 [mètres sous l'étiage, qu'en employant la fondation sur radier général qui a été exécutée et dont les murs de garde n'ont été descendus que jusqu'à 3 mètres en amont et 4 mètres en aval. Il en résulte évidemment que, dans cette même situation et avec des arches plus grandes, l'emploi de piles isolées aurait produit une économie notable, tout en amenant une diminution importante dans le remous et par suite en accroissant beaucoup les conditions de stabilité. Le système employé au Guétin a réussi, parce que dans cette partie, où l'Allier va se réunir à la Loire, les affouillements n'atteignent pas de grandes profondeurs, mais il a au contraire entrainé sur d'autres points la chute de plusieurs ponts importants.

En résumé, la disposition qui consiste à fonder sur piles isolées, à de grandes profondeurs, en laissant aux eaux la faculté de creuser leur lit autant que le permet la nature du terrain, doit incontestablement être adoptée de préférence pour les grands ouvrages et devient impérieusement nécessaire lorsque le régime de la rivière est torrentiel. Cette solution, justifiée par l'expérience, a été recommandée par plusieurs Ingénieurs éminents, notamment par M. l'Inspecteur général Lefort.

Estacades.   Quelquefois, au lieu de radiers généraux, on s'est contenté d'employer, pour protéger un pont, des estacades en charpente ; il en a notamment été construit une à Orléans en 1761 par Perronet et une autre a été établie à Amboise en 1820.

Plan.   (24)   Coupe.

C'est à cette dernière que s'applique le croquis (24). Elles étaient l'une et l'autre établies en aval des ponts et ont suffi pour leur destination. Mais le succès est dû à ce que les affouillements n'ont pas été assez forts pour déchausser les pieux et il ne faudrait pas y compter d'une manière générale : toutefois des estacades indépendantes sont moins dangereuses que les radiers sur de larges rivières.

Fondations exécutées en Hollande avec cuvelages en fonte.   On a employé en Hollande, il y a quelques années, pour des fondations avec béton immergé dans des caissons, une disposition suivant laquelle les caissons, au lieu d'être descendus de suite à leur position définitive après dragage en grand, sont d'abord posés seulement sur le fond du lit et abaissés ensuite graduellement à l'aide d'un dragage intérieur. Cette disposition est surtout utile pour les fondations à établir à de grandes profondeurs, sur une couche solide recouverte de vases ou terres assez fluentes pour qu'une fouille préalable à gueule-bée y soit presque impossible à pratiquer.

Les caissons consistent en cuvelages formés d'une série de zones horizontales en plaques de fonte avec nervures réunies par des boulons : ces nervures sont combinées non seulement pour servir aux assemblages des nombreuses plaques de l'enveloppe, mais aussi de manière à donner aux parois toute la solidité nécessaire pour résister aux pressions extérieures. Par suite, elles présentent des saillies variables dont le maximum correspond aux parties où la courbure de l'enveloppe est la plus faible. La section horizontale de l'ensemble du cuvelage est une sorte d'ellipse plus ou moins allongée.

Ainsi pour un pont sur le canal du Nordzée (25), les piles intermédiaires (A)

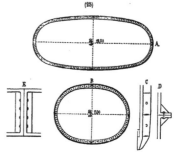

avaient 12 mètres de longueur sur 4^m.30 de largeur et la pile centrale (B), destinée à servir de pivot pour la travée tournante, avait 7 mètres sur 5^m.50 ; la hauteur du cuvelage était dans l'un et l'autre cas de 11 mètres ; les zones horizontales avaient 1^m.50 de hauteur dans la partie basse et 0^m.75 seulement sur le reste. Enfin la zone inférieure présentait un tranchant (C) et les assemblages des diverses parties de l'enveloppe sont figurés horizontalement par (D) et verticalement par (E).

Pour mettre un caisson en place, on commençait par établir autour de l'emplacement de la pile un échafaudage supporté par des pieux et sur lequel on assemblait les premières zones, puis on les saisissait à l'intérieur des nervures par des tiges en fer à crochets, terminées au sommet par des vis de rappel et on les faisait descendre ainsi jusqu'au fond du lit. On installait ensuite à l'intérieur une drague verticale à godets, avec laquelle on effectuait la fouille en ayant soin de travailler principalement dans la partie centrale pour éviter que le terrain ne s'éboulât trop brusquement sous les parois : le caisson était dirigé dans sa descente par des guides fixés aux pieux de l'échafaudage. Quand la fouille était parvenue à une couche suffisamment résistante, on remplissait l'enceinte

en béton immergé sur 6 mètres de hauteur; puis, après avoir pris soin d'étançonner les parois à l'intérieur, on épuisait et on construisait ainsi facilement
le reste des maçonneries.

M. l'Ingénieur en chef Van Prehn a exécuté de cette manière, sur les canaux
du Nord-Holland et du Nordzée, pour le chemin de fer de Nieuwe-Diep à
Amsterdam, des ponts dont les fondations atteignaient 10, 11 et 12 mètres
sous l'eau. Ces résultats remarquables auraient été fort difficiles ou plus dispendieux à obtenir par d'autres moyens, et par conséquent, bien que plusieurs
accidents se soient produits et notamment que quelques ruptures aient eu lieu
en cours d'exécution dans les cuvelages, on doit reconnaître que ce mode de
fondation peut être très utile dans des conditions analogues à celles qui viennent
d'être indiquées. Il n'est pas certain que l'on eût mieux réussi en employant la
tôle au lieu de fonte, et certainement on aurait plus de difficultés en se servant
de caissons en bois ordinaires, à cause des étrésillonnements intérieurs qui
auraient été indispensables pour maintenir les parois; mais peut-être aurait-on
trouvé avantage à se servir du bois en employant, sur une échelle restreinte,
des dispositions analogues à celles qui ont été appliquées pour le pont de
Poughkeepsie aux États-Unis et dont nous allons donner la description.

Fondations
du grand pont
de Poughkeepsie.

Ce pont est un ouvrage colossal qui comprend 5 travées de 160 mètres d'ouverture chacune, placées à 62 mètres de hauteur au-dessus des eaux de
l'Hudson. La profondeur du lit est de 15 à 18 mètres, et il a fallu aller chercher jusqu'à 30 et 38 mètres au-dessous des basses mers, un terrain suffisamment
résistant pour que l'on pût y faire reposer les fondations. Ce terrain consiste en
rocher pour les culées et en gravier compact pour les piles : au-dessus de ce
gravier on trouve des couches successives de sable, d'argile bleue et de vase,
comme l'indiquent les croquis (26).

On a employé pour les fondations des piles des caissons de $30^m.72$ de longueur sur $18^m.48$ de largeur et qui sont entièrement construits en pièces de
bois de pin, ayant $0^m.30$ d'équarrissage. Chacun des caissons est divisé, par
4 cloisons longitudinales et 7 cloisons transversales, de manière à former en
plan 40 cases (C). A chacune de ces cases correspond un compartiment ou tuyau

rectangulaire sur toute la hauteur du caisson (A et B) ; seulement les 12 cases marquées *v* sur le plan restent vides, tandis que les 28 autres se terminent par des parties inclinées en forme de trémie et ont été remplies graduellement de béton, de manière à déterminer l'immersion, en la réglant d'après

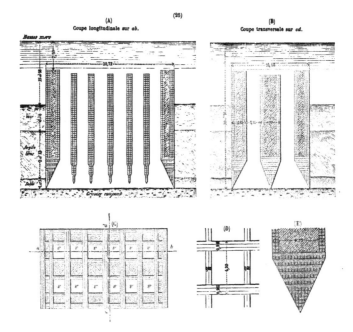

(26)

(A)
Coupe longitudinale sur *ab*.

(B)
Coupe transversale sur *cd*.

la hauteur des eaux. Chacune des parois des compartiments est formée soit de 3, soit de 2 pièces de bois placées horizontalement, juxtaposées dans chaque assise et croisées d'une assise à l'autre (D). Les compartiments à remplir de béton sont terminés à la base en biseau, soit par un seul tranchant pour les cases extrêmes, soit à deux tranchants pour les cases centrales (E) ; ces biseaux sont les uns et les autres armés en fer. Les 12 cases vides contenaient des dragues verticales au moyen desquelles avait lieu l'enlèvement des déblais et on envoyait au besoin dans le fond des plongeurs munis de scaphandres, soit pour dégager les obstacles qui s'opposaient à la descente, soit pour régler le sol de fondation quand on y était arrivé.

Le cube des bois employés pour une pile s'est élevé à 5900 mètres et le poids des fers à 350 000 kilogrammes. Les caissons ont été combinés avec une habileté remarquable et offrent un aspect de solidité tout à fait rassurant.

Ce procédé présente sur tous les précédents l'avantage de s'appliquer à des profondeurs presque indéfinies et certainement plus grandes que toutes celles atteintes jusqu'à présent, puisqu'une pression d'air comprimé correspondant à une hauteur d'eau de 36 mètres ne paraît pas pouvoir être supportée par l'organisation humaine ; toutefois il faut remarquer qu'au delà de cette profondeur on devrait renoncer à l'emploi des scaphandres et se contenter de travailler à la drague, ce qui exigerait que le terrain ne présentât aucun obstacle de nature à arrêter la descente du caisson.

Fondations sur grillages ou enrochements. Les enrochements sur fondations ou grillages, fort usités autrefois, s'appliquent au cas où le terrain, tout en présentant dans son ensemble une résistance suffisante pour supporter la construction, n'est pas d'une nature homogène et par suite pourrait donner lieu à des tassements dans certaines parties des maçonneries. Les grillages sont composés de fortes pièces de bois assemblées ensemble de manière à former des cadres ; souvent ces cadres sont recouverts d'un plancher, de sorte que la base de la fondation est dans ce cas une grande plate-forme qui sert à répartir la pression sur toute la partie du sol à laquelle elle correspond ; d'autres fois on s'est borné à remplir par des enrochements bien battus à la hie les vides compris entre les cadres et on formait ainsi un massif sur lequel la charge se trouvait encore assez bien répartie.

Enfin la fondation sur enrochements seuls consiste à en recouvrir le sol et à les battre fortement en augmentant leur épaisseur dans les parties les moins résistantes.

Mais ces moyens de répartir la pression sont beaucoup moins sûrs que celui qui résulte de l'emploi d'un massif en béton, parce qu'à moins de donner de très fortes épaisseurs aux pièces du grillage, celles-ci peuvent fléchir sous la charge et que d'ailleurs les bois ne se conservent bien dans le sol qu'à la condition d'être noyés. On comprend qu'autrefois, quand les chaux hydrauliques étaient rares et quand on ne faisait pas usage de béton, les fondations sur grillages et enrochements aient reçu des applications nombreuses; mais aujourd'hui il convient de n'y avoir recours que rarement, pour de petits ouvrages et lorsqu'il doit en résulter une grande économie. Ce sont donc les massifs en béton qu'il faut employer principalement quand le sol de fondation n'est pas suffisamment homogène; seulement on doit avoir soin de donner au massif une épaisseur en rapport avec son étendue et avec la charge qu'il doit supporter. On en voit quelquefois faire ou projeter des applications qui ne peuvent pas inspirer confiance. Pour s'en rendre compte, il suffit presque toujours de considérer le massif comme une large dalle et de se demander si l'épaisseur de cette dalle est en rapport avec ses autres dimensions, ainsi qu'avec la charge qu'elle doit supporter.

------

§ 4. — FONDATIONS SUR PILOTIS

L'emploi des pilotis pour fondations a été beaucoup réduit depuis l'intro- duction des procédés par béton immergé et par l'air comprimé. Néanmoins il est généralement économique, pour de petits ouvrages, dès que la profondeur de fondation atteint 4 ou 5 mètres, et même pour des ouvrages importants, lorsque le sol de fondation est placé très bas; enfin il devient indispensable lorsque, par suite de la nature indéfiniment compressible du sol, on est obligé de compter seulement sur le frottement latéral.

D'une manière générale ce mode de fondation consiste : 1° à battre des pieux en nombre suffisant pour qu'ils puissent supporter avec sécurité le poids de la construction; 2° à recéper ces pieux dans un même plan et à relier solidement leurs têtes entre elles; 3° à établir au-dessus d'eux des

Conditions générales de l'emploi des pilotis.

plates-formes assez solides pour qu'on puisse y faire reposer avec confiance l'ouvrage proprement dit : ces plates-formes peuvent elles-mêmes être constituées soit par des planchers très résistants, soit par des massifs de béton.

Charges pratiques dans les terrains incompressibles Lorsque le sol inférieur sur lequel doit reposer la base des pieux est incompressible et qu'en même temps le terrain à traverser offre latéralement assez de consistance pour que ces pieux ne soient pas exposés à fléchir, on peut facilement les charger d'une manière permanente de 30 à 35 kilogrammes par centimètre carré de section : ainsi, pour un pieu carré de 0^m.30 de côté on adopte ordinairement une charge de 30,000 kilogrammes (ce qui correspond à 33 kilogrammes par centimètre carré), et pour un pieu carré de 0^m.25 on admet en général 20,000 kilogrammes (soit 32 kilogrammes par centimètre superficiel). Mais quand on est fondé à compter d'une manière absolue sur la résistance latérale du terrain, la charge peut être notablement augmentée. Ainsi, au pont de Neuilly, les pieux de fondation de 0^m.325 de côté ont été chargés par Perronet de 52,000 kilogrammes chacun, ce qui correspond à environ 50 kilogrammes par centimètre carré, et les fondations de ce célèbre ouvrage n'ont pas éprouvé le moindre tassement. Des charges aussi considérables doivent évidemment être regardées comme une limite supérieure, et il convient de ne les adopter qu'avec des bois d'excellente qualité, après avoir acquis la certitude que les pieux seront maintenus dans le sol sans aucune flexion : dans des circonstances plus habituelles, nous pensons que l'on pourrait sans inconvénient porter la charge par centimètre carré à 35 ou 40 kilogrammes.

Dans les fondations ordinaires, les pieux sont généralement espacés de 0^m.80 à 1^m.20 d'axe en axe. Il en résulte qu'avec l'espacement de 0^m.80, la charge de 30,000 kilogrammes reposant sur un pieu carré de 0^m.30 de côté correspondrait seulement à $\frac{30,000}{6,400} = 4^{kg}.67$ par centimètre carré de plateforme, et qu'en portant cette charge à 40,000 kilogrammes, on n'arriverait encore qu'à 6^{kg}.25 ; or, des pieux de 0^m.30, espacés d'axe en axe de 0^m.80 seulement, sont très rapprochés, ce qui montre qu'en général les fondations sur pilotis ne peuvent pas supporter avec sécurité des ouvrages à la base desquels la pression dépasserait 6 kilogrammes par centimètre. Cette pression correspond à la limite ordinairement admise pour les ouvrages placés dans des conditions ordinaires de construction, de sorte qu'à moins de précautions ou de circonstances toutes spéciales, l'emploi des pilotis ne doit pas être admis pour la fondation d'ouvrages fortement chargés.

Les pieux n'arrivent presque jamais à un refus absolu, et il serait même dangereux de chercher à l'atteindre, parce que l'on s'exposerait à briser le bois. On doit donc se borner à une résistance relative, et l'on considère en général qu'un pieu est parvenu à un refus suffisant lorsqu'il ne s'enfonce plus que de 3 à 4 millimètres par coup, sous le choc d'un mouton pesant 600 kilogrammes et tombant de 4 mètres de hauteur. *Limites de refus.*

Ainsi, au pont de Neuilly, pour des pieux dont la charge devait atteindre 50 kilogrammes par centimètre carré, on s'est contenté du refus de 4^{mm}.5 par volée de 25 coups d'un mouton de 600 kilogrammes, avec une sonnette à tiraudes. A Bordeaux, où les pieux portent chacun 22,000 kilogrammes, le refus était limité à 5 millimètres par coup d'un mouton de 550 kilogrammes tombant d'une hauteur de 4 à 5 mètres. Enfin, à Rouen, on a exigé un refus plus rigoureux, car il était de 1 millimètre par coup d'un mouton de 600 kilogrammes dont la hauteur de chute était, il est vrai, réduite à 3^{m}.50.

C'est avec des refus compris dans les limites ci-dessus que l'on peut faire porter avec sécurité aux pieux les charges précédemment mentionnées, ainsi que l'on pourrait en compléter la justification par des exemples déduits d'un grand nombre d'autres ouvrages. Il en résulte que quand ces refus sont atteints, la base des pieux doit être considérée comme parvenue jusqu'au terrain incompressible.

Mais lorsqu'il s'agit de terrains indéfiniment compressibles, ceux où les pieux ne sont presque exclusivement retenus que par le frottement latéral, on ne peut pas en général déterminer d'avance le refus auquel doit arriver chaque pieu, et par suite on est obligé de faire varier les charges d'après les enfoncements constatés. Les Hollandais, dont le sol est presque partout *Charges pratiques dans les terrains indéfiniment compressibles.*

formé de terrains de cette nature, emploient la formule suivante pour calculer le poids que l'on peut faire porter avec sécurité à un pieu, d'après
l'enfoncement moyen obtenu sous les derniers coups de mouton :

$$R = \frac{BH}{6e} \times \frac{B}{B + P} \cdot$$

Dans cette formule, R représente le poids à faire supporter par le pieu,
H la hauteur de chute du mouton, B le poids de ce mouton, P le poids du
pieu (déduction faite de la perte due à la partie immergée) et e la pénétration
effectuée par le dernier coup de mouton.

Par application de cette formule, on a admis, pour la fondation des écluses
du Zuiderzée, près d'Amsterdam, que les pieux qui ne pénétraient que de
11 centimètres sous les dix derniers coups d'un mouton de 800 kilogrammes
tombant de 4 mètres de hauteur, pourraient porter chacun 34,000 kilogrammes,
et que ceux qui, dans les mêmes conditions, s'enfonçaient de 77 centimètres,
ne pourraient porter que 5,000 kilogrammes.

Le premier de ces refus, qui revient à $0^m.011$ par coup pour une charge de
34,000 kilogrammes, est bien moins rigoureux que celui de $0^m.005$ exigé à
Bordeaux pour une charge de 22,000 kilogrammes seulement.

La formule ci-dessus pourrait également servir pour calculer le refus à
exiger pour une charge déterminée, mais il faut alors limiter la charge à une
faible valeur, car autrement on se trouverait conduit à un refus dont la réalisation serait impossible.

Battage ou enfoncement
des pilotis.

Le battage des pieux est toujours opéré avec des sonnettes, soit à tiraudes,
soit à déclic ; les premières suffisent pour les petits ouvrages, lorsque la profondeur de fiche à atteindre est peu considérable et que le terrain à traverser
ne présente pas une grande résistance. Pour les ouvrages importants, il faut
employer des sonnettes à déclic et même des sonnettes à vapeur, lorsque le
nombre de pieux à battre est considérable. Dans tous les cas, le battage doit
être surveillé avec un très grand soin : il faut en faire tenir très régulièrement
des carnets sur lesquels sont notés pour chaque pieu le nombre de coups, le

poids du mouton, la hauteur de chute, la flche obtenue, le refus auquel on s'est arrêté, etc. ; les résultats doivent être comparés attentivement, afin que s'ils présentent des anomalies on en recherche la cause ; enfin on doit s'assurer, d'une part, que tous les pieux arrivent au refus prescrit, d'autre part, que le battage n'a pas été poussé à outrance, au point de les briser ou de les affaiblir.

Les sabots dont la pointe des pieux doit nécessairement être armée, sont actuellement presque toujours en tôle et du système Camuzat; leur poids est ordinairement de 8 kilogrammes, mais en augmentant leur épaisseur on peut arriver à des résultats remarquables. Ainsi M. Lechalas, actuellement Inspecteur général, ayant à faire reconstruire en 1861 le pont de la Belle-Croix sur un des bras de la Loire à Nantes, a été obligé de faire battre des pieux à travers des massifs d'enrochements des anciennes palées et y est parvenu en portant à 18 kilogrammes le poids des sabots et en employant des moutons de 700 à 1000 kilogrammes avec des hauteurs de chute de 3 mètres au maximum pour les premiers et $2^m.20$ pour les seconds. Avec ces précautions, il est parvenu à effectuer le battage, sans rupture de pieux, jusqu'à près de 20 mètres au-dessous de l'étiage. Comme on aurait éprouvé des difficultés à se procurer un grand nombre de pièces de bois aussi longues, M. Lechalas a pris le parti d'employer des pieux en deux morceaux réunis par des manchons en tôle : à leur point de jonction les pièces ont été coupées carrément et frettées ; l'une d'elles était garnie d'une plaque horizontale en tôle ; et elles se trouvaient reliées au centre par un goujon en fer de $0^m.30$ de longueur, tandis qu'elles étaient serrées à l'extérieur, sur une longueur de $0^m.70$, par le manchon formé de 4 plaques assemblées entre elles par des cornières. Ce système d'entures très simple a parfaitement réussi.

Dans les sables fins et humides qui constituent principalement les plages de la mer du Nord, le battage des pieux pratiqué avec les dispositions ordinaires présente des difficultés sérieuses et surtout demande beaucoup de temps. M. l'Ingénieur en chef Stœcklin et M. l'Ingénieur ordinaire Vetillard ayant appris que le fonçage des colonnes métalliques avait été beaucoup facilité en faisant passer dans leur intérieur un tube qui lançait un jet d'eau, ont appliqué la même idée à l'enfoncement des pieux en plaçant à côté du pieu à battre deux très faibles pompes dont chacune refoulait l'eau dans un tuyau en caoutchouc terminé par un petit tube formant lance et que l'on faisait descendre constamment à 0".20 ou 0".30 au-dessous de la pointe du pieu. Le sable se trouve ainsi désagrégé dans la partie de terrain où le pieu doit pénétrer et l'avantage obtenu a été tel qu'avec le nouveau système le battage d'un panneau pour une pile de 2".50 à 3 mètres n'a exigé en moyenne que 1 h. 9 minutes au lieu des 8 h. 36 minutes que nécessitait l'ancien battage ordinaire. MM. Stœcklin et Vétillard estiment qu'avec un outillage convenablement approprié on arriverait à des résultats encore beaucoup plus avantageux (*Annales* de janvier 1878). Ce procédé, extrêmement simple, paraît appelé à rendre de grands services dans les terrains dont il s'agit.

Plates-formes en charpente. Lorsque les plates-formes peuvent être établies directement sur la tête des pieux, soit à l'aide d'épuisements, soit dans une très faible profondeur d'eau, on commence par recéper les pieux dans un plan exactement horizontal, puis on relève avec précision leurs positions, on les rapporte sur une feuille de dessin (1) et l'on recherche avec soin quelles sont les meilleures lignes de com-

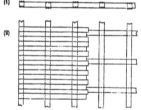

pensation à adopter pour tenir compte des déviations amenées par le battage. On pose ensuite, d'après ces lignes de compensation, les pièces qui doivent reposer immédiatement sur la tête des pieux.

Les plates-formes comprenaient ordinairement autrefois deux séries de pièces, les chapeaux ou traversines et les racinaux ou longrines qui les croisaient à angle droit ; puis au-dessus de ces dernières pièces on posait le plancher, conformément au croquis (2). Mais plus tard on a supprimé les longrines, soit en totalité, soit en grande partie. Ainsi au pont d'Ivry les pieux sont recouverts par des chapeaux sur lesquels des racinaux sont assemblés seulement au-dessus des files extrêmes de pieux (3) et pour d'autres ponts, notamment celui sur le Bas-

Brivet près de Pontchâteau, on a remplacé les racinaux des files extrêmes par des moises doubles qui sont bien préférables (4).

Au pont d'Ivry, ainsi que le montre le croquis (3), les chapeaux n'étaient pas assemblés sur les pieux en ce qui concerne les culées : on admettait que dans cette position la charge des maçonneries suffirait pour établir une légère pénétration de nature à empêcher les déplacements qui étaient peu à craindre, car on opérait dans un terrain consistant. Mais au pont sur le Bas-Brivet, comme on travaillait dans un terrain vaseux, on a jugé nécessaire que les cha-

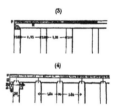

peaux fussent assemblés à tenons et chevillés sur les pieux, et c'est pour le même motif que l'on a eu soin de remplacer les racinaux extrêmes par des moises.

Pour les piles en rivière, il importe de faire commencer les maçonneries le plus bas possible et par suite, si l'on ne peut pas faire descendre le plan de recépage jusqu'au fond du lit, il convient de remblayer avec de forts enrochements le vide qui subsisterait au-dessous de ce plan de recépage, afin de s'assurer qu'aucun courant de nature à déchausser les pieux ne viendra s'établir au-dessous des maçonneries. Lorsque la profondeur du lit n'est pas grande et que le fond en est étanche, il est encore préférable d'établir des batardeaux, d'épuiser, de recéper ensuite les pieux le plus bas possible et de construire au-dessus de leurs têtes un plancher comme précédemment. C'est ainsi qu'ont été fondées notamment les piles du pont de Neuilly.

Enfin, comme nous le verrons plus loin, on est souvent conduit à faire autour de la fondation des enceintes complètes et à en remplir l'intérieur, entre les pieux, avec du béton sur des épaisseurs quelquefois considérables.

Lorsque pour des fondations l'épuisement n'est pas possible, ou qu'il entraînerait des dépenses très considérables, on a eu très fréquemment, et on a quelquefois encore de nos jours, recours à des caissons foncés. Les premières applications en ont été faites d'abord en Angleterre au pont de Westminster et

Emploi
des caissons foncés.

un peu plus tard en France au pont de Saumur, où M. de Cessart a notablement amélioré ce procédé. Le fond de ces caissons doit être très solide et les panneaux des parois verticales doivent être combinés de telle sorte qu'on puisse les relever facilement après la construction des maçonneries.

Pont d'Ivry.

Au pont d'Ivry, les caissons employés pour les piles étaient disposés comme l'indique la partie de coupe longitudinale (5). Les traversines maîtresses avaient

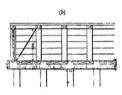

(5)

0".40 de largeur sur 0".35 d'épaisseur; celle des intermédiaires était seulement de 0".225 et celle du plancher de 0".125. Les parois étaient formées de montants et de panneaux qui se trouvaient les uns et les autres engagés par des rainures dans le cadre inférieur, ainsi que dans le cadre supérieur qui se trouvait relié au précédent par des crochets et des tire-fonds. Tous les joints étaient parfaitement calfatés et les parois étaient très facilement démontées après la construction des maçonneries. A ce pont, les pieux ont été seulement contre-butés et défendus par des massifs d'enrochements.

Pont d'Iéna.

Mais au pont d'Iéna, dont l'importance

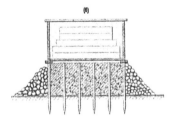

(6)

était beaucoup plus considérable, où la profondeur était plus grande et dont les piles ont été également fondées au moyen de caissons foncés, chaque pile a été entourée par une enceinte de pieux et palplanches; puis toute la partie comprise dans cette enceinte a été remplie de béton entre les pieux (6) : les enrochements n'ont été employés qu'à l'extérieur. Cet emploi du béton est constaté dans un mémoire de M. l'Inspecteur général Lamandé (*Annales*, 1838).

Au pont de Rouen, construit également par cet habile Ingénieur, des précau-   Pont de Rouen.
tions spéciales ont été prises en raison de la profondeur du lit et de l'action des
marées. Non seulement l'enceinte de la fondation proprement dite a été remplie
de béton comme précédemment,
mais de plus on a formé une première enceinte extérieure sur toute
la hauteur de la pile, puis établi une
crèche basse pour défendre le pied
des fondations à une profondeur de
6 mètres au-dessous des basses
mers (7). A cette profondeur la crèche était complètement à l'abri des
corps flottants ainsi que des glaces
et l'eau ne pouvait elle-même avoir
que de faibles vitesses. Ces dispositions appliquées au pont de Rouen ont parfaitement réussi, sont effectivement excellentes et méritent d'être spécialement
signalées à l'attention des Ingénieurs.

Pour le pont de Bordeaux, dont l'exécution a été terminée en 1822, M. l'Ins-   Pont de Bordeaux.
pecteur général Deschamps a fait envelopper les pieux dans de très forts massifs
d'enrochements dont les pierres ont été rapidement
agglutinées entre elles par les vases de la Garonne.
Ces pieux avaient été préalablement rendus solidaires, au-dessous du plan de recépage, par un
châssis en charpente dont les pièces formaient des
cases et s'opposaient ainsi aux déversements (8).
Les caissons avaient eux-mêmes une forme pyra-
midale sur 1ᵐ.75 à partir du fond, leurs dimensions à la base étaient de 23 mètres sur 7ᵐ.40 et
leur hauteur de 6 mètres (9). Ils ont été maintenus
flottants pendant la pose des premières assises, puis
quand il est devenu nécessaire de les fixer et de les empêcher d'être soulevés

39

par l'action de la marée, on a eu soin d'y faire rentrer de l'eau par des robinets au moment du flot et de la faire évacuer par des clapets pendant le jusant. La manœuvre de ces grands caissons a été difficile et l'ensemble de cet important ouvrage, dont la construction avait été pendant longtemps considérée comme presque impossible, a donné lieu, de la part de M. Deschamps, à la découverte et à l'application de plusieurs procédés très ingénieux.

Quais de Rouen. On a employé récemment à Rouen, pour la reconstruction du quai de la Bourse qui est fondé sur pilotis, ainsi que l'indique la coupe générale (10), des séries de caissons foncés qui ont 20 mètres de longueur, 3^m.63 de largeur et 3^m.80 de hauteur (11). Les parois sont mobiles et servent plusieurs fois successivement. Les chapeaux sont reliés à la base ou plate-forme inférieure par des écrous et la paroi du côté de la rivière est retenue par des goujons d'arrêt, comme le montrent les figures de détail (12). Dès que les maçonneries sont terminées dans un des caissons, on détache très rapidement les parois verticales, les entretoisements et les chapeaux,

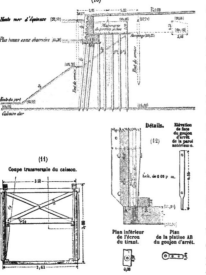

de sorte que la plate-forme inférieure reste seule à demeure. Cette plate-forme coûte 1440 francs et les parties mobiles, qui peuvent servir plusieurs fois, exigent une dépense de 5400 francs; en admettant qu'elles servent seulement

trois fois, la dépense totale d'un caisson ne s'élèverait qu'à 3240 francs, prix
très modéré. On continue actuellement, pour les nouveaux quais de Rouen,
l'application de ce système qui a bien réussi.

Ces dispositions pourraient évidemment être appliquées à des fondations de
ponts, et, en admettant des arches d'ouverture moyenne (20 mètres par
exemple), le caisson nécessaire pour une pile pourrait être assimilé à un de
ceux ci-dessus, parce que la longueur serait moins grande, mais la largeur devrait être augmentée; seulement il faudrait défendre très solidement les fondations par des enceintes et bétonnages analogues à ceux du pont construit
par M. Lamandé.

Pour la construction des quais de la Fosse à Nantes, qui a été entreprise à   Quais de Nantes.
peu près en même temps que celle des quais de Rouen, on ne rencontre le
rocher qu'à 20 mètres environ au-dessous de l'étiage et pour diminuer le prix
des fondations, que cette profondeur aurait rendu très considérable si l'on avait

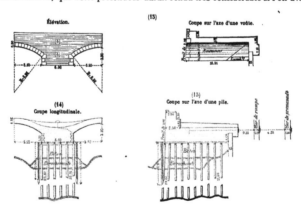

employé un massif continu, on a construit une série de voûtes surbaissées de
11 mètres d'ouverture (15); les piles sont fondées sur pilotis en consolidant
les parties supérieures de ceux-ci par un massif de béton de 3 mètres de

hauteur, contenu dans une enceinte, et en les enveloppant en outre d'enrochements sur 2 mètres de hauteur en contre-bas du béton (14). Les maçonneries reposent directement sur une plate-forme en charpente fixée sur le sommet des pieux. Dans le sens normal à la rive les voûtes ont une largeur de 12ᵐ.30, afin que la poussée des remblais reposant sur un terrain très compressible ne puisse pas faire déverser les pieux vers le fleuve (15). Ces dispositions ont bien réussi : elles sont plus dispendieuses que celles employées pour les quais de Rouen ; mais à Nantes la nature du terrain est plus mauvaise et l'épaisseur de ce terrain au-dessus du rocher est plus considérable ; c'est donc avec raison que dans ce cas on a employé des voûtes et compris la partie supérieure des pieux dans un massif de béton de 3 mètres d'épaisseur. Pour une pile de pont, qui se trouverait beaucoup plus exposée à l'action du courant, il serait nécessaire de fortifier encore davantage les fondations et notamment d'y ajouter des crèches basses.

Dans les exemples précédents, le béton était seulement employé pour relier les pieux entre eux et les maçonneries étaient toujours supportées par des plates-formes en charpente. Actuellement on se sert très fréquemment du béton pour remplacer la plate-forme elle-même, en tout ou en partie ; on fait disparaître ainsi les inconvénients qui résultent du porte-à-faux des caissons et on empêche les pieux de s'incliner au-dessous de la plate-forme, comme cela est arrivé quelquefois.

Au pont sur l'Elorn à Landerneau, pour le passage du chemin de fer de

Nantes à Brest, les pieux ont été encore recouverts d'un grillage, mais on a diminué le nombre des longrines au-dessus des chapeaux et on a supprimé complètement les madriers formant plancher. Les têtes des pieux et le grillage ont été enveloppés dans un massif de béton de 2ᵐ.30 d'épaisseur (16). Pour cette fondation on a cru devoir conserver le grillage de crainte que le béton ne fût exposé à glisser le long des pieux sous l'influence de la charge.

Mais réellement cette éventualité n'est pas à craindre, car les Ingénieurs

Hollandais, qui ont une grande expérience de ce genre de fondations, suppriment maintenant les plates-formes d'une manière complète et enchâssent seulement les têtes des pieux dans le bas des massifs de béton sur 0".50 à 0".75 de hauteur. Ainsi, par exemple, au pont sur la nouvelle Meuse à Rotterdam, les pieux intérieurs, qui sont très rapprochés, car leur espacement d'axe en axe est seulement de 0".75 dans un sens et

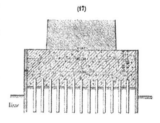

de 0".80 dans l'autre, sont contenus pour chaque pile dans une enceinte de pieux jointifs qui sert d'enveloppe à un massif de béton de 3".50 d'épaisseur, dans lequel les têtes des pieux sont engagées sur 0".70 de hauteur (17). Ces pieux ont environ 20 mètres de longueur et l'empattement est considérable, car la superficie du massif s'élève à 210 mètres et la pression doit être très modérée, bien que ces piles supportent des travées métalliques de 90 mètres d'ouverture.

Au grand pont de 14 travées de 100 mètres d'ouverture construit sur le Hollandsch Diep près Moerdyck, les pieux étaient un peu plus espacés, 0".94 dans un sens et 1 mètre dans l'autre; mais l'épaisseur des massifs de béton a été portée à 5".50 et descend jusqu'à 7 mètres au-dessous du niveau moyen des marées (18). La tête des pieux est engagée de 0".75 dans le béton; la superficie du massif de fondation est de 180 mètres pour une seule voie. La fondation de chaque pile

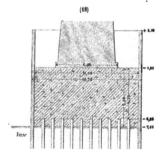

est enveloppée par une enceinte de pieux débités à la scie, ayant 14 mètres de longueur et battus à 12 mètres environ au-dessous du zéro; ces pieux ont été assemblés à languettes et étaient assujettis à rester jointifs jusqu'à 8 mètres de profondeur : c'est seulement plus bas qu'ils pouvaient être démaigris. Les dimensions de ces pieux étaient de $\frac{0^m.35}{0^m.35}$ pour les angles et de $\frac{0^m.25}{0^m.25}$ pour les inter-médiaires. La partie de l'enceinte dépassant le niveau supérieur du béton formait batardeau et le recépage a été fait à la cote - 6^m.25 ; de sorte que dans les moments de haute mer, il a dû quelquefois être opéré jusqu'à 9 mètres au-dessous de la surface des eaux. Il était exécuté au moyen d'une scie circulaire à vapeur qui donnait d'excellents résultats. A Amsterdam on a effectué des recépages semblables à une profondeur de 7 mètres au moyen d'une simple scie circulaire à bras, et on en était également très satisfait.

Il résulte de ces exemples que l'on peut facilement recéper les pieux à de grandes profondeurs, et dans ces conditions l'emploi du béton est bien préfé-rable à celui des caissons dont les plates-formes portent presque toujours sur les pieux d'une manière incomplète.

Aux deux ponts que nous venons de citer, les fondations sont très efficace-ment défendues à l'extérieur par des plates-formes en fascines et des enro-chements.

Viaduc d'Amsterdam. Pour établir à Amsterdam une gare centrale où les chemins de fer soient en communication immédiate avec le port, on a eu à construire un viaduc de 541 mètres de longueur. La fondation de cet ouvrage a été faite sur un radier

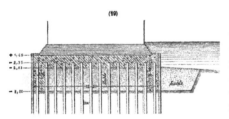

(19)

général (19), non pour éviter les affouille-ments, car il n'existe que très peu de cou-rant sur les parties de canaux traversées ou suivies par le viaduc, mais pour répartir aussi également que possible la pression sur un sol éminemment vaseux. Dans de semblables cir-constances, l'emploi d'un radier général est parfaitement justifié. Pour dimi-nuer la dépense, on a remplacé le béton par du sable dans la partie centrale du massif en conservant seulement un mur de garde sur chaque tête; en réalité le massif a une épaisseur de 3ᵐ.35, mais dans la partie comprise entre les murs de garde, l'épaisseur du béton atteint seulement 1ᵐ.20.

Dans les parties de viaducs établies sur des terre-pleins, les murs de garde ont été supprimés et l'épaisseur totale du radier a été réduite à 2ᵐ.20 dont 1 mètre en béton et le reste en sable.

Le terrain sur lequel repose le viaduc, présentait des résistances très inégales; ainsi l'Ingénieur en chef, M. Van Prehn, nous a cité qu'entre des pieux espacés de 1 mètre seulement, il y avait quelquefois des différences de fiche allant jusqu'à 4 mètres et que ce fait ne constituait pas une exception; qu'enfin il était très rare qu'une dizaine de pieux voisins atteignissent à peu près la même profondeur : leur longueur était généralement de 14 à 18 mètres.

Pour construire à ce viaduc les premières assises de maçonnerie au-dessus du radier, on a épuisé dans l'enceinte formée par les pieux jointifs extérieurs, comme au pont de Moerdyck. Mais au pont construit devant les écluses du Dock de l'Est, où il était nécessaire de conserver une grande profondeur et où le béton a été descendu jusqu'à la cote - 8ᵐ.50, on a remplacé le batardeau en pieux jointifs par une enveloppe en fonte, analogue aux cuvelages précédemment décrits au sujet de fondations sur le canal du Nord-Holland et du Nord-Zée. Ces enveloppes engagées de 1 mètre dans les massifs de béton ont formé des batardeaux parfaitement étanches.

Les fondations sur pilotis ont donné lieu à divers accidents contre lesquels il importe de se prémunir. *Accidents survenus dans des fondations sur pilotis.*

Ainsi au pont d'Orléans sur la Loire, construit au siècle dernier, une pile a tassé de 0ᵐ.50 peu de temps après la construction. Cette circonstance doit tenir à ce que le banc de calcaire sur lequel s'était arrêtée la pointe des pieux, n'avait pas assez d'épaisseur et s'est brisé sous la charge : on ne peut pas l'attribuer à une compression du terrain, car dans ce cas le mouvement aurait continué et se serait probablement étendu à d'autres piles. Cet accident montre combien il est nécessaire de faire pénétrer les sondages jusqu'à une certaine profondeur au-dessous de la surface du terrain résistant.

Les accidents survenus au pont de Tours ont été beaucoup plus graves; ainsi en 1777 une pile a tassé subitement d'environ 1ᵐ.50, probablement parce que les pieux, dont on avait omis de garnir les intervalles, se sont renversés. En 1789, à la suite d'une débâcle de glaces, les 3 piles les plus rapprochées de la rive droite sont tombées : la chute en a été attribuée à des affouillements contre lesquels les fondations de ces piles n'étaient pas suffisamment défendues. Enfin, en 1835, des tassements importants ont eu lieu dans trois des piles fondées au moyen de caissons foncés et pour lesquelles les intervalles entre les pieux étaient restés vides. M. l'Ingénieur en chef Beaudemoulin a arrêté ces tassements en remplissant ces vides par des injections de mortier et de chaux effectuées au moyen de forages pratiqués à travers les maçonneries des piles. Ce procédé a parfaitement réussi, et depuis cette époque aucun mouvement ne s'est manifesté dans les maçonneries du pont de Tours.

Au pont de Tonnay-Charente, fondé sur pilotis dans un terrain vaseux, des tassements considérables ont eu lieu, bien que la charge sur les pieux fût très faible et que dans ce but les maçonneries eussent été élégies autant que possible.

D'autres tassements de moindre importance se sont produits pour les fondations du pont sur l'Elorn, déjà cité page 308; le terrain se présentait suivant la coupe (20), et comme les pressions devaient être très modérées, on avait cru pouvoir se borner à donner aux pieux 7 mètres de longueur, ce qui les engageait de 4 mètres dans le banc d'argile compacte qui pouvait être considéré comme incompressible. Mais des tassements se sont produits dans ce banc, de 0ᵐ.012 seulement à la culée gauche et de 0ᵐ.122 à la culée droite; les piles ont tassé proportionnellement et le pont s'est comporté comme un seul massif, sans qu'aucune disjonction se soit produite, malgré l'inclinaison qu'il a prise. C'est probablement le sable vaseux qui s'est un peu affaissé sous la charge, de sorte que pour éviter tout mouvement il aurait fallu employer des pieux de 17 mètres.

Pendant que l'on terminait la construction du pont de l'Alma à Paris, il s'est produit des tassements assez considérables, qui augmentaient progressivement d'une manière inquiétante; on a cherché à les arrêter en démolissant une partie du remplissage entre les tympans et en le remplaçant par des voûtes de décharge; puis, comme pendant une crue le mouvement de tassement s'était arrêté tout à fait, on en a déduit, d'après la perte de poids due à l'immersion, qu'il fallait décharger chaque pile de 400 tonnes. On a porté en réalité cette diminution à 600 tonnes, afin de se mettre en garde contre toute éventualité, et en effet depuis lors le pont n'a plus éprouvé aucun tassement.

Pont de l'Alma.

Le pont de Tarbes sur l'Adour avait été construit en 1740 et se composait de 5 arches en anse de panier, ayant des ouvertures de 18 à 32 mètres, non compris 2 petites arches de $6^m.66$ chacune sous les levées aux abords; il était fondé sur des pilotis très courts. Une première grande crue, celle de 1855, avait affouillé, sans en entraîner la chute, les deux piles rive droite, dont, après la crue, les pilotis furent noyés dans un massif de béton pour toute la partie laissée à sec par l'affouillement; en outre une risberme en béton fut construite autour de toutes les piles.

Pont de Tarbes.

Mais le lit trop large permettait aux eaux de changer de direction, ce qui donnait lieu à des courants obliques et à des vitesses très différentes. Il en est résulté que pendant la crue de 1875 les eaux, au lieu de se porter comme en 1855 sur la rive droite, où la vitesse n'a atteint que 2 mètres par seconde, se sont rejetées très violemment vers la rive gauche avec des vitesses de 6 à 7 mètres et ont affouillé complètement les 2 piles de ce côté, qui sont tombées vers l'amont en entraînant la chute de 3 arches. Les fondations étaient évidemment insuffisantes, les pieux se trouvaient beaucoup trop courts et enfin les eaux n'étaient pas dirigées convenablement aux abords du pont. Cet ouvrage a été reconstruit depuis lors dans des conditions bien différentes, mais l'exemple de l'ancien pont est utile à citer, parce qu'il donne de nouvelles preuves de la nécessité des guideaux et de la prédominance des affouillements par l'amont.

Enfin au pont des Invalides, à Paris, les plates-formes des piles n'avaient pas été placées assez bas ou bien les intervalles entre les pieux n'avaient pas été garnis d'une manière assez solide; de sorte que des mouvements ont eu lieu et que leurs effets, compliqués par les différences de pression des voûtes, ont nécessité en 1879 et 1880 la reconstruction de plusieurs arches.

L'action des remblais sur les culées des ouvrages fondés sur pilotis se manifeste de deux manières :

D'une part, les maçonneries des culées sont nécessairement poussées par les remblais qui viennent s'appuyer sur elles et, si elles sont fondées sur des pieux élevés, si de plus le terrain offre peu de résistance latérale, les culées tendent à être renversées à l'intérieur des arches ou travées (21).

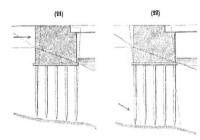

(21)   (22)

D'autre part, si le terrain naturel, sur lequel s'appuient les remblais, est compressible, ceux-ci font refluer vers l'intérieur des arches une partie de ce terrain, qui exerce alors sur les pieux une action tendant à les déplacer par la base et en conséquence à renverser la culée vers le remblai (22). Ce second effet est beaucoup plus dangereux et plus difficile à combattre que le premier.

Enfin, dans les terrains tout à fait vaseux, les actions produites sont très variables suivant la hauteur où agit la résultante, et un déplacement entier de l'ouvrage peut même se produire si les poussées sur les deux culées ont des intensités très différentes.

Mais, en général, toutes les fois que les ouvrages peuvent être construits en dehors du lit d'un cours d'eau, soit sur une dérivation, soit sur un chemin, on peut, au moyen d'un remblai préalable, se mettre à l'abri des accidents que nous venons de signaler. En effet, si en pratiquant d'avance le remblai à l'emplacement de l'ouvrage, on a produit sur le terrain inférieur toute la compression qu'il aurait pu recevoir plus tard, les pieux, battus en partie dans le remblai déjà enfoncé, en partie dans le terrain inférieur comprimé, possèdent une grande fixité et n'ont pas à supporter plus tard les poussées latérales qui se seraient produites sans cette précaution.

Ce procédé très peu coûteux, car la partie des remblais qui reste au-dessus du sol est utilisée ultérieurement, a été l'objet de nombreuses applications en Bretagne; il réussit parfaitement toutes les fois que le terrain inférieur prend avant la construction de l'ouvrage tout le tassement qu'il aurait seulement acquis plus tard. Ainsi, au pont sur le Brivet près Pontchâteau, le sol se composait d'une couche de tourbe de 0^m.80 recouvrant une épaisse couche de vase com-

pacte s'étendant jusqu'au rocher, à 7 mètres environ au-dessous de la surface naturelle du terrain. Le remblai, dont la hauteur était de 4^m.60, a produit l'effet indiqué ci-dessus (23). La compression a donc

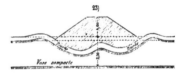

été forte, les pieux enfoncés dans un terrain ainsi comprimé sont restés parfaitement fixés et le succès du procédé s'est trouvé complet.

Au pont de la prairie Saint-Nicolas près Redon, le rocher n'était rencontré qu'à une profondeur beaucoup plus grande, 10 ou 12 mètres au-dessous du sol naturel (24). Le terrain à traverser par les pieux se composait de vase compacte sur 2 mètres d'épaisseur, de vase molle sur

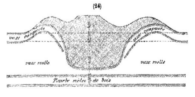

8 mètres, et enfin d'une couche inférieure de tourbe avec débris de bois. La pénétration du remblai a atteint 8 mètres environ et par suite le terrain infé-

rieur était extrêmement comprimé. Aussi la fondation a bien réussi ; cependant, par surcroît de précautions, on a contre-buté les culées entre elles au moyen d'un radier en charpente.

Mais quelquefois les tassements du sol sous les remblais ne s'effectuent que lentement et d'une manière incomplète. Ainsi, à l'emplacement du pont sur l'Oust, qui a été établi dans une dérivation de cette rivière, mais pour lequel le chargement en remblais a été beaucoup retardé par des circonstances

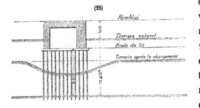

défavorables, le tassement n'avait atteint que 5 mètres environ sur une épaisseur totale de 12 à 13 mètres et sous une charge de remblais de 4 mètres (25). Par suite le sol inférieur n'était pas suffisamment comprimé et il en est résulté que pendant le travail des fouilles à pratiquer jusqu'au niveau des plates-formes de fondation, le terrain, chassé par la pression des remblais voisins, remontait de telle sorte que souvent, après la nuit, on se trouvait avoir perdu tout l'effet

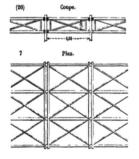

du travail de la journée précédente et que les premiers pieux battus se sont trouvés déplacés. Peu à peu les remblais voisins se sont enfoncés jusqu'à 3 ou 4 mètres du rocher et ont pris ainsi une position stable ; mais on a néanmoins reconnu nécessaire de contre-buter les diverses parties de la fondation par un radier en charpente très solide (26) et (27). Cette charpente forme des cadres complets qui offrent dans tous les sens une grande résistance à la flexion, et cette disposition mérite d'être recommandée pour des circonstances analogues. Par excès de précautions on a fait remplir en béton les intervalles des bois, mais le châssis en charpente nous paraît devoir suffire presque toujours. Le béton ne serait utile en réalité que si les bois éprouvaient un retrait et laissaient ainsi quelque latitude aux mouvements, mais cet effet ne peut pas tendre à se produire lorsque les bois restent noyés.

En résumé, les accidents qui peuvent se produire dans une fondation sur pilotis et dont nous venons de donner successivement plusieurs exemples, peuvent être rapportés à 4 catégories :

Classement
des accidents
suivant leur nature.

1° Tassements verticaux provenant de ce que le battage est incomplet, ou de ce que les pieux sont trop chargés par rapport à la nature du sol inférieur ;

2° Tassements ou déversements provenant de ce que les pieux ne sont pas suffisamment entourés latéralement ;

3° Déplacements ou déversements provenant de la poussée des remblais ;

4° Affouillements.

En ce qui concerne la première catégorie d'accidents, on peut être certain d'éviter les tassements verticaux si l'on amène les pieux à reposer sur un sol incompressible et à condition de s'être assuré, par des sondages préalables, que le banc sur lequel s'arrêtent les pieux a une épaisseur suffisante pour ne pas être brisé sous la charge de l'ouvrage. Il faut se rendre exactement compte de la valeur de cette charge et employer un nombre de pieux suffisant pour qu'ils se trouvent dans les conditions de résistance précédemment indiquées.

Moyens à employer
pour
prévenir les accidents

Si le sol est compressible sur une épaisseur indéterminée, on ne peut pas avoir la certitude d'éviter tout tassement. Mais on peut en réduire beaucoup les éventualités en donnant un large empattement à la fondation, en ne faisant supporter aux pieux que de faibles charges et en les employant très longs afin d'augmenter autant que possible leur frottement latéral.

Au sujet des accidents de la deuxième catégorie on peut, pour empêcher la flexion ou le déversement des pieux, employer soit des enrochements, soit des remplissages en béton, soit des crèches basses comme au pont de Rouen. Il faut proportionner ces moyens aux défauts de résistance que présente latéralement le terrain, ainsi qu'à la largeur suivant laquelle les pieux traversent des couches

peu solides : il faut d'ailleurs diminuer d'autant plus les charges que la tendance
à la flexion se prononce davantage. Mais comme en général le terrain devient
plus compact à une certaine profondeur, on peut considérer que les éventualités de flexion ou de déversement sont presque toujours annulées quand
on fait les recépages à 6 ou 7 mètres de profondeur, comme en Hollande, et
qu'on enchâsse ainsi les têtes des pieux dans des massifs de béton descendus
très bas.

Pour les déplacements ou déversements provenant de la pression des remblais, le moyen le plus économique consiste à remblayer préalablement
l'emplacement de l'ouvrage et à battre les pieux dans le terrain ainsi comprimé. Lorsque l'application de ce procédé n'est pas possible ou lorsque le
tassement du sol est resté incomplet, il faut contre-buter fortement entre elles
les différentes parties de la fondation, soit par des châssis en charpente, soit
par des radiers en maçonnerie ou en béton. Ces moyens de contre-butement
doivent être descendus assez bas pour que la résistance soit bien appliquée
à la hauteur où agit la force qui tend à produire le déversement. Enfin lorsque
les travées sont trop grandes ou que la rivière est trop profonde pour qu'on
puisse employer des radiers, il faut éloigner autant que possible les remblais
de la rive, en allongeant beaucoup les culées, ou même en les remplaçant sur
une certaine longueur par de petits viaducs.

Au sujet des affouillements à redouter, il y a lieu d'employer les mêmes
procédés que pour les autres genres de fondations, et parmi ces procédés, les
plus efficaces sont les blocs descendus au pied des massifs, les crèches basses
et enfin les plates-formes en fascines recouvertes d'enrochements.

On voit que, si les fondations sur pilotis présentent beaucoup de chances
d'accidents, on dispose de moyens nombreux pour les combattre. Par conséquent, tout en étant porté à préférer en général d'autres moyens, il convient
de ne pas renoncer à l'emploi des pilotis non seulement dans les circonstances
où cet emploi est indispensable, mais encore dans celles où il peut, ainsi que
cela arrive souvent, donner lieu à de notables économies.

Pieux métalliques.   Les pieux à vis en métal ont d'abord été employés principalement pour l'établissement de signaux, de phares et d'estacades à la mer, dans des fonds sablonneux, mais plus tard on s'en est servi aussi pour fonder des viaducs métalliques, et ce mode d'application se répand beaucoup actuellement dans certains pays. Les pieux sont creux ou pleins et le métal employé consiste en fonte, en fer ou en acier, suivant les circonstances.

Les croquis (28) indiquent les dimensions des pieux creux en fonte ordinaire-   *Pieux en fonte.*
ment employés. Les diamètres de ces pieux varient de 0″.20 à 0″.30 et ceux des vis qui les terminent sont de 0″.60 à 0″.90. Les hélices qui forment ces vis sont plus ou moins larges et plus ou moins allongées suivant la résistance du terrain. Lorsque l'enfoncement est facile, il est avantageux d'employer des hélices très lar-

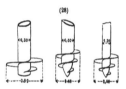

ges, qui donnent plus d'assiette; lorsque au contraire l'enfoncement ne s'opère qu'avec difficulté, il faut diminuer la largeur de la vis et en allonger le pas, afin qu'elle pénètre mieux dans le terrain.

Les Anglais ont fait usage dans l'Inde, pour la fondation d'un viaduc, de pieux creux en fonte de très grandes dimensions (29). Les tiges étaient de véritables colonnes ayant 0″.76 de diamètre; celui des vis était de 1″.40 environ. Ces pieux s'enfoncent assez facilement dans le sable pur; mais quand le terrain est argileux ou mêlé de pierres, il faut beaucoup de force pour les faire pénétrer et ils se cassent fréquemment.

On a aussi employé en Angleterre des pieux creux en fonte, terminés non plus par des vis, mais par de simples patins. Les diamètres des tiges variaient de

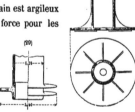

0″.25 à 0″.50 et celui des patins de 0″.76 à 1 mètre (30). Pour les enfoncer, on introduisait dans l'intérieur du pieu un tuyau de 0″.05 de diamètre qui dépassait d'environ 0″.60 le dessous du patin ; puis on injectait dans ce

tuyau, à l'aide d'une pompe foulante, un courant d'eau qui désagrégeait et refoulait le sable, de sorte que les pieux descendaient graduellement. Deux viaducs ont été fondés de cette manière à Level et à Kent.

On a également essayé d'enfoncer des pieux analogues en faisant le vide à l'intérieur; mais le résultat est douteux, parce que l'enfoncement peut se trouver trop promptement arrêté si le terrain devient compact.

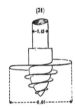

Pieux en fer

Les pieux en fer sont beaucoup moins sujets à casser que ceux en fonte, et par suite ils conviennent beaucoup mieux pour les terrains formés d'argiles dures ou de gros graviers. MM. Gouin et C⁰ en ont fait exécuter pour le service de la marine dans l'Indoustan (31). La tige était pleine, avec un diamètre de 0ᵐ.15 et la largeur de la vis était de 0ᵐ.60.

On emploie actuellement en Cochinchine ce mode de fondation pour un grand nombre d'ouvrages, car les pieux en bois n'auraient qu'une très courte durée dans ce climat.

On en fait aussi un grand usage en Italie pour les fondations des ponts à établir sur des torrents dont le lit est formé de sable et de gravier plus ou moins mêlé de blocs. Les crues de ces torrents sont peu élevées, mais extrêmement fréquentes, et les courants sont très violents; de sorte qu'il est nécessaire de donner de larges débouchés et qu'il convient d'employer dans ce but des travées métalliques placées à de faibles hauteurs et reposant sur des supports offrant à l'action des eaux le moins d'obstacles possible. Un des premiers ponts établis dans cet ordre d'idées paraît être celui construit en 1873 sur la Stura près Turin, et qui se compose de 6 travées de 16ᵐ.50 d'ouverture.

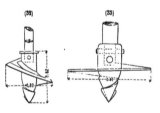

Sur le chemin de fer de Tarente à Reggio, en Calabre, on a terminé en 1874 un pont biais de 7 travées de 24 mètres d'axe en axe sur le Néto : chaque palée est supportée par 8 pieux à vis, dont la tige a 0ᵐ.15 de diamètre et la vis 0^m.80 de largeur (52). L'hélice est plus allongée que dans l'exemple précédent.

Enfin on va construire sur la ligne de Rieti à Terni plusieurs ponts qui seront également fondés sur pieux à vis. Les vis pour lesquelles on utilisera les derniers perfectionnements sanctionnés par l'expérience, seront du système Mitchell (53). L'hélice aura 0^m.80 de diamètre et ses ailes seront en acier.

---

§ 5. — FONDATIONS PAR MASSIFS ISOLÉS

Pour établir des fondations profondes dans des terrains vaseux peu perméables, présentant une certaine consistance et dans lesquels cependant il serait très difficile de pratiquer de grandes fouilles par épuisement, on se borne quelquefois à fonder des massifs d'une superficie restreinte que l'on réunit à la partie supérieure par de petites voûtes disposées de manière à former une plate-forme complète pour chaque pile ou chaque culée.

Les massifs partiels peuvent être établis, soit au moyen de puits blindés dans lesquels on ne construit les maçonneries qu'après l'achèvement des fouilles, soit à l'aide de blocs en maçonnerie commencés à la surface du sol et que l'on fait descendre ensuite graduellement en enlevant les déblais à travers un vide intérieur.

Le premier mode a été employé à Redon pour la fondation de la culée rive gauche du pont sur la Vilaine. Il fallait pour cette culée aller chercher le rocher jusqu'à 15 et 16 mètres de profondeur : la proximité de la rivière rendait impraticable la compression du sol à l'aide de remblais, et il était bien évident *a priori* qu'une fondation sur pilotis, faite sans cette précaution, aurait été poussée vers la rivière quand on serait venu appuyer des terrassements derrière la culée. Il fallait donc employer un autre procédé et, comme le terrain était bien étanche, nous nous sommes décidés à pratiquer dans la vase six puits blindés

Fondations par puits blindés. Pont sur la Vilaine, à Redon.

41

comme ceux qu'on emploie pour les souterrains, à établir dans ces puits de
solides massifs en maçonnerie reposant sur le rocher et à relier ces massifs
entre eux à leurs sommets par des voûtes, de manière à compléter ainsi la base
nécessaire pour la culée et les murs en retour. Les croquis ci-après indiquent
la disposition de ces puits pour une culée droite : celle de Redon présentait un
biais sensible qui donnait lieu à une certaine complication. Pour exécuter les

puits et après avoir pratiqué d'abord une fouille de 3 mètres de profondeur
pour l'ensemble de la culée, afin de diminuer d'autant la pression qui s'exerce-
rait contre les parois des fondations proprement dites, on commençait par battre
autour de chaque puits des pieux directeurs, espacés d'environ 1^m.20 d'axe en
axe, et contre lesquels on appuyait un premier cadre horizontal de blindage
solidement étrésillonné (4); on opérait ensuite graduellement la fouille en main-

tenant les parois par des madriers glissés derrière le cadre et
fortement coincés contre lui, puis à 1^m.20 environ plus bas
on plaçait un deuxième cadre et on arrivait ainsi sans difficulté jusqu'à 5 mètres en contre-bas du fond de la fouille générale (8 mètres au-dessous du sol naturel). A partir de cette
profondeur, la vase commençait à remonter sous l'action de
la pression extérieure et, pour pouvoir continuer l'approfondissement, il devenait nécessaire de battre, à l'intérieur des cadres, une enceinte continue en
palplanches. Lorsque ce battage était terminé, on continuait la fouille en ayant
soin de maintenir l'écartement des parois en palplanches par des cadres horizontaux plus petits que les premiers et on arrivait ainsi jusqu'au rocher. Le
bas des puits était ensuite rempli en béton très hydraulique et le reste en bonne
maçonnerie. Ce procédé, dont les détails d'exécution ont été très bien combinés
par M. l'Ingénieur Malibran, permettait de faire en 20 jours environ le travail

de battage et de fouille, puis le remplissage exigeait près de 13 jours, de sorte qu'en un mois de temps environ la fondation d'un massif était terminée.

La disposition qui consistait à diviser l'exécution de la fouille en deux parties où l'enceinte était formée de manières différentes, présentait un grand avantage, car si l'on avait voulu battre les palplanches à partir du terrain naturel, ces madriers de 12 à 15 mètres de longueur auraient évidemment flambé et éprouvé dans le battage de grandes déviations, tandis qu'en réduisant cette longueur à 6 ou 7 mètres, le battage était opéré très régulièrement.

Les vides entre les massifs étaient très faibles et les petites voûtes qui les reliaient n'avaient pas plus de $2^m.50$ de diamètre; mais malgré toute la résistance que présentaient à une poussée longitudinale, des murs en retour dont les maçonneries avaient dans ce sens une dimension de 15 mètres, des mouvements se sont produits sous l'action des remblais et les massifs se sont rapprochés de la rivière à leurs parties supérieures en pivotant autour des arêtes des fondations. Ces mouvements n'ont pas eu de suites graves, parce qu'ils ont eu seulement pour conséquence de faire perdre à la culée le fruit qui lui avait été donné sur la face attenante à la rivière, mais ils ont prouvé que l'ensemble de la culée et des murs en retour n'avait pas assez de poids pour contre-balancer l'effet de la poussée des remblais. Il aurait donc fallu, après la construction des premiers massifs, creuser d'autres puits intermédiaires, dont l'exécution aurait été très facile, puisque les autres auraient servi de points d'appui : on aurait pu ainsi réunir entre eux les massifs sur toute leur hauteur et les pivotements, qui ont eu lieu autour des arêtes à la base, n'auraient plus été possibles.

Le procédé ainsi complété donnerait une sécurité complète et doit par suite être surtout considéré comme fournissant le moyen de pratiquer des fouilles blindées à des profondeurs beaucoup plus grandes que celles auxquelles s'appliquent les dispositions décrites au § 1ᵉʳ pour les fondations par épuisement dans les terrains vaseux.

Il peut être également très utile pour fonder, à de grandes profondeurs, des piles de viaduc pour lesquelles on n'aurait à craindre ni de trop fortes poussées de la part du terrain, ni des sources trop abondantes à la base.

Pour fonder dans la traversée des Pyrénées une pile de viaduc sur le penchant incliné d'une montagne, à travers un sol très argileux dont l'épaisseur au-dessus du rocher atteignait 19 mètres, M. E. Gouin a eu recours à un puits blindé qui a été descendu jusqu'au rocher, ainsi que l'indiquent les croquis (5)

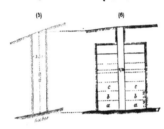

et (6). La plus grande dimension de ce puits correspondait à la largeur de la pile, et pour lui donner la longueur nécessaire, on a creusé à droite et à gauche une première galerie de 2^m.30 de hauteur aa, puis, après l'avoir rem-plie de maçonnerie, on a creusé et rempli successivement en maçonnerie d'autres galeries bb, cc, etc., de ma-nière à compléter graduellement le massif de fondation. Si, au lieu de procéder ainsi, on avait cherché à pratiquer la fouille à partir du sommet, on aurait déterminé sur le flanc de la montagne des glissements dont les conséquences auraient pu être très graves. La disposition adoptée a très bien réussi : quand le terrain est assez compact, elle doit être plus économique que celle employée à Redon, mais dans la vase proprement dite les galeries seraient d'une exécu-tion plus difficile et l'emploi de plusieurs puits pour une même fondation paraît préférable. En résumé, il existe là deux applications différentes d'un même principe entre lesquelles il faut choisir suivant les cas.

Le second mode de fondation par massifs isolés est imité de ce qui se pratique souvent pour la construction des puits ordinaires, quand ils doivent être établis dans des terrains où une fouille ne pourrait pas être creusée sans danger : ainsi par exemple pour construire un puits dans le sable, ou dans tout autre terrain facile à déblayer et pour lequel les éboulements sont à craindre, on place sur la surface du sol un rouet en bois destiné à servir de base aux maçonneries de revêtement et on fait descendre ce rouet peu à peu en fouil-lant à l'intérieur pendant que l'on exhausse graduellement les maçonneries ; il en résulte que quand le rouet arrive à la couche de terrain convenable pour la destination du puits, le revêtement se trouve être terminé en même temps que la fouille.

Pour appliquer ce procédé aux fondations d'un bassin de radoub à Rochefort, on plaçait sur le sol un rouet en charpente de 2ᵐ.90 de diamètre, reposant sur une armature en fonte dont le cercle extérieur formait tranchant et avec laquelle il était relié par des boulons; on y adaptait, tant à l'extérieur qu'à l'intérieur, 4 lignes de tirants verticaux, disposés à angles droits les uns par rapport aux autres, puis on construisait un premier anneau de maçonnerie sur 1 mètre de hauteur; on le recouvrait d'un rouet provisoire fortement serré à l'aide des tirants verticaux et l'on draguait intérieurement jusque sous le rouet à la base, de manière à faire descendre tout le système.

Bassin de radoub à Rochefort.

Lorsque le dessus des maçonneries était descendu au niveau du sol, on soulevait le rouet supérieur, on construisait un nouvel anneau de maçonnerie, on le reliait de même que précédemment avec la partie basse, puis on faisait descendre à son tour ce nouvel anneau jusqu'au niveau du sol et on continuait ainsi jusqu'à ce que le rouet inférieur fût arrivé sur le rocher. Le croquis (7) donne le détail de la partie basse d'un de ces puits. Après l'achèvement de la fouille, on enlevait les tirants verticaux et on les réemployait à d'autres puits.

Le terrain ainsi traversé à Rochefort consistait en une couche de sable vert très étanche et de consistance ferme; les tirants servaient à empêcher la dislocation des maçonneries pendant la descente des puits; la marche des travaux a été très régulière et peu coûteuse.

Le même mode a été employé également à Rochefort par M. Guillemain, alors Ingénieur ordinaire, pour les fondations de l'écluse du bassin à flot; seulement comme on avait, dans ce cas, à traverser des vases assez molles, on a formé le rouet inférieur d'une caisse en tôle conformément au croquis (8). Les maçonneries étaient toujours soutenues par des tirants verticaux, seulement on n'employait pas de rouets

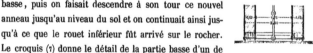

supérieurs et on se bornait à relier les tirants de distance en distance par des boulons transversaux.

Comme les vases étaient très molles, il a été nécessaire de se servir de pieux d'échafaudages pour guider les maçonneries pendant leur descente et souvent avoir recours à des chargements pour régulariser l'enfoncement et maintenir vertical l'axe du puits. Quelquefois le rocher à la base s'est trouvé très incliné et on a alors été obligé de faire reposer le rouet en tôle sur des cales en bois et de reprendre les maçonneries en sous-œuvre. Les maçonneries étaient construites avec mortier hydraulique et l'intérieur des puits a été rempli de béton à la partie basse et de maçonneries au-dessus.

L'expérience a montré que les puits de 4 mètres de diamètre devaient être préférés à ceux de 3 mètres, parce que la facilité et la rapidité de l'exécution étaient beaucoup plus grandes.

Jetées à St-Nazaire.   Les jetées à l'entrée du bassin à flot de Saint-Nazaire ont été fondées en 1857 par le même procédé, seulement les puits étaient de forme carrée, avaient

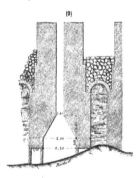

à la base 6 mètres de côté, étaient espacés de 7ᵐ.50 d'axe en axe et les maçonneries, beaucoup plus épaisses qu'à Rochefort, se rapprochaient à l'intérieur de manière à laisser seulement une cheminée verticale de 0ᵐ.80 de largeur (9). Les vases étaient étanches, mais très molles, et de grandes précautions ont été nécessaires pour empêcher les puits de se déverser et pour les reprises en sous-œuvre sur le rocher incliné. L'intérieur des puits a été rempli en maçonnerie et on les a réunis entre eux par de petites voûtes supportant des maçonneries construites à l'abri de vannages appuyés sur les massifs principaux, ainsi que le montre le croquis.

Il faut, dans des vases molles comme celles de Saint-Nazaire, éviter d'attaquer les massifs consécutivement, parce que le travail de la fouille attire le massif déjà construit vers celui qui est en construction ; il faut donc les attaquer à une certaine distance les uns des autres et ensuite remplir graduellement les intervalles.

Pour construire, également en 1857, la grande forme de radoub du port de Lorient, on a été obligé de se défendre contre les marées par un batardeau en maçonnerie qui a été formé d'une série de massifs indépendants, reliés plus tard ensemble par des murs.

Forme de radoub à Lorient.

Les puits employés pour la fondation des massifs avaient 4^m.80 de côté ; l'épaisseur des maçonneries était de 1^m.20, de sorte que le vide intérieur avait 2^m.40 de côté. Les maçonneries étaient construites sur une plate-forme en charpente, formée de deux rangs croisés de madriers ayant ensemble 0^m.20 d'épaisseur. La hauteur des puits a varié de 6^m.09 à 8^m.25.

Les vases étaient très imperméables, mais les puits étaient remplis à chaque marée et, pour les vider rapidement, il fallait employer des pompes puissantes.

Le batardeau ainsi construit présentait une longueur d'environ 100 mètres, dont 72 étaient formés par les massifs des puits : les intervalles étaient remplis par des murs de 1^m.35 fondés dans des enceintes en madriers qui s'appuyaient sur les maçonneries des massifs. Ce travail a été construit sous la direction de M. Chatoney, actuellement Inspecteur général et président du Conseil des ponts et chaussées.

La passerelle du port militaire à Lorient a été également fondée, ainsi que les quais aux abords, par le moyen de massifs isolés, reposant sur le rocher schisteux à 15 ou 18 mètres au-dessous des hautes mers. Ainsi le quai de la rive gauche a été formé de massifs de 6 mètres de longueur sur 3 mètres de largeur, distants de 9 mètres d'axe en axe et supportant des voûtes de 6 mètres d'ouverture sur lesquelles repose le mur du quai. Le cadre en charpente sur lequel on construisait les maçonneries, avait une surface supérieure horizontale, mais la partie inférieure en était formée par des plans inclinés à 45°, comme l'indique le

Passerelle à Lorient.

croquis (11). Les piles de la passerelle reposent chacune sur un seul massif dont
le plan est donné pour une d'elles par le
croquis (12). Les vases étaient très molles,
de sorte que l'on était obligé de prendre
de grandes précautions pour combattre la
tendance au déversement. On y parvenait
soit en surchargeant l'un des côtés des maçonneries, soit en activant dans la même
direction le travail des déblais, soit en introduisant des madriers horizontaux sous l'arête du
cadre du côté où il fallait modérer le tassement.

Pour relier les maçonneries au rocher, qui avait en
général une pente notable vers la rivière, on arrêtait
la descente, lorsque le tranchant du cadre était environ
à 1 mètre au-dessus du rocher, et comme alors on arri-
vait à une couche caillouteuse par laquelle l'eau sourçait en abondance, on a
été obligé de battre autour du puits une enceinte en pieux jointifs à l'intérieur
de laquelle on a pu, à l'aide d'épuisements, enlever les plans inclinés des
cadres et reprendre en sous-œuvre les maçonneries jusqu'au rocher. La
grande fluidité des vases et l'inclinaison du sol inférieur ont rendu très difficile l'exécution du travail.

Bassin à flot
de Bordeaux.

MM. les Ingénieurs Joly et Regnault ont fait à Bordeaux, il y a quelques années,
pour les écluses et les murs de quai du bassin à flot, une très grande application
du mode de fondation sur massifs isolés descendant graduellement. Ils ont
employé dans ces travaux des blocs en maçonnerie de grandes dimensions,
et comme ils opéraient dans un terrain de vase argileuse compacte recouvrant
un banc de sable et gravier aquifères, la descente des blocs était moins difficile
à régler que dans des terrains manquant de consistance; mais d'un autre côté
les épuisements ont été considérables.

Pour les écluses on a employé des massifs dont les longueurs variaient de 6 à
33 mètres, tandis que la largeur était uniformément de 6 mètres et la hauteur

de 9 mètres. Ces massifs, dont les angles verticaux étaient abattus en pans coupés, présentaient à l'intérieur un ou plusieurs puits verticaux, comme le montrent la coupe (13) et le plan (14). Les maçonneries étaient hourdées en ciment sur 4 mètres de hauteur et le reste en mortier hydraulique. On ne construisait d'abord la maçonnerie que jusqu'à la moitié environ de la hauteur, puis on faisait descendre le massif par *havage* ou déblais intérieurs et l'on exhaussait successivement la maçonnerie à mesure que la descente s'effectuait. Des pompes dont les tuyaux pénétraient dans chaque puits, étaient actionnées par des locomobiles dont la force était également utilisée pour le montage des déblais. Comme le

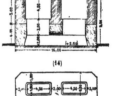

sol n'était pas bien homogène, et surtout par suite des excavations occasionnées par les épuisements très énergiques auxquels il a fallu recourir sur certains points, un grand nombre de blocs ont été déviés ou déversés pendant le fonçage et, pour quelques-uns, les déplacements ont même été considérables, mais on y a porté remède dans l'exécution des parements définitifs des bajoyers.

Pour les murs de quai du bassin à flot, la hauteur des blocs était seulement de 5".50 à 6".70 et leurs dimensions transversales étaient au maximum de 8 mètres sur 6 mètres (15 et 16), sauf pour les blocs d'angle de forme polygonale, qui étaient généralement plus forts. Les murs, sur les deux tiers de leur longueur, reposent au moyen de voûtes en plein cintre sur les blocs dont l'espacement est de 8 mètres; le surplus des quais avait été fondé à l'origine sur pilotis. Pour les massifs du bassin, où le travail a pu être effectué très régulièrement, l'enfoncement a été en moyenne de 0".20 par jour.

Enfin pour la forme du radoub, qui a été exécutée plus tard, on a profité de l'expérience acquise en réduisant à 11 mètres au maximum la longueur des blocs, en augmentant leur largeur de 2 mètres, afin de rendre les déversements

42

plus difficiles, et enfin en accroissant un peu leur écartement. En outre, pour
éviter les excavations auxquelles avaient donné lieu les épuisements très considérables de la fondation des écluses, on a employé avec succès une drague
verticale pour l'extraction des déblais sur une grande partie du pourtour et on
a reconnu que cet emploi était avantageux comme temps et comme dépense ;
toutefois, les déplacements des blocs dans la descente ne paraissent pas avoir
été entièrement évités.

Murs de quai
du bassin de Penhouët. Pour le nouveau bassin à flot de Penhouët, à Saint-Nazaire, la mauvaise
nature du sous-sol n'a pas permis de construire des murs de quai sur tout le
pourtour du bassin. Ceux que l'on a établis sont fondés sur le rocher dans des
conditions très variables et l'on a dû, pour plusieurs d'entre eux, aller chercher
le rocher à 15 et 18 mètres de profondeur en contre-bas du fond du bassin :
on les a dans ce cas construits sur arcades, dont les piles sont formées de
massifs descendus graduellement par havages. Ces massifs avaient généralement 11 mètres de longueur sur 5 mètres de largeur, avec un évidement
intérieur de 5 mètres sur 2 mètres. La descente ne présentait aucune difficulté
tant que les massifs étaient compris dans la vase ; mais dès que l'un des côtés
des blocs touchait le rocher dont la déclivité était très forte, le massif tendait
à se déverser et il était indispensable de le soutenir pendant la descente. La
dénivellation dans le sens de la longueur des blocs était telle que, lorsque l'arête
extérieure Ouest par exemple atteignait le rocher, il y avait encore 6 mètres de
vase à l'arête Est. Dans ce cas, on battait à l'intérieur, le long de la paroi intérieure Ouest, une série de gros pieux de $0^m.40$ à $0^m.50$, puis on les recépait à
$1^m.50$ ou 2 mètres au-dessus de la plate-forme inférieure du massif et on les
ramenait au moyen de verrins hydrauliques sous de forts palâtres encastrés dans
la maçonnerie. On fouillait alors la vase et on déblayait le rocher sur la hauteur
correspondant à la saillie des pieux, en soutenant ce côté du massif par de
solides étais en bois ; puis, quand la surface inférieure avait été rendue bien
horizontale, on introduisait dans les pieux et les étais des cartouches de dyna-
mite, et comme par l'effet de l'explosion les bois se brisaient, le massif descendait en achevant de les écraser, ce qui empêchait la chute d'être trop brusque.

On recommençait plusieurs fois cette opération, dont le croquis (17) représente une des phases.

C'est ainsi que l'on a fait descendre de 4 mètres, par trois opérations succes-sives, un grand massif de 9 mètres sur 12, qui à sa dernière descente était supporté par 25 étais de 0ᵐ.45 d'équarrissage et sous lequel 20 mineurs tra-vaillaient avec sécurité. Pour diminuer le temps et la dépense du fonçage, on a quelquefois divisé chaque massif en deux parties, dont l'une avait moins à descendre que l'autre, mais les massifs ainsi réduits à 5 mètres sur 5 mètres avaient moins de stabilité, et en outre le plus élevé, par suite de la différence de pression des déblais, se trouvait généralement poussé vers l'autre.

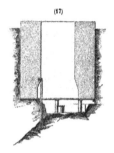

(17)

Le prix du mètre cube de ces fondations est revenu à 57 fr. en moyenne et ne paraît pas trop élevé, eu égard aux difficultés vaincues. Les avant-projets ont été étudiés par MM. Chatoney et Leferme, puis les projets définitifs ont été dressés par MM. de Carcaradec et Pocard-Kerviler, qui ont ensuite dirigé l'exécu-tion des travaux.

Dans la plupart des fondations au moyen de massifs descendant graduelle-ment, on a deux écueils à redouter : la perméabilité du terrain et son défaut de consistance. La perméabilité, qui se révèle parfois seulement à la base de la fondation, car le rocher est souvent recouvert d'une couche graveleuse au-dessous d'une grande épaisseur de vase, peut arriver à rendre impraticable la reprise en sous-œuvre des maçonneries. D'un autre côté, le défaut de résistance de certaines vases allant quelquefois jusqu'à la fluidité, peut occasionner des déversements tels qu'il soit impossible de continuer la fouille à l'intérieur et que l'on se trouve obligé de s'établir sur des blocs très incomplètement assis. Enfin lorsque, comme à Saint-Nazaire, la vase est très étanche et présente une certaine consistance, on rencontre souvent de très grandes difficultés par suite des inégalités du rocher sur lequel repose cette vase. C'est donc seulement avec une grande prudence et à la suite d'études très attentives du terrain, qu'il faut arriver à l'emploi de ce mode de fondation. Pour des constructions importantes, il conviendrait même de faire des expériences en grand au moyen de puits d'essai ; mais, d'un autre côté, il est juste de reconnaître que ce procédé, dont le prix de revient est modéré, a déjà rendu et peut rendre encore à l'avenir de très grands services.

----

§ 6. — FONDATIONS PAR L'AIR COMPRIMÉ

Premiers emplois
de l'air comprimé.
L'emploi de l'air comprimé pour chasser l'eau sous une cloche à plongeur était connu depuis longtemps, mais cet appareil de dimensions très restreintes n'était guère appliqué que pour constater l'état de travaux sous-marins et y pratiquer des réparations de courte durée. C'est seulement en 1839 que M. Triger, Ingénieur civil des Mines, ayant à établir un puits de 20 mètres de profondeur dans les houillères de Chalonnes, à travers des sables très perméables, employa pour le creusement de ce puits un tube en tôle muni à sa partie supérieure d'une écluse à air : cette écluse servait à faire passer les ouvriers de la pression normale extérieure à celle qui était nécessaire pour chasser l'eau de l'intérieur du tube, et elle était également utilisée, en sens inverse, pour l'enlèvement des déblais. Cette idée très ingénieuse fut promptement répandue et on arriva quelques années plus tard à l'utiliser pour la fondation des piles de ponts.

Fondations des ponts
de Rochester
et de Saltash.
La première application en a été faite en 1851 au pont de Rochester, sur la Midway, en Angleterre, sous la direction de M. Cubitt. Chacune des deux piles de cet ouvrage est supportée par 14 tubes cylindriques en fonte de $2^m.13$ de diamètre ; ces tubes ont été composés d'anneaux en fonte de $2^m.75$ de hauteur, boulonnés l'un avec l'autre sur des nervures intérieures et que l'on ajoutait successivement à mesure qu'augmentait la profondeur. Les écluses à air, disposées au-dessus de la plaque de fermeture du tube, étaient formées de deux cylindres ayant seulement $0^m.78$ de diamètre sur $1^m.90$ de hauteur : elles

servaient successivement pour le passage des ouvriers, pour l'enlèvement des
déblais et pour la descente des matériaux nécessaires à la construction des
maçonneries. Comme la pression intérieure, indispensable pour chasser l'eau
d'un tube, augmente avec la profondeur, ce tube serait nécessairement soulevé
si l'on n'accroissait pas successivement son poids par l'addition de surcharges :
elles étaient formées à Rochester par des poutres armées, disposées sur le
sommet du tube à enfoncer et soutenant des contrepoids qui se mouvaient
dans des tubes latéraux; l'action de ces contrepoids était réglée par des verrins [a]. Les opérations ont bien réussi, mais le nombre de tubes employés à
Rochester était beaucoup trop considérable, compliquait beaucoup l'exécution
et a dû entraîner des dépenses très élevées.

   Trois ans plus tard, Brunel a fait, pour fonder la pile centrale du pont de
Saltash, une nouvelle application du même procédé, mais en y apportant des
modifications très importantes. Cette pile, destinée à supporter deux des plus
grandes travées existantes, car elles s'appliquent à
des ouvertures de 133 mètres, a été descendue jusqu'au rocher, à travers un banc de vase de 5 mètres
environ d'épaisseur, à une profondeur de 25 mètres en contre-bas des hautes mers et de 19^m.60
au-dessus des basses mers de vive eau. On a employé à cet effet un énorme tube en tôle ayant
10^m.67 de diamètre à la partie inférieure et qui, à
partir de 9 mètres de hauteur, présentait un renflement par suite duquel le diamètre se trouvait
porté à 11^m.58 (1). La hauteur, du côté le plus bas
du sol, atteignait 26^m.82. La partie inférieure était
divisée en 21 cases annulaires de 1^m.22 d'épaisseur (2) qui supportaient un dôme présentant à son
sommet une ouverture circulaire surmontée d'un
cylindre de 3^m.05 de diamètre; les cloisons des cases étaient percées chacune à
leur partie supérieure d'une ouverture qui permettait de passer de l'une à

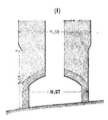

l'autre. C'est seulement dans l'espace annulaire formé par l'ensemble de ces cases, que l'on a travaillé à l'air comprimé; cet air était envoyé dans un cylindre vertical en tôle de 1ᵐ.83 de diamètre, appuyé à l'intérieur de l'un des côtés du cylindre principal, et l'on n'a eu effectivement recours à l'air comprimé que pour remplir en maçonnerie de ciment de Portland l'espace annulaire, jusqu'à 5 mètres environ au-dessus du rocher. A partir de cette hauteur, l'étanchéité a été complètement obtenue et le reste des maçonneries a été exécuté à l'air libre. Le renflement du cylindre extérieur avait pour but de permettre de construire le parement en maçonnerie à distance de l'enveloppe qui a été enlevée après l'achèvement de la construction. Les dimensions exceptionnelles du cylindre, et la profondeur à laquelle il devait être échoué, ont donné lieu à de très grandes difficultés pour sa mise en place et on n'y est parvenu qu'après plusieurs tentatives. La dépense de cette fondation a dû être très considérable, mais on n'a pas pu se procurer de renseignements même par approximation.

Les dispositions que nous venons de décrire et qui s'appliquaient à des piles de dimensions exceptionnelles, avaient donné lieu à des dépenses si élevées, qu'on ne pouvait pas prendre ces dispositions pour bases des applications à faire de l'air comprimé pour fonder des piles de ponts dans des conditions plus pratiques. Mais à la suite d'études actives et approfondies, on est arrivé promptement à faciliter l'exécution des fondations de cette nature, tout en diminuant les dépenses, et on a reconnu que les applications normales de l'air comprimé, pour la construction des ponts, pouvaient être rapportées à deux catégories, fondations tubulaires et fondations par caissons. Nous allons en décrire successivement plusieurs exemples.

Fondations tubulaires. Le pont de Szegedin, sur la Theiss, en Hongrie, peut être considéré comme
Pont de Szegedin. donnant le type des premières dispositions adoptées pour l'usage de fondations tubulaires de dimensions modérées. Les tubes, au nombre de 2 pour chaque pile, avaient 3 mètres de diamètre et l'épaisseur de la fonte était de 0ᵐ.035. Les tambours ou anneaux qui formaient chaque tube avaient chacun 1ᵐ.80 environ de hauteur et étaient reliés entre eux par des nervures et des boulons. Comme sous la charge d'épreuve, chacune des colonnes devait exercer sur le

sol une pression de 7^k.52 par centimètre carré, qui fut jugée trop considérable pour l'argile mélangée de sable fin qui forme le lit de la Theiss, on battit dans chaque tube 12 pieux de 0^m.30 de côté et de 8 mètres de longueur. En outre les piles ont été protégées contre les affouillements par une enceinte de pieux jointifs, un massif en béton et des enrochements, ainsi que l'indique le croquis (3), qui donne la coupe verticale sur l'axe d'un tube, après le rem- plissage intérieur. Ce remplissage sert à donner de la masse aux colonnes et à répartir le poids sur la base entière. La cloche pneumatique qui formait la partie supérieure de chacun des tubes, était un tambour cylindrique en tôle de même diamètre que le

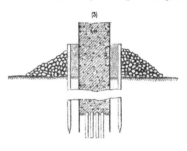

tube, fortement boulonné sur lui, ouvert par en bas et fermé en haut par un toit; celui-ci était traversé par deux corps cylindriques en fonte, placés ver- ticalement et formant chacun un sas à air indépendant. C'est par ces sas que l'on introduisait les ouvriers, qu'on enlevait les déblais et que l'on faisait pas- ser au contraire à l'intérieur le béton de remplissage. Les sas, de très petites dimensions, étaient ceux précédemment employés au pont de Rochester.

Toutes les fois que, par suite de l'enfoncement de la colonne, la cloche pneu- matique descendait trop près du niveau des eaux, on était obligé de l'enlever, d'ajouter un ou plusieurs tambours et de replacer ensuite la cloche. Cette obligation de déplacer ainsi les appareils pneumatiques occasionne toujours des interruptions dans le travail et, pour en diminuer la durée, il convient de ré- duire autant que possible le poids des appareils. D'un autre côté, il est indispen- sable de pouvoir empêcher ou tout au moins limiter les soulèvements que tend à produire la compression de l'air à l'intérieur du tube. Les dispositions appli- quées dans ce but à Rochester et qui présentaient une certaine complication, n'avaient pas été reproduites à Szegedin, où l'on s'est contenté d'employer pour contre poids des segments en fonte, disposés autour de la partie supérieure de

la cloche. Les déplacements verticaux du tube étaient par suite beaucoup moins
bien réglés et, par exemple, quand un excès de pression se produisait à l'intérieur de la colonne, celle-ci se soulevait et souvent l'eau rentrait avec violence
en entraînant le terrain et exerçant sous le pied du tube un vide où il tombait
quand la pression intérieure venait à faiblir : il en résultait des descentes
brusques dans lesquelles les tubes pouvaient se déverser et il fallait beaucoup
de précautions pour empêcher cet effet de se produire. D'un autre côté, les
variations de pression constituent un des moyens les plus efficaces pour activer
le travail : ainsi à Szegedin, quand le déblai était arrivé jusqu'au tranchant du
tube, on faisait sortir les ouvriers et on ouvrait brusquement les robinets d'échappement : l'eau rentrait alors en entraînant une partie du sol entourant la base
du tube et celui-ci descendait jusqu'à ce que la masse d'eau et de sable, pénétrée
à l'intérieur, équilibrât la pression extérieure, ou que le frottement des parois
du tube contre le terrain arrivât à contre-balancer son excédent de poids. Pour
empêcher autant que possible les déversements, les tubes étaient contenus par
des guides en bois soutenus par les échafaudages et quand, malgré ces précautions, une colonne s'était inclinée, on la redressait en lui appliquant de forts
étais obliques appuyés sur l'échafaudage. Comme la tête des étais descendait
avec la colonne, leur direction se rapprochait de l'horizontale, la distance de
leur point d'attache augmentait par rapport à l'échafaudage, et par suite la
colonne se trouvait repoussée (4).

Ces effets varient avec la nature des terrains : dans l'argile
ferme les colonnes ont peu de tendance à se dévier; dans le
sable cette tendance est grande, mais les déviations sont
plus faciles à corriger que dans l'argile. Les meilleurs terrains
pour l'ensemble des opérations sont ceux de gravier.

Le montage des déblais se faisait à Szegedin au moyen de
seaux élevés par des treuils. C'est par les mêmes appareils
agissant en sens inverse que l'on amenait le béton. Pour
remplir les colonnes, on employait le béton dans l'air comprimé jusqu'à peu
près la moitié de la hauteur. A partir de ce niveau on enlevait les appareils
pneumatiques et le reste du bétonnage s'opérait à ciel ouvert.

Les colonnes ont été descendues à 12 mètres environ au-dessous de l'étiage et pénétraient dans le sol d'environ 9 mètres.

Pour le pont qui vient d'être décrit, la cloche pneumatique placée à la partie supérieure des tubes, portait directement les contrepoids destinés à s'opposer au soulèvement de la colonne et même à aider à son enfoncement. Mais il en résultait que toutes les fois que, par suite de l'avancement du travail, on était obligé d'ajouter de nouveaux anneaux, il fallait non seulement déplacer la cloche pneumatique avec ses sas à air, mais encore enlever les contrepoids, ce qui rendait la manœuvre plus longue et plus pénible. En outre, pendant la descente du tube, les contrepoids pesaient toujours sur lui avec la même intensité, sans qu'il fût possible de la modérer; si le tube descendait trop brusquement, il perdait son aplomb. La difficulé de régler convenablement les contrepoids conduisait à opérer la descente au moyen du système dit des rentrées de terre, c'est-à-dire en lâchant brusquement l'air comprimé et en profitant de l'invasion subite de l'eau pour désagréger le terrain et l'entraîner à l'intérieur des tubes, ainsi que nous l'avons précédemment expliqué. Mais à Bordeaux, où le terrain est principalement formé d'un sable fin et vaseux, des descentes brusques et des rentrées subites de terre auraient profondément troublé l'état d'équilibre de ce sol et auraient pu occasionner des accidents très graves. On a paré à ces dangers en employant comme à Rochester des poutres armées au-dessus des tubes, mais en perfectionnant beaucoup les conditions d'emploi. A cet effet, le sas à air était formé par le tube lui-même, dans lequel on ajustait deux plateaux en tôle *aa*, *bb* (5); ils étaient percés chacun de deux ouvertures par où passaient les hommes et les matériaux; ces ouvertures étaient hermétiquement fermées par des chariots mobiles.

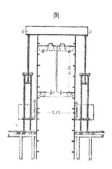

Le sas avait 3ᵐ.60 de diamètre et 4ᵐ.40 de hauteur; il tenait lieu à la fois de la cloche pneumatique et des 2 petits sas de Szegedin, dans des conditions beaucoup plus commodes pour les manœuvres et moins dangereuses pour les ouvriers en ce qui concerne les effets de l'éclusement. D'un autre côté, les contrepoids ne portaient plus directement sur les tubes, mais reposaient sur les échafaudages autour de la pile et leur action se faisait sentir sur les tubes au moyen de deux poutrelles en tôle *cc* fixées aux pistons de 4 presses hydrauliques. En faisant descendre plus ou moins ces pistons par l'action de l'eau comprimée, on faisait varier à volonté la pression et on arrivait à la régler de la manière la plus favorable dans chaque phase particulière du travail. Cette facilité de faire varier les pressions était d'autant plus utile à Bordeaux que les dénivellations dues à la marée y sont fortes et amenaient par suite des changements considérables dans le poids des appareils. Les 4 presses hydrauliques pouvaient produire ensemble un effort de 300,000 kilogrammes.

Le montage des déblais avait lieu au moyen de bennes et de treuils, mais les treuils, au lieu d'être manœuvrés par des hommes, étaient mus par une locomobile, avec l'intermédiaire d'un arbre qui traversait la paroi du tube dans une boîte à étoupes.

Pendant le cours du travail, un des plateaux inférieurs du sas à air s'est détaché brusquement, sous l'influence d'une secousse ou d'une compression trop forte, est tombé au fond du tube et a occasionné la mort de deux ouvriers. Cet accident prouve que les sas à air, ainsi placés à l'intérieur des tubes, présentent des dangers et dans tous les cas ont besoin d'être installés avec une très grande solidité.

Les piles de ce pont sont au nombre de six et chacune d'elles est formée de deux colonnes de 3^m.60 de diamètre; les fondations ont été établies à 16 ou 17 mètres au-dessous du niveau moyen des eaux. La vitesse d'enfoncement des tubes a varié de 0^m.33 à 1^m.32 par 24 heures. La pression sur le sol de fondation est, par centimètre carré, de 9 kil. 500 environ.

Pont d'Argenteuil.   Au pont d'Argenteuil construit en 1861 sur la Seine, pour le chemin de fer de Paris à Dieppe par Pontoise, on a employé, pour contre-balancer les sous-pressions, une disposition toute différente de celles essayées jusqu'alors. A cet effet, on a placé au-dessus du premier anneau une charpente conique en fonte, de

2ᵐ.50 de hauteur (6) et sur cette charpente, qui constituait l'ossature de la chambre de travail, on a construit en pierres et ciment de Port-land un parement solide en maçonnerie; puis on a rempli en béton l'espace compris entre le parement et la paroi du tube.

Enfin on a élevé ce massif successivement, de manière à obtenir toujours le poids nécessaire pour équilibrer la sous-pression et même pour la dépasser un peu, de façon à faire descendre le tube au fur et à mesure de l'enlèvement des déblais. Le cuvelage central qui maintenait le béton était en bois et formait un puits intérieur de 1ᵐ.10 de diamètre, servant au passage des ouvriers et des déblais.

Cette disposition qui consiste à augmenter graduellement, au moyen d'une maçonnerie nécessaire pour la fondation même, le poids des colonnes à l'égard desquelles la sous-pression s'accroissait dans le cas d'Argenteuil d'environ 6000 kilogrammes par mètre d'immersion, est d'autant plus rationnelle que le centre de gravité des colonnes ainsi chargées se trouvant très près du bas, celles-ci tendent beaucoup moins à se déverser que quand elles sont char-gées en tête. De plus, afin d'éviter les chutes brusques, les tubes, pendant leur enfoncement, étaient soutenus par 4 forts verrins dont la partie supérieure était fixée à des échafaudages extérieurs.

La chambre d'équilibre était composée de deux cylindres concentriques en tôle, de hauteurs inégales, comme le montrent les croquis (7) et (8). L'espace annulaire était lui-même divisé en deux comparti-ments par des cloisons verticales et chacun des compartiments remplissait tour à tour le rôle de sas à air, en communiquant avec la chambre de travail au moyen du puits intérieur ou cheminée. Enfin une petite machine à vapeur était installée sur le dessus de l'appareil et transmettait le mouvement à un treuil intérieur, au moyen duquel on montait les bennes chargées de déblais. La disposition des sas était commode pour les ouvriers, auxquels elle offrait bien plus d'espace que ceux de Rochester, et en même temps elle facilitait beaucoup le mouvement des bennes pour la sortie des déblais et la descente des matériaux.

Comme à Argenteuil les couches de terrain étaient trop compactes pour que l'eau, refoulée par la compression de l'air, pût passer facilement sous le tranchant du tube, on a été conduit à installer un siphon au moyen duquel l'eau remontait à l'extérieur très facilement; cette disposition doit être recommandée pour les cas, rares d'ailleurs, où l'on emploie ce mode de fondation dans des terrains imperméables. Le remplissage de la chambre de travail a été également l'objet de précautions spéciales: ainsi, lorsque chaque tube a été rendu à sa profondeur définitive, on a déposé sur le sol des couches alternatives de béton de ciment sur $0^m.25$ d'épaisseur et de ciment pur de $0^m.10$, jusqu'à 1 mètre de hauteur environ; afin d'éviter que la prise fût troublée par les variations de pression, on a eu soin d'intercaler dans ce massif un certain nombre de tuyaux en fer que l'on a garnis en ciment quand le massif était tout à fait dur; on continuait ensuite l'emploi du béton jusqu'à 5 mètres au-dessus de la base; enfin, après avoir maintenu encore la pression bien constante pendant vingt-quatre heures pour laisser au mortier le temps de durcir, on démontait l'écluse, sans inconvénient, et on achevait à l'air libre le remplissage de la cheminée.

Les piles de cet ouvrage, au nombre de 4, sont formées chacune de deux colonnes de $3^m.60$ de diamètre; elles ont été fondées à des profondeurs de 13 à 18 mètres sous l'étiage. La vitesse d'enfoncement était en moyenne de 1 mètre par vingt-quatre heures pour chaque colonne. La pression maxima sur le sol est seulement de 2 kil. 570 par centimètre carré, en tenant compte de l'adhérence due au frottement des parois contre le terrain, qui est principalement formé de couches de marne et argile, avec quelques bancs calcaires.

Construction des piles au-dessus des fondations.

Lorsqu'on emploie des fondations tubulaires, comme dans les exemples que nous venons de citer, les colonnes de fondation sont généralement prolongées en élévation jusqu'au-dessous des poutres; elles se composent ordinairement d'enveloppes en fonte remplies de béton ou de maçonnerie: on pourrait évidemment aussi supprimer l'enveloppe en construisant soit en pierres de taille, soit en moellons d'appareil, le parement des colonnes.

Les colonnes dont la réunion constitue une pile, sont ordinairement reliées entre elles par des armatures métalliques, soit par des plaques avec évidements comme à Szegedin (9) ou à Mâcon (10), soit au moyen de grands croisillons comme à Moulins (11), soit enfin au moyen de deux lignes de poutres en treillis

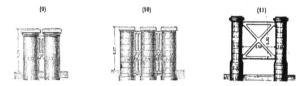

comme à Argenteuil (12). Quelquefois on les laisse entièrement libres comme à Bordeaux (13), mais bien qu'il n'en soit pas résulté d'inconvénient, il nous paraît toujours plus prudent de les relier. Enfin, au lieu d'élever sur les fondations tubulaires des colonnes isolées, on peut très bien faire reposer sur ces fondations les maçonneries d'une pile ordinaire, en établissant une petite voûte au-dessus de l'intervalle des tubes (14). Seulement il faut avoir soin de relier

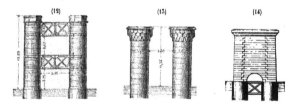

fortement les tubes ensemble au moyen d'une armature métallique ou tout au moins d'établir dans la première assise, au-dessus des naissances de la voûte, des tirants très solides, afin de détruire la poussée qui tendrait à écarter les tubes. C'est ainsi que l'on avait d'abord projeté la construction des piles du pont sur le Scorff, à Lorient, et M. Morandière a établi dans son cours que la dépense d'une pile complète en maçonnerie au-dessus des basses eaux n'est pas plus élevée que celle des deux colonnes en fonte remplies de béton, tandis qu'elle présente évidemment beaucoup plus de garanties de solidité et de durée.

C'est à plus forte raison une pile complète qu'il convient d'employer quand, pour la fondation, on remplace les tubes par un caisson, comme dans les exemples que nous allons maintenant examiner.

La première idée de remplacer les tubes par des caissons est due à M. l'Ingénieur Fleur Saint-Denis et elle a été appliquée en 1859 sous sa direction aux travaux du pont de Kehl.

Dans cette partie le lit du Rhin, formé d'une couche très épaisse de gravier, est souvent affouillé à des profondeurs de 15 à 17 mètres, et par suite on a jugé nécessaire de descendre les fondations jusqu'à 20 mètres au-dessous de l'étiage. Ces fondations comprenaient 2 piles culées de 7 mètres de largeur sur 23^m.50 de longueur et 2 piles intermédiaires de même largeur et de 17^m.50 de longueur seulement. Elles ont été exécutées au moyen de caissons en tôle soutenus dans leur descente par des verrins et dans lesquels les ouvriers travaillaient à l'air comprimé; seulement on n'avait pas osé, dans cette première application, donner à ces caissons de grandes dimensions: on les a limités à 7 mètres sur 5^m.90 environ, et par suite on en a employé 4 juxtaposés pour chacune des piles-culées; leur nombre a été réduit à 3 pour chacune des piles intermédiaires.

Le croquis (15) donne en plan la disposition des caissons pour une pile culée. Ils avaient chacun 3^m.40 de hauteur, étaient ouverts par le bas et fermés

(15)

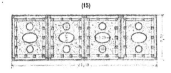

hermétiquement au sommet par une plate-forme très solide en tôle. Ils présentaient tous en leur milieu une ouverture elliptique de 2^m.29 sur 1^m.50, formée par un tuyau en forte tôle qui descendait jusqu'à 0^m.40 au-dessous du tranchant et dont la partie supérieure était toujours tenue élevée au-dessus des eaux; puis, de chaque côté de ce grand tuyau, le plafond était percé de deux trous circulaires, de 1 mètre de diamètre, surmontés de tubes verticaux avec écluses à air, à la partie supérieure. Ces tubes servaient à faire descendre les ouvriers et les matériaux dans l'air comprimé, tandis que les grands tuyaux elliptiques restaient ouverts à l'air libre et contenaient chacun une noria avec laquelle on extrayait les déblais du fond du lit pour les rejeter à l'extérieur. Par cette dernière disposition on évitait toute manœuvre d'éclusée pour la sortie des déblais et c'était sans contredit une innovation très heureuse. Au-dessus de chacune des chambres de travail, formées par les caissons ci-dessus décrits, on a, ainsi que le montre la partie de coupe longitudinale (16),

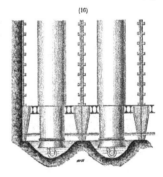

(16)

élevé au fur et à mesure de l'enfoncement, un grand coffrage en bois dont la partie supérieure était toujours tenue au-dessus des eaux. On construisait dans ce coffrage les maçonneries qui constituaient une partie du massif de fondation et servaient en même temps de contre poids, comme à Argenteuil, pour résister à la sous-pression et pour vaincre les frottements qui tendaient à s'opposer à la descente. Par suite de l'emploi des norias, les ouvriers travaillant dans les chambres inférieures n'avaient qu'à dégager le gravier au-dessous des tranchants et à le repousser au milieu de chaque fouille, où il était repris et enlevé par les godets des norias.

Les Ingénieurs, MM. Vuigner et Fleur Saint-Denis, avaient été d'abord très préoccupés de la difficulté d'obtenir un enfoncement simultané pour les divers caissons d'une même pile; mais cet enfoncement a au contraire été très régulier et, dès la deuxième fondation, les caissons ont été reliés entre eux, ce qui a prouvé que, si les tôles n'avaient pas été préparées à l'avance, on aurait pu très facilement ne former qu'un seul caisson pour chaque pile, en ayant soin de consolider fortement les parois par des arcs-boutants.

Les opérations ainsi conduites ont parfaitement réussi, seulement les dépenses ont été très considérables et se sont élevées, tant pour fondations que pour maçonneries, à 700,000 francs environ, en moyenne, pour chacune des piles culées, et à 500,000 francs pour chacune des piles intermédiaires.

Pont de la Voulte.

Des dépenses de cette nature ne peuvent être admises que pour des ouvrages exceptionnels, mais heureusement elles peuvent être beaucoup réduites dans les circonstances ordinaires. Ainsi, au pont de la Voulte, construit pour le chemin de fer de Privas en 1860, chacune des 4 piles a été fondée au moyen d'un caisson unique en tôle de 5 mètres de largeur et 12 mètres de longueur (17), présentant

(17)

une section rectangulaire terminée par deux parties demi-circulaires comme la pile elle-même. La partie inférieure, formant chambre de travail, avait $2^m.65$ de hauteur et son toit était percé de trois trous, l'un au centre, destiné à donner passage à une noria, comme à Kehl, les deux autres de part et d'autre servant de base à des tuyaux terminés par les écluses à air. Les parois au-dessus de la chambre de travail étaient en tôle et chaque caisson était soutenu dans sa descente par huit forts verrins. Les fondations ont été établies à 10 mètres seulement au-dessous de l'étiage et la dépense ne s'est élevée qu'à 80,000 francs par pile.

La superficie de l'une de ces fondations, comparée à celle de l'une des piles intermédiaires de Kehl, est dans le rapport de $^{11}/_{21} = 0^m.46$ et la profondeur est moitié moindre, de sorte que rien qu'en tenant compte des dimensions, la dépense de la pile de Kehl se réduirait sur les bases de la Voulte à 115,000 fr.; il est évident de plus qu'en diminuant de moitié la hauteur, on a besoin d'épaisseurs moins fortes et le travail est singulièrement facilité. La différence de prix des fondations de ces deux ponts s'explique donc bien. Seulement on voit que, lorsqu'on peut réduire des piles à des dimensions ordinaires, on ramène assez facilement la dépense à des conditions beaucoup plus pratiques.

Pont sur le Scorff.

Les ponts sur le Scorff à Lorient et sur la Loire à Nantes vont nous en offrir d'autres exemples.

Pour le premier de ces ouvrages la fondation était très difficile, car il fallait aller chercher le rocher à 21 mètres au-dessous des hautes mers pour l'une des piles et à 15 mètres pour l'autre, soit 18 et 12 mètres au-dessous du niveau moyen. Les vases qui recouvraient le rocher avaient très peu de consistance; leur épaisseur était de 14 mètres à la première pile et de 7 à 8 mètres à la deuxième. En outre la surface du rocher était très inégale et la dénivellation des marées, qui s'étend parfois jusqu'à 5^m.70, compliquait beaucoup l'opération.

MM. Gouin et Cie, entrepreneurs chargés de l'exécution du travail, ont employé des caissons dont la section formait un rectangle terminé par deux demi-cercles, comme à la Voulte : ils présentaient à peu près la même longueur à la base, 12^m.10; mais leur largeur était de 3^m.50 seulement et la superficie ne dépassait pas 39 mètres carrés. Les échafaudages avaient été beaucoup simplifiés, on avait supprimé la noria, l'enlèvement des déblais était opéré à travers les sas à air et on n'employait pas de verrins. La suppression de la noria était motivée, parce que le cube des déblais se trouvait très peu considérable en raison des faibles dimensions des caissons, mais celle des verrins ne l'était pas, à notre avis, et leur emploi aurait été au contraire très utile pour prévenir les déversements.

Ces déversements étaient en effet très à craindre par suite de la forme longue et étroite du caisson, du peu de consistance du terrain dans lequel on opérait et enfin de l'effet des marées. Pour apprécier cette dernière action, on doit considérer qu'afin d'être bien maître de la descente, il faut tenir le caisson à peu près en équilibre sous l'effet de la pression intérieure due à l'air comprimé, qui tend à le faire remonter, et sous celui de son propre poids qui tend à le faire descendre. Or si cet équilibre existe au moment de la basse mer par exemple, il cessera évidemment d'avoir lieu à la haute mer, puisque le caisson, étant immergé sur une grande hauteur, aura perdu beaucoup plus de son poids, et alors, comme il a une tendance à remonter, il pourra facilement être déplacé dans un terrain qui offre peu de résistance latérale; si au contraire l'équilibre entre les deux forces agissant sur le caisson existe à haute mer, le poids, devenant plus fort quand la mer baissera, prendra la prépondérance et occasionnera une brusque descente dans laquelle ce caisson peut se déverser. En faisant varier la pression intérieure, on peut atténuer ces actions nuisibles à la régularité de la descente, mais on ne peut pas les détruire, parce que la pression est commandée par la profondeur à laquelle on opère : ainsi, par exemple, si à haute mer on voulait la diminuer comme ce serait désirable, l'eau remonterait dans la chambre inférieure et le travail serait interrompu.

Pour avoir la faculté de maintenir la pression, il faut donc augmenter la surcharge, mais alors on s'expose à ce qu'elle soit trop forte à la basse mer suivante. La variation de niveau due à l'action des marées est donc une cause de difficultés très sérieuse et peut occasionner de graves accidents.

Pour la pile rive droite, le terrain présentait encore une certaine consistance et il n'y a pas eu de déplacement grave pendant le fonçage, mais pour la pile rive gauche, la vase était beaucoup plus molle et, bien que la profondeur fût moins considérable, les difficultés ont été beaucoup plus grandes. Ainsi, par suite d'une diminution subite de pression, provenant d'une avarie survenue à la machine, le caisson est descendu brusquement en prenant une forte inclinaison vers l'aval et de plus, dans ce mouvement, la tôle de l'enveloppe supérieure formant batardeau s'est trouvée fortement pressée contre les maçonneries et s'est déchirée sur une certaine hauteur. Pour redresser le caisson, on a commencé par déblayer du côté d'amont, puis, afin de l'empêcher de s'enfoncer aussi facilement à l'aval, on a établi dans cette partie une sorte de plancher en madriers, bien étayé contre le toit de la chambre, de sorte que le caisson au lieu de porter seulement sur le terrain par son tranchant, se trouvait y reposer par une surface beaucoup plus grande. La conduite des travaux de maçonnerie au-dessus de la chambre de travail donne aussi un moyen de régler l'enfoncement et de redresser l'appareil dans une certaine mesure, mais l'emploi de ces divers procédés est très délicat, surtout avec l'action des marées, qui rend nuisible à un moment donné ce qui était utile quelques heures auparavant.

Le rocher, à l'emplacement de la pile rive gauche, présentait une inclinaison de $1^m.50$ dans le sens de la longueur de la pile et de $1^m.25$ en moyenne dans le sens transversal. Pour conduire le tranchant jusqu'au niveau le plus bas, il aurait fallu beaucoup de temps, car le rocher était en schiste très dur et l'emploi de la poudre dans la chambre de travail présentait de sérieux dangers [a]. On s'est contenté de déraser ce rocher au pourtour, de telle sorte qu'il présentait, sur les $4/5$ environ de ce pourtour, une surface horizontale sur laquelle on a fait reposer le tranchant, ainsi que le montre le croquis (18); pour le reste, qui

[a] On a employé de la poudre aux fondations par l'air comprimé du pont de Millas, dans les Pyrénées-Orientales, mais par très petites quantités et en exposant cependant le travail à des ébranlements regrettables.

offrait encore un vide allant jusqu'à 0".90, on a disposé des palplanches verticales à l'intérieur du caisson et
formé ainsi une sorte de batardeau
à l'abri duquel on a pu épuiser. On
a ensuite taillé le rocher à l'intérieur par redans, pour éviter les
glissements, puis on a rempli la

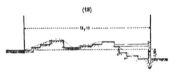

chambre de travail en béton de ciment et enfin terminé la fondation par le remplissage des cheminées.

Malgré les difficultés dont nous venons de donner des exemples, la fondation
de chaque pile du pont sur le Scorff n'a coûté que 105,000 francs en moyenne,
mais il faut remarquer que la superficie était faible et que par conséquent le prix
de revient par mètre est en réalité fort élevé. Ces piles étaient d'ailleurs réellement trop minces pour un semblable terrain, qui n'offre pas de résistance
latérale : il n'en est pas résulté d'inconvénient, grâce aux grandes précautions
prises dans la mise en place de la superstructure, mais on ne devrait pas hésiter
à donner aux piles plus d'épaisseur, si l'on avait de nouveau à fonder un pont
dans de telles conditions.

Les sas à air employés à Lorient étaient exactement ceux déjà décrits pour
le pont de Szegedin.

Aux grands ponts établis à Nantes sur les deux bras principaux de la Loire, **Ponts de Nantes.**
pour le chemin de fer de La Roche-sur-Yon, les difficultés d'exécution ont été
beaucoup moins grandes qu'à Lorient. La marée est peu sensible dans l'emplacement de ces ouvrages, le terrain à traverser consiste en sable alternant avec
des couches minces d'argile ou de vase, on n'a eu de rocher à déraser que pour
4 caissons sur 22; enfin le grand nombre de fondations diminuait naturellement
beaucoup les frais généraux pour installations et appareils.

Les caissons des piles, notablement plus larges qu'à Lorient, avaient à la base
12".60 sur 4".20 et présentaient une section de 49 mètres; mais la disposition
de la chambre de travail était la même et ses parois formaient à l'intérieur une
série d'arcs fortement butés contre des armatures transversales (19), afin de

bien résister à la pression. Les tôles du caisson proprement dit, au-dessus de
la chambre de travail, avaient été renforcées et présentaient 0ᵐ.005 d'épaisseur

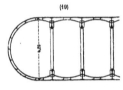

sur la plus grande partie de leur hauteur ;
néanmoins elles étaient encore trop faibles et
on n'a pu maintenir la forme qu'avec des étrésillons intérieurs en bois, que l'on déplaçait à
mesure que s'élevaient les maçonneries. Les
dispositions des sas à air, ou chambres d'équilibre, ont été modifiées par MM. Gouin et Cⁱᵉ

d'une manière très heureuse et elles ont ensuite été employées également avec
succès sur d'autres travaux.

Chacune de ces chambres consiste en un cylindre oblong en tôle, auquel
sont accolés deux demi-cylindres latéraux G,G' ; elle est pourvue de 4 sas à air
G, G', H et K (20 et 21). Le sas H sert, au moyen des portes h et h', à l'entrée

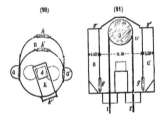

et à la sortie des ouvriers ; le sas K
sert à la sortie des déblais par les
portes k et k'; enfin les sas G et G', dont
les portes sont en g et g', servent à
l'introduction du béton et des divers
matériaux nécessaires à l'intérieur.
Les déblais sont extraits de la chambre de travail au moyen de bennes
attachées aux extrémités d'un câble H'

qui s'enroule sur une poulie J mise en mouvement par un moteur extérieur.
Lorsqu'une benne monte, l'orifice k du sas K est ouvert et la benne verse
son contenu dans un wagonnet placé dans le sas ; lorsqu'il est plein, on
ferme l'orifice k, on met le sas K en communication avec l'air extérieur, et
le wagonnet, sortant de son sas par l'orifice k', vient se décharger à l'air
libre ; on le fait ensuite rentrer dans le sas par une manœuvre inverse. Pour
introduire le béton, l'orifice g du sas G est fermé et l'orifice g' est ouvert. On
remplit le sas G de béton, puis on ferme la porte g' et on met le sas en
communication avec la chambre intérieure : quand la pression est devenue

égale de part et d'autre, la porte *g* s'ouvre et le béton descend par la cheminée dans la chambre de travail. Pendant que l'on vide le béton du sas G
on remplit le sas G′ et ainsi de suite.

A Nantes, le mouvement des poulies et la plupart des manœuvres opérées
sur ce grand chantier étaient produits par de l'eau comprimée dont le réservoir était installé dans l'île située entre les deux ponts ; cette eau était conduite
dans toutes les parties du chantier au moyen de tuyaux en cuivre.

Après le temps employé aux installations et aux premiers essais des appareils,
les travaux ont été conduits avec une rapidité remarquable, à tel point que
chaque fondation n'exigeait pas plus de deux mois, depuis son origine jusqu'au
moment où l'on commençait à poser les socles. Comme à l'exception de la culée
rive droite et des deux premières piles, le rocher ne se trouve qu'à une très
grande profondeur, on s'est décidé à arrêter les fondations sur des couches de
sable pur que l'on rencontrait à 16 mètres au-dessous de l'étiage, en moyenne.
Seulement comme les couches de sable tout à fait exempt d'argile avaient
quelquefois des épaisseurs trop faibles, elles n'ont pas empêché la pression de
se transmettre à des couches inférieures un peu compressibles, de sorte que
des tassements ont eu lieu pour plusieurs piles. Bien qu'ils soient depuis longtemps arrêtés et qu'ils n'aient nullement eu de conséquences graves, ces tassements montrent qu'il aurait fallu, avec cette nature de terrain, donner aux
piles des empattements beaucoup plus forts afin de diminuer notablement
les pressions par unité de surface. On l'aurait fait certainement avec un autre
mode de fondation, dans lequel la dépense n'aurait pas augmenté aussi
rapidement avec la surface qu'elle le fait pour les fondations à l'air comprimé.

La dépense de fondation d'une pile des ponts de Nantes, à 16^m.80 de profondeur moyenne au-dessous de l'étiage, est revenue à 90,000 francs environ.

Bien qu'en Hollande la plupart des fondations continuent à être effectuées
sur pilotis, on a quelquefois recours, dans ce pays, à l'emploi de l'air comprimé,
et M. Morandière a donné dans son Traité les dessins d'une écluse à air qui a
été employée en 1873 à Rotterdam, pour la fondation de plusieurs piles du pont

Fondations
en Hollande.

sur la nouvelle Meuse. Cette écluse ressemble beaucoup à celles des ponts de Nantes, seulement le sas destiné à l'entrée des ouvriers est plus spacieux et le sas pour les déblais est disposé suivant un plan incliné, ce qui le rend beaucoup plus commode pour le déchargement.

Les caissons employés à Rotterdam avaient de très fortes dimensions, 9 mètres de largeur sur 24 mètres de longueur, y compris les parties circulaires. Ils ont été descendus, jusqu'à 21^m.50 au-dessous du niveau moyen des marées, à travers une vase assez compacte, de sorte qu'il ne s'y est pas produit de déversements analogues à ceux contre lesquels on a eu à lutter à Lorient; il est juste d'observer que la grande largeur des caissons de Rotterdam leur donnait naturellement beaucoup plus d'assiette. La dépense de fondation d'une pile s'est élevée en moyenne à 364,000 francs.

Au pont sur le Hollandsch Diep près Moerdyck, les trois premières piles ont été fondées également par l'air comprimé; deux d'entre elles ont été descendues jusqu'à 22 mètres au-dessous du niveau moyen, ce qui portait la profondeur à 24 ou 25 mètres au moment des hautes mers. Les caissons avaient à la base 7 mètres de largeur sur 16 mètres de longueur.

Fondations
en Amérique. Les dimensions des caissons, pour les deux ponts que nous venons de citer en dernier lieu, étaient déjà considérables, mais les Américains sont arrivés à des superficies encore beaucoup plus grandes, qui s'appliquent à des ouvrages tout à fait exceptionnels. La description de ces fondations est donnée avec beaucoup de détail dans l'ouvrage de M. Malézieux [a], et nous en présentons seulement un résumé en y ajoutant quelques indications recueillies ultérieurement.

Pont Saint-Louis A Saint-Louis, en aval de son confluent avec le Missouri, le Mississipi a environ 460 mètres de largeur et est franchi par un pont de trois travées en arcs d'acier, ayant 153 et 158 mètres d'ouverture. Le lit est formé de sable très fin et le rocher sur lequel les fondations ont été assises, se trouve à 26 mètres au-dessous de l'étiage, pour les deux piles, et à 29 mètres environ au-dessous du même

_____

(a) Travaux publics des États-Unis. — Paris, 1875.

niveau pour la culée Est; les eaux moyennes s'élèvent à 4ᵐ.80 au-dessus de l'étiage et les grandes crues à 12ᵐ.80.

Le caisson employé pour la pile de l'Est était de forme hexagonale (22). La chambre de travail était divisée en trois compartiments, de 6 mètres environ de largeur cha-
cun, par des cloisons longitudinales en bois qui
consolidaient fortement le plafond construit lui-
même en tôle avec des poutres de 1ᵐ.52 de
hauteur; des écoinçons, fixés entre ces cloisons et les parois du caisson, reliaient ces diverses parties entre elles et avec le toit de la
chambre.

(22)

Le plafond donnait passage à sept tubes ou puits circulaires : le puits central, de 3 mètres de diamètre, contenait un escalier tournant, et les autres, de 1ᵐ.45 de diamètre, étaient destinés à l'enlèvement des déblais et à la descente des matériaux. Chacun d'eux était muni d'un sas à air, mais au lieu de placer ces sas au-dessus des eaux et de les y maintenir pendant toute la durée des opérations, on a eu l'idée nouvelle de les établir à la partie inférieure et même dans la chambre de travail. En faisant descendre ainsi les sas à air avec le caisson lui-même, on évitait d'avoir à les déplacer successivement, ce qui permettait de leur donner des dimensions plus grandes et de faciliter beaucoup l'accès dans le caisson (a); les tubes d'ascension restaient librement ouverts à l'extérieur et le puits central servait seul à la circulation des ouvriers. Comme le sable était très fin et très homogène, on avait placé à l'intérieur de chacun des puits une pompe spéciale, dans laquelle de l'eau, projetée avec une pression de 10 atmosphères, entraînait avec elle, en remontant, le sable que les ouvriers amenaient à la base du tuyau : on arrivait à enlever ainsi par heure, avec une pompe, 15 mètres cubes de sable.

Au-dessus de la chambre de travail le caisson était formé par une enveloppe

---

(a) La même disposition a été imaginée en même temps par M. l'Ingénieur Sadi Carnot, qui l'a fait appliquer au pont de Collonges, sur le Rhône.

en tôle de 0".019 d'épaisseur qui était contre-butée, au fur et à mesure de l'enfoncement, par des étrésillons appuyés contre la maçonnerie.

Dans son immersion, le caisson était soutenu par quatre pieux directeurs de 1 mètre de diamètre, formés chacun par un assemblage de huit pièces de bois (23), au milieu desquelles était réservé un vide où l'on faisait agir une pompe

(23)

à sable pour déterminer l'enfoncement. Cette disposition est ingénieuse et utile à connaître, car elle pourrait rendre également ment des services dans d'autres circonstances.

Pour cette pile de l'Est, fondée à 26".23 en contre-bas de l'étiage, l'enfoncement a donné lieu à des péripéties assez nombreuses, à cause de la mobilité du sable, et a duré environ quatre mois; le remplissage de la chambre de travail a été fait en cinquante-trois jours.

Le caisson employé pour la pile de l'Ouest était semblable au précédent, seulement dans le but de rendre les puits plus étanches et de réaliser une économie, la tôle de revêtement fut remplacée, dans la partie extérieure des tubes, par des douelles en sapin de 0".076 d'épaisseur pour le puits central et de 0".062 pour les autres. Les parties inférieures furent en outre consolidées par des cercles en fer, pour résister à l'augmentation de pression résultant des crues. L'enveloppe en tôle, formant batardeau au-dessus de la chambre de travail, avait été limitée par économie à 6".10 au-dessus du toit et remplacée au delà par un batardeau en charpente fixé aux maçonneries, mais cette innovation, qui a donné lieu à un grave accident, n'est pas à imiter.

Pour la culée de l'Est, dont la fondation a dû être descendue jusqu'à 28".67 au-dessous de l'étiage, la forme du caisson en plan a été modifiée (24). En outre, on a substitué en grande partie le bois au fer pour la construction de la chambre de travail, comme le montre la partie de coupe transversale (25). La muraille extérieure, les cloisons longitudinales et le plafond étaient formés avec de grosses pièces en chêne fortement boulonnées et chevillées entre elles. La tôle n'intervenait plus que comme revêtement extérieur pour prévenir les fuites d'air comprimé : ce revêtement avait 0".010 d'épaisseur. La tôle se prolongeait seulement sur 3".66 de hauteur au-dessus du toit et le reste de la maçonnerie a dû être construit au-dessus des eaux sans aucune enveloppe.

On n'a employé dans ce caisson que trois puits principaux, l'un au centre de 3ᵐ.05 de diamètre, avec une double écluse à air à la base, et deux puits latéraux correspondant chacun à une écluse simple. Le diamètre des écluses était porté à 2ᵐ.44, pour permettre le passage simultané d'un grand nombre d'ouvriers. En outre, on avait établi un certain nombre de tuyaux destinés à l'échappement de l'air et à l'extraction du sable. Dans un but d'économie et pour réduire le temps du travail dans la période où l'air était le plus comprimé, on n'a employé de béton que contre les parois de la chambre de travail, et le reste a été rempli par du sable bien tassé.

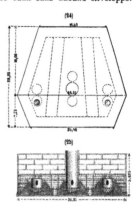

Les dépenses de ces fondations ont été extrêmement considérables : elles paraissent s'être élevées à 2,758,000 francs pour la pile de l'Est, et à 2,989,000 francs pour la culée du même côté. Les travaux de fondations pour l'ensemble du pont ont duré environ trois ans, de 1868 à 1871.

Les fondations établies sur la rivière de l'Est, entre Brooklin et New-York, se rapportent à un pont suspendu immense, car la travée centrale a 487 mètres de portée, chacune des travées 283 mètres et la largeur totale du pont est de 26 mètres. Le dessous du tablier doit être établi à 41 mètres au-dessus des hautes mers et le rocher se trouve à 20 mètres au-dessous du même niveau, soit à 18 mètres environ au-dessous des basses mers, car l'amplitude de la marée est très faible à New-York.

Le caisson employé pour les piles était de forme rectangulaire, ayant 52 mètres de longueur sur 31 mètres de largeur et présentant ainsi à sa base une superficie de 1,612 mètres. La chambre de travail (26) avait une hauteur de 3ᵐ.00; les parois extérieures, les cloisons et le plafond étaient entièrement

Pont de Brooklin.

45

formés de pièces de bois de 0^m.30 de côté. Le plafond, sur une hauteur de

1^m.42, était composé de pièces juxtaposées et croisées, dont les joints et les lits étaient goudronnés
avec soin. Les surfaces extérieures étaient en outre
garnies d'une feuille de fer-blanc ou de tôle mince.
Puis, au-dessus du plafond proprement dit, on a
établi un plateau en charpente de 4^m.73 d'épaisseur
dont les pièces étaient également juxtaposées et
croisées, mais dont l'assemblage était moins rigoureux. En outre, toutes les pièces de bois étaient
fortement reliées entre elles par un grand nombre
de boulons. Les cloisons transversales, qui soutenaient le plafond et contre-
butaient les parois extérieures, étaient au nombre de cinq.

Le dessus du plateau dépassait de 3^m.66 le niveau des hautes mers après
l'immersion du caisson, de sorte que les maçonneries ont pu être construites
sur ce plateau sans aucune enveloppe.

Dans le massif de maçonnerie de la pile (27), entre les parties les plus larges,

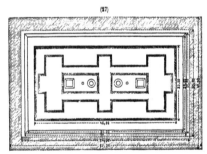

qui sont celles destinées
à supporter directement
la charge des câbles, on
a ménagé deux grands
évidements dans lesquels
6 puits ont été établis
pour mettre la chambre
de travail en communica-
tion avec l'extérieur. Les
plus près du centre étaient
munis d'une écluse à air

ordinaire et avaient 1^m.06 de diamètre; les suivants, de 0^m.53, étaient destinés
à l'introduction des matériaux; enfin les puits rectangulaires, de 2^m.13 sur
2^m.00, descendaient jusqu'à 0^m.50 en contre-bas du bord inférieur du caisson
et débouchaient en haut à l'air libre pour servir à l'enlèvement des déblais au

moyen des dragues. Ils remplissaient donc tout à fait le même but que les grands puits elliptiques du pont de Kehl, seulement les norias étaient remplacées par une drague spéciale, inventée par MM. Morris et Cummings.

Dans les autres puits, les écluses étaient placées immédiatement au-dessus du plateau et par conséquent se trouvaient bien en contre-bas des eaux quand le caisson approchait du fond. Cette disposition a été sur le point d'occasionner un terrible accident, par suite d'une diminution subite de pression dans la chambre de travail; aussi M. Morandière a fait observer, avec raison, que la prudence exige de faire tenir toujours au moins une écluse au-dessus des eaux, afin d'assurer le sauvetage des ouvriers.

Pour la 2e pile, celle du côté de New-York, le diamètre des puits pour les ouvriers a été porté à $2^m.60$ et chacun d'eux a été muni à sa base d'une double écluse à air. Dans le caisson de la pile du côté de Brooklin, on a été obligé de faire partir quelques mines pour briser des blocs de rocher très dur, mais à cause des grandes dimensions du caisson, l'emploi de la poudre était moins dangereux que pour des piles ordinaires. La dépense de ces fondations exceptionnelles paraît avoir atteint par pile 3,307,000 francs.

Les fondations qui viennent d'être décrites ont coûté extrêmement cher, parce qu'elles s'appliquent à deux ouvrages tout à fait spéciaux; mais heureusement tous les ponts sont loin d'avoir nécessité en Amérique des dépenses du même ordre. Ainsi, par exemple, au pont d'Omaha sur le Missouri, les 11 piles ont été fondées, chacune sur deux tubes cylindriques en fonte de $2^m.60$ de diamètre, remplis de béton et descendus jusqu'à 25 mètres sous l'eau, dans des conditions de dépense analogues à celles qui auraient lieu en France pour une semblable profondeur; seulement il s'est produit, dans la descente de tubes aussi longs, des déviations dont le redressement a été très difficile, et c'est pour éviter ce danger que l'on a été amené à l'emploi de caissons à larges bases.

Au pont de South-Street sur le Schuylkill, à Philadelphie, les piles ont été fondées à une profondeur de 10 à 15 mètres au-dessous des hautes mers, sur des colonnes dont les diamètres variaient de $1^m.20$ à $2^m.40$, et dont la fon-

Ponts
de moindre importance.

dation n'est revenue qu'à 17,000 francs par colonne. Enfin, pour le pont de Saint-Joseph, sur le Missouri, dont les travées ont 91 mètres de portée, les caissons construits en bois, comme ceux de Brooklin, avaient seulement 16^m.80 sur 7^m.20; de sorte que leur superficie était 14 fois moindre et en outre l'épaisseur du plafond de la chambre de travail était réduite à 2^m.10. Dans ces conditions la dépense de ce pont, dont l'achèvement a eu lieu en 1873, a été ramenée à un chiffre modéré.

Fondations
en Danemark.
Quelques mois plus tard, on a entrepris en Danemark la construction d'un pont sur le Lûmfjord, bras de mer qui traverse la presqu'île de Jutland. Cet ouvrage, qui comprend 5 travées fixes de 35 à 66 mètres de portée, plus une travée tournante à double volée, a été construit par la Compagnie de Fives-Lille à la suite d'un concours. La marée est faible sur ce point, mais la hauteur d'eau atteint jusqu'à 13 mètres; les travaux ont été rendus particulièrement difficiles par la rigueur du climat, les ouragans, les tempêtes, et enfin la mauvaise nature du fond, qui consiste en une couche de vase pénétrant jusqu'à 34 mètres en contre-bas du niveau de la mer. Cette vase renferme des végétaux en décomposition, qui ont donné lieu à des dégagements de gaz ammoniacaux et de gaz explosibles : les premiers ont agi d'une manière très gênante sur les yeux des ouvriers et les seconds ont donné lieu à un grave accident, car, à 33 mètres de profondeur, le tube central d'un caisson de pile a été arraché par une explosion et projeté, avec le sas qui le surmontait, jusqu'à 10 mètres de hauteur. A partir de ce moment on a employé des lampes de mineur pour l'achèvement du fonçage.

Pendant la descente, chaque caisson était soutenu par des verrins s'appuyant sur des poutres en fer, supportées elles-mêmes par 6 gros pilots de 1 mètre de diamètre avec vide intérieur, comme au pont de Saint-Louis, mais avec une disposition un peu différente; en outre, leur partie inférieure était, pour toute la longueur à enfoncer dans la vase, revêtue de madriers de 0^m.10 d'épaisseur avec frettes en fer. Ces pilots étaient terminés carrément dans le bas et contreventés par des tendeurs en fer fixés à des colliers placés un peu au-dessus du fond. Également comme à Saint-Louis, on a employé des pompes avec courant d'eau sous pression pour l'enlèvement des déblais, mais elles n'ont été efficaces que pour la vase liquide, de sorte que pour les vases compactes il a fallu employer des bennes. L'appareil d'éclusage comprenait un sas cylindrique de 2 mètres de diamètre sur 3 mètres de hauteur, boulonné sur le tube central qui le reliait avec le caisson ; les chambres d'équilibre ayant $1^m.60$ de diamètre et $2^m.52$ de hauteur, étaient placées de part et d'autre du sas et reliées avec lui par les cadres des portes verticales de communication, tandis que les déblais étaient éclusés au moyen de deux caisses rectangulaires pénétrant latéralement dans la partie inférieure du sas; ces dispositions étaient bien combinées. Les difficultés exceptionnelles que présentait la situation de cet ouvrage ont porté de 1874 à 1879 la durée de son exécution.

Les caissons avec toit horizontal, ordinairement employés pour les fondations à air comprimé, présentent deux inconvénients graves : celui de laisser des doutes sur la manière dont est effectué le remplissage de la chambre de travail à sa partie supérieure, et celui de créer, entre les maçonneries, une solution de continuité qui pourrait devenir dangereuse avec le temps. Pour supprimer ou tout au moins atténuer ces inconvénients, plusieurs tentatives ont été faites. La disposition employée en 1862 au pont d'Argenteuil constituait un premier progrès, parce qu'elle rendait déjà plus facile un remplissage exact dans la chambre de travail.

Fondations avec voûtes en maçonnerie.

Pour les ponts de Stettin sur l'Oder et de Dus-seldorf sur le Rhin, construits en 1867 et 1868, chaque pile reposait sur deux forts massifs cylindriques en maçonnerie, présentant, comme à Argenteuil, une cheminée centrale et un évidement conique à la base (28). Une forte armature en fonte, à section triangulaire et d'une hauteur de $1^m.49$, recevait les premières assises de la maçonnerie, qui était ensuite continuée sans enveloppe extérieure au fur et à mesure de l'enfoncement. Les deux massifs constituant une pile avaient chacun, à Dusseldorf, un diamètre de $8^m.20$ à la base

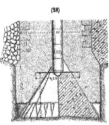

(28)

et ils étaient reliés entre eux par une petite voûte établie à 3 mètres environ au-dessus de l'étiage.

Pour le pont de Hohnsdorf, construit en 1876 sur l'Elbe, dans la direction de Lauenbourg (29 et 30), on est allé encore plus loin et on a diminué beaucoup le

poids de l'armature métallique, qui a été réduite à un sabot en tôle formant couteau de $0^m.40$ de hauteur, relié par une cornière et des contre-fiches, à un anneau plat en tôle de $0^m.29$ de largeur et $0^m.10$ d'épaisseur ; sur ce rouet ont été boulonnées trois couronnes de madriers bien calfatés, formant des encorbellements successifs, et la voûte intérieure a été construite au-dessus par assises horizontales, formant saillies de l'une à l'autre. L'expérience a prouvé qu'une maçonnerie bien faite n'était pas traversée par l'air comprimé. De même qu'à Dusseldorf, les maçonneries extérieures n'ont reçu aucune enveloppe. La première culée et trois piles en rivière furent fondées sur massifs isolés, réunis à une cer-

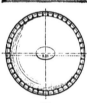

taine hauteur par de petites voûtes. Pour chacune des deux autres piles (31 et 32), on considéra, avec raison, comme préférable d'avoir un massif unique, et à cet effet on en limita la section horizontale par deux ellipses se pénétrant un peu l'une l'autre de manière à envelopper entièrement la base de la fondation ; à leur intersection a été établi un mur transversal, dans lequel est

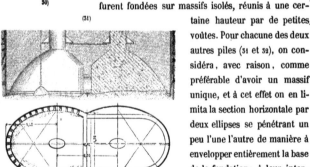

pratiqué un passage de communication. Ces deux piles furent fondées sans aucun accident, à environ 13 mètres au-dessous des eaux moyennes, avec des encastrements dans le sol de 10ᵐ.49 pour l'une et de 11ᵐ.25 pour l'autre. Les résultats déjà obtenus aux ponts de Stettin et de Dusseldorf ont donc été confirmés à Hohnsdorf et on a reconnu, d'une part, qu'une voûte en maçonnerie de briques soigneusement rejointoyée n'était pas traversée par l'air comprimé et, d'autre part, que des massifs en maçonnerie, reposant sur des rouets en métal très légers auxquels ils étaient seulement reliés par des tirants verticaux, ont pu traverser, sans accident, une couche de 11 mètres de sable et gravier. Enfin, dans ce système, le poids du fer employé dans les massifs de fondation s'est trouvé réduit à 80 kilogrammes, au lieu de 280 kilogrammes par mètre superficiel.

Les renseignements ci-dessous sont extraits d'un mémoire très remarquable[a] **Pont de Marmande.** dans lequel M. Séjourné a rendu compte des fondations du pont de Marmande sur la Garonne, pour le chemin de fer dirigé vers Mont-de-Marsan. Cet ouvrage, d'une très grande importance et entièrement construit en maçonnerie, comprend 5 arches de 36 mètres sur le lit principal et 20 arches de décharge de 20 mètres chacune, dont 4 sur la rive droite du fleuve et 16 sur la rive gauche. Toutes les fondations ont été effectuées à l'air comprimé, mais avec trois dispositions différentes : ainsi, pour les piles et culées du pont proprement dit, on a employé des caissons métalliques avec hausses ; pour la culée du viaduc rive droite et les 12 premières piles du viaduc rive gauche, on s'est servi de caissons sans hausses ; enfin pour les trois piles sur la rive droite, de même que pour les trois dernières piles et la culée rive gauche, on a fondé au moyen de chambres de travail constituées par des voûtes en maçonnerie reposant sur des rouets, dans le système employé à Hohnsdorf, avec des perfectionnements très réels. Les applications de ce dernier mode de fondation ont été faites ainsi qu'il suit.

M. Séjourné a maintenu à la fondation de la culée une base rectangulaire, en donnant à la voûte la forme en arc de cloître (53, 54 et 55); le désavantage que produit cette disposition pour la résistance du rouet est compensé par des

(a) *Annales des Ponts et Chaussées*, février 1883.

dimensions plus fortes et par l'emploi de deux entretoises transversales. Le tranchant du rouet a $0^m.52$ de hauteur et le plateau $0^m.40$ de largeur (34) : ce

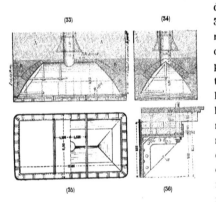

(33)　　　　　　　　(34)

(35)　　　　　　　　(36)

dernier est recouvert par 3 rangs de madriers formant encorbellement. Jusqu'à $1^m.50$ de hauteur, les parois de la chambre de travail sont construites en briques posées horizontalement, avec mortier de ciment de Portland C ; sur le reste de la hauteur, la voûte est construite en moellons ordinaires, appareillés normalement à l'intrados B, le mortier étant toujours avec ciment de Portland. Les maçonneries sont reliées avec le rouet par de nombreux tirants en fer. Au-dessus de la chambre de travail, la maçonnerie est construite avec mortier de chaux du Teil A, sans enveloppe extérieure en métal, mais avec un enduit en ciment de Portland; la partie basse de la cheminée

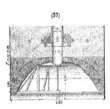

(37)

porte des nervures engagées dans les maçonneries, afin d'assurer sa liaison avec la chambre de travail. La descente de l'appareil, opérée avec toutes les précautions nécessaires, n'a donné lieu à aucun accident. Les trois piles du viaduc les plus rapprochées de cette culée ont été fondées de la même manière, mais plus simplement, parce que l'on a pu employer dans ce cas une chambre de travail dont la section présente partout vers l'extérieur des formes convexes: on aurait pu employer une ellipse, mais on a préféré pour l'exécution une double anse de panier (38). La voûte a été construite avec les mêmes matériaux que pour la culée et d'une manière analogue. La durée du travail, arrêts non compris, a été en moyenne de 65 jours, tandis qu'elle s'est élevée à 143 pour la culée. La forme elliptique réduit en outre d'environ moitié, par rapport à la forme rectangulaire, le poids du fer de la chambre de travail. La fondation de la culée a donné lieu à une dépense de 27,818 francs, tandis que, pour la moyenne des trois piles, cette dépense a été seulement de 15,840 francs, quoique la profondeur fût un peu plus grande ; mais en réalité on doit toujours s'attendre à payer la fondation d'une culée plus cher

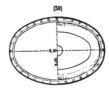

que celle d'une pile, lorsque la profondeur et les difficultés de fondation ne varient pas notablement de l'une à l'autre.

Sur l'ensemble des travaux exécutés pour le pont de Marmande, le prix de revient du mètre cube de fondation exécutée à l'air comprimé, a varié :

Pour le grand pont (piles et culées avec caissons et hausses), de. . . . . . 62ʳ.73 à 73ʳ.82
Pour le viaduc rive gauche (piles 2 à 12, caissons sans hausses), de . . . . 61ʳ.98 à 75ʳ. »
— — (piles 13, 14 et 15, sur rouets), de . . . . . . 61ʳ.75 à 63ʳ.83

Les prix ont atteint 82 fr. 21 à la pile 1 du viaduc, en raison de la réparation nécessitée par un accident et 83 fr. 99 à la culée fondée sur rouet, à cause du type de sas employé, circonstance indépendante du système même de fondation.

En résumé, les fondations sur rouet avec voûtes en maçonnerie sont économiques et, surtout, présentent le grand avantage d'assurer l'homogénéité du massif et d'éviter ainsi les tassements qui pourraient être la conséquence d'un bourrage incomplet, sous le toit de la chambre de travail ordinairement employée, ainsi que des vides qui se produiraient avec le temps, par suite de l'oxydation des tôles de ce toit. Ce nouveau mode de construction des chambres de travail paraît donc appelé à recevoir, dans l'avenir, des applications nombreuses.

L'accident ci-dessus mentionné pour la pile 1 du viaduc, tient au frottement produit par le gravier dans lequel s'opérait la descente du massif de maçonnerie qui n'était protégé par aucune enveloppe métallique. Pendant que le caisson

descendait avec 2ᵐ.20 environ de maçonnerie au-dessus du toit, la partie supérieure du massif était soutenue par le frottement extérieur et il s'est produit
un décollement horizontal dont heureusement on s'est aperçu bien vite. On a
pris de suite les mesures nécessaires pour que cette partie supérieure fût
maintenue en place et on a continué le fonçage du caisson jusqu'à son niveau
définitif; on l'a rempli en maçonnerie et ensuite, après avoir fixé une écluse à
air sur le dessus du massif, on a pu, sous l'action de l'air comprimé, pénétrer
jusqu'au niveau de la cassure, la nettoyer et remplir les vides, partie en béton
de Portland et partie en maçonnerie avec mortier de même nature. La dépense
s'est élevée à 4,700 francs pour cette réparation. L'accident n'a pas eu d'autres
suites, mais il prouve qu'il est dangereux de descendre des maçonneries sans
enveloppe métallique dans les terrains qui produisent un grand frottement
latéral. Pour les autres piles, on a évité les accidents en reliant fortement les
sas aux maçonneries supérieures, en revêtant les parements du massif d'un
enduit en ciment lissé avec soin et en évitant de trop abaisser la pression intérieure. Enfin, dans d'autres opérations semblables il faudrait, comme l'a fait
remarquer M. Séjourné, avoir soin de relier dès l'origine le caisson au massif,
par des tirants de grande longueur ancrés dans la maçonnerie.

L'économie résultant de la suppression des hausses était à Marmande de
2,550 francs par fondation et s'élevait à 40,000 francs environ pour l'ensemble
des arches sur la rive gauche, de sorte que, même en déduisant les frais de la
réparation de la pile 1, l'avantage obtenu a encore été notable. En réalité, les
fondations d'un certain nombre de ponts ont été pratiquées sans que les maçonneries au-dessus du caisson fussent protégées par une enveloppe métallique, et
on peut citer à cet égard, comme exemple très remarquable, la fondation des
piles du pont de Brooklyn. Dans tous les cas, il est indispensable de prendre en
grande considération la nature du sol à traverser et il est prudent de ne supprimer l'enveloppe extérieure que quand les maçonneries ne sont pas exposées
à recevoir de trop fortes pressions latérales ou à être endommagées par le
frottement des blocs très durs que renfermerait le terrain.

Caisson-batardeau de M. Montagnier   M. Montagnier, Entrepreneur de travaux de fondations à l'air comprimé, a inventé, en 1878, une nouvelle disposition à employer dans ce genre de fondations lorsque la profondeur est peu considérable. Cette disposition consiste à former le caisson de panneaux en tôle qui sont reliés entre eux et avec le toit de la chambre de travail par des cornières et des boulons ; des bandes de caoutchouc sont placées dans les joints afin d'assurer l'étanchéité. Après avoir fait descendre le caisson jusque sur le sol, on procède au fonçage jusqu'à la profondeur reconnue nécessaire pour la solidité de l'ouvrage, puis on s'attache à relier très exactement la paroi avec le terrain. Cette liaison est très facile à établir avec un sol d'argile dure ou de tuf compact, parce qu'il suffit de cesser de comprimer l'air pour provoquer une descente brusque qui fait engager le tranchant du caisson dans le terrain ; lorsqu'on opère sur un fond de rocher, on dérase celui-ci le plus exactement possible au pourtour du caisson, puis on calfate les vides avec soin et on fait aussi descendre brusquement l'appareil afin que le joint soit bien serré ; enfin, dans le cas où le fond est perméable, on le recouvre de 0ᵐ.50 d'épaisseur de maçonnerie exécutée à l'air comprimé avec mortier de ciment. Dès que l'étanchéité a été obtenue, on déboulonne le toit et on continue les maçonneries à l'air libre sous l'abri du batardeau formé par les parois du caisson ; enfin on enlève l'appareil, sauf à laisser en place la dernière zone horizontale si elle se trouve engagée dans le terrain.

Ce système présente les avantages : 1° de rendre complétement homogènes les maçonneries du massif de fondation, en supprimant la solution de continuité que le toit de la chambre de travail produit dans les fondations ordinaires par caisson ; 2° d'empêcher absolument les vides qui peuvent résulter d'un remplissage incomplet au-dessous du toit ; 3° d'assurer une exécution aussi rapide qu'avec les fondations ordinaires à l'air comprimé ; 4° enfin de permettre le réemploi ultérieur du caisson, ce qui donne la possibilité d'appliquer l'air comprimé à de faibles profondeurs, sans dépenses trop considérables, et en évitant les éventualités auxquelles on est exposé avec les autres modes de fondations.

La première application du système a été faite au pont du Garrit sur la Dordogne, dans le service de M. l'Ingénieur Liébeaux, qui en a rendu compte dans les Annales du mois de mars 1881. Ce procédé a été ensuite appliqué par M. Montagnier à d'autres ouvrages, notamment au pont de Mareuil sur la

Dordogne, pour le chemin de fer de Montauban à Brive, sous la direction de M. l'Ingénieur en chef Lanteirès. Les fondations des 6 piles et des 2 culées de cet ouvrage ont été descendues de 3^m.50 à 6 mètres au-dessous de l'étiage, avec un encastrement variant de 0^m.50 à 2^m.50 suivant que le rocher était compact ou fissuré. Au lieu de placer le toit de la chambre de travail au sommet du caisson, comme pour le pont du Garrit, on l'a disposé à 2^m.50 seulement au-dessus du tranchant, ce qui diminue beaucoup le cube d'air comprimé à employer et surtout présente l'avantage de permettre d'établir très-facilement une contre-pression en remplissant en sable l'espace au-dessus du toit. Le croquis (39) donne la coupe en travers du caisson et indique en même

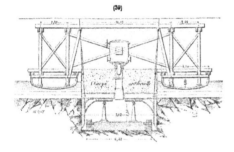

(39)

temps la disposition des bateaux qui ont servi à le mettre en place et à l'enlever plus tard après l'achèvement de la fondation. M. Montagnier, dans une brochure publiée en 1882, donne un tableau duquel il résulterait que, pour des profondeurs moyennes de 1 à 7 mètres et suivant la nature des matériaux employés, les prix du mètre cube de fondation dans le système ordinaire d'emploi de l'air comprimé varieraient de 122 à 143 francs, tandis qu'avec le caisson mobile, les prix correspondants seraient de 91 à 111 francs. L'économie serait donc de 25 à 22 %, et il est incontestable que les massifs de fondations se trouveraient dans des conditions bien meilleures.

Le nouveau procédé conçu et mis en œuvre par M. Montagnier réalise donc un progrès réel, et l'on a lieu d'espérer qu'il pourra recevoir de nouvelles extensions. Son emploi est surtout avantageux sur les rivières à régime torrentiel, car, sur les autres, les procédés ordinaires sont encore généralement plus économiques.

Le chemin de fer de Grande-Ceinture de Paris, dans la partie comprise entre Versailles et Poissy, traverse le Val Saint-Léger par un viaduc formé de 4 travées métalliques dont les ouvertures sont de 56 mètres aux extrémités et de 70 mètres dans la partie centrale. Par suite de l'existence de carrières en exploitation sur les flancs de la vallée, on avait espéré pouvoir fonder facilement le viaduc, mais les couches calcaires disparaissent complètement dans la partie centrale et on n'y rencontre plus qu'une couche peu épaisse de diluvium, recouvrant un étage d'argile plastique de 21 mètres d'épaisseur : la partie supérieure de cet étage est formée d'une argile noire sablonneuse et la partie inférieure consiste en argile plastique franche, au-dessous de laquelle on rencontre la craie en bancs sur laquelle ont été établies les fondations des 3 piles, à des profondeurs de 23 à 26 mètres au-dessous du sol naturel. La nécessité de descendre aussi bas étant reconnue, on a essayé de procéder comme pour les fondations de l'église de Montmartre, au moyen de massifs isolés construits dans des puits blindés, mais la tentative n'a pas réussi par suite de l'abondance des eaux, de la fluidité extrême des sables glaiseux et de la faible consistance des argiles. L'emploi de pilotis, auquel on a pensé ensuite, présentait aussi, par suite de la variation de nature des couches, trop de difficultés et de chances d'accidents. On a donc été amené à recourir au mode de fondation par caissons en tôle dont le fonçage serait effectué avec ou sans emploi de l'air comprimé.

Pour la pile centrale, l'extraction des déblais a été effectuée à l'air libre, dans des bennes en tôle, qui montaient et descendaient dans deux cheminées verticales, au moyen de câbles en fil de fer actionnés par une locomobile. L'opération a d'abord eu lieu sans difficultés, parce que la quantité d'eau était très faible, mais quand les sables sont devenus très aquifères et très fluides, le caisson s'enfonçait trop facilement et la chambre de travail a même été remplie en entier pendant la traversée de ces couches. Lorsque ensuite on est arrivé dans l'argile franche, on a pu dégager la chambre de travail et reprendre la marche régulière de l'opération, mais les pressions sur les parois du caisson sont devenues énormes, plusieurs pièces ont été brisées ou faussées et il a fallu combattre les poussées par des étaiements intérieurs. En résumé on a réussi, mais

non sans difficultés sérieuses ; la durée de la fondation de cette pile a été de
5 mois et 20 jours.

Pour les autres piles, on a renforcé les caissons par suite de l'expérience
acquise, puis on a commencé le fonçage de la pile 1 : l'avancement a été lent
d'abord, parce que l'on a eu à traverser plusieurs bancs calcaires durs, puis on
est arrivé à des couches très aquifères et il a fallu employer l'air comprimé. A
cet effet on a installé, dans les cheminées du massif de maçonnerie, des cylindres
en tôle adaptés à leur base au plafond du caisson et portant à leur partie supérieure des écluses à air. Cette seconde phase du travail s'est appliquée à une
profondeur de 12^m.70, jusqu'à ce que le tranchant du caisson eût pénétré dans
la couche d'argile plastique, mais l'avancement a été seulement de 0^m.16 par
jour. Le reste du fonçage a été terminé sans recourir à l'air comprimé ; les
travaux de cette deuxième fondation ont duré neuf mois.

A la pile 3, l'opération a également été commencée à l'air libre ; sur 10 mètres
de hauteur environ la maçonnerie, construite au-dessus du plafond du caisson,
suivit exactement la descente de cet appareil, mais lorsqu'il quitta les couches
calcaires pour pénétrer dans les sables glaiseux, le déblai alla plus vite que
les maçonneries, un enfoncement subit de 0^m.30 se produisit et le massif de
maçonnerie se trouva séparé en trois tronçons; comme le terrain traversé
comprenait des couches très inclinées de calcaires séparés par des feuillets de
marne et d'argile, il en était résulté des glissements, par suite desquels certaines
zones de maçonnerie s'étaient trouvées serrées par le terrain et n'avaient pas
suivi le mouvement du caisson. Pour faire descendre ces zones, on commença
par charger fortement la partie supérieure, puis on ouvrit une fouille latérale
du côté où les pressions étaient plus grandes et on arriva ainsi à refermer les
crevasses, puis à briser les blocs dont les saillies avaient arrêté la descente;
on reprit ensuite en sous-œuvre, au moyen de galeries successives, les maçonneries fissurées ou éboulées ; ces travaux de réparations durèrent près de deux
mois. Lorsque ensuite on voulut continuer le fonçage, on reconnut qu'il fallait
employer l'air comprimé et on s'en servit jusqu'à ce que le tranchant du caisson
eût pénétré dans l'argile plastique, comme à la pile 1, puis on reprit les fouilles
à l'air libre. Mais quelques jours plus tard, de nouvelles dislocations, analogues

à celles déjà produites, se manifestèrent dans les maçonneries et on renonça à faire descendre plus bas le caisson, sauf à employer un autre moyen pour que le massif de fondation arrivât à reposer sur la craie. A cet effet on a procédé par fouilles blindées successives dans lesquelles on a construit des piliers de 6 à 7 mètres de hauteur, qui ont été ensuite tous reliés entre eux. Enfin on a rempli en béton l'intérieur des cheminées jusques un peu au-dessous des crevasses et on a bouché celles-ci très attentivement avec des injections de ciment de Portland. La fondation de cette troisième pile a duré 10 mois.

Nous avons rendu compte avec détails de l'exécution des fondations du viaduc du Val Saint-Léger, parce qu'elle a donné lieu à des accidents imprévus et soulevé des difficultés d'un ordre spécial. Elle ne se rattache que partiellement aux fondations par l'air comprimé, car il n'a été employé que sur des parties restreintes de deux des piles; mais les dispositions étaient prises pour une application plus étendue et le prix de 80 francs par mètre cube, réglé à forfait avec l'habile Entrepreneur M. Hersent, s'appliquait également au travail à l'air libre et au travail à l'air comprimé. L'exécution a eu lieu sous la direction supérieure de M. Arnaud, Directeur du chemin de fer de Grande-Ceinture et sous l'action immédiate de M. l'Ingénieur Geoffroy, qui en a rendu compte avec beaucoup de soin et de précision dans un mémoire de date récente[a].

Les accidents auxquels donne lieu, pour le personnel, l'exécution de travaux à l'air comprimé, sont de deux natures : les uns proviennent de défauts dans les appareils ou dans les dispositions prises et pourraient être prévenus avec des précautions convenables; les autres tiennent aux effets de l'air comprimé sur l'organisation humaine. Ces derniers effets ne peuvent pas être supprimés d'une manière complète, mais on peut en réduire beaucoup l'importance par des précautions, tant que la pression n'atteint pas la limite à laquelle notre organisation ne peut plus résister. *Accidents à redouter et précautions à prendre au sujet du personnel.*

Dans la première catégorie d'accidents, on peut citer des chutes de fortes pièces, comme un plateau d'écluse à Bordeaux, des explosions, comme à Chalonnes ou en Danemark, des ruptures dans les enveloppes métalliques, des

(a) *Annales des Ponts et Chaussées,* novembre 1882.

déversements de talus, l'insuffisance du nombre ou des dimensions des écluses, etc.

En ce qui concerne la seconde catégorie, le premier effet de la compression de l'air est de causer une douleur plus ou moins vive dans les oreilles et quelquefois de produire une surdité ou une névralgie qui persiste pendant plusieurs jours. Il est arrivé trop souvent que des hommes ont été atteints de paralysie complète ou partielle : pour les uns, la mort a été immédiate; d'autres ont succombé à l'hospice ou dans leurs familles; plusieurs sont restés infirmes ou souffrants; mais le plus grand nombre est arrivé à une guérison complète. Les effets de l'air comprimé sont surtout à redouter pour les tempéraments sanguins, tandis que les tempéraments lymphatiques supportent généralement très bien l'air comprimé. Il convient de prendre autant que possible les ouvriers dans cette dernière condition de tempérament, en exigeant de plus qu'ils soient jeunes et d'une conduite régulière.

Les effets dangereux ne commencent généralement à se produire qu'à des profondeurs de 10 à 15 mètres et ils sont rares jusqu'à la dernière de ces limites. Au delà, les accidents surviennent vite. C'est à la pile de l'Est du pont de Saint-Louis sur le Mississipi qu'ils ont été le plus nombreux; ils ont commencé à la pression de $1^A.80$ (en outre de celle atmosphérique) et les plus grandes pressions atteintes ont été celles de $3^A.3$ et $3^A.4$. Sur un total de 352 ouvriers employés à cette pile, 30 ont été gravement malades et 12 sont morts; mais il est juste de faire remarquer que la plupart de ces hommes n'avaient aucune habitude de cette sorte de travail. Pour les autres fondations, où des précautions sérieuses ont été prises, les accidents ont été beaucoup moins nombreux : on a notamment eu soin de réduire la durée du travail à mesure que la profondeur augmentait.

Au pont sur le Lümfjord en Danemark, la pression a atteint de $3^A.50$ à $3^A.80$: c'est la plus forte qui ait été jamais supportée par des hommes.

Dans les autres pays et par exemple en France, des accidents, dont quelquesuns suivis de mort, se sont produits. Il serait impossible d'en avoir une statistique exacte, car en général on a soin de renvoyer les ouvriers dans leurs familles dès qu'ils ont éprouvé des symptômes graves, et c'est au reste souvent le meilleur moyen d'amener leur guérison.

Les accidents sont maintenant moins fréquents que dans les premiers temps, parce que l'on prend des précautions plus grandes et que l'on apporte plus de soin dans le choix des ouvriers à employer. Mais quelquefois encore, indépendamment des causes graves qui entraînent la mort dans un délai plus ou moins court, le séjour dans l'air comprimé donne lieu à une maladie spéciale. Ainsi M. Washington Rœbling, fils de l'éminent Ingénieur qui a projeté et commencé la construction du pont de Brooklin, est atteint de cette maladie et a été obligé de renoncer à s'exposer à l'action de l'air comprimé [a].

Les principales précautions à prendre sur les chantiers des travaux à l'air comprimé peuvent être résumées ainsi qu'il suit :

1° N'admettre les ouvriers qu'après visite et avec autorisation du médecin ou d'après des certificats constatant qu'ils ont l'habitude de ce genre de travaux ; choisir autant que possible des hommes jeunes, bien portants et d'une conduite régulière.

2° Faire cesser pour chacun le travail aux premiers symptômes d'accidents.

3° Fixer, pour la durée de chaque période de travail, 4 heures au maximum, avec interruption de 8 heures ; réduire la période de travail à 2 heures, quand la charge d'eau atteint 20 mètres, et à 1 heure quand elle arrive à 25 mètres et au delà.

4° Employer des écluses suffisamment grandes pour que la différence des pressions ne soit pas trop rapide ; en avoir toujours au moins deux et les multiplier dans les caissons de vastes dimensions : placer les principales au niveau de la chambre de travail et en avoir d'autres en haut pour les cas d'accidents.

5° Prendre pour les ouvriers des soins spéciaux ; avoir des locaux sur le chantier pour changement de costumes, donner aux hommes, à la sortie des appareils, des vêtements secs et des boissons chaudes.

6° Avoir près du chantier une ambulance, avec médicaments toujours prêts

[a] *Bulletin du Ministère des Travaux publics*, mai 1885.

47

et une instruction détaillée pour les premiers secours à donner. Exiger une visite quotidienne du médecin et sa présence continue quand les pressions sont très fortes.

7° Enfin soutenir le moral de l'ouvrier, le rassurer et l'encourager par des récompenses ; il faut le convaincre que toutes les dispositions sont prises pour que tous les secours possibles soient donnés en cas de besoin.

---

§ 7. — COMPARAISON DES DIVERS PROCÉDÉS ET RÈGLES A SUIVRE

Après avoir étudié successivement les divers procédés en usage pour la fondation des ponts, il reste à comparer entre eux ces procédés et à déterminer comment on doit en faire application aux différentes natures de terrain, en tenant compte d'ailleurs de l'importance ainsi que du mode de construction des ouvrages.

Évaluation du prix de revient. L'évaluation des dépenses constitue un des plus importants éléments de la comparaison à faire entre les divers procédés, et comme, dans les paragraphes précédents, nous nous sommes borné à citer accidentellement quelques chiffres, il faut maintenant examiner, d'une manière plus générale et plus précise, la question des prix de revient.

Pour que ces prix soient comparables, il est nécessaire de les ramener à une même unité. Nous avons déjà fait connaître que la fondation d'une pile des ponts de Nantes était revenue en moyenne à 90,000 francs, tandis que celle d'une pile du pont sur la Meuse, à Rotterdam, avait coûté 564,000 francs ; mais on ne peut rien déduire du simple rapprochement de ces chiffres, car les superficies des massifs de fondation et les profondeurs atteintes ne sont pas les mêmes. Or, il est juste de tenir compte de ces deux éléments, et comme d'ailleurs on a constaté que les dépenses leur sont à peu près proportionnelles, lorsque les profondeurs restent comprises dans certaines limites, on adopte généralement, pour terme de comparaison, le prix du *mètre cube du massif* qui aurait pour base la superficie de la plate-forme et dont la hauteur serait égale à la profondeur de fondation.

Pour la *superficie*, comme la plupart des fondations sont effectuées avec des parements verticaux, on a pris l'habitude de compter celle du dessus du massif de fondation. Toutefois, lorsque la largeur du massif augmente à partir du sommet, soit parce qu'il présente un fruit, comme dans certaines fondations par caissons, soit parce qu'il offre des retraites successives, ainsi que dans diverses fondations par épuisement, il est juste de considérer de préférence la *section horizontale moyenne* du massif.

En ce qui concerne la *profondeur*, elle est généralement comptée à partir de l'*étiage* ou de la *basse mer*, afin que le *cube total* obtenu, en multipliant cette profondeur par la section moyenne du massif, corresponde bien au volume réel de la fondation ([a]).

D'après les bases que nous venons de poser, le prix de l'unité comparative de fondation, pour chaque ouvrage, sera obtenu en divisant la dépense totale par le cube du massif défini ci-dessus, et si l'on fait application de ces règles, pour les fondations à l'air comprimé de quatre grands ponts répondant à des situations bien différentes, on obtient les résultats suivants :

DÉSIGNATIONS DIVERSES	KEHL	NANTES	ROTTERDAM	BROOKLIN
Dépense totale	500,000ᶠ	90,000ᶠ	564,000ᶠ	3,507,000ᶠ
Section horizontale du massif. . . .	122ᵐ·˟·	49ᵐ·˟·	170ᵐ·˟·	1340ᵐ·˟·
Profondeur de fondation	20ᵐ	17ᵐ	20ᵐ	18ᵐ
Cube du massif	2,440ᵐ·˟·	833ᵐ·˟·	4,320ᵐ·˟·	24,120ᵐ·˟·
Prix de revient	205ᶠ	108ᶠ	93ᶠ	157ᶠ

Ainsi, bien que la dépense totale pour une pile ait été beaucoup plus considé-

---

([a]) En réalité, la comparaison serait plus exacte en comptant la profondeur de fondation à partir de la hauteur des eaux moyennes, car c'est d'après elle que sont déterminées les batardeaux, les enceintes et toutes les installations en général. Cette base avait été adoptée de préférence dans le mémoire publié aux *Annales* de 1864 sur les fondations dans les terrains vaseux de Bretagne, et c'est à elle que correspondait la série des prix (A) de ce mémoire. La série (B), qui y est également donnée, s'applique au contraire, à très peu près, aux dimensions définies ci-dessus et qu'il convient de considérer de préférence, puisque l'usage les a sanctionnées.

rable à Rotterdam qu'à Nantes, le prix de revient du mètre cube se trouve au contraire plus faible. La grande différence que présente l'ensemble des dépenses dans chaque cas tient, d'une part, à ce qu'à Nantes on n'a pas donné à la pile assez d'empattement, ainsi que nous l'avons déjà fait remarquer, et, d'autre part surtout, de ce qu'à Rotterdam, où l'on avait avec raison des craintes beaucoup plus grandes sur la résistance du sol de fondation, on a adopté pour chaque pile un empattement très considérable, qui est peut-être même un peu exagéré.

Il ressort de ces considérations que, si pour un ouvrage déterminé on cherche quelles seraient comparativement les dépenses de deux modes de fondation, il faut, non seulement se préoccuper du prix du mètre cube, mais aussi tenir compte de la différence des superficies qu'il est nécessaire d'adopter dans chaque combinaison. Ainsi, par exemple, avec une fondation en béton immergé dans une enceinte, il faut réserver la place d'un batardeau pour la pose des premières assises en élévation et par conséquent la superficie à adopter dans ce cas est nécessairement plus grande que dans un caisson en tôle descendu au moyen de l'air comprimé.

D'après des résultats déduits du traité de M. Morandière, du mémoire précité sur les travaux de Bretagne et de plusieurs autres publications, les prix du mètre cube de fondations, suivant les divers procédés en usage, peuvent être évalués approximativement ainsi que nous allons l'indiquer (a).

Prix pour fondations
par épuisement. Les fondations par épuisement sont celles où la dépense est la plus variable et par suite la plus difficile à apprécier d'avance. Elle provient en effet de plusieurs éléments : enceintes ou batardeaux, épuisements, fouilles et maçonneries ; or, si ces deux derniers éléments varient peu, pour des dimensions déterminées, les deux autres comportent d'énormes différences d'après la nature des terrains. Néanmoins, quelquefois les deux premiers éléments produisent sur le troisième des effets qui se contre-balancent au point de vue de la dépense, car avec des enceintes ou des batardeaux très bien faits et coûtant par suite

---

(a) Ces prix ne s'appliquent pas aux petits ouvrages dont les fondations sont généralement très faciles et pour lesquels souvent on n'a pas du tout à se préoccuper de l'action des eaux.

assez cher, les épuisements peuvent devenir presque nuls, tandis qu'ils donnent lieu à des dépenses excessives, quand les enceintes ne sont pas solides ou quand les batardeaux, faits avec trop d'économie, sont mal installés. Enfin, lorsque le sol au-dessous des batardeaux est très perméable et que la masse d'eau est considérable, les épuisements ne peuvent plus être tentés avec des chances réelles de succès. Mais si l'on a soin de n'employer les épuisements que dans les conditions où ce procédé présente des garanties sérieuses de réussite, par exemple pour de faibles profondeurs, dans des terrains de nature ordinaire, ou pour des profondeurs plus grandes, sans être exagérées, quand la perméabilité du sol n'est pas trop forte, ou peut admettre que les prix du mètre cube de fondation seront approximativement les suivants :

Jusqu'à 5 mètres de profondeur. . . . . 20 à 30 fr. (a).
De 5 à 8 mètres (terrain presque imperméable). . . . . 30 à 40
 — (terrain moyennement perméable mais facile à draguer). 40 à 50
 — (terrain moyennement perméable et difficile à draguer). 50 à 60
 — (terrain très perméable latéralement mais avec fond
    moyennement perméable) . . . . 60 à 100

La dépense des fondations avec béton immergé peut au contraire être évaluée d'avance avec une assez grande exactitude. Il y existe peu d'éventualités défavorables, pourvu qu'on ait soin de ne l'appliquer que dans des eaux exemptes de vase, avec de faibles courants et dans des terrains faciles à draguer. Dans ces circonstances et pour les évaluations sommaires on peut admettre les prix ci-après :

 Prix pour fondations avec béton immergé.

Jusqu'à 5 mètres de profondeur. . . . . 20 à 30 fr.
De 5 à 7 mètres de profondeur . . . . 30 à 50
De 7 à 9 mètres de profondeur . . . . 50 à 70

Les prix des fondations sur pilotis, en dehors des eaux courantes, soit après compression du sol, soit sans cette compression, peuvent être prévus assez exactement et sont généralement modérés : la compression préalable n'est même pas une cause sensible d'augmentation de dépense, car elle fait sou-

 Prix pour fondations sur pilotis.

(a) Le prix de 20 francs doit être considéré comme un minimum, car le prix du mètre cube de maçonnerie descend rarement au-dessous de 15 francs, et il faut en outre tenir compte des batardeaux, épuisements, etc.

vent éviter d'avoir recours à d'autres précautions. Quant aux fondations en pleine rivière, la dépense totale, quoique pouvant aussi être appréciée sans grandes chances d'erreur, varie entre des limites très étendues d'après la nature du terrain; c'est en effet d'après cette nature que l'on doit déterminer la longueur des pieux, leur espacement et la profondeur à laquelle le recépage doit être effectué. Toutefois, comme pour une superficie donnée la dépense augmente principalement en raison de la longueur des pieux, le prix du mètre cube de fondation ne s'élève pas autant qu'on serait au premier abord porté à le croire. Ainsi, pour le pont sur le Hollandsch Diep, dont les piles ont été fondées sur des pieux de 18 mètres de longueur, recouverts et reliés entre eux par des massifs de béton de 5ᵐ.50 de hauteur, le prix du mètre cube de fondation ne paraît pas avoir dépassé 75 francs. Nous pensons donc que les prix du mètre cube de fondations sur pilotis peuvent être évalués de la manière suivante :

EN DEHORS DES EAUX COURANTES.

De 5 à 10 mètres de profondeur . . . . 20 à 30 fr.
De 10 à 15 mètres de profondeur . . . . 30 à 40

EN PLEINE RIVIÈRE.

De 5 à 10 mètres de profondeur . . . . 40 à 50 fr.
De 10 à 15 mètres de profondeur . . . . 50 à 60
De 15 à 20 mètres de profondeur . . . . 60 à 80

Prix pour fondations par massifs isolés. Les fondations par puits blindés ne reviennent pas à un prix élevé, même avec d'assez grandes profondeurs, pourvu que le terrain soit peu perméable, et c'est seulement dans ce cas qu'il y a lieu d'en faire application pour la construction des ponts : ce prix est de 50 à 60 francs par mètre cube. Dans les fondations effectuées avec massifs en maçonnerie, descendant graduellement, les prix par mètre cube au-dessous du sol ont été de 35 francs à Rochefort, de 45 à 50 francs à Lorient, de 30 à 40 francs à Bordeaux et de 57 francs pour le bassin de Penhouët à Saint-Nazaire.

D'après ces divers éléments, il convient d'admettre, pour le mètre cube de fondations sur massifs isolés, les prix ci-après :

Jusqu'à 10 mètres de profondeur. . . . . 30 à 40 fr.
De 10 à 20 mètres de profondeur. . . . . 40 à 60

En ce qui concerne les fondations à l'air comprimé, nous n'avons pas à con- *Prix pour fondations par l'air comprimé.*
sidérer l'emploi de tubes qui actuellement n'est plus appliqué que dans des
circonstances tout à fait exceptionnelles. Les prix à prendre pour bases, dans les
évaluations approximatives, sont donc seulement ceux qui s'appliquent aux
fondations dans des caissons. Il y a 10 ans, le prix par mètre cube pour ces fondations variait de 80 à 200 francs et pouvait être évalué de 110 à 120 francs
dans des conditions moyennes. Mais par suite de l'expérience acquise pour ce
genre de travaux et surtout en raison de la concurrence qui s'est établie entre
les entrepreneurs pour l'exécution des fondations à l'air comprimé, les prix ont
beaucoup diminué. Ainsi, pour le pont construit en 1881 à Nantes, sur la Loire,
pour le raccordement de la gare d'Orléans avec celle de la Prairie-au-Duc, le
prix du mètre cube a été de 85 francs et pour le grand pont de Marmande, sur la
Garonne, avec les viaducs aux abords, le prix s'est abaissé jusqu'à 70 francs.
Des prix analogues avaient été précédemment obtenus pour plusieurs ponts importants en Allemagne et en Hongrie, notammment pour celui de Ofen-Pesth
sur le Danube. Par suite il paraît convenable d'admettre, par mètre cube de fondation à l'air comprimé, les limites de prix ci-après :

Conditions favorables (superficie étendue, terrain consistant, etc.). . . 60 à 110 fr.
Conditions défavorables (superficie restreinte, terrain vaseux, etc.). . . 110 à 160

La durée d'exécution des fondations par épuisement est extrêmement varia- *Durée d'exécution.*
ble. Dès qu'il s'agit d'établir une pile en rivière et que, par conséquent, il est
nécessaire de construire un batardeau ou un caisson étanche, on ne peut
guère compter moins de deux mois pour la fondation de cette pile, et ce temps
peut devenir beaucoup plus long si des accidents se produisent.

Lorsqu'on fonde sur béton immergé dans des enceintes, la marche du travail
est en général très régulière; mais comme le battage demande toujours un certain temps, on peut admettre que la durée d'exécution sera de 1 à 2 mois, si
toutefois il ne survient pas de forte crue ou d'autre circonstance exceptionnelle.
Quand les enceintes sont remplacées par des caissons, l'exécution est générale-

ment plus rapide, parce que ces caissons sont préparés d'avance sur les chantiers et que leur mise en place est effectuée très promptement. Il en résulte que, même pour une pile de fortes dimensions, la fondation peut facilement être faite en un mois, à moins d'éventualités très défavorables.

Les fondations sur pilotis sont nécessairement plus longues ; leur durée dépend évidemment beaucoup du nombre de pieux, de la longueur de fiche, de la résistance du terrain et du nombre d'appareils dont on dispose pour le battage. Il est donc prudent de compter sur 2 ou 3 mois par pile, à moins qu'il ne s'agisse d'une fondation très restreinte ou d'un battage très facile.

Quand la fondation consiste en massifs isolés, on obtient quelquefois des avancements de 1 mètre par jour, mais généralement on ne peut compter que sur $0^m.50$ en moyenne pour des blocs de dimensions restreintes ; si les blocs sont plus grands, il faudra prendre plus de précautions pour éviter les déversements et par suite l'avancement sera moins rapide. En résumé, il paraît prudent de compter sur 40 jours pour une fondation à 10 mètres de profondeur et sur 2 mois pour un enfoncement à 15 mètres.

Les fondations par l'air comprimé exigent presque toujours d'assez longues installations ; mais lorsque celles-ci sont terminées, le fonçage peut quelquefois être opéré promptement. Ainsi, à Nantes, on est parvenu à fonder en deux mois chaque pile, à une profondeur moyenne de 17 mètres. Néanmoins on arrive souvent à des durées beaucoup plus longues ; ainsi la fondation de l'une des piles du pont de Lorient, à 21 mètres au-dessous des hautes mers, dans des conditions très défavorables il est vrai, a duré 6 mois. Au pont de Saint-Louis, sur le Mississipi, le fonçage de la culée de l'Est et de la pile du même côté a exigé respectivement 115 et 133 jours, mais les superficies de ces fondations étaient très considérables.

Pour le pont sur la rivière de l'Est à New-York, où l'empattement des fondations était encore beaucoup plus grand, le fonçage de la pile, du côté de Brooklin, a été interrompu par plusieurs accidents et a duré très longtemps ; mais pour celle du côté de New-York, il n'a exigé que 5 mois, ce qui est peu, en raison du cube de 20,000 mètres de déblais qu'il a fallu enlever. Enfin, en revenant à des dimensions ordinaires de piles, il résulte du mémoire précité de M. Séjourné, qu'à Marmande les durées d'exécution ont été : 1° Pour chacune des 6 fondations du pont proprement dit, 67 jours pour le travail effectif et 148 en tenant compte des interruptions ou pertes de temps ; 2° pour chacune des 15 fondations du viaduc de la rive gauche, 69 jours de travail effectif et 152 jours avec les pertes de temps. La durée moyenne a donc été de 5 mois par pile ; mais il faut reconnaître que, par suite de circonstances spéciales, la durée des interruptions a été beaucoup plus grande qu'à l'ordinaire.

Il résulte de ces considérations que, même pour des piles de dimensions ordinaires et de profondeurs modérées, il est prudent de compter sur 3 mois au moins, pour la durée de chaque fondation de 12 à 15 mètres de profondeur ; mais l'emploi de l'air comprimé présente le grand avantage de permettre l'exécution des fondations en toute saison et avec des hauteurs d'eau variables, pourvu qu'elles n'arrivent pas à celles des fortes crues qui obligeraient à garer les appareils et par suite à interrompre les travaux.

Les fondations par épuisement sont celles qui présentent le plus de garanties Garanties de solidité. de solidité, pourvu que le fond ne soit ni affouillable ni compressible ; ces fondations sont en effet les seules où l'on puisse, à l'air libre, reconnaître la nature du sol inférieur, le déraser, le nettoyer et enfin exécuter avec tous les soins désirables les maçonneries ou le béton des massifs de fondation.

Les massifs de béton immergé sont d'une exécution rapide et économique, mais, pour qu'ils soient durables, il faut que l'incompressibilité du fond soit certaine, que le régime ne soit pas torrentiel, que les eaux ne soient pas vaseuses, que le béton ne soit pas délavé et ne contienne pas de laitances, qu'enfin le sol soit bien défendu contre les affouillements. Avec du béton hydraulique ordinaire, il faut limiter la charge à 6 kilogrammes par centimètre carré ; pour des charges plus fortes, il est nécessaire d'y ajouter du ciment et d'en augmenter graduellement les proportions, jusqu'à arriver au béton de ciment pur, si la pression par unité de surface devient considérable.

L'emploi des pilotis présente des éventualités défavorables, parce que les pieux peuvent casser, fléchir ou s'enfoncer irrégulièrement et que l'ensemble peut se déverser dans certains cas. Mais avec de grandes précautions, en

48

plaçant très bas le plan de recépage des pieux et en les protégeant avec soin contre les affouillements, on peut obtenir par ce procédé des fondations très durables. Dans le cas où les pieux arrivent sur un sol incompressible et où ils sont suffisamment soutenus latéralement par le terrain traversé, il convient de limiter les charges à supporter par chacun d'eux, de telle sorte que la superstructure de l'ouvrage corresponde à 6 kilogrammes par centimètre carré de plate-forme, ce qui, pour des pieux de 0^m.30 de côté, espacés de 0^m.70 d'axe en axe, limite à 30,000 kilogrammes la charge totale à porter par chacun d'eux. Lorsque le terrain à la base des pieux n'est pas incompressible, il faut régler la charge de chacun de ces pieux d'après la formule hollandaise et faire varier leurs écartements en conséquence.

Les massifs isolés ne réussissent sûrement comme fondations que s'ils ont été établis dans des puits blindés, au fond desquels on ait pu s'assurer de la nature du sol avant de commencer les maçonneries ; c'est seulement ainsi, en effet, que l'on peut être certain de donner aux massifs des bases parfaitement stables. Pour les massifs descendus graduellement par havage intérieur, il existe trop de chances de déversement et trop peu de certitude d'une bonne assiette à la base, pour qu'il soit prudent de fonder une pile dans ces conditions-là.

L'emploi de l'air comprimé permet d'aller chercher le terrain solide à des profondeurs plus grandes que tout autre procédé (à l'exception toutefois des plates-formes avec compartiments remplis de béton comme aux États-Unis), mais le travail n'y est pas effectué dans d'aussi bonnes conditions qu'à l'air libre. Non seulement la surveillance y est plus difficile, mais on y est souvent gêné pour la préparation du sol de fondation ; on est moins libre d'approfondir les fouilles suivant les indications qui se révèlent en cours d'exécution, la prise du mortier y est moins rapide qu'à l'air libre, enfin on n'est pas assuré, en général, que le remplissage au-dessous du toit de la chambre de travail ait été complet. Mais, d'un autre côté, les moyens d'exécution se perfectionnent tous les jours, de nouvelles dispositions, telles que les fondations sur rouet, ou les caissons-batardeaux, permettent de supprimer toute solution de continuité entre les maçonneries, et enfin, dans les applications devenues extrêmement nombreuses, le nombre des accidents survenus après l'achèvement des travaux est extrêmement restreint.

Les fondations par épuisements sont celles qui présentent le maximum de garantie de solidité, pourvu qu'elles soient établies sur un terrain incompressible et défendues au besoin contre les affouillements. Elle conviennent donc essentiellement pour les ouvrages qui exercent sur leurs bases de très fortes pressions. Elles sont en outre les plus économiques, quand la profondeur est faible ou quand le terrain est peu perméable.

En regard de ces avantages, elles offrent l'inconvénient de donner lieu à beaucoup d'éventualités pour la durée d'exécution et pour les dépenses. Enfin elles cessent d'être applicables, quand la profondeur est très grande et même pour les profondeurs moyennes, lorsque les eaux arrivent en abondance par le fond.

Résumé des avantage et des inconvénients. Épuisements.

L'emploi du béton immergé procure une exécution prompte et maintient les dépenses dans des limites modérées. Les caissons sans fond doivent être préférés aux enceintes, lorsque le fond n'est pas affouillable et leur emploi devient indispensable lorsque le sol ne peut pas être pénétré par les pieux. Avec les caissons à compartiments employés aux États-Unis, le béton immergé permet d'atteindre les profondeurs plus grandes que dans tout autre procédé.

Béton immergé.

Mais dans ce dernier cas, la dépense devient très grande ; dans les circonstances ordinaires les fondations en béton immergé ont besoin d'être défendues très énergiquement contre les affouillements, et dans les rivières torrentielles, l'emploi du béton immergé est très dangereux. En outre le béton, ainsi employé, ne se prête pas à supporter de très fortes pressions, même quand il est fait avec ciment.

Les pilotis offrent l'avantage d'aller chercher le terrain solide à de grandes profondeurs et d'utiliser la résistance latérale du sol dans lequel ils sont battus. Leur emploi est économique dans des eaux calmes, lorsque la profondeur atteint au moins 5 mètres, et il ne conduit jamais à des dépenses exagérées

Pilotis.

dans les eaux courantes. Enfin c'est le seul procédé qui puisse réussir efficacement dans des terrains indéfiniment compressibles.

Mais il présente des éventualités d'affaissement, de déversement et d'affouillement contre lesquelles de très grandes précautions sont nécessaires. Enfin il ne se prête qu'à des pressions très limitées par unité de surface.

Les pieux à vis en métal, principalement lorsque les vis sont en acier, conviennent dans les terrains de sable et gravier, surtout lorsqu'ils sont destinés à supporter des ouvrages légers, comme des estacades, des passerelles et même des travées métalliques à portées restreintes.

Massifs isolés. Les fondations sur massifs isolés ne peuvent réellement être utilisées avec sécurité pour des piles de ponts que lorsqu'elles sont exécutées au moyen de puits blindés. Les massifs descendant graduellement avec déblais intérieurs ne présentent pas en général des garanties suffisantes pour être employés dans la construction des ponts.

Air comprimé. L'air comprimé donne le moyen d'atteindre de très grandes profondeurs, de reconnaître le sol et d'y établir directement la base des massifs de fondations. Les installations nécessaires pour la mise en œuvre sont assez longues, mais ensuite le travail marche régulièrement en toute saison, excepté pendant les grandes crues ou les tempêtes.

En regard de ces avantages, l'emploi de l'air comprimé donne toujours lieu à des dépenses élevées, entraîne assez fréquemment des solutions de continuité dans les massifs, présente des dangers pour les ouvriers, est d'une surveillance difficile et rend les modifications presque impossibles en cours d'exécution.

Considéré dans son ensemble, le procédé de fondation à l'air comprimé, dont les moyens d'application se perfectionnent tandis que les dépenses deviennent peu à peu moins élevées, constitue une ressource extrêmement précieuse, mais dont il importe de n'user qu'avec réserve et quand on s'est assuré qu'il présente, dans chaque cas, des avantages certains sans augmentation de dépense trop notable.

Pour faire de justes appréciations des divers procédés successivement décrits, il faut considérer dans chaque cas : 1° La situation de l'ouvrage au point de vue hydraulique ; 2° La nature du sol sur lequel doit reposer la fondation ; 3° La nature du terrain à traverser jusqu'à ce sol ; 4° La profondeur à atteindre ; 5° Enfin la valeur des pressions à exercer sur le sol de fondation. Applications
aux différentes natures
de terrains.

Les combinaisons auxquelles on arriverait, en faisant varier chacun de ces divers éléments pour chaque sorte de fondation, seraient extrêmement nombreuses. Mais nous ferons observer, tout d'abord, que dès qu'on atteint une profondeur de 8 à 10 mètres au-dessous des basses eaux, il n'y a plus en réalité à employer que l'air comprimé, les pilotis et, dans quelques cas, des puits blindés ou des caissons à compartiments analogues à ceux employés au pont de Pougkeepsie sur l'Hudson. Dès lors, dans les exemples qui vont suivre, nous ne considérerons d'abord que ceux qui s'appliquent à des profondeurs moindres, et nous en limiterons le nombre de manière à faire principalement ressortir les conditions différentes de leur emploi ; ces exemples seront d'ailleurs divisés en plusieurs catégories, qui correspondront à la classification des terrains donnée au commencement du chapitre II.

Lorsqu'on peut arriver jusqu'à des terrains incompressibles et inaffouillables, et que, par suite, le sol de fondation est à l'abri de toute cause de destruction, il s'agit seulement de déterminer comment on pourra asseoir le plus sûrement et le plus économiquement possible la construction sur ce sol. Fondations
à des profondeurs
restreintes.
Terrains
incompressibles
et inaffouillables.

. I. — Supposons d'abord que l'on opère à l'abri des eaux courantes, et admettons, comme premier exemple, que le terrain à traverser soit perméable (sable, gravier, cailloux, etc.), et que la pression à exercer sur le sol de fondation reste dans des conditions ordinaires, c'est-à-dire ne dépasse pas 6 kilogrammes par centimètre carré. Si la perméabilité est faible et si le terrain présente de la consistance, il conviendra d'attaquer directement la fouille avec épuisements, sauf à blinder les parois à partir d'une certaine profondeur pour éviter un cube de déblais trop considérable. Si au contraire le terrain est très perméable ou peu consistant, on draguera jusqu'au sol incompressible, et on fondera sur béton immergé soit dans une enceinte, soit dans un caisson sans fond, suivant que les pieux pourront pénétrer ou non dans le sol inférieur. Sous cette réserve, généralement on pourra, dans les conditions ci-dessus, conduire les fondations jusqu'à 8 mètres au-dessous de l'étiage.

Pour de petits ouvrages et lorsque la profondeur de fondation dépasserait 5 mètres, l'emploi de pilotis serait généralement plus économique, mais il faudrait s'assurer que le terrain ne renferme pas de gros graviers ou de débris de rocher sur lesquels les pieux se briseraient.

Si la pression sur le sol de fondation doit être forte, c'est-à-dire dépasser 6 kilogrammes par centimètre carré, les autres circonstances restant les mêmes, il conviendra généralement de renoncer à l'emploi du béton immergé et de pratiquer la fouille par épuisements dans des batardeaux ou des caissons étanches, après avoir dragué toutes les couches perméables. Dans les cas exceptionnels où l'on recourrait à l'emploi du béton immergé, il faudrait qu'il fût fabriqué avec mortier de ciment.

II. — Lorsque le terrain à traverser est étanche (terre franche, argile, sable argileux, etc.), il convient de pratiquer d'abord une première fouille peu profonde avec talus, puis de descendre jusqu'au sol de fondation dans des parois blindées : on peut arriver ainsi jusqu'à 8 ou 10 mètres de profondeur. Mais pour des ouvrages dont les pressions sont modérées, comme ceux auxquels s'applique cet exemple, on réalisera presque toujours une économie importante en employant des pilotis après compression du sol lorsque la profondeur dépasse 5 mètres, et dans ce cas on ne sera pas exposé à voir les pieux se briser, comme dans une partie des terrains auxquels s'applique l'exemple précédent.

Si la pression sur le sol doit être forte, il faut renoncer aux fondations sur pilotis et, par conséquent, pratiquer directement des fouilles avec parois blindées.

III. — Supposons maintenant qu'au lieu d'être faite à l'abri des eaux courantes, la fondation doive être effectuée en pleine rivière, que le terrain à traverser soit perméable et que la pression soit modérée. La disposition la plus prompte et la plus économique, lorsque le régime du cours d'eau ne sera pas torrentiel, consistera à fonder sur béton immergé ; seulement il faudra, dans ce cas, prendre toutes les précautions nécessaires pour défendre la base du massif contre les affouillements. Si le régime était torrentiel, il faudrait recourir à un caisson étanche, descendu sur le rocher après dragage, ou à l'emploi de batardeaux, mais la fondation serait plus difficile et sujette à plus d'éventualités. Il ne conviendrait pas de la tenter à plus de 8 mètres de profondeur.

Dans le cas de fortes pressions sur le sol, il y a lieu de renoncer à l'emploi du béton immergé, ou tout au moins de n'y recourir que sur une faible épaisseur, comme moyen d'étanchement à la base des caissons, et dans ce cas le béton devrait être avec mortier de ciment : la fondation entièrement en maçonnerie doit être employée de préférence.

IV. — Quand, avec une fondation en pleine rivière, le terrain à traverser pour atteindre le sol incompressible est étanche, et si la profondeur est faible, il faut de préférence procéder par épuisements dans des batardeaux ou des enceintes blindées. Mais si le niveau de ce sol dépasse 4 ou 5 mètres au-dessous de l'étiage, il y a grand avantage, pour le cas de pressions ordinaires, à recourir à l'emploi de pilotis dont les têtes seront enveloppées dans des massifs en béton.

Lorsque, au contraire, les pressions doivent être fortes, il faut procéder comme au second paragraphe du n° III ci-dessus. On pourrait aussi, en cas de difficultés graves, recourir aux caissons-batardeaux du système Montagnier, mais jusqu'à présent ils ne paraissent applicables que jusqu'à 7 mètres environ sous l'étiage.

V et VI. — En ce qui concerne les terrains incompressibles et affouillables, tant qu'il s'agit de fonder en dehors des eaux courantes, les procédés à employer sont les mêmes que ceux indiqués aux n° I et II, puisque dans ce cas le sol de fondation n'est pas exposé à être affouillé. Toutefois, il faudrait prendre garde au cas où l'emplacement du pont à construire serait seulement protégé par une digue, puisque, en cas de rupture de cette digue, la fondation pourrait être

Terrains
incompressibles
et affouillables.

exposée à un fort courant ; dans cette circonstance spéciale on procéderait comme pour les fondations en pleine rivière.

VII et VIII. — Les moyens à employer dans cette dernière situation ne diffèrent pas, en général, de ceux qui viennent d'être indiqués aux n°⁵ III et IV, seulement ils ont besoin d'être complétés. Ainsi, il faut apporter un soin spécial à reconnaître et à constater très exactement la nature du sol de fondation, attendu que les argiles fermes, les marnes et les tufs ne peuvent supporter que des charges limitées. Si la résistance du terrain dont il s'agit était inférieure aux pressions à la base de l'ouvrage, il faudrait évidemment, ou bien enlever les couches supérieures de ces terrains, jusqu'à des assises plus résistantes, ou bien les faire traverser par des pilotis. D'un autre côté, comme le sol de fondation est affouillable, il est nécessaire de le défendre très énergiquement, contre l'action des courants, au moyen d'enrochements, de crèches basses, de blocs naturels ou artificiels ou de plates-formes en fascines, en appliquant chacun de ces moyens d'après la nature du terrain, la profondeur de fondation et la force des courants.

Terrains compressibles et affouillables.   Lorsque le sol de fondation est compressible et affouillable, ce qui le place dans les plus mauvaises conditions possibles, il faut renoncer complètement à y faire reposer des ouvrages dont la pression par unité de surface dépasserait 6 kilogrammes. On a donc seulement deux cas spéciaux à considérer.

IX. — Si l'on opère en dehors des eaux courantes, il convient de charger préalablement le terrain par des remblais provisoires, de manière à le comprimer le plus possible, et d'y enfoncer des pieux dont les écartements varieront en raison de la charge à supporter. On peut encore procéder quelquefois avec avantage au moyen de puits blindés, lorsque la résistance du terrain augmente notablement avec la profondeur et que, par suite, il est possible d'atteindre une couche où les tassements ne sont plus à craindre.

X. — Lorsque les fondations doivent être exécutées en pleine rivière, on ne peut plus faire tasser préalablement le sol, et le procédé le moins onéreux consistera à battre directement des pilotis suffisamment rapprochés et à enchâsser leur partie supérieure dans des massifs de béton de forte épaisseur ; ces fondations devront être défendues avec beaucoup de soin contre les affouillements.

Dans des terrains de sable ou de gravier on pourra souvent employer avec avantage des pieux en fer, avec vis en acier, pour soutenir des ouvrages dont la charge par unité de surface est peu considérable.

Enfin, dans des terrains compressibles on peut, comme dans tous les autres sols de fondation, recourir à l'air comprimé, mais pour qu'il soit réellement avantageux, il faut que l'on puisse arriver à une couche notablement plus résistante que les précédentes ; autrement les pilotis, qui développent plus de frottement latéral, devront être préférés.

Toutes les applications qui viennent d'être énumérées ne s'appliquent qu'à des profondeurs de 8 à 10 mètres au-dessous des basses eaux ; car, ainsi que nous l'avons signalé page 381, dès qu'on atteint une profondeur plus considérable, on ne peut en réalité employer, pour fonder des piles de pont, que l'air comprimé, les pilotis et, dans certains cas, des puits blindés ou des caissons à compartiments comme à Pongkeepsie. C'est donc seulement à ces procédés qu'il faut recourir pour les fondations à de grandes profondeurs.

Fondations à de grandes profondeurs.

Or les puits blindés, qui ont donné de bons résultats avec des dépenses modérées et pour des profondeurs quelquefois considérables, ne sont praticables qu'en dehors des eaux courantes, et leur emploi est nécessairement très restreint ; d'un autre côté, les caissons à compartiments n'ont encore été essayés que dans un pays où le bois est très abondant. On se trouve donc réduit, presque toujours, à choisir entre les fondations sur pilotis et celles à l'air comprimé.

Dans la plupart des cas, l'usage de l'air comprimé est préférable pour la solidité, parce qu'il donne à la fondation une superficie beaucoup plus grande, mais généralement il coûte plus cher. Lorsque la charge par unité de surface de l'ouvrage à construire est modérée, que l'on opère dans un terrain où le battage des pieux est facile, et qu'enfin les pilotis peuvent être bien contenus

49

latéralement, il y a presque toujours économie à employer cet ancien mode de fondation, avec les précautions et les perfectionnements apportés de nos jours dans son emploi. Enfin, cet emploi doit être préféré, indépendamment même de la dépense, lorsque la compressibilité du sol reste très notable, même à de grandes profondeurs, attendu que l'ensemble des pieux développe beaucoup plus de frottement latéral que le périmètre du massif de maçonnerie correspondant, et qu'en outre le terrain devient bien plus compact, puisqu'on n'en enlève aucune partie, tandis que le fonçage à l'air comprimé nécessite l'extraction d'un volume important de ce terrain.

Mais dans un grand nombre de cas ce danger n'est pas à craindre, parce que les couches inférieures sont rendues plus denses par le poids des couches qui les surmontent, et c'est ce qui explique comment, même dans des sols indéfiniment compressibles, on a pu arrêter avec succès des fondations à l'air comprimé à des profondeurs de 15 à 20 mètres.

En résumé, pour les fondations de piles de ponts à exécuter à de grandes profondeurs, nous pensons qu'il convient : 1° d'employer des puits blindés en dehors des eaux courantes, lorsque la nature du terrain le permet et qu'on a acquis la certitude de pouvoir épuiser à la base ; 2° de fonder sur pilotis quand la charge de l'ouvrage, par unité de surface, est modérée et lorsque le battage des pieux peut être effectué régulièrement, en prenant d'ailleurs toutes les précautions nécessaires pour éviter les déversements et les affouillements ; 3° enfin, d'avoir recours à l'air comprimé dans tous les autres cas, à condition d'augmenter beaucoup l'empattement à la base dans les terrains indéfiniment compressibles.

Principaux cas d'application de chaque procédé.

Après avoir considéré, comme nous venons de le faire, d'une manière détaillée quels sont les procédés à appliquer pour chaque nature de terrain, dans les diverses circonstances qui se présentent pour la fondation des ponts, il peut y avoir intérêt à rappeler dans quels cas chacun des procédés peut être utilisé avec le plus d'avantages. Ce résumé paraît pouvoir être présenté ainsi qu'il suit :

Les épuisements peuvent et doivent être appliqués de préférence au moyen de fouilles, d'enceintes blindées ou de caissons étanches, toutes les fois que l'on peut arriver au sol incompressible sans difficultés trop grandes et sans dépenses trop considérables. Leur application est généralement restreinte à 8 mètres de profondeur au-dessous du niveau des eaux, et on éprouve souvent de grandes difficultés à atteindre jusque-là.

Le béton immergé, dont l'emploi est rapide et économique, s'applique principalement aux ouvrages qui n'exercent sur leurs fondations que des pressions modérées. Les massifs doivent être défendus avec beaucoup de soin contre les affouillements, et le procédé ne doit pas être appliqué dans les rivières torrentielles. Les caissons à compartiments, employés sur l'Hudson, ne sont applicables qu'à travers des terrains peu consistants; mais, dans ce cas, ils permettent d'atteindre des profondeurs plus grandes que par tout autre procédé, et on pourrait en faciliter l'essai dans notre pays, en remplaçant par de la tôle tout ou partie des cloisons en bois.

Les pilotis s'appliquent très économiquement aux fondations des ouvrages dont les pressions sont faibles; leur emploi, pour de grandes profondeurs, est plus économique que celui de l'air comprimé, et ils donnent plus de sécurité dans les terrains indéfiniment compressibles; mais il est indispensable de les défendre avec énergie contre les affouillements, et quand il s'agit d'ouvrages importants, il est très utile de rendre tous les pieux solidaires en enchâssant leurs parties supérieures dans des massifs épais en béton. Les fondations sur pilotis ne peuvent supporter que des pressions modérées.

Les massifs en maçonnerie descendant graduellement par déblais intérieurs ne présentent pas de garanties suffisantes pour la fondation de piles de ponts; mais au moyen de puits blindés, dans lesquels la maçonnerie est commencée à partir du fond, on peut donner aux massifs une assiette très stable et établir ainsi des fondations en dehors des eaux courantes jusqu'à 18 ou 20 mètres de profondeur.

Enfin, l'air comprimé constitue le moyen d'action le plus précieux et rend les plus grands services dans les circonstances difficiles. Il permet aux fondations de supporter des pressions très fortes et il donne des garanties certaines contre les affouillements par les grandes profondeurs qu'il permet d'atteindre; mais dans les terrains indéfiniment compressibles, il offre, contre les tassements, moins d'efficacité que les pilotis. Son mode d'application a déjà reçu des perfectionnements importants, notamment par le système Montagnier, et il tend à en recevoir de nouveaux, en même temps que le prix de revient diminue de plus en plus.

Observations générales. Les règles qui précèdent ne doivent pas être prises dans un sens trop absolu, parce que les définitions des divers terrains ne peuvent pas être très précises et que l'exécution est soumise à un grand nombre d'éventualités. Il en est presque toujours ainsi pour les travaux; mais c'est surtout pour les fondations qu'il faut savoir tenir compte, le plus judicieusement possible, des circonstances spéciales où l'on se trouve placé. La nature du terrain, le régime des eaux, la disposition des lieux, enfin les dimensions, le mode de construction et la destination de chaque ouvrage, constituent des éléments très variables, qui donnent lieu à un nombre presque infini de combinaisons. Les règles doivent donc être interprétées dans leur esprit plutôt que suivies littéralement dans leur texte : c'est aux Ingénieurs chargés de l'exécution des travaux qu'il appartient surtout de se bien rendre compte de toutes les circonstances et de proposer les dispositions qui s'appliquent le mieux à leur ensemble, tout en ayant soin de ne pas s'écarter des principes ci-dessus développés. Enfin, dès le commencement des travaux, ce sont ces mêmes Ingénieurs qui assument toute la responsabilité de l'exécution; ils doivent donc la surveiller avec la plus grande sollicitude, multiplier les précautions, prévenir autant que possible les accidents, y parer énergiquement dès qu'il en est survenu, et s'attacher de plus en plus à leur œuvre à mesure que les difficultés augmentent. Il en résulte souvent pour les Ingénieurs de grandes préoccupations et de sérieuses inquiétudes, mais ils en sont largement récompensés par l'intérêt qui s'attache à cette lutte et par le succès qui vient couronner leurs efforts.

CHAPITRE III

FORMES ET STABILITÉ DES VOUTES

§ 1. — TRACÉ DES COURBES D'INTRADOS

Ainsi que nous l'avons précédemment indiqué, les courbes d'intrados des voûtes en maçonnerie affectent presque exclusivement trois formes : plein cintre, arc de cercle et ellipse ou anse de panier.

Pour les voûtes en plein cintre, le rayon est égal à la moitié de l'ouverture et la courbe d'intrados est simplement tracée au compas sur les dessins.

Sur l'épure de grandeur naturelle, qui doit servir à préparer les panneaux pour la taille des voussoirs, la courbe d'intrados est également obtenue au moyen du rayon, à moins que celui-ci ne soit très grand, et on se sert à cet effet de règles en bois ou de tringles en fer : lorsqu'on emploie ces dernières, il faut avoir soin de repérer les tringles sur des étalons fixes, préalablement à chaque opération, afin de tenir compte des différences de température : il convient d'ailleurs que tous les mesurages soient rapportés à une température moyenne de 10 à 15 degrés.

Les épures en grand sont tracées sur des aires préparées à cet effet, dressées bien horizontalement et revêtues soit d'un plancher, soit d'un enduit en plâtre ou en ciment, soit de terre bien battue, dans laquelle on enfonce des piquets sur lesquels sont clouées des planches dans la direction de toutes les lignes à relever. Ce dernier procédé est souvent employé pour les très grandes arches, à

l'égard desquelles des aires en carrelage ou en ciment seraient chères à établir : cependant celles-ci sont préférables, au moins pour la partie qui doit
donner précisément le tracé des voussoirs. L'épure sert toujours à la fois
pour tailler les panneaux des maçonneries et pour préparer le cintre en charpente : on ne l'applique d'ailleurs qu'à la moitié de la voûte, à moins que l'appareil ne soit pas symétrique des deux côtés, ce qui est rare pratiquement.

Pour de très grandes voûtes, le tracé direct au moyen du rayon devient
impraticable, et il est nécessaire de déterminer la courbe par points, soit au
moyen de l'équation du cercle, soit au moyen de lignes trigonométriques.

Arcs de cercle.   Les courbes d'intrados des voûtes en arc de cercle sont également tracées au
moyen des rayons, toutes les fois que la valeur de ceux-ci n'est pas trop considérable. Les données du projet sont ordinairement l'ouverture $2c$ et la flèche f,
d'où l'on déduit ainsi qu'il suit la valeur du rayon R et celle du demi-angle au
centre α :

$$R^2 = c^2 + (R - f)^2 = c^2 + R^2 + f^2 - 2R f.$$

$$R = \frac{c^2 + f^2}{2 f}$$

$$c. = R \sin \alpha$$

$$\sin. \alpha = \frac{c}{R} = \frac{2 f c}{c^2 + f^2}.$$

Le surbaissement qui, ainsi que nous l'avons expliqué, est le rapport de la
flèche à l'ouverture, est donc représenté par $\frac{f}{2c}$. En posant $\frac{f}{2c} = \frac{1}{n}$ (n étant
alors le dénominateur de la fraction qui exprime le surbaissement), on a pour
valeur de R :

$$R = \frac{c^2 + \frac{4 c^2}{n^2}}{\frac{4 c}{n}} = c \times \frac{n^2 + 4}{4 n}.$$

De même on obtient pour $\sin \alpha$

$$\sin \alpha = \frac{c}{R} = \frac{c}{c \times \dfrac{n^2 + 4}{4n}} = \frac{4n}{n^2 + 4} \cdot$$

En appliquant ces formules aux divers surbaissements de ¹/₃ à ¹/₁₂, on forme le tableau ci-après, au moyen duquel on ôbtient les valeurs de R et de α, pour toutes les ouvertures d'arches dont les surbaissements sont exactement exprimés par les fractions dont il s'agit :

SURBAISSEMENTS	VALEURS CORRESPONDANTES DE n	VALEURS CORRESPONDANTES DE		
		$\dfrac{R}{C}$	$\sin \alpha$	α
1/3	3	1.083	0.92308	67° 23′
1/4	4	1.250	0.80000	53° 8′
1/5	5	1.450	0.68965	43° 36′
1/6	6	1.667	0.60014	36° 53′
1/7	7	1.893	0.52830	31° 55′
1/8	8	2.125	0.47060	28° 4′
1/9	9	2.361	0.42355	25° 3′
1/10	10	2.600	0.38461	22° 37′
1/11	11	2.841	0.35200	20° 37′
1/12	12	3.083	0.32428	18° 55′

Les valeurs des rayons, pour un même surbaissement, sont proportionnelles aux ouvertures; les valeurs des angles restent constantes pour un même surbaissement. Le tableau fait ressortir la rapidité avec laquelle croissent les rayons : ainsi pour le surbaissement de ¹/₇ le rayon est presque double de la demi-ouverture, et, pour le surbaissement de ¹/₁₂, il la dépasse près de 3 fois.

Pour les voûtes en ellipse, le tracé de la courbe d'intrados est fait, sur les dessins, par points au moyen de l'un des procédés connus, par exemple en marquant sur une bande de papier les longueurs des deux demi-axes, comptés à partir du même point, et en faisant mouvoir cette bande de telle sorte que les points qui limitent la différence de ces longueurs s'appliquent toujours sur les

Ellipses.

axes dans un même angle. On peut aussi employer la somme des axes, mais l'usage de la différence est plus commode, afin de ne pas être exposé à sortir de la limite des feuilles de dessin.

On peut également obtenir les points en calculant les ordonnées au moyen de l'équation de l'ellipse

$$a^2 y^2 + b^2 x^2 = a^2 b^2.$$

C'est toujours par ce dernier mode que l'on trace la courbe sur l'épure en grand, parce que les autres procédés, à cause de l'obliquité des lignes employées, ne donneraient pas les points d'une manière aussi précise.

Il y a lieu de remarquer d'ailleurs que pour les voûtes dont les surbaissements sont exactements exprimés par les fractions $1/3$, $1/4$ et $1/5$, qui sont à peu près les seules employées pour les ellipses, le calcul des ordonnées devient extrêmement simple, car leurs valeurs sont égales à celles des ordonnées d'un cercle, multipliées par un coefficient qui varie seulement avec le surbaissement. En effet, de l'équation générale de l'ellipse rappelée plus haut on tire :

$$y = \frac{b}{a} \sqrt{a^2 - x^2},$$

et par suite, pour les divers surbaissements, on a

$$\text{Surbaissement de } 1/3 \ldots \quad \frac{b}{a} = \frac{2}{3} \qquad y = \frac{2}{3} \sqrt{a^2 - x^2}$$

$$\text{———} 1/4 \ldots \quad \frac{b}{a} = \frac{1}{2} \qquad y = \frac{1}{2} \sqrt{a^2 - x^2}$$

$$\text{———} 1/5 \ldots \quad \frac{b}{a} = \frac{2}{5} \qquad y = \frac{2}{5} \sqrt{a^2 - x^2}$$

Et comme $\sqrt{a^2 - x^2}$ est la valeur de l'ordonnée du cercle dont le diamètre serait égal au grand axe de l'ellipse, on voit qu'il suffit de multiplier les ordonnées de ce cercle par $2/3$, $1/2$, $2/5$ et que l'on peut même préparer d'avance, très facilement, des tables dont on n'aura plus qu'à multiplier les résultats par l'ouverture de la voûte, pour obtenir de suite les ordonnées.

Dans le cas de l'ellipse à $^1/_4$ le tracé sur un dessin devient extrêmement simple, puisqu'il suffit de décrire un demi-cercle au-dessus du grand axe de la voûte et de prendre la moitié de chacune des ordonnées de ce cercle.

Pour le tracé des normales, qu'il est très important de faire avec beaucoup d'exactitude, puisqu'elles donnent la direction des joints, on peut sur un dessin se borner à diviser en deux parties égales l'angle des rayons vecteurs, mais, sur l'épure en grand, cette division des angles serait difficile à faire exactement, et il est nécessaire de calculer directement la valeur de la sous-normale qui correspond à chaque abscisse. Il résulte des propriétés de l'ellipse qu'entre l'abscisse x d'un point M et la sous-normale S = PN on a la relation :

$$\frac{s}{x} = \frac{b^2}{a^2}.$$

Il suffit donc de calculer une seule fois ce rapport et de le multiplier par la valeur de x pour avoir immédiatement la valeur de la sous-normale.

Dans les ellipses surbaissées à $^1/_3$, $\frac{b}{a} = \frac{2}{3}$, $\frac{b^2}{a^2} = 0.444...$, et par conséquent la sous-normale x a pour valeur $s = 0.444 \times x$.

De même, pour les ellipses à $^1/_4$, on trouve

$$s = \frac{1}{4}\, x = 0.25 \times x.$$

Et pour les ellipses à $^1/_5$,

$$s = \frac{4}{25} = 0.16 \times x.$$

(2)

On peut également obtenir la série des sous-normales par construction graphique : ainsi en prenant les points E et F tels que l'on ait

$$\frac{OF}{OE} = \frac{b^2}{a^2},$$

il suffira de mener la ligne PH parallèle à EF pour que OH soit égal à la sous-normale du point M. La construction pour obtenir la direction des joints correspondant à la division des voussoirs se fait très rapidement, puisque après avoir abaissé les ordonnées MP, M'P', M''P'' de ces points, il suffit de mener par leurs pieds des parallèles à EF et de reporter ensuite, à partir des points P, P'. P'', des longueurs PN, P'N', P'N'' égales à OH, OH', OH''. Mais cette construction ne donnerait pas des résultats suffisamment exacts sur l'épure en grand, et il est bien préférable d'employer les valeurs calculées des sous-normales.

Pour vérifier la pose des voussoirs sur les cintres, pendant la construction, on emploie de grandes règles sur lesquelles on indique le pied même des sous-normales si la règle est posée à la hauteur des naissances, soit d'autres points également calculés d'avance, de leurs directions, si on trouve plus commode de placer la règle à une hauteur différente. Dans tous les cas, les divers points doivent être numérotés exactement sur la règle et sur le cintre, afin d'éviter toute confusion.

La longueur du développement d'une demi-ellipse est donnée, en fonction de l'excentricité (rapport entre la distance du centre au foyer et le demi grand axe) par la série :

$$L = \pi a \left\{ 1 - \left(\frac{1}{2}e\right)^2 - \frac{1}{3}\left(\frac{1.3}{2.4}e^2\right)^2 - \frac{1}{5}\left(\frac{1.3.5}{2.4.6}e^3\right)^2 - \frac{1}{7}\left(\frac{1.3.5.7}{2.4.6.8}e^4\right)^2 - \text{etc.} \right\}$$

Pour les voûtes du pont de Chalonnes, surbaissées à $^1/_4$ et dont l'ouverture est de 30 mètres, la longueur réelle de l'intrados, mesurée avec beaucoup de soin, a été trouvée égale à. . . . . 36^m.370

Les trois premiers termes de la formule donnaient. . . . . 36^m.684

Et c'est seulement en employant huit termes qu'on est arrivé à. . . 36^m.371

Cet exemple prouve, que pour des arches analogues, les calculs doivent être poussés assez loin; mais le temps qu'on y passe n'est rien, eu égard à la durée du travail lui-même, et, par suite, il importe peu d'y employer quelques heures de plus ou de moins. Il en est de même des épures, auxquelles on reprochait autrefois de prendre trop de temps pour des voûtes elliptiques, et l'objection d'exiger des panneaux différents pour la taille de tous les voussoirs n'est pas plus fondée, attendu d'une part que des panneaux différents sont également

nécessaires, même dans les pleins cintres, toutes les fois qu'ils ne sont pas extra-
dossés parallèlement, et d'autre part que la dépense de ces panneaux est tout
à fait insignifiante, en regard de celle de la construction d'une seule voûte.

Les anses de panier, qui étaient précédemment employées au lieu des   *Anses de panier.*
ellipses, sont tracées au moyen d'arcs de cercle dont les rayons vont en augmentant depuis les naissances jusqu'à la clef : la loi suivant laquelle croissent ces
rayons, varie avec les diverses méthodes employées, mais dans tous les cas on
doit chercher à obtenir autant que possible une courbe régulière et à éviter
qu'elle ne présente des jarrets aux points de contact des divers arcs.

Pour des voûtes symétriques de part et d'autre de l'axe, et qui ne présentent
pas d'angle au sommet, telles qu'on les emploie presque toujours, le nombre de
centres est nécessairement impair, et si n représente ce nombre, celui des
rayons différents est $\frac{n+1}{2}$.

Les anses de panier à trois centres sont les plus simples, mais elles ne peuvent être employées que pour des surbaissements très faibles, car autrement
les jarrets sont très sensibles.

Le mode de tracé le plus naturel (5) est celui dans lequel on se donne arbitrairement le premier rayon AE : on reporte la longueur de
ce rayon du sommet C en E' et on joint EE' : on élève
sur le milieu de cette ligne une perpendiculaire FD
qui vient couper en D l'axe vertical, et D sera le centre de l'axe supérieur. En effet, par suite de cette
construction, les deux lignes DM et CD seront égales
entre elles et ME sera aussi égal à CE', c'est-à-dire
au premier rayon AE.

On peut profiter de l'indétermination pour établir
entre les deux rayons certaines relations. Ainsi, Bossut s'est proposé de réduire
au minimum le rapport des deux rayons : dans ce but son tracé (4), reproduit
dans un grand nombre de constructions, à cause de sa simplicité, consiste à
tracer la corde CB, à en retrancher la différence des deux demi-axes CC', et à
élever sur le milieu de C'B une perpendiculaire GD : les rayons sont DC et FB.

D'après la méthode de Huyghens (s), les trois arcs doivent comprendre des arcs égaux de 60° chacun, et à cet effet on trace une circonférence sur le grand axe, on la divise en trois parties égales, on trace les cordes BE et EF ; on mène par le point C une parallèle à EF, et, par le point *m*, intersection de cette parallèle

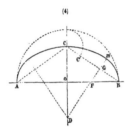

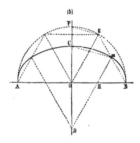

avec la corde BE, on trace la ligne *m* D parallèlement au rayon OE ; on obtient ainsi les centres H et D, et les arcs tracés avec HB et DC pour rayons se rencontreront bien au point *m*, puisque les triangles HB*m* et DC*m* seront isocèles, ainsi que le sont leurs semblables OBE et OEF.

Les ovales antiques (s) étaient tracés par un procédé analogue et constituaient

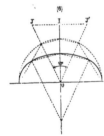

ainsi des courbes formées de trois arcs de cercle, seulement l'angle correspondant à l'arc supérieur était tracé de telle sorte que les rayons fussent inclinés à 2 pour 1 sur la verticale, et qu'ainsi OI fût égal à 2 IJ, ce qui donnait à cet angle une valeur de 53° environ.

Au reste la méthode de Huyghens est tout à fait indépendante de l'angle et subsiste toutes les fois que le point *m* de la figure (s) est obtenu en menant une ligne parallèle à la corde EF du cercle et que la direction du rayon *m*D est prise parallèlement à celle du rayon OE du cercle. Seulement ce mode de construction ne peut donner que deux rayons, de sorte que si l'anse de panier doit avoir *n* centres, les rayons seront au nombre de

$\frac{n+1}{2}$ et la quantité de ceux qui resteront indéterminés sera $\frac{n+1}{2} - 2 = \frac{n-3}{2}$.

Plusieurs Ingénieurs ont cherché à disposer de ces rayons indéterminés de manière à satisfaire à diverses conditions. Ainsi M. Michal, dans les *Annales* de 1831, a donné des tableaux d'après lesquels tous les rayons sont supposés faire entre eux des angles égaux, et d'autres d'après lesquels tous les arcs de la courbe auraient des valeurs sensiblement égales. Les feuilles de M. Morandière donnent des exemples de courbes à 5, 7 et 9 centres, calculées dans ces conditions. Ces courbes diffèrent très peu de l'ellipse, car précisément M. Michal s'était proposé de régler la valeur des rayons de telle sorte que chacun d'eux fût égal au rayon de courbure qui, dans l'ellipse correspondante, partagerait en deux parties égales chacun des arcs de l'anse de panier.

M. Lerouge, dans les *Annales* de 1839, a exposé une méthode générale d'après laquelle il a cherché une courbe dont les rayons eussent des variations très graduelles, afin que la courbure s'écartât peu de celle de l'ellipse ; dans ce but il a adopté une progression arithmétique, pour les longueurs successives des rayons et s'est imposé la loi d'avoir des angles égaux compris entre ces divers rayons : de plus, il a tenu à ce que la différence des rayons ne dépassât jamais la longueur du rayon le plus petit. Les tables qu'il a calculées d'après ces bases ont montré que le nombre de centres devait augmenter rapidement avec le surbaissement.

Ainsi, d'après la méthode de M. Lerouge, on devait adopter

3 centres lorsque le surbaissement est inférieur à	$0^m.38$
5 centres — —	$0^m.35$
7 centres	$0^m.33$
9 centres	$0^m.32$
11 centres —	$0^m.31$
15 centres —	$0^m.30$

D'après ces bases il faudrait un nombre de rayons encore plus grand pour le surbaissement de $1/4 = 0.25$, qui est cependant très ordinaire, et ce nombre deviendrait énorme pour le surbaissement de $1/5$. Il en résulte évidemment que si on veut adopter des anses de panier, il y a lieu de renoncer à des conditions aussi rigoureuses, et en résumé, qu'au lieu de chercher à se rapprocher de l'ellipse par des procédés si compliqués, il vaut mieux l'adopter franchement, ce qui sera d'un meilleur effet et certainement plus simple dans l'application.

Le tracé indiqué dans l'ancienne collection lithographique, pour les anses de de panier à 5 centres, est encore un des plus commodes, parce qu'il laisse libre de faire varier les rayons comme chaque Ingénieur le juge préférable. Ainsi, en supposant le problème résolu et en désignant par R, R' et r les trois (7) rayons n D, m H et AE, on voit que l'on doit avoir :

$$DH = R - R' \qquad EH = R' - r.$$

de sorte que DH+EH=R − r.

Si l'on suppose que l'on s'est donné d'avance les deux rayons extrêmes. R − r devient un nombre constant, et par suite le point H se trouve placé sur

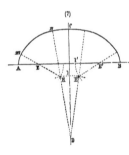

(7)

une ellipse dont les points E et D (qui sont déterminés dès que l'on connait R et r) seraient les foyers. Le rayon R' reste indéterminé et on peut en disposer à volonté, pourvu qu'il soit compris entre R et r. Si, par exemple, on veut que ce rayon soit égal à une certaine longueur K, on porte successivement cette longueur de C en I et de B en l', de sorte que l'on a DI = R − R' et EI' = R' − r : on décrit alors avec ces deux dernières lignes comme rayons, et en prenant pour centres les points D et E', deux arcs de cercle qui se rencontrent en H' ; ce dernier point est le centre cherché pour le rayon intermédiaire. Ainsi, quelquefois on se propose d'avoir un rayon intermédiaire formant la moyenne proportionnelle entre les deux rayons extrêmes, il suffit de poser R'=$\sqrt{Rr}$ et de faire la construction précédente.

L'avantage de cette méthode est que, disposant des deux rayons extrêmes d'une manière tout à fait arbitraire, on peut en profiter pour donner au petit rayon une valeur plus grande que celle du rayon de courbure de l'ellipse correspondante, afin d'accroître un peu le débouché, et que, d'un autre côté, on peut

donner au grand rayon une valeur plus petite que celle du rayon de courbure
de la même ellipse à son sommet, afin d'augmenter l'inclinaison des plans de
joint de la clef et de la rendre ainsi plus stable. On peut également arriver à
des résultats analogues au moyen de la méthode de Huyghens. Il est évident,
d'ailleurs, que si on veut employer l'anse de panier au lieu de l'ellipse, il faut
qu'on y trouve quelques avantages sous le rapport du débouché et de la stabilité, car autrement la courbe la plus régulière doit évidemment être préférée.

Mais en réalité ces avantages sont, à notre avis, presque illusoires, et l'exemple
de la courbe du pont de Neuilly, qui est certainement une des plus belles anses
de panier que l'on ait jamais exécutées, va nous en offrir un nouvel exemple.

Cette courbe a 39 mètres d'ouverture et est surbaissée au quart. Perronet
l'a tracée au moyen de 11 centres, et il a déterminé la valeur des rayons de la
manière suivante (8).

Il s'est donné arbitrairement le premier rayon Am_1, il a divisé le reste m_1 o de
la demi-ouverture en 5 parties proportionnelles
aux nombres 1, 2, 3, 4 et 5. Il a pris ensuite
oD égal à $3m_1O$ et il a divisé cette ligne en
5 parties égales aux points a_1 a_2, a_3 et a_4. Il a
joint m_1 avec a_1, m_2 avec a_2, etc., et obtenu
ainsi des lignes dont les intersections lui ont
donné les centres 2, 3, 4, 5 et D.

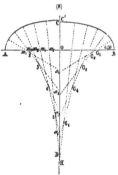

La courbe tracée avec le premier rayon Am,
et continuée ensuite avec des arcs décrits des
divers centres, n'aurait pu arriver au sommet C que par hasard, et, en réalité, elle est
arrivée plus haut en C', mais on peut en déduire les valeurs des rayons pour la courbe
réelle. En effet, si dans la courbe auxiliaire on pose $Om_1 = n$, $OD = m$ et si l'on
appelle S le développement du polygone m_1, 2, 3, 4, 5, D, les lignes analogues
dans la courbe définitive seront :

$$x = OG_1 \qquad y = OH$$
$$z = \text{développement du polygone } G_1 G_2 G_3 G_4 G_5 H$$

Et en appelant a la demi-ouverture OA et b la flèche réelle OC, on aura :

$$z + a - x = y + b$$

puisque le grand rayon doit être égal au plus petit, augmenté de la somme des différences entre les rayons successifs.

Si l'on pose en outre les proportions

$$\frac{x}{y} = \frac{n}{m}, \quad \text{d'où} \quad y = \frac{m\,x}{n}$$

$$\frac{z}{x} = \frac{s}{n}, \quad \text{d'où} \quad z = \frac{s\,x}{n}.$$

on obtiendra, en substituant dans l'équation ci-dessus

$$\frac{s\,x}{n} + a - x = \frac{m\,x}{n} + b$$

$$s\,x - m\,x - n\,x = b\,n - n\,a$$

$$x = \frac{n\,(a - b)}{m + n - s}.$$

Cette valeur de x a permis de déterminer le point G_1 de telle sorte que la courbe arrivât exactement au sommet C.

On a trouvé ainsi que, pour la courbe du pont de Neuilly, le premier rayon devait être de $6^m.50$.

Or, maintenant, si l'on cherche le rayon de courbure à l'extrémité du grand axe d'une ellipse surbaissée au quart, pour laquelle $2a = 39$ mètres, on sait que ce rayon a pour valeur $\frac{b^2}{a}$, ce qui devient $\frac{a}{4}$ quand $b = \frac{a}{2}$. La valeur du rayon de courbure serait donc $\frac{39}{2 \times 4} = 4^m.87$.

Ce rayon est donc notablement inférieur au plus petit rayon adopté pour l'anse de panier, mais il faut remarquer que celui-ci se maintient sur une certaine longueur, tandis que celui de l'ellipse augmente rapidement.

Par conséquent, comme l'ellipse ne diminue pas sensiblement le débouché, et comme elle constitue une courbe plus régulière que l'anse de panier, quel que

soit le nombre de centres adopté pour celui-ci ; comme, d'un autre côté, l'exécution de l'ellipse ne présente pas les difficultés que l'on redoutait autrefois, et
comme enfin, le calcul des ordonnées est certainement plus simple, nous pensons que l'ellipse doit désormais être adoptée de préférence pour les constructions neuves. Les courbes du pont de Neuilly sont certainement d'un très bel
effet, mais cet effet est dû principalement à l'ampleur des proportions et à l'ensemble des dispositions de l'ouvrage ; il y a donc tout lieu de croire que des
voûtes en ellipse, si elles avaient été projetées et exécutées pour ce pont par
Perronet, auraient produit un effet au moins aussi satisfaisant.

L'emploi des anses de panier a donné lieu, de la part de nos devanciers, à
beaucoup de recherches, et les a amenés à découvrir un certain nombre de procédés ingénieux dont nous venons de relater quelques-uns : il est utile de les
connaître, ne fût-ce que pour pouvoir réparer et reconstruire les ponts établis
précédemment, mais l'ellipse dont l'usage est maintenant passé dans la pratique est, à notre avis, la courbe qui doit être employée à l'avenir d'une manière presque exclusive, de préférence aux anses de panier.

Les ellipses ou anses de panier que l'on emploie pour voûtes surhaussées **Courbes**
dans les ouvrages destinés à supporter des charges considérables, sont tracées **p' voûtes surhaussées.**
exactement comme pour les voûtes surbaissées ; seulement, le grand axe y est
placé verticalement au lieu d'être horizontal.

Les ogives sont fréquemment tracées de manière à circonscrire un triangle

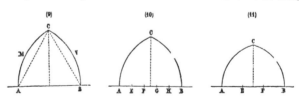

équilatéral (9), de telle sorte que chacun des deux arcs a pour centre la naissance
de l'arc opposé : ainsi l'arc AMC a pour centre le point B, l'arc BNC a pour centre
le point A, et les trois côtés du triangle ABC sont égaux entre eux. En architec-

ture on emploie souvent aussi des ogives en tiers-point ou en quinte-point. Pour
la première de celles-ci (11) on divise la base en trois parties égales et on prend
pour centres les points de division E et F. Pour la dernière on divise la base en
cinq parties égales et on prend pour centres les deux divisions extrêmes E
et H (10). Ainsi, pour une ouverture donnée, l'ogive en tiers-point est celle dont le
sommet est le moins élevé, puis vient l'ogive en quinte-point et enfin l'ogive
basée sur le triangle équilatéral. Cette dernière étant à la fois la plus favorablement disposée pour supporter une charge et celle dont la forme est le mieux
accusée, doit être adoptée de préférence pour les voûtes de ponts, lorsqu'on
croit devoir employer la forme ogivale. On donne aussi quelquefois à cette forme
le nom d'arc en tiers-point, mais cette dénomination doit être réservée de préférence pour la courbe (11).

Courbe
du pont de la Trinité
à Florence.

(12)

Les arches du pont de la Trinité, à Florence, ont été tracées avec une courbe
spéciale, qui participe à la fois de l'ellipse
et de l'ogive. L'ouverture de ce pont est
de 29^m.19 et la flèche de 4^m.57. A la suite
de nombreuses recherches sur le tracé de
cette courbe, dont l'épure primitive n'a
pas été conservée, on est arrivé à la reproduire de la manière suivante :

On divise la demi-corde en huit parties
égales : l'une d'elles forme le premier
rayon, qui correspond à un angle de 60° :
le sommet du triangle équilatéral DBE,
construit sur le reste de la demi-corde,
donne le deuxième centre E. Pour avoir le
troisième, on mène par la division 3 et
par le point E une ligne que l'on prolonge
jusqu'en N, de telle sorte que la ligne EN soit égale à 21 fois la longueur d'une
des divisions de AB. Il en résulte que le troisième centre se trouve de l'autre

côté de la verticale, que par conséquent la courbe est construite avec six centres et qu'elle présente un angle au sommet.

M. l'ingénieur Malibran, qui avait rapporté de sa mission en Italie le dessin exact du pont de la Trinité, a fait construire en 1869, pour le chemin de fer de Limours, sur le boulevard du Transit, à Paris, un pont (13) dont la voûte est formée de deux portions d'ellipse dont l'ensemble reproduit à très peu près la courbe employée à Florence. Toutefois, l'angle au sommet est moins accusé et le tracé du pont de la Trinité, qu'il serait d'ailleurs facile de simplifier un peu, devrait être conservé de préférence pour des ponts

(13)

de ce genre. Cette forme conviendrait rarement sur un cours d'eau, parce qu'elle donne encore moins de débouché que l'ellipse réelle, mais elle pourrait quelquefois être adoptée pour des ponts au-dessus de routes et de chemins de fer, pourvu toutefois que l'on pût disposer d'une hauteur supérieure au minimum, car dans ce cas encore l'ellipse ordinaire vaudrait mieux. Son emploi resterait donc toujours fort limité dans nos constructions.

M. l'Ingénieur Dieulafoy vient de rapporter, de son voyage en Orient, le tracé de l'ogive persane, dont la courbe est également à quatre centres, mais bien moins surbaissée que celle du pont de la Trinité. Ce tracé est obtenu de la manière suivante :

Ogive persane.

Dans le rectangle ABCD (14) on a : $AO = AC = \frac{AB}{2}$. On prend successivement

$$GO = AE = OH = FB = \frac{AO}{4};\ OI = OJ = \frac{AO}{6}.$$

$$IL = CI = DJ = JP.$$

(14)

On trace les arcs de cercle AM et BN avec les centres G et H, puis MS et NS avec les centres L et P.

Les deux parties supérieurs de la courbe forment, avec les deux parties inférieures, de légers jarrets en M et en N, et d'un autre côté le sommet S ne correspond pas exactement à l'extrémité de la montée en R, mais la différence est tout à fait négligeable.

Cette forme est élégante d'aspect et l'aplatissement de la courbe, sur les reins, a l'avantage de diminuer un peu la poussée ; mais elle donne moins de débouché que le plein cintre et ne paraît pas appelée à recevoir en France beaucoup d'applications.

---

§ 2. — CONDITIONS DE STABILITÉ DES VOUTES

Nous allons maintenant rechercher quelles sont les conditions de stabilité des voûtes et, comme conséquence, quelles sont les dimensions qu'il convient de donner aux voûtes, culées et piles.

Pour assurer l'existence d'un pont, il faut en effet non seulement qu'il soit bien fondé, mais aussi que les parties au-dessus des fondations soient parfaitement stables et, enfin, que l'exécution soit très bonne. Ce sont là les trois conditions essentielles, auprès desquelles toutes les autres n'ont plus relativement qu'une importance secondaire.

Distinction à faire entre l'équilibre et la stabilité. Si l'on prenait un modèle en relief d'une voûte existante, dont la stabilité est bien démontrée, et si l'on diminuait graduellement l'épaisseur du modèle dans ses diverses parties, on arriverait nécessairement à en produire la chute. Or, immédiatement avant que cette chute eût lieu, la voûte passerait nécessairement par un état où elle se trouverait juste en équilibre, et si l'on observait bien les conditions de cet état, on en déduirait facilement celles où il faudrait placer la voûte, pour que la solidité fût assurée d'une manière durable.

Il résulte de ce qui précède, que dans les voûtes, et en général dans toutes les parties constitutives d'un pont, il y a lieu de considérer deux états distincts, celui d'équilibre strict et celui de stabilité permanente. A chacun de ces états correspondent non seulement des dimensions différentes, mais encore des déplacements dans les points d'application des forces, et c'est pour ne pas en avoir toujours tenu suffisamment compte, qu'il en est résulté des divergences dans les règles indiquées dans plusieurs auteurs.

Pour se rendre directement un compte exact des conditions d'équilibre d'une voûte, il faudrait pouvoir observer quels sont les mouvements ou les altérations qui s'y produisent immédiatement avant sa chute. Il est bien rarement possible de pouvoir faire ces observations-là, mais on découvre assez souvent des symptômes de ces altérations, ou dans des ouvertures de joints, ou bien dans des épaufrures ou même des ruptures de pierres ; il importe néanmoins de rechercher exactement, dans ces divers cas, si les accidents doivent être attribués, soit à un défaut spécial de pose ou de qualité dans la pierre, soit à des fautes du projet consistant, par exemple, en ce que certaines dimensions seraient à peine suffisantes, eu égard aux pressions à supporter. Dans ce dernier cas, les conditions se rapprocheraient beaucoup de l'état d'équilibre, et on en déduirait des indications rationnelles, sur les suppléments d'épaisseur à donner pour que l'ouvrage se trouvât dans un état de stabilité permanente.

Comme d'ailleurs les remarques sur les altérations qui précèdent la chute d'un pont, sont nécessairement assez rares, on a pris avec beaucoup de raison l'habitude de faire des observations au moment où l'on décintre une voûte, parce qu'elle se trouve alors dans un état où les forces se déplacent, puisque, au lieu de continuer à s'appuyer principalement sur son cintre, la voûte arrive à ne plus être soutenue que par les piles ou les culées. Il importe, dans l'opération, d'empêcher ces déplacements de forces de se faire brusquement, d'une part, afin de pouvoir mieux observer les symptômes qui se produisent, et d'autre part, afin d'éviter la production de forces vives pouvant amener des ruptures. De nombreuses observations ont été effectuées depuis longtemps dans ces conditions, au moment du décintrement des ponts, et on les continue encore aujourd'hui, pour tous les ouvrages qui présentent une certaine importance.

En outre, on a fait à plusieurs époques des expériences directes sur des modèles de voûtes, et notamment M. l'Ingénieur en chef Boistard, chargé de construire, d'après un projet de Perronet, le pont de Nemours dont le surbais-

Expériences de M. Boistard

sement de $^1/_{17}$° dépassait les limites jusqu'alors atteintes, fit des expériences nombreuses sur les conditions d'équilibre des voûtes, ainsi que sur la manière dont leur chute se produit. Les résultats de ces expériences, consignés dans un mémoire publié seulement en 1822, présentent un grand intérêt et ont donné lieu à des conséquences très utiles.

Les voûtes d'essai avaient chacune 2ᵐ.60 d'ouverture ; elles étaient construites en briques dont les dimensions étaient de 0ᵐ.11 suivant le bandeau et de 0ᵐ.22 pour la largeur en douelle. Chaque voussoir était composé de deux

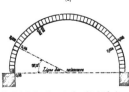

briques réunies entre elles, par un coulis en plâtre, de manière à présenter des plans de joints convenablement inclinés l'un sur l'autre (1). Tous les voussoirs étaient posés sans mortier, et les deux derniers, au sommet, étaient fabriqués sur place, de manière à occuper exactement l'espace restant à remplir : il n'existait pas de clef, afin que la voûte fût divisée en deux parties tout à fait symétriques ; les voussoirs étaient donc toujours en nombre pair.

Les principaux faits constatés par les expériences sont les suivants :

1° La première expérience s'appliquait à une voûte en plein cintre. Pendant la construction les voussoirs se sont détachés, vers les reins, du cintre en charpente ; le vide augmentait depuis la naissance jusqu'au 7° voussoir, et dis-

paraissait au 11°. Après avoir fermé la voûte, on fit baisser le cintre de 0ᵐ.02 : les joints s'ouvrirent à l'extrados, vers l'angle de 26°, et à l'intrados vers celui de 57° (2). Les voussoirs supérieurs avaient suivi le mouvement du cintre, tandis que les vides entre les voussoirs et le cintre étaient de 0ᵐ.04 à droite et de 0ᵐ.054 à gauche. Il fut ainsi constaté qu'une voûte de 2ᵐ.60 d'ouverture, avec une épaisseur uniforme de 0ᵐ.11, ne se soutient pas en équilibre.

2° Pour la consolider on enveloppa cette voûte d'une corde attachée successivement à diverses hauteurs au-dessus de la clef, et qui était tendue par des poids : on produisait ainsi des forces, dont l'intensité variait avec les poids employés et la position de leurs points d'attache, de sorte qu'ils s'opposaient, dans une mesure plus ou moins grande, à l'écartement des parties inférieures de la voûte.

Ainsi, dans la 2ᵉ expérience, où la corde embrassait à peu près la moitié de la voûte et était tendue par des poids de 50 kilogrammes, on a pu enlever le cintre en charpente; mais la clef s'est abaissée de 0ᵐ.018 et les joints se sont ouverts, à l'intrados à la clef, et à l'extrados sur les reins, d'une manière très sensible (3).

3ᵉ Avec des poids de 220 kilogrammes, des effets inverses se sont produits : la voûte était trop comprimée sur les reins, ce qui a fait relever la clef de 0ᵐ.018, et les joints se sont ouverts à l'intrados sur les reins, et à l'extrados à la clef. Il devait donc exister entre cette position et la précédente un état où la voûte resterait dans sa position première, et en effet ce résultat s'est produit avec des poids de 150 kilogrammes.

4ᵉ Dans la 4ᵉ expérience, on a construit des tympans (4) et la voûte s'est maintenue dans sa position. Lorsque dans cet état on la chargeait au sommet de 62 kilogrammes, elle s'abaissait; puis, quand on enlevait la charge, elle revenait exactement à sa position première : elle était donc réellement bien en équilibre dans ce cas.

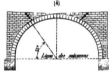

5ᵉ et 6ᵉ Des expériences sur des voûtes en anses de panier surbaissées au tiers ont donné des résultats analogues à ceux des pleins cintres.

7ᵉ Dans la 7ᵉ expérience, la voûte en anse de panier, reposant sur des piédroits(5), s'est divisée en quatre parties, dont les deux supérieures tendaient à tomber à l'intérieur et les deux autres à tourner vers l'extérieur, autour des arêtes inférieures des piédroits.

Après la construction des tympans, la voûte ne s'est pas maintenue et les parties inférieures ont continué à tourner vers l'extérieur, parce que l'épaisseur des piédroits était insuffisante pour résister à la poussée de la voûte, même dans ces conditions.

Des expériences faites sur des anses de panier surbaissées au $1/4$ ont donné des résultats analogues et encore plus prononcés. D'autres épreuves ont été effectuées sur ce genre de voûtes, en les enveloppant de cordes tendues par des poids, comme dans les pleins cintres, ou bien en construisant les tympans, et les effets observés sont restés de même nature que les précédents.

On a continué ces expériences en opérant sur les voûtes en arc de cercle. Avec un surbaissement de $1/4$, la voûte s'est divisée comme précédemment en quatre parties, mais le point intermédiaire de rupture était près des naissances. Avec

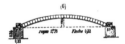

un surbaissement de $1/8$, des effets analogues ont eu lieu (6), avec cette seule différence que le joint de rupture était tout à fait placé aux naissances.

Enfin, sur une arche encore plus surbaissée, représentant le pont de Nemours, on est parvenu à maintenir la voûte en équilibre, au moyen d'une forte surcharge placée sur les piédroits ; puis, en réduisant peu à peu cette surcharge, on est arrivé à un état où les piédroits se sont renversés autour de leurs arêtes extérieures et où par conséquent la voûte est tombée.

Conclusions déduites des expériences.

Après avoir étudié et comparé entre eux les résultats de ces expériences, M. Boistard crut pouvoir en conclure que, pour toutes les arches en maçonnerie, la voûte s'ouvre à l'intrados à la clef et à l'extrados aux joints de rupture ; puis que l'arche se divise en quatre parties, dont les deux supérieures tombent à l'intérieur de la voûte, tandis que les deux parties basses sont rejetées à l'extérieur, en tournant autour des arêtes extrêmes des piédroits.

Cette conclusion est trop générale, car avec certaines formes de voûtes ou avec certaines proportions, la rupture s'opère d'une autre manière : ainsi, les voûtes en ogive paraissent tendre à se diviser, suivant leurs proportions

(7 et 8), en cinq ou en trois parties, de telle sorte que la clef soit soulevée et que les parties basses de la voûte tombent à l'intérieur.

D'un autre côté, pour les voûtes de très grande ouverture, en plein cintre ou en ellipse, la courbe de pression se rapproche de l'extrados sur les reins, de manière à modifier beaucoup les conditions de rupture.

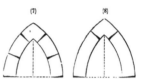

Mais la conclusion de M. Boistard est exacte en ce qui concerne les proportions ordinaires et les formes de voûtes employées le plus généralement. On doit donc admettre que, dans toute voûte en plein cintre, en arc surbaissé ou en ellipse, dont les épaisseurs restent dans les limites habituelles, la voûte tend à s'ouvrir à l'intrados de la clef et à l'extrados sur les reins, comme l'indiquent les croquis (9, 10 et 11). Les joints de rupture sur les reins correspondent, à peu près, à la demi-hauteur de la flèche, pour les pleins cintres et les ellipses : ils sont placés très près des naissances pour les arcs de cercle peu surbaissés, et correspondent tout à fait à ces naissances, dès que le surbaissement atteint environ $^1/_5$. Dans tous les cas, les piédroits font corps avec les parties inférieures des voûtes et suivent les mêmes mouvements.

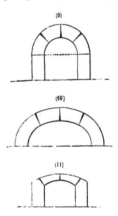

Tels sont les principes généralement admis et qui servent de bases pour les calculs de stabilité, en ce qui concerne la résistance au renversement d'une voûte.

C'est d'après ces principes, basés sur les expériences de M. Boistard, que MM. Lamé et Clapeyron ont publié, en 1823, un mémoire sur la théorie des voûtes. Les calculs d'équilibre sont donnés ci-après, en modifiant un peu l'an-

Résistance
au renversement.

cienne démonstration, pour la mettre en rapport avec les méthodes actuelles. Comme tout est symétrique, il suffit de considérer une demi-voûte (12).

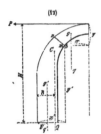

(12)

Soient mn le joint de rupture, P la poussée produite par l'autre demi-voûte, g et g' les centres de gravité des deux parties du massif, dont les poids sont q et q' ; les forces qui agissent sur la partie supérieure devront se faire équilibre autour du point m, et on aura donc :

$$b\,q = \mathrm{P}y, \qquad \text{d'où} \qquad \mathrm{P} = \frac{bq}{y}\,.$$

La partie inférieure de la voûte et son piédroit doivent également être en équilibre sous l'action du poids q' et de la résultante de P et de q, qui passe par le point de rotation m : cette résultante peut être décomposée sur ce point en P et q, de sorte qu'on aura pour équation d'équilibre du solide inférieur :

$$q\,x' + q'\,b' = \mathrm{P}y' = \frac{bq}{y} \times y'.$$

Pour la stabilité, il faudra que l'on ait :

$$q'\,b' + q\,x' > b\,q \times \frac{y'}{y}\,.$$

En ajoutant bq à chaque membre, l'inégalité subsiste et on a :

$$q'\,b' + q\,(b + x') > b\,q \left(\frac{y + y'}{y} \right).$$

Comme on a déjà $\frac{bq}{h} = \mathrm{P}$ et comme on peut d'ailleurs poser $\mathrm{BQ} = q'b' + q (b + x')$, en désignant par B, H et Q les quantités qui s'appliquent à l'ensemble du massif, il vient :

$$\mathrm{BQ} > b\,q \times \frac{\mathrm{H}}{h} \qquad \text{ou} \qquad \mathrm{BQ} > \mathrm{PH},$$

ce qui constitue la condition de stabilité pour résistance au renversement.

Cette inégalité peut également être présentée sous la forme d'une différence :

$$BQ - bq \times \frac{H}{h} \qquad \text{ou} \qquad H\left(\frac{BQ}{H} - \frac{bq}{h}\right).$$

Et comme le premier terme de cette expression est constant, pour une voûte donnée ; comme, d'un autre côté, la valeur qui représente la stabilité sera d'autant plus faible que le dernier terme sera plus grand, on voit que le joint de rupture, auquel s'applique évidemment la moindre stabilité, correspond au point où le terme négatif $\frac{bq}{h}$ atteint son maximum.

D'où l'on déduit cette règle importante, qui est prise pour base des épures ou des calculs relatifs à la résistance d'une voûte :

Le joint de rupture est celui pour lequel la valeur de la composante horizontale des pressions atteint son maximum et constitue dès lors la poussée.

L'inégalité simplifiée $BQ > PH$ peut être obtenue directement en considérant *Coefficient de stabilité.* l'ensemble du massif, et c'est ainsi que l'on procède dans la pratique pour se rendre immédiatement compte s'il y a résistance au renversement ; toutefois, comme il ne s'agit plus seulement d'équilibre, mais bien de stabilité, il faut avoir soin de placer au $\frac{1}{3}$ supérieur du joint à la clef le point d'application de la poussée, ainsi que l'admettent généralement tous les auteurs (13). En outre, pour que l'on puisse apprécier réellement les conditions de résistance, il y a lieu de considérer non plus une différence constante entre les moments BQ et PH, attendu que cette différence serait trop forte pour les petites arches, et trop faible pour les grandes, mais bien un rapport qui peut sans aucun inconvénient rester constant. Par suite, en désignant par C ce rapport ou coefficient, on a :

$$BQ = CPH.$$

Telle est, dans sa forme la plus simple, l'équation de stabilité d'une arche pour résistance au renversement.

La valeur du coefficient C varie, suivant les divers auteurs, de 1.20 à 2.00, en ce qui concerne les culées. Ainsi dans le Mémorial du génie militaire on admet 1.40 ; M. Morandière indique 1.60 à 1.80, et c'est la valeur de 1.50 qui paraît devoir être adoptée de préférence. Quant aux piles, on peut admettre sans danger le coefficient 1, parce que, sauf dans des circonstances tout à fait exceptionnelles, le mortier est devenu très dur avant qu'une arche soit exposée à tomber, et on peut même, dans certains cas, descendre jusqu'à 0.80, comme nous l'expliquerons plus loin.

Pour les applications données dans le Traité de M. Morandière, cet éminent Ingénieur a pris comme point de rotation à la base, non plus l'arête extérieure de la culée, mais un point situé à 0^m.50 à l'intérieur de cette arête, en se basant sur ce que, si la rotation avait réellement lieu à l'angle de la culée, la pierre s'y écraserait inévitablement. L'observation serait parfaitement juste si la formule ne contenait pas de coefficient de stabilité, mais dès qu'on en admet un, la résultante des forces qui agissent sur la voûte est nécessairement ramenée à l'intérieur d'une quantité telle, que le point où cette résultante traverse la base de la culée, tombe à une distance de l'arête qui dépasse beaucoup les 0^m.50 admis dans les calculs du Traité : il y a donc une sorte de double emploi à adopter un coefficient de stabilité et à prendre les moments par rapport à un point situé à l'intérieur de la base.

Position du joint de rupture. La valeur de la poussée P ne peut être connue exactement que lorsqu'on a déterminé le joint pour lequel $\frac{bq}{y}$ est un maximum ; mais pour les voûtes de dimensions ordinaires, cette position varie peu et on admet généralement que les angles formés avec l'horizontale, par le prolongement de ce joint, ont les valeurs ci-après :

Pour le plein cintre. . . . . 30°
Pour l'ellipse surbaissée à $^1/_3$ . . . . 45°
      —   —   à $^1/_4$ . . . . 50°
Pour l'arc de cercle surbaissé à $^1/_8$ . . . . 47°
Pour l'arc de cercle surbaissé au delà de $^1/_3$ . . . . > 47°

En réalité, et ainsi que nous le verrons plus tard, la position du joint de rupture varie d'une manière notable avec l'ouverture et avec la surcharge, en ce qui concerne les pleins cintres; toutefois, les différences ne deviennent importantes qu'avec des ouvertures dépassant 30 mètres. Pour les ellipses, la variation est beaucoup plus faible. En ce qui concerne les arcs de cercle, les différences sont très sensibles, puisque à partir du surbaissement de $1/5$, l'angle s'accroît rapidement à mesure que le surbaissement augmente.

Enfin, d'une manière générale, pour les pleins cintres et les ellipses, d'une même ouverture, la valeur de la poussée varie peu de part et d'autre du maximum, car si le joint de rupture se relève et tend ainsi, par son inclinaison, à augmenter la composante horizontale qui représente la poussée, le poids de la partie de voûte au-dessus de ce joint diminue en même temps, ce qui établit une sorte de compensation. On peut donc sans inconvénient, lorsqu'il s'agit seulement de calculs approximatifs, prendre pour bases les valeurs d'angles signalées plus haut.

M. l'Inspecteur général Morandière, à la suite de la guerre de 1870, a fait calculer, d'après les bases ci-dessus mentionnées, les coefficients de stabilité de plusieurs arches détruites, par des motifs stratégiques, et donne dans son *Observations faites sur des ponts détruits pendant la guerre.*
Traité des renseignements d'un grand intérêt sur la manière dont ces arches se sont comportées; nous les résumons ci-après :

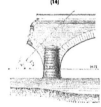

Au pont de Montlouis sur la Loire (14), la première voûte a été renversée par l'action d'une mine. La pile adjacente a résisté, bien que son coefficient de stabilité fût seulement 0.96, et l'angle de rupture a été de 57°, ce qui prouve combien les maçonneries étaient bonnes. Les voûtes de ce pont ont 24^m.75 d'ouverture et sont en anse de panier surbaissée à $1/3.5$ environ; l'angle de rupture théorique serait d'à peu près 47°.

Pour le pont de Plessis-lès-Tours, sur la Loire (15), où le coefficient de stabilité des piles est seulement de 0.81, les piles comprenant la deuxième arche se sont d'abord maintenues quand on a fait sauter cette arche; mais la deuxième pile s'est écroulée quelques jours plus tard avec la troisième arche, lorsqu'à la suite d'une crue le niveau des eaux s'est abaissé; il en résulte que les piles

(15)

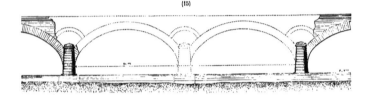

étaient juste à la limite d'épaisseur pour résister à la poussée, après 10 ans de construction : les voûtes de décharge construites au-dessus des piles ont dû, par leur poussée, contribuer à la chute.

Le pont de Cinq-Mars (16), également sur la Loire, est constitué avec des arches moins grandes et des piles plus épaisses que celui de Plessis-lès-Tours. Le coefficient de stabilité atteignait 1.24 au lieu de 0.81, et naturellement les piles ont parfaitement résisté. La rupture de la voûte s'est effectuée d'un côté à l'angle théorique de 45°, de l'autre à 51° environ.

(16)

(17)

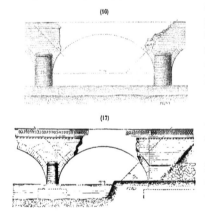

Au pont de Vendôme, sur le Loir (17), dont les arches ont une ouverture de 18 mètres seulement, les piles ont également très bien résisté et l'angle de rupture a atteint, sur l'un des côtés de l'arche détruite, la valeur de 66°, ce qui constitue un résultat très remarquable.

Le pont sur l'Huisne, au Mans (18), est formé de voûtes en arc de cercle surbaissées à $1/8$ et le coefficient de stabilité de ses piles était de 0.62 seulement. La voûte minée est tombée jusqu'à l'aplomb des piles, mais celles-ci ont parfaitement résisté, malgré la grande poussée qu'auraient produite les arches adjacentes si le mortier n'avait pas été de qualité exceptionnelle.

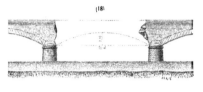

(18)

Enfin, à Châteaudun, pour un pont à culées perdues servant au passage d'une route au-dessous du chemin de fer de Paris à Tours par Vendôme (19), lorsqu'on a fait

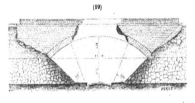

(19)

sauter la voûte vers la clef, les culées se sont un peu rapprochées, mais elles se sont comportées comme des monolithes et l'inflexion totale, au milieu du pont, a été seulement de $0^m.10$. Les angles de rupture ont atteint 61° et 64°, plus du double de la valeur admise ordinairement dans les calculs. Ces résultats, très remarquables, sont dus à la cohésion provenant de la bonne exécution des maçonneries, de l'excellente qualité des mortiers et enfin du délai de quatre ans au moins qui s'était écoulé depuis la construction. Ils doivent donner confiance pour l'avenir et justifient largement l'adoption du coefficient 1 pour la détermination de l'épaisseur des piles. Mais on ne peut rien en conclure pour les effets qui se produisent au moment même de la construction ou peu de temps après : la position des angles de rupture doit donc être fixée, alors, d'après le maximum de valeur de la poussée, et il convient de négliger tout à fait la cohésion dans les calculs de stabilité.

Ce mot de cohésion s'applique en général à la force qui relie entre elles deux Cohésion et adhérence. parties d'un même massif, mais quand on veut préciser, il faut distinguer la cohésion proprement dite, qui s'exerce dans une substance homogène, de l'adhérence, qui se produit entre deux substances différentes. Ainsi, dans un prisme de mortier que l'on cherche à rompre, il faut vaincre la cohésion, tandis que le mortier qui recouvre une pierre est seulement relié à elle par l'adhérence.

On admet que la cohésion et l'adhérence sont proportionnelles à l'étendue des surfaces en contact, mais leurs valeurs varient beaucoup, suivant la nature des pierres et celle du mortier. Ainsi, d'après des expériences de Rondelet, ces valeurs, en ce qui concerne des matériaux de diverses natures reliés entre eux par du mortier ordinaire ou du plâtre, seraient par mètre superficiel, après six mois de dessiccation :

	Mortier.	Plâtre.
Pierre de taille	12,000	21,000
Meulière	20,000	51,000
Briques	23,000	53,000

Ces expériences ont fait constater, en outre, que lorsqu'on arrivait à séparer deux pierres reliées par du mortier, la rupture divisait presque toujours la couche de mortier, tandis qu'avec le plâtre, la séparation se faisait entre l'enduit et une des pierres voisines. De sorte que, dans le premier cas, on avait réellement à vaincre la cohésion et dans le second l'adhérence. D'un autre côté, la résistance du plâtre diminue avec le temps, tandis que celle du mortier augmente et par conséquent, après quelques années, les résultats comparatifs seraient en sens inverse. Il faut remarquer aussi que les chiffres donnés par Rondelet s'appliquent à du mortier ordinaire et qu'on en obtiendrait certainement de beaucoup plus élevés avec nos bons mortiers hydrauliques; d'ailleurs, dans ce dernier cas, on serait loin d'avoir besoin du délai de six mois pour arriver à une résistance considérable. Enfin, avec les ciments, dont on fait actuellement tant d'usage, les résultats présenteraient encore des différences beaucoup plus grandes.

Les effets de la cohésion et de l'adhérence sont donc éminemment variables et, dans la plupart des cas, leur valeur est presque nulle pendant la construction, c'est-à-dire au moment même où certaines parties de la voûte se trouvent avoir à supporter de très grands efforts. Il est donc prudent de faire abstraction de ces effets dans les calculs. On peut seulement y avoir égard dans une certaine mesure, pour les charges qui viennent ultérieurement augmenter la poussée, et c'est également par une considération du même ordre que l'on est conduit à se contenter, pour les piles, des dimensions qui établissent l'équilibre au lieu de se donner dès l'origine une stabilité bien certaine, comme on le fait pour les culées.

Le frottement est au contraire un élément que l'on ne peut pas négliger, car sans lui aucune voûte ne tiendrait. Ainsi, par exemple, comme la poussée est une force horizontale, elle aurait nécessairement pour effet de faire glisser sur les joints horizontaux, aux naissances, les deux moitiés d'une voûte en plein cintre ou en ellipse. Ce qui se produirait dans ce cas, aux naissances, peut se présenter dans d'autres voûtes pour des joints différents. Il faut donc toujours s'assurer si la résistance due au frottement suffit, dans chaque exemple, pour empêcher les diverses parties d'une voûte et de ses pieds-droits de glisser les unes sur les autres.

Résistance au glissement.

A cet effet il faut considérer que les pressions exercées sur les joints, par les résultantes successives de la poussée et des poids des parties supérieures, peuvent être décomposées en deux forces, l'une sui- vant la ligne même du joint et l'autre suivant la nor- male. Ainsi, en admettant (20) que la résultante R des pressions produites sur le joint nn' soit représentée en grandeur par la ligne ma, elle aura pour compo- santes mb, suivant la direction du joint, et mc suivant la normale. La première, qui tend à faire glisser les maçonneries supérieures sur le joint, devra être dé-

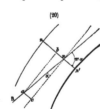

truite par le frottement dont la valeur est $mc \times \varphi$, φ étant le coefficient de frottement entre deux massifs de maçonnerie. Pour que le glissement ne se produise pas, il faut donc que l'on ait :

$$mb < mc \times \varphi, \qquad \text{d'où} \quad \frac{mb}{mc} < \varphi \quad \text{et} \quad \text{tg.} \; \alpha < \varphi.$$

En d'autres termes, il faut que la résultante coupe le joint sous un angle $(90 - \alpha)$, plus grand que le complément de l'angle de frottement des maçonneries.

Pour des maçonneries construites avec des pierres froides, telles que le granit et le grès, lorsque les surfaces en sont bien lisses et que l'on emploie du mortier frais, la valeur de φ peut, ainsi que nous l'avons constaté par expérience, descendre jusqu'à 0.27, ce qui correspond à un angle de 15°; mais lorsque le mortier a pris une certaine consistance, ainsi qu'il doit l'avoir lors du décintrement, la valeur de φ arrive facilement à 0.50 et correspond par suite à un angle de 27°. Ce dernier angle est donc la limite qu'il convient de prendre pour apprécier si les parties supérieures d'une voûte peuvent glisser sur un joint et, par conséquent, la condition à remplir pour la résistance au glissement est que, pour aucun des joints, la résultante ne fasse avec la direction de ce joint un angle plus petit que 63° [a].

Cette condition est ordinairement remplie pour les voûtes dans lesquelles les joints sont tracés normalement à la courbe d'inrados, mais néanmoins elle peut cesser de l'être, avec certaines dimensions ou certaines surcharges, et par suite il importe de mesurer les angles les plus aigus, formés entre les résultantes des pressions et les directions des joints, afin de s'assurer qu'aucun d'eux ne descend au-dessous de la limite.

Le même examen doit être fait pour les pieds-droits et on reconnaît ainsi combien, dans les culées des voûtes en arc de cercle, il est indispensable d'éviter les assises horizontales ou, tout au moins, d'avoir soin que dans l'intérieur du massif, les matériaux soient assez bien enchevêtrés pour rendre impossible tout glissement.

(a) Les valeurs de φ et celles correspondantes de l'angle de glissement, sont d'après des Ingénieurs très compétents :

	φ	α
Perronet	0.83 à 0.81	40° à 39°
Boistard	0.76	50°
Reynaud	0.58	26°
Rennie (granit sur mortier frais).	0.49	26°

Les valeurs dont nous recommandons l'adoption, sont sensiblement égales à celles données par M. Rennie, et il vaut mieux, dans les applications, prendre des chiffres plutôt faibles que forts, puisqu'il en résulte plus de sécurité.

On trouve dans les traités sur la résistance des matériaux et dans divers aide-mémoire, des tableaux qui font connaître la résistance à l'écrasement d'un grand nombre de matériaux de construction de natures très diverses. Dans les applications, il importe de se reporter à ces tableaux, ainsi qu'aux résultats des expériences très étendues qui ont été faites par MM. les Ingénieurs en chef Michelot et de Perrodil. Mais comme résultats à retenir de mémoire et à prendre pour base de calculs approximatifs, on peut se contenter des suivants :

Résistance
à l'écrasement.

	Charge par centimètre carré produisant l'écrasement.
	Kilogrammes.
Basalte	2,000
Granit très dur.	600 à 700
Calcaire très dur	400 à 500
Calcaire dur ordinaire	150 à 200
Briques dures très cuites.	150
Mortier très hydraulique.	150
Mortier de ciment.	400 à 500

Dans la pratique, on admet que les charges ne doivent pas dépasser $1/10$ de celles qui produiraient l'écrasement des pierres, mais, pour les voûtes d'un pont, comme la pression ne peut pas être également répartie sur la surface de chaque joint, on considère que si l'une des arêtes n'est pas chargée, l'autre doit l'être au double, et en conséquence il convient pour les voûtes, les culées et en général pour toutes les surfaces qui ne reçoivent pas une pression uniforme, que la charge par unité moyenne de surface ne dépasse pas $1/20$ du poids qui produirait l'écrasement.

Les maçonneries des ouvrages de dimensions moyennes ne sont pas, en général, soumises à des charges supérieures à 6 kilogrammes par centimètre carré.

Pour les grands ouvrages qui présentent des surfaces plus étendues et dans lesquels on peut espérer que les pressions se répartissent d'une manière plus uniforme, on est conduit à admettre de plus grandes charges par unité de surface et, d'une manière générale, ainsi que nous le verrons plus loin, on est obligé d'avoir recours à des pressions de plus en plus fortes, à mesure qu'augmente la hauteur ou l'amplitude des arches de pont. Mais en général on évite de dépasser, pour la pression moyenne sur chaque joint, 10 à 12 kilogrammes par centimètre carré. Ainsi le tableau cité par M. Morandière (page 166 de son traité) mentionne comme pression maxima 12ᵏ.78 au pont de Neuilly, 15ᵏ.46 au pont de la Trinité à Florence et 17 kilogrammes au pont de la Concorde à Paris : toutes les autres pressions citées dans ce tableau sont inférieures à 12 kilogrammes.

Toutefois, dans certains monuments civils, on est arrivé à des pressions beaucoup plus fortes, qui sont, d'après Gauthey :

	kilogr.
Piliers du dôme des Invalides, à Paris	14.76
— de Saint-Pierre de Rome	16. »
— de Saint-Paul, à Londres	19. »
Colonnes de Saint-Paul hors les murs, à Rome	19.76
Piliers du dôme du Panthéon, à Paris	29.11
— de la tour de Saint-Merry, à Paris	29.11
Colonnes de Saint-Toussaint, à Angers	44.96

Certaines églises en Bretagne, notamment le Kreïsker, doivent présenter dans leurs tours en granit très évidées des pressions encore plus considérables.

Enfin, dans l'arche d'expérience de Souppes, la pression a été portée jusqu'à 45 kilogrammes environ, sans altération dans les pierres et le mortier de ciment, ce qui montre que l'on pourrait sans danger aller dans la construction des ponts beaucoup au delà des pressions habituellement admises.

Mais, en général, il convient de s'y maintenir, parce que les fortes pressions nécessitent des matériaux plus choisis, des mortiers plus énergiques et de plus grandes précautions dans l'exécution, de sorte qu'il en résulte toujours une augmentation notable dans les dépenses.

Résumé des principales conditions de stabilité. En résumé, pour qu'une voûte soit stable, il faut qu'elle satisfasse aux trois principales conditions suivantes :

1° *Que le coefficient de stabilité, pour résistance au mouvement, soit égal à* 1.50 *pour les culées et à* 1 *pour les piles.*

2° *Que les joints de la voûte et de ses pieds-droits soient dirigés de telle sorte qu'il n'y ait pas de glissement.*

3° *Qu'enfin, en aucun point, la pression par unité de surface ne dépasse pas le* $^1/_{10}$ *de la charge qui produirait l'écrasement, pour la nature de matériaux employés.*

D'où il résulte que, lorsque la résultante des pressions ne passe pas par le milieu des joints, il est prudent de limiter à $^1/_{20}$ de la charge d'écrasement la pression moyenne sur chacun de ces joints.

Telles sont les principales conditions généralement admises comme bases de la stabilité des voûtes.

–– ––

§ 5. — COURBES DE PRESSION

––

1° Principes généraux et procédés suivis pour la détermination des courbes.

La méthode précédemment exposée, pour faire apprécier d'une manière géné-
rale la stabilité d'un pont, est d'une application extrêmement simple ; mais elle ne tient pas compte de toutes les conditions nécessaires pour cette stabilité : elle ne fait connaître en effet ni la valeur des pressions exercées ni la manière dont elle se répartissent ; enfin, on ne peut pas en déduire de règles convena-blement motivées, sur les dimensions les plus avantageuses à adopter pour les diverses parties d'une voûte et de ses pieds-droits. Sous ce dernier rapport il faut, quand on prépare un projet de pont, non seulement s'assurer que les dimension générales sont suffisantes pour la stabilité de l'ouvrage, mais encore s'attacher à ce que les dimensions partielles ne soient exagérées sur aucun point, et qu'ainsi l'on n'apporte pas sans nécessité, dans certaines parties, un excédent de force dont l'introduction donnerait lieu à une dépense inutile. Évidemment, lorsqu'une voûte doit être construite sur toute son étendue avec

Considérations.
préliminaires.

les mêmes matériaux, il serait irrationnel de lui donner des proportions telles que les pressions par unité de surface à la clef, aux reins et aux naissances, dussent présenter entre elles des différences notables. Ainsi, par exemple, pourquoi admettrait-on à la clef une pression de 8 kilogrammes par centimètre carré, lorsque celle aux reins serait seulement de 6 et que celle aux naissances n'atteindrait que 4 kilogrammes? Dans ce cas, il conviendrait donc, ou bien d'augmenter l'épaisseur à la clef si la pression de 8 kilogrammes était jugée trop forte pour les matériaux dont on dispose, ou bien, au contraire, de réduire les dimensions aux reins et aux naissances, afin d'utiliser le plus possible la résistance de ces matériaux. Cette égalité de pression dans les diverses parties de l'ouvrage ne peut jamais être réalisée d'une manière absolue, mais on doit au moins chercher à s'en rapprocher le plus possible.

Dans ce but, il est nécessaire d'étudier d'abord avec soin comment se répartissent les pressions et comment on peut en déterminer l'intensité.

Nous nous bornerons, dans ces recherches, à considérer les trois catégories de voûtes, en berceau et à axe horizontal, qui sont principalement en usage pour les ponts, pleins cintres, arcs de cercle et ellipses : nous ne nous occuperons également, quant à présent, que des voûtes droites.

De plus, ainsi qu'on le fait généralement, nous admettrons que les voûtes sont symétriques et symétriquement chargées, par rapport à la clef, ce qui permet de restreindre à une demi-voûte et à son pied-droit les constructions ou calculs à faire; nous considérerons aussi seulement, dans chaque exemple, une tranche verticale, prise parallèlement aux têtes et dont l'épaisseur est égale à l'unité, afin de n'avoir jamais à opérer que sur des surfaces planes.

Répartition
de la pression
sur les joints. Il faut avant tout rappeler les règles admises pour la répartition de la pression sur l'étendue de chaque joint. A cet effet, on n'a évidemment à considérer que la composante normale au joint, puisque l'autre tendrait seulement à produire un glissement entre les deux éléments du massif. Or, la pression totale exercée normalement sur un joint peut, suivant la position du point d'application de la force produisant cette pression, être représentée par un rectangle, un trapèze ou un triangle, et les pressions partielles aux différents

points du joint sont alors proportionnelles aux ordonnées de ces mêmes surfaces, ainsi qu'il suit :

1° Si la force R tombe au milieu du joint AB, la pression totale est représentée par l'aire du rectangle ABCD (1), la pression partielle p est uniforme sur toute la longueur du joint et on a par suite en chaque point :

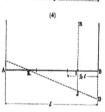

$$ P = \frac{R}{l}. $$

2° Si la distance d du point d'application de la force R à l'arête B est comprise entre $^1/_2 \, l$ et $^1/_3 \, l$, la pression totale est représentée par un trapèze dont le centre de gravité est sur IJ (2) : la pression en A du côté le plus éloigné de I est $< \frac{R}{l}$ et la pression en B du côté le plus rapproché de I est $> \frac{R}{l}$. Mais elle reste nécessairement inférieure à $\frac{2R}{l}$, car autrement, puisque la figure est un trapèze et que AC conserve une certaine valeur, la superficie serait plus grande que R.

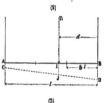

3° Si le point d'application de la force R se trouve placé au tiers de AB, la pression totale est représentée par le triangle ABD (3) : la pression en A est nulle et la pression en B est égale à $\frac{2R}{l}$.

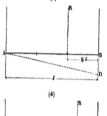

4° Enfin, si la distance d est plus petite que $^1/_3 \, l$, la pression n'agit plus que sur la partie KB du joint, KI étant pris égal à $2 \times$ IB (4) : la pression totale est représentée par le triangle KBD, la pression en B dépasse $\frac{2R}{l}$, la pression en K est nulle et le joint tend à s'ouvrir de A en K.

Ainsi, en résumé, pour que toute la surface d'un joint puisse être utilisée

pour la pression, il faut que la résultante des forces qui exercentleur action au-
dessus de ce joint, ne se rapproche pas de l'une des deux arêtes A et B, à moins
du tiers de la distance qui les sépare. Dès que cette condition n'est plus
remplie, la pression, à l'arête voisine de la résultante, dépasse le double de la
pression moyenne et elle va en augmentant avec une grande rapidité, à
mesure que la résultante s'avance plus près de cette arête.

Enfin, d'une manière générale, si on représente par x la distance du milieu
du joint AB au point de passage de la résultante normale R, le maximum de
valeur de la pression par unité de surface qui correspond à cette position de la
résultante, est donné par les deux formules ci-après de M. Bresse :

$$p_1 = \frac{R}{l}\left(1 + \frac{6\,x}{l}\right) \text{ quand } \frac{x}{l} \text{ est compris entre 0 et 1/6 ;}$$

$$p_2 = \frac{R}{l}\left(\frac{4}{3} \times \frac{1}{1 - \dfrac{2x}{l}}\right) \text{ quand } \frac{x}{l} \text{ est compris entre 1/6 et 1/2.}$$

En ce qui concerne p_1 le maximum a lieu, évidemment, quand $\frac{x}{l} = \frac{1}{6}$, ce
qui donne $p_1 = \frac{2\,R}{l}$.

Pour p_2 les valeurs varient depuis $\frac{2\,R}{l}$, limite supérieure de p_1, jusqu'à
l'infini, qui correspond au cas où $\frac{x}{l} = \frac{1}{2}$, c'est-à-dire où R passerait à
l'arête du joint. Si on suppose seulement que cette résultante passe à demi-
distance entre le tiers du joint et l'arête, ce qui s'applique au cas où
$\frac{x}{l} = \frac{2}{6}$, on aurait pour maximum de valeur de la pression

$$p_2 = \frac{R}{l}\left(\frac{4}{3} \times \frac{1}{1 - \dfrac{4}{6}}\right) = \frac{4\,R}{l}.$$

Il est facile de s'assurer, qu'en faisant croître graduellement la valeur de
$\frac{x}{l}$ à partir de zéro, on retombera successivement sur les résultats indiqués
dans les croquis ci-dessus.

Dans un massif de maçonnerie divisé en voussoirs ou assises par plusieurs
plans successifs, on désigne par *courbe de pression* le lieu géométrique des
points où chacun de ces plans est traversé
par la résultante des forces qui exercent
leur action au-dessus de lui. Par suite, si,
dans la figure (ʙ), applicable à une demi-
voûte et à une partie de son piédroit, on
représente par P la poussée horizontale, par
q le poids des maçonneries et de leurs surcharges au-dessus d'un joint quelconque *nn'*,
par *g* le centre de gravité du massif correspondant, et par *m* le point de la courbe de
pression sur le joint, les lignes *c*K et *m*K seront proportionnelles à *q* et à P, puisque le
point *m* doit être situé sur la direction de la

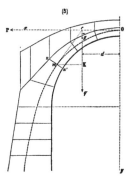

résultante de ces forces. En prenant pour axes des coordonnées les lignes O*x*
et O*y* et en désignant par *d* la distance du centre de gravité *g* à l'axe de la
voûte, on aura donc :

$$\frac{q}{P} = \frac{y}{x-d}$$

$$= \frac{q}{P}\,(x-d).$$

Telle est l'équation générale de la courbe de pression donnée par M. l'Inspecteur général Dupuit, dans son traité sur l'équilibre des voûtes.

Conservée sous sa forme simple, cette équation peut être commodément
utilisée pour rendre compte de certaines propriétés et même pour déterminer la
position des joints de la courbe dans les piédroits. Mais pour les voûtes, si l'on
remplaçait *q* et *d* par leurs valeurs en fonctions de la courbe d'intrados, de la
courbe d'extrados et de la direction des joints, on arriverait à des expressions
très compliquées, dont l'emploi serait difficile, et il est bien préférable de déterminer les points de la courbe de pression géométriquement, par la méthode de
M. Méry.

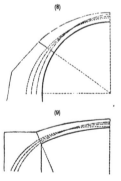

Il résulte des expériences faites et il est admis par tous les auteurs que, dans le cas d'équilibre strict, la courbe de pression dans les voûtes est alternativement tangente à l'extrados et à l'intrados (6 et 7). Pour les formes de voûtes dont nous nous occupons, le premier de ces contacts se produit à la clef et le second au joint de rupture. Ce joint correspond au point de la voûte pour lequel la composante horizontale des pressions est un maximum, et c'est d'après cette base que l'on doit fixer sa position. Elle se trouve correspondre aux naissances, pour la plupart des voûtes en arc de cercle (6) et à peu près au milieu de la montée de la voûte, pour les courbes elliptiques et les pleins cintres (7).

Ainsi, dans le cas d'équilibre strict, la courbe de pression peut être, quelle que soit la forme de l'arche, exactement déterminée. Mais, lorsque par suite de l'augmentation des dimensions, on passe de l'état d'équilibre strict à l'état de stabilité permanente, le tracé de la courbe de pression cesse d'être déterminé : on conçoit, en effet, que suivant les conditions dans lesquelles cette stabilité sera réalisée, il puisse exister entre l'extrados et l'intrados une quantité de courbes de pressions différentes (8 et 9). Il faut considérer, d'ailleurs, que dans une même voûte la position de la courbe de pression est loin d'être fixe, car elle varie nécessairement avec les surcharges et surtout avec les différences de température ; de sorte que, quand on parle de la *courbe de pression* d'une voûte, on doit toujours entendre qu'il s'agit seulement de la *courbe moyenne de pression*. C'est à celle-ci que s'appliquent les considérations qui vont suivre.

Puisque, suivant les conditions où l'on pourra réaliser la stabilité, la courbe moyenne de pression peut prendre différentes positions, on est obligé de faire des hypothèses sur les points de passage de la courbe à la clef, ainsi qu'au joint de rupture, et c'est sur ces hypothèses que les auteurs cessent d'être d'accord.

En ce qui concerne la clef, la plupart d'entre eux admettent que le point de passage de la courbe doit être fixé au tiers de l'épaisseur à partir du sommet; quelques-uns pensent que ce point doit être pris à une plus faible distance de l'extrados; enfin M. Dupuit, dans son traité de l'équilibre des voûtes, établit que la courbe de pression devrait passer entre le tiers et la moitié de l'épaisseur à la clef, si le point de rotation était fixe et invariable, mais que comme celui-ci cède toujours un peu, la courbe de pression doit remonter vers le sommet de la clef sans pouvoir l'atteindre.

Position de la courbe moyenne de pression à la clef.

Il résulte de cette explication, que si le point de rotation restait fixe, c'est-à-dire s'il n'y avait pas de tassement, la courbe de pression passerait un peu au-dessous du tiers de l'épaisseur à la clef. Par conséquent, avec une bonne construction et des mortiers énergiques, on est parfaitement fondé à espérer que, même avec un léger tassement, la courbe de pression passera au tiers de l'epaisseur à la clef à partir du sommet, et le point ainsi déterminé peut être pris pour base dans le tracé de la courbe.

En ce qui concerne le joint de rupture, la plupart des auteurs, notamment M. l'Inspecteur général Reynaud, dans son traité d'architecture, admettent que le point de la courbe de pression doit être fixé au tiers de la longueur de ce joint à partir de la douelle; d'autres sont d'avis qu'elle doit passer plus près de l'intrados; enfin, M. Dupuit pose en principe que la courbe de pression doit être tangente à la douelle au joint de rupture, ou que du moins, si elle s'en

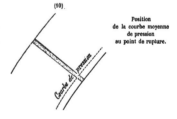

Position de la courbe moyenne de pression au point de rupture.

écarte un peu, c'est seulement par suite de la compression du mortier qui donne une certaine étendue à la surface de contact.

La dissidence à cet égard nous paraît provenir surtout de ce que l'on n'établit pas une distinction suffisante entre l'état d'équilibre strict et celui de stabilité permanente : pour ce dernier état et au moins dans le cas où il s'agit de l'ouvrage terminé, nous adoptons l'opinion la plus générale et nous pensons qu'il y a lieu de considérer la courbe de pression comme passant au tiers du joint de rupture à partir de l'intrados.

Nos principaux motifs à cet égard sont les suivants :

1° Puisqu'on admet que, par des soins de construction, on peut empêcher la courbe de pression de s'élever vers la clef à l'extrados, il n'existe pas de motif pour qu'avec des précautions de même nature, on ne puisse pas empêcher la pression de descendre jusqu'à l'intrados au joint de rupture.

2° On invoque l'ouverture de joint qui se produit ordinairement à l'extrados, au joint de rupture, pour en conclure que la rotation a lieu autour de l'arête d'intrados ; mais lorsque cette ouverture n'existe pas, et on arrive en effet dans bien des cas à l'empêcher, notamment par un procédé dont M. l'Inspecteur général Kleitz a fait usage au pont de Tilsitt à Lyon, il est juste d'admettre qu'alors la courbe de pression ne passe pas plus bas que le tiers du joint.

3° Dans les ponts terminés, les joints ne s'ouvrent que dans des conditions extrêmes de température : il faut donc admettre que, dans les circonstances ordinaires, toute la surface du joint est utilisée pour la pression.

4° Enfin, dans l'hypothèse de M. Dupuit, une voûte sans mortier serait impossible, puisque la valeur de la pression serait infinie sur l'arête à l'intrados du joint de rupture et qu'alors la pierre s'écraserait nécessairement. Or, la plupart des grandes voûtes construites par les Romains sont sans mortier et les arêtes des voussoirs sont parfaitement conservées.

Ce dernier argument surtout est péremptoire et, en conséquence, on est fondé à admettre, dans les calculs, que pour une voûte présentant de bonnes conditions de stabilité, la courbe moyenne de pression passe au tiers de l'épaisseur de la clef à partir du sommet et au tiers du joint de rupture à partir de l'intrados ; que si ces positions ne sont pas toujours atteintes lors du décintrement, il faut au moins les regarder comme des limites vers lesquelles on doit tendre et dont on approche d'autant plus que la construction est mieux exécutée; qu'enfin elles doivent toujours être réalisées dans les constructions terminées et que, par conséquent, c'est d'après ces positions qu'il faut tracer les courbes de pressions destinées à servir de bases pour la fixation des épaisseurs à donner aux diverses parties des maçonneries.

Cette conclusion est confirmée par les résultats de nouvelles expériences effectuées, dans des proportions plus grandes et avec des précautions plus conformes à la pratique actuelle que celles de Boistard. Les voussoirs sont toujours posés sans mortier, mais on tient compte des conditions d'exécution des voûtes par des serrages plus ou moins forts, et c'est avec des appareils de précision que l'on mesure les tassements lors du décintrement, ainsi que la valeur des poussées horizontales dans diverses combinaisons de surcharges. Ces expériences, dont un compte rendu spécial sera publié ultérieurement, n'ont encore été appliquées qu'à une voûte en arc de cercle, surbaissée à $^1/_{10}$, et à une voûte elliptiqne surbaissée à $^1/_5$, mais on en déduit dès à présent, en ce qui concerne la position des points de passage de la courbe de pression, des remarques importantes.

On a d'abord déterminé par le calcul, quelles seraient respectivement les valeurs de la poussée horizontale, dans diverses hypothèses, sur le passage de la courbe de pression : 1° A l'intrados de la clef et à l'extrados du joint de rupture (*cas du maximum de poussée*); 2° Exactement au milieu de la clef et du joint de rupture (*cas du maximum de stabilité*); 3° Au tiers supérieur de la clef et au tiers inférieur du joint de rupture (*système Méry*); 4° Au tiers inférieur de la clef et au tiers supérieur du joint de rupture (*inverse du système Méry*); 5° Enfin à l'extrados de la clef et à l'intrados du joint de rupture (*cas du minimum de poussée*).

Ces hypothèses ont été ensuite appliquées successivement, sur les modèles de voûtes, au bandeau seul, au bandeau avec les tympans et à deux combinaisons diverses de surcharges. Pour chaque application, après avoir construit la voûte, en avoir opéré le décintrement et mesuré la poussée avec un appareil spécial d'une grande précision, on a comparé cette valeur aux chiffres déterminés précédemment par le calcul et on en a déduit la position du point réel de passage de la courbe de pression au joint de rupture. Cette opération a été répétée avec les diverses combinaisons de charge, et on est arrivé à constater que les résultats observés différaient peu des résultats théoriques, et qu'en réglant convenablement le serrage, il était possible de déplacer le point de passage de la courbe de pression, de manière à le disposer dans les conditions les plus avantageuses.

Ces effets sont tout à fait analogues à ceux qui sont journellement constatés sur les ponts métalliques en arc pour lesquels, suivant les différences de température, les joints aux naissances se resserrent ou s'élargissent d'une manière très sensible, tantôt à l'intrados, tantôt à l'extrados, tandis qu'à la clef, des actions analogues se produisent en sens inverse.

En résumé, il résulte des nouvelles expériences, au moins jusqu'à présent, qu'avec des dimensions convenables et avec des soins d'exécution bien combinés, on peut arriver à placer les voûtes dans des conditions moyennes telles, que les courbes de pression ne se rapprochent jamais trop près des arêtes.

Détermination
de la
poussée horizontale. La poussée horizontale, dont le point d'application doit être pris au tiers de l'épaisseur de la clef à partir du sommet, ainsi que nous l'avons vu précédemment, a pour valeur celle de la composante horizontale de la pression au joint de rupture, et ce joint correspond précisément à la position pour laquelle cette composante est un maximum.

Par suite, lorsque l'on connaît, à priori, la position du joint de rupture, rien n'est plus facile que de déterminer la valeur de la poussée horizontale. Il suffit (11), après avoir tracé la verticale passant par le centre de gravité g, du massif supérieur au joint de rupture, ainsi que la résultante des pressions qui, d'après le paragraphe précédent, doit être dirigée de manière à passer au tiers du joint de rupture, de prendre, sur la verticale, une longueur ca, proportionnelle au poids du massif et de mener l'horizontale ab, dont la longueur représentera la composante horizontale de la pression et, par suite donnera la valeur de la poussée.

Mais en général, excepté pour les voûtes en arc de cercle dont le surbaissement dépasse ¹/₅, la position du joint de rupture n'est pas connue d'avance et dès lors, pour la déterminer, il faut chercher par tâtonnement la position pour laquelle la valeur de *a b*, déterminée comme précédemment, est un maximum. Ce tâtonnement est assez long puisque, pour chaque essai, il faut calculer la surface et chercher le centre de gravité de la partie de voûte située au-dessus du joint considéré. Il a en outre l'inconvénient de laisser une certaine incertitude sur la position du joint, parce que de part et d'autre du maximum, les composantes horizontales de la pression varient très peu; mais, au fond, une détermination rigoureuse de cette position n'offre pas grande importance. L'essentiel est que la valeur de la poussée soit assez exacte, et on est sûr de s'en écarter peu, puisque ses variations sont très faibles aux abords du maximum. En outre, on peut faciliter la détermination de l'angle par une construction analogue à celle de la figure (11).

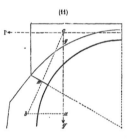

Elle consiste à tracer une courbe dont les abscisses représentent les différents angles essayés et dont les ordonnées sont proportionnelles aux composantes horizontales de pression. La forme de la courbe indique où doit se trouver le maximum. Ainsi, dans l'exemple ci-contre (12), il est évident que le maximum doit exister entre les angles 32° et 34°; qu'il doit être plus près du premier que du second, et que la valeur de la composante qui lui correspond ne doit pas dépasser beaucoup celle de

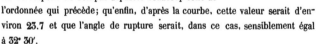

l'ordonnée qui précède; qu'enfin, d'après la courbe, cette valeur serait d'environ 23.7 et que l'angle de rupture serait, dans ce cas, sensiblement égal à 32° 30′.

Pour la plupart des voûtes en arc de cercle, l'angle du joint de rupture correspond toujours aux naissances; il n'existe donc aucune incertitude dans la position de ce joint et, par suite, la valeur de la poussée peut être obtenue immédiatement, avec la plus grande facilité.

Après avoir déterminé la position du joint de rupture et la valeur de la poussée horizontale, il reste à compléter le tracé de la courbe au moyen d'une quantité suffisante de points intermédiaires. Dans ce but, on suppose la voûte divisée en un certain nombre de voussoirs, plus grands que les voussoirs réels, afin de ne pas trop compliquer les constructions graphiques et en même temps assez multipliés pour que, dans chacun d'eux, les arcs des courbes d'intrados et d'extrados puissent sans erreurs sensibles être considérés comme des lignes droites. On admet, en outre, que chacun de ces voussoirs doit supporter la partie des tympans et de toutes les autres surcharges situées verticalement au-dessus de lui ; cette hypothèse est fondée sur ce que, lors des tassements de voûtes, les disjonctions des maçonneries des tympans s'opèrent ordinairement suivant des lignes verticales : on a ainsi à considérer deux séries de trapèzes, dont l'une représente les éléments de la voûte proprement dite et dont l'autre figure les surcharges.

Il s'agit, ensuite, de trouver le point où chacun des plans de joint est traversé

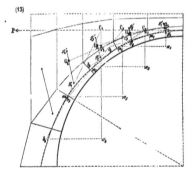

par la résultante des pressions qui s'exercent sur sa surface, par l'effet des parties supérieures. Or, il résulte de la définition même de la courbe de pression, que cette résultante a deux composantes, l'une verticale, passant par le centre de gravité du massif reposant sur le joint et dont la valeur est égale au poids de ce massif ; l'autre horizontale et constante, ayant pour valeur celle de la poussée horizontale. On peut donc facilement tracer, au moyen de ces deux composantes, chacune des résultantes partielles et on procède généralement à cet égard de la manière suivante (13).

On commence par mesurer les surfaces des divers trapèzes et on en détermine les centres de gravité partiels g_1, g'_1, g_2, g'_2, etc., ainsi que ceux G_1, G_2, G_3, etc., de l'ensemble de chaque voussoir et de sa surcharge; enfin ceux c_1, c_2, c_3, etc., des massifs supérieurs à chacun des joints : par ces derniers on mène des verticales et on les prolonge jusqu'à leur rencontre avec la direction de la poussée, qui doit passer au tiers de l'épaisseur à la clef, ainsi que nous l'avons expliqué. Chacun de ces points de rencontre C_1, C_2, C_3, etc., appartient évidemment à l'une des résultantes cherchées. Pour en avoir un autre point, on prend sur la verticale qui correspond au joint dont on s'occupe, une longueur proportionnelle à la surface et par suite au poids des maçonneries supérieures à ce joint; par exemple $c_3 a_3$, pour le troisième joint; on mène par l'extrémité a_3 de cette longueur une horizontale sur laquelle on marque une distance $a_3 b_3$, représentant la valeur de la poussée, et b_3 appartient également à la résultante. En joignant $c_3 b_3$, on a donc cette résultante en direction et en grandeur : le point m_3 où elle rencontre le joint, est situé sur la courbe de pression : on opère de la même manière pour tous les autres points intermédiaires de cette courbe.

Pour que toutes ces constructions, faites sur un même plan, soient applicables au poids, il faut avoir soin que les surfaces soient ramenées à une même pesanteur spécifique; par conséquent, si les surchargès ne sont pas de même nature que la maçonnerie de la voûte, par exemple, si elles sont formées de remblais, il faut que les ordonnées des trapèzes qui représentent les surcharges soient diminuées dans le rapport du poids des remblais à celui des maçonneries. Ainsi, dans la figure (13), bien qu'en réalité l'ouvrage soit considéré comme extradossé horizontalement, suivant la ligne pointillée supérieure, les surfaces à considérer pour les surcharges sont celles terminées par les lignes pleines.

La série d'opérations qui donne la composition des divers poids, et le tracé des résultantes successives, peuvent entraîner quelque erreur dans la position de la résultante générale, et comme cette erreur influerait sur les calculs de stabilité, il convient de l'éviter, en déterminant cette position d'une manière directe, au moyen de la formule des moments.

On peut également l'obtenir par une construction graphique, basée sur le système du polygone funiculaire (14). Pour la réaliser, après avoir déterminé la position du centre de gravité G_1, G_2.... etc., de chacun des groupes de voussoirs avec leurs surcharges, ainsi que les poids respectifs π_1, π_2,... etc., des volumes correspondants, on porte sur une ligne verticale quelconque des longueurs

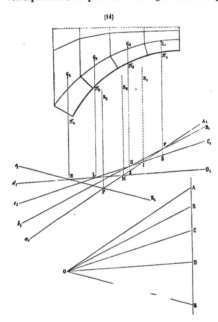

(14)

AB, BC, CD, etc., proportionnelles à ces poids, et on joint toutes les extrémités de ces longueurs partielles à un point extérieur O.

Ensuite, on mène à une distance quelconque au-dessous de la partie de voûte représentée, une première ligne a_1A_1, parallèle à OA, qui rencontre en F la verticale passant par le centre de gravité G_1; puis par le point F on trace une deuxième ligne b_1B_1, parallèle à OB : elle rencontre en H la verticale passant par le centre de gravité G_2, et alors on mène par H une troisième ligne c_1C_1 parallèle à OC. On continue de la même manière, en faisant passer successivement les lignes d_1D_1 et e_1E_1, par les points L et N, où chacune des lignes qui les précèdent immédiatement rencontre les verticales passant par les centres de gravité G_4 et G_5. Les points I, M, P, déterminés par la rencontre des trois dernières lignes obliques avec a_1A_1, se trouvent situés sur les résultantes successives des groupes de voussoirs et servent, par suite, à déterminer exactement la position de ces résultantes. En effet, les triangles FHJ, HFS sont semblables aux triangles OAB, OBC ; par suite HJ et FS sont proportionnels à AB et BC, et comme ils le sont également à HI et FI, il en résulte que la ligne HS est divisée, au point I, en parties inversement proportionnelles aux poids π_i et π_j ; de sorte que I appartient à la résultante R_i des deux premiers groupes. Par des considérations semblables, on voit que les points M et P appartiennent respectivement à la résultante R_i des trois premiers groupes et à la résultante R_i de tout l'ensemble.

Enfin, nous pensons, qu'au lieu de déterminer le poids et le centre de gravité qui servent de base à la poussée, au moyen de la série des surfaces et des centres de gravité qui servent pour les points intermédiaires, il est préférable de chercher ces quantités directement, en opérant sur l'ensemble des surfaces. Ainsi, par exemple, pour une voûte à tympans pleins en maçonnerie, telle que (15), on arrive à des résultats beaucoup plus exacts en prenant directement

la superficie du trapèze ABOE, déduction faite de celle du secteur COD, que si l'on se bornait à additionner les surfaces partielles au-dessus du joint de rupture. De même il vaut mieux obtenir directement, par des expressions connues, les verticales qui passent par les centres de gravité du trapèze et du secteur, puis appliquer seulement à ces deux éléments la formule des moments, au lieu de s'en servir d'après les centres de gravité partiels. Il faut remarquer en effet que, comme on opère sur des surfaces et

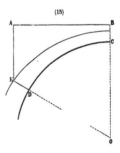

(15)

comme pour passer au poids des maçonneries, il faut multiplier par des coefficients très élevés (de 2000 à 2700), les erreurs les plus légères faites sur l'épure deviennent de suite très sensibles sur les poids. Or, on s'expose d'autant plus à ces erreurs que l'on opère sur des surfaces plus petites et que l'on réunit ensemble les résultats d'un plus grand nombre d'opérations partielles.

Quel que soit d'ailleurs le mode employé, les opérations sont assez longues et doivent être faites avec beaucoup de soin. En outre, quand il s'agit d'un projet définitif, il importe d'employer successivement le calcul et le procédé graphique, afin que les résultats se contrôlent l'un par l'autre. Le tracé géométrique rend impossibles de fortes erreurs, tandis que le calcul donne plus de précision pour les résultats définitifs.

Pressions
sur les maçonneries
aux diverses hauteurs.
Les pressions totales sur les différents joints des maçonneries sont données par les composantes normales, telles que *mc* (16), et pour en déduire les pressions moyennes par unité de surface, il suf-

(16)

fit, en admettant toujours que l'on opère sur des tranches verticales de 1 mètre d'épaisseur, de diviser les pressions totales par les longueurs utiles des joints correspondants. Il faut bien se rappeler, toutefois, que la répartition de la pression n'est pas uniforme et qu'elle dépend du point d'application de la force, ainsi que nous l'avons expliqué (page 423). Sous cette réserve expresse, et tant que la courbe ne passe pas à moins du tiers de la longueur des joints, on a l'habitude de calculer seulement les pressions moyennes.

Ainsi, à la clef, la pression moyenne, par unité de surface, est comptée comme égale à la poussée divisée par l'épaisseur à la clef.

Aux naissances, pour les pleins cintres et les ellipses, elle est prise égale au poids total des maçonneries et de leurs surcharges, divisé par l'épaisseur de la culée.

Et, pour chacun des joints intermédiaires, la pression totale est obtenue en multipliant la valeur de la résultante des pressions, au-dessus du joint considéré, par le cosinus de l'angle que cette résultante fait avec la normale au joint.

Mais cette évaluation n'est exacte que lorsque les joints ne s'ouvrent pas, car autrement on ne doit compter que sur la longueur où le contact subsiste.

Par conséquent, si pour quelques-uns des joints, la courbe de pression passe à moins du tiers de la longueur, soit d'un côté, soit de l'autre, il faut avoir soin de ne compter, dans le calcul de la pression par unité de surface, qu'une longueur égale à trois fois la distance qui sépare la courbe de pression du parement de la voûte le plus rapproché, puisque cette longueur est réellement dans ce cas la seule utile.

On voit par là combien. lorsque les voûtes sont grandes ou fortement chargées et comportent par suite des pressions considérables, il importe d'arriver, par les bonnes dispositions du projet et les soins d'exécution, à obtenir que les joints ne s'ouvrent pas d'une manière sensible, ou, ce qui revient au même, à empêcher que la courbe de pression ne passe à moins du tiers de la longueur des joints, de telle sorte que le contact subsiste sur toute cette longueur et qu'elle puisse être entièrement comptée.

On admet généralement que l'on peut faire porter avec sécurité aux matériaux le dixième de la charge de rupture, et par suite, comme lorsque la courbe de pression passe au tiers du joint, la pression atteint une valeur double de la moyenne à l'extrémité la plus rapprochée, il conviendrait, pour les voûtes, de ne jamais compter que sur des pressions moyennes inférieures au vingtième de la charge d'écrasement.

Cette proportion a néanmoins été dépassée, pour certaines constructions exceptionnelles précédemment citées; mais on doit remarquer qu'il s'agit de piliers ou de colonnes, pour lesquelles la pression doit se répartir plus également que dans les voûtes de ponts. On est allé aussi, dans ces derniers temps, bien au delà de la proportion du vingtième, pour l'arche d'expérience de Souppes. En effet, d'après la notice pour l'exposition de 1867, les pressions moyennes à la clef étaient, par centimètre carré, de $43^k.88$ pour les têtes et de $34^k.47$ pour le corps de la voûte, tandis que la charge qui produit l'écrasement, pour la nature de pierre employée, est 455 kilogrammes. On a donc, dans ce cas, atteint environ $1/10$ de la charge d'écrasement.

Malgré l'exemple de cette arche, nous ne pensons pas qu'il serait prudent, pour une application en grand où il est toujours très difficile de se procurer des matériaux parfaitement homogènes, de porter les pressions moyennes sur des joints de voûte au dixième de la charge qui produit l'écrasement; il faut remarquer en outre que, dans tous les cas, de semblables résultats ne pourraient être atteints qu'avec des précautions extrêmes et des frais de construction tout à fait dispendieux.

Nous sommes donc convaincu que des valeurs de 20 à 25 kilogrammes, qui correspondent au vingtième de la charge d'écrasement, doivent généralement être adoptées pour limites des pressions sur les joints d'une voûte construite avec les meilleurs calcaires. En employant des granits très durs, choisis avec beaucoup de soin, les valeurs des pressions pourraient être portées, au maximum, à 30 ou 35 kilogrammes par centimètre carré. Les pressions approchant de ces limites ne pourraient d'ailleurs être atteintes qu'avec l'emploi de mortiers de ciment très énergiques.

Utilité
des élégissements
dans les tympans. Dans tous les cas, on doit être bien convaincu, qu'au delà des pressions moyennes habituellement admises et qui ne dépassent guère 10 kilogrammes par centimètre carré, toute augmentation de pression exige un accroissement de précautions et, par suite, de dépenses, en même temps qu'elle donne plus de chances d'accidents. Il faudrait donc, si l'on se trouvait conduit à projeter un ouvrage de dimensions exceptionnelles, avoir grand soin de s'attacher à réduire les pressions autant que possible et, à cet égard, les élégissements ou évidements pratiqués dans les tympans, constituent un des moyens les plus efficaces.

Ces élégissements peuvent être effectués de plusieurs manières. D'abord, ainsi qu'on le fait ordinairement, on peut se borner à construire en maçonnerie les tympans des têtes et à employer seulement des remblais au-dessus de la chape, dans les parties intermédiaires. Il en résulte que, pour le tracé des courbes de pression, les ordonnées des tympans doivent, dans ces parties, être diminuées suivant le rapport du poids des remblais à celui des maçonneries, ainsi que nous l'avons déjà indiqué. La diminution de pression est très sensible et réduit de $1/5$ ou $1/4$ la charge produite par les tympans.

(17)

En second lieu on peut, tout en laissant pleins les tympans des têtes, remplacer les remblais, dans la partie intermédiaire, par des séries de petites voûtes longitudinales (17); cette combinaison doit être adoptée de préférence toutes les fois que la hauteur des tympans est un peu forte, parce qu'alors les remblais exerceraient trop de poussée sur les murs de tête. La réduction de poids due à l'élégissement, augmente beaucoup avec la hauteur, et peut atteindre jusqu'à 25 pour 100 de la charge totale au joint de rupture.

Enfin, au lieu d'employer des voûtes longitudinales, on peut au contraire adopter un systéme d'évidements transversaux, soit par une série de petites arcades, reposant sur les reins de la voûte principale (18), soit par des ouvertures circulaires ou oblongues (19). Ces dernières dispositions donnent moins d'élégissement que les voûtes longitudinales, mais elles ont le grand avantage de s'appliquer à toute la largeur du pont y compris les têtes. Or, pour les grandes voûtes, il y a un intérêt considérable à réduire aussi la pression sur les têtes, car non seulement on acquiert de cette manière la faculté d'étendre la limite des ouvertures, mais de plus les voûtes se trouveront soumises à des pressions uniformes sur toute leur largeur, ce qui assure la solidarité des diverses parties de l'ouvrage et augmente par suite, incontestablement, ses conditions de solidité.

Ainsi, en résumé, nous sommes d'avis que, pour les petites ouvertures, il y a lieu d'employer des remblais sur les reins des voûtes entre les têtes ; que pour les ouvertures moyennes, il convient de remplacer les remblais par de petites voûtes longitudinales, et qu'enfin, pour les grandes ouvertures, on devrait avoir recours aux évidements transversaux.

L'extrême importance que présente la stabilité des voûtes a nécessairement appelé sur cette question les études d'un grand nombre d'Ingénieurs : il en est résulté plusieurs mémoires importants ayant pour but, les uns de faciliter la constatation de cette stabilité, les autres d'en améliorer les conditions.

Mémoires divers relatifs aux conditions de stabilité des voûtes.

Dans un mémoire inséré aux Annales en 1853, M. l'Ingénieur Carvalho a appliqué le calcul différentiel à la détermination de la courbe des pressions et de la courbe d'extrados des voûtes. A l'aide d'équations nombreuses, comprenant beaucoup de constantes, et en adoptant d'ailleurs, pour la détermination

Mémoire de M. Carvalho.

des points de passage à la clef ainsi qu'au joint de rupture, les mêmes bases que M. Méry, il a formé des tables indiquant les dimensions à adopter. Mais, soit que les constantes n'aient pas été toutes bien choisies, soit par d'autres causes, les résultats, bien que paraissant justifiés par quelques exemples donnés dans le mémoire, cessent d'être applicables lorsque les dimensions diffèrent notablement. Ainsi, pour de grandes voûtes, on aurait des épaisseurs à la clef beaucoup trop fortes. Ce mémoire, remarquable au point de vue du calcul et du travail considérable auquel il a donné lieu, pourrait conduire à des conséquences défectueuses dans la pratique.

Méthode
de M. A. Durand-Claye. La méthode trouvée par M. l'Ingénieur A. Durand-Claye, et décrite par lui dans un mémoire publié dans les Annales en 1867, a pour but de tenir compte à la fois du tracé des courbes de pression et de la résistance qui peut être admise pour les matériaux dont on dispose. Cette méthode, qui est exposée en détail dans un autre cours, consiste en résumé : 1° A tracer des courbes limitant les poussées et les pressions compatibles avec l'équilibre, quelle que soit la résistance à admettre pour les matériaux ; 2° A tracer d'autres courbes qui limitent les pressions compatibles avec la résistance propre des matériaux ; 3° A superposer les deux séries de courbes et à en déduire des aires auxquelles devront correspondre les courbes de pression admissibles ; 4° A superposer ces aires et à rechercher la surface commune qui comprendra les extrémités des lignes représentatives de toutes les poussées admissibles ; 5° Enfin, à tracer les courbes de pression limites. Le croquis (20) s'applique aux trois premières séries d'opérations et le croquis (21) indique la surface commune, ainsi que le tracé des courbes de pression limites : le maximum des efforts se produira tantôt à l'intrados tantôt à l'extrados, suivant la position de la courbe considérée. Lorsque, comme sur (21), la surface commune présente une certaine étendue, la voûte est stable ; si elle se réduit à un point, la voûte est en équilibre ; enfin, si la surface n'existe pas, la voûte ne peut pas tenir.

En désignant par u la pression par unité de surface qui produirait l'écrasement des matériaux employés, et par u' la plus faible pression admissible, le rapport $\frac{u'}{u}$ constitue une sorte de *coefficient de stabilité* qui donne la mesure de la hardiesse des ouvrages. Ce coefficient de stabilité diffère essentiellement de celui que l'on considère d'habitude, et qui s'applique seulement à la résistance au renversement, ainsi que nous l'avons indiqué page 411.

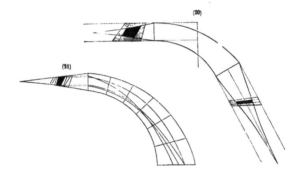

En résumé, ce procédé est extrêmement ingénieux, mais son application est longue, et l'on peut s'en dispenser, sans inconvénient, dans les circonstances ordinaires. Il ne détermine pas d'une manière précise la position de la courbe de pression, parce que dans un solide en forme de voûte, cette position est essentiellement sujette à varier, mais il a l'avantage d'en limiter beaucoup l'indétermination, ce qui peut être fort utile lorsque les circonstances obligent à s'écarter notablement des formes ou des proportions habituelles.

M. Cuncq, chef de section de la Compagnie des chemins de fer du Midi, a pu- Note de M. Cuncq. blié dans les *Annales*, en 1880, une note relative aux applications de la méthode de M. Durand-Claye et dans laquelle il donne des notions préliminaires ayant pour but de faciliter les tracés des hyperboles équilatères qui servent à limiter les valeurs des pressions normales dans une voûte ; il applique ensuite ces tracés à la détermination des courbes limites et se trouve conduit, comme M. Durand-Claye, à une aire finale dont l'étendue donne une mesure de la stabilité de l'ouvrage. Enfin, comme vérification de ces conditions de stabilité, M. Cuncq indique une autre méthode d'après laquelle on obtient, sur le profil transformé de la voûte, une surface qui, par le nombre de lignes qu'elle comporte dans sa longueur et à l'intérieur de son périmètre, indique le nombre de courbes de pression compatibles avec l'équilibre et avec le travail assigné aux matériaux dont on dispose. Une règle, ingénieusement disposée et portant des divisions spéciales, permet de lire immédiatement la valeur des poussées et de retomber ainsi sur l'aire finale.

Il serait évidemment très utile de pouvoir faire passer la courbe de pression au centre de chacun des joints : on doublerait ainsi la résistance pour les joints où la courbe de pression passe seulement au tiers de la longueur de ces joints, soit à l'intrados, soit à l'extrados, et comme la pression serait alors uniforme sur toute l'étendue du joint, on pourrait en toute sécurité admettre, pour la pression, $1/10^e$ de la charge d'écrasement au lieu de $1/20^e$.

Pour réaliser cette condition, M. Dupuit, dans son traité de l'équilibre des voûtes, a proposé d'ouvrir le joint de rupture nn' à partir du milieu m de ce joint (22), sauf à employer pour les deux pierres qui le composent des matériaux très durs, ou même à garnir les surfaces d'armatures en métal. La courbe de pression passerait alors nécessairement par le centre m et le mouvement de rotation serait ainsi facilité au lieu d'être contrarié.

D'autres Ingénieurs ont proposé de se borner à arrondir la surface de la pierre supérieure, ou même de la laisser plane vers le milieu, sur une certaine longueur, en se contentant de donner une forme courbe aux deux extrémités.

Les nouvelles expériences déjà mentionnées, au sujet des voûtes, ont fait reconnaître que l'emploi de joints courbes ne donnerait pas, à la partie de voûte comprise entre les joints de rupture, la mobilité que l'on était porté à craindre. Mais alors la pression au point de rotation serait très grande, ou bien, si on laissait au joint une partie plane, la courbe de pression ne passerait plus par le milieu. Les articulations sont employées avec succès dans les ponts métalliques, parce qu'au moyen de nervures on peut concentrer facilement, auprès du point de rotation, une surface équivalente à celle d'un joint ordinaire ; mais cette ressource fait complètement défaut dans un pont en maçonnerie. Nous ne pensons donc pas que dans ce dernier cas il y ait lieu d'employer des joints courbes.

Dans un mémoire très savant, publié vers 1840 et approuvé par l'Académie des Sciences, M. Yvon Villarceau, membre de l'Institut, a donné le moyen de déterminer les formes de l'intrados et de l'extrados, de telle sorte que la courbe de pression passe toujours par le centre des joints des voussoirs qui seraient taillés en forme de fuseaux : les calculs qui conduisent à cette détermination sont longs et compliqués. Aucune application de cette méthode ne paraît avoir été faite, jusqu'à présent au moins, dans des conditions topiques ; un exemple cité en Espagne, au pont sur la Garganta Aucha, s'applique à trois voûtes de 14 mètres d'ouverture seulement, qui ont d'ailleurs été faites avec des joints rectilignes et avec du mortier de ciment, de sorte que l'on ne peut réellement en déduire aucune conclusion formelle en faveur du nouveau système. Il est désirable que des expériences précises soient effectuées prochainement à ce sujet.

Mémoire
de M. Yvon Villarceau

Enfin, M. l'Ingénieur en chef de Saint-Guilhem a donné, dans les *Annales* de 1859, des tables, basées sur les mêmes principes que le mémoire de M. Yvon Villarceau , sauf en ce qui concerne l'emploi des voussoirs en forme de fuseaux ; ces tables donnent le moyen de déterminer les formes de l'intrados et de l'extrados, de telle sorte que la courbe de pression passe par le centre des joints, en tenant d'ailleurs compte des surcharges et de la résistance des matériaux.

Méthode
de M. de St-Guilhem.

M. l'Inspecteur général Decomble, dans un mémoire publié en 1873, a rendu plus pratique l'application des tables de M. de Saint-Guilhem, en y introduisant des constantes déterminées par l'expérience. Il a fait construire dans ce système plusieurs ponts remarquables, entre autres un de 33 mètres sur la Gimone et un de 40 mètres d'ouverture sur la Pique, près de Luchon. Mais d'après les instructions de l'administration, les bandeaux des voûtes ont été construits avec mortier de ciment et, dans ce cas, les résultats des calculs cessent de pouvoir être concluants.

D'un autre côté, la méthode de M. de Saint-Guilhem conduit aux conséquences suivantes :

1° La forme de l'intrados serait toujours une anse de panier ou une calotte d'anse de panier ;

2° Elle n'arriverait jamais au plein cintre, quoique s'en rapprochant d'autant plus que la surcharge grandit;

3° Les arches de même rayon à la clef devraient avoir les mêmes épaisseurs de voûtes.

Ces conséquences paraissent tout à fait inadmissibles, d'une part parce qu'elles obligeraient à renoncer à l'emploi du plein cintre, qui est si rationnel et si pratique, toutes les fois que l'on dispose d'une hauteur suffisante; d'autre part, parce que si, comme exemple, on considère une voûte en anse de panier de 60 mètres d'ouverture, en même temps que la partie centrale de cette voûte, sur 10 mètres seulement d'étendue, on n'aurait évidemment pas besoin de donner à cette dernière la même épaisseur qu'à la grande.

Courbe de pression dans les piédroits.
1° Tracé par procédés graphiques. Les points de la courbe de pression, dans les piédroits, peuvent être déterminés graphiquement de la même manière que pour les voûtes. Il s'agit toujours en effet de trouver, pour chacun des plans de joint, le point où ce plan est traversé par la résultante des pressions qui s'exercent sur sa surface, par suite du poids des parties supérieures et de l'intensité de la poussée horizontale.

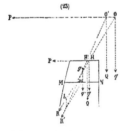

(25)

La construction graphique peut être faite de plusieurs manières. Ainsi : 1° On compose le poids q de la voûte, au-dessus des naissances, avec celui q' de la partie du piédroit supérieure au joint MN, pour lequel on veut déterminer le point de la courbe (25); on trace la verticale O'Q, dont la direction est celle de la résultante de ces deux poids; on compose ensuite cette résultante Q avec la poussée horizontale P et on obtient la résultante totale O'R', dont la rencontre avec MN donne le point cherché *m*.

2° Au lieu de considérer les forces P et q comme appliquées au point O, on peut les regarder comme transportées au point H, où leur résultante R traverse le plan des naissances, et continuer l'opération comme précédemment, c'est-à-dire composer q dans sa nouvelle position avec q', puis la résultante de ces deux forces avec P à partir du point H'.

3° Enfin on peut composer directement la résultante R, de P et q, avec le poids q', en formant le parallélogramme à partir du point de ren-contre I, des deux directions de R et de q'. Cette dernière construction est la plus simple et elle devient surtout très commode lorsque le piédroit est à parements verticaux et qu'on le divise par des joints horizontaux également dis-tants. En effet, dans ce cas (24), si l'on représente par II, la valeur de la résultante R et par Ll, ll', $l'l''$, la valeur com-mune du poids de chaque zone horizontale, on obtient les points m, m', m'' en joignant successivement I avec l, l', l''...

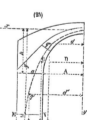

(24)

Seulement, avec cette construction, comme les angles des parallélogrammes deviennent de plus en plus aigus, on est exposé à des erreurs, quand la culée est très haute ou quand la direction de la résultante R se rapproche trop de la verticale, et il faut alors revenir à l'un des deux autres procédés.

(25)

2° Détermination des points par le calcul lorsque le parement extérieur est vertical.

Au lieu d'appliquer les procédés graphiques ci-dessus, on peut déterminer par le calcul la position des divers points de la courbe et les opérations à effectuer sont même assez simples dans la plupart des cas.

Supposons, d'abord, qu'il s'agisse d'un piédroit à parement vertical (25). Désignons comme précédem-ment par q le poids de la voûte, par q' celui de la partie du piédroit supérieure au plan horizontal MN, sur lequel est le point à déter-miner, et par Q la résultante de ces deux poids. Appelons en outre d, d' et D les distances, à l'axe de la voûte, des centres de gravité correspondant à q, q' et Q.

On aura

$$Q = q + q' \qquad D = \frac{qd + q'd'}{q + q'}.$$

Et en mettant ces valeurs dans l'équation générale de la courbe de pression, telle qu'elle est donnée précédemment, $y = \frac{Q}{P}(x - d)$, cette équation devient :

$$Py = (q + q')\, x - (qd + q'd').$$

Les valeurs de q et d ont dû être déterminées précédemment et doivent être considérées comme des constantes, en ce qui concerne le piédroit. D'autre part, en représentant par a l'épaisseur aux naissances, par A la demi-ouverture de la voûte, par p le poids du mètre cube de maçonnerie et par h la hauteur du point d'application de la poussée au-dessus des naissances, on a :

$$q' = pa\,(y - h) \qquad d' = A + \frac{a}{2};$$

d'où

$$Py = [q + pa\,(y - h)]\, x - qd - pa\left(A + \frac{a}{2}\right)(y - h)$$

$$x = \frac{Py + qd + \left(paA + \frac{pa^2}{2}\right)(y - h)}{q + pa\,(y - h)}.$$

Cette équation est celle d'une hyperbole.

Si l'on fait $y = h$, on trouve $x = \frac{Ph}{q} + d$, ce qui est bien la valeur de l'abscisse de la courbe au niveau des naissances.

Si on divise les deux termes du second membre de l'équation par y et si on pose ensuite $y = \infty$, on trouve :

$$x = \frac{P + \frac{qd}{y} + \left(paA + \frac{pa^2}{2}\right)\left(1 - \frac{h}{y}\right)}{\frac{q}{y} + pa\left(1 - \frac{h}{y}\right)} \qquad x = \frac{P + paA + p\frac{a^2}{2}}{pa} = \frac{P}{pa} + A + \frac{a}{2}$$

ce qui indique une asymptote verticale et en fixe la position à une distance $\frac{P}{pa}$

au delà du milieu du pied-droit, puisque la distance de ce milieu à l'axe de la voûte est $A + \frac{a}{2}$.

L'expression de l'abscisse de l'asymptote permet de déterminer très simplement, pour une culée à parements verticaux, les limites d'épaisseur qui correspondent à certaines positions de la courbe de pression. Ainsi, dans le cas d'équilibre strict, celui où la courbe de pression passerait exactement au bas de l'arête extérieure de la culée, il suffit de poser :

$$\frac{P}{pa} = \frac{a}{2}, \qquad \text{d'où} \qquad a = \sqrt{\frac{2P}{p}}.$$

Dans le cas où la courbe devrait passer au tiers de l'épaisseur à la base de la culée, condition fort désirable à remplir, puisque c'est alors seulement que toute la surface de la base commence à pouvoir être utilisée pour la pression, il faut poser :

$$\frac{P}{pa} = \frac{1}{3}\frac{a}{2}, \qquad \text{d'où} \qquad a = \sqrt{\frac{6P}{p}}.$$

Supposons maintenant que le pied-droit soit terminé par une ligne droite inclinée, du côté extérieur à la voûte, ainsi que cela se présente fréquemment dans la pratique. Si l'on décompose en deux parties, l'une rectangulaire et l'autre triangulaire, le trapèze que forme le pied-droit au-dessus du plan MN, on doit dans ce cas considérer trois poids, q, q', q'', et leur résultante Q, ainsi que les distances d, d', d'' et D des centres de gravité de ces divers poids à l'axe de la voûte. On a alors :

3° Détermination des points par le calcul, lorsque le parement extérieur est incliné.

$$Q = q + q' + q'' \qquad D = \frac{qd + q'd' + q''d''}{q + q' + q''}.$$

Et en mettant ces valeurs dans l'équation générale de la courbe de pression : $y = \frac{Q}{P}(x - d)$, on obtient successivement :

$$Py = (q + q' + q'')x - (qd + q'd' + q''d'')$$

$$x = \frac{Py + qd + q'd' + q''d''}{q + q' + q''}.$$

On pourrait, comme dans le cas précédent, remplacer dans cette dernière expression q', q'', etc., d', d'', etc., par leurs valeurs en fonction de y, mais on arriverait ainsi à une équation du 5ᵉ degré et il est, par suite, beaucoup plus simple dans les applications de chercher directement les valeurs de x au moyen de l'équation qui précède, après y avoir remplacé les quantités q', q'', etc., d', d'', etc., par leurs valeurs numériques. La décomposition du trapèze a été introduite pour faciliter les calculs, car alors les distances des centres de gravité répondant aux deux parties du pied-droit sont $d' = A + \frac{a}{2}$ et $d'' = A + a + \frac{n(y - h)}{3}$ (n étant le fruit par mètre).

Si la forme de la culée est plus compliquée et se compose de plusieurs trapèzes (26), la valeur de x présente toujours la même forme ; ainsi, pour deux trapèzes, tels que ceux au-dessus du plan M'N', on aura évidemment :

$$x = \frac{Py + qd + q'd' + q''d'' + q'''d''' + q^{iv}d^{iv}}{q + q' + q'' + q''' + q^{iv}}$$

Enfin, si la culée présente du côté extérieur un parement courbe, il suffira de remplacer les éléments de cette courbe par des lignes droites, que l'on peut prendre aussi petites que l'on voudra, et l'on arrivera toujours ainsi sans difficulté à trouver la valeur de x pour une hauteur quelconque.

Les calculs restent simples, puisque les surfaces et les distances des centres de gravité appartiennent toujours à des rectangles et à des triangles, tandis que les résultats sont nécessairement plus exacts que ceux qui seraient déduits des constructions graphiques.

Influence de la poussée des remblais. L'influence exercée par les remblais sur les courbes de pression des arches en maçonnerie est de deux natures :

1° Elle provient uniquement d'une poussée latérale lorsque la hauteur des remblais ne dépasse pas le niveau supérieur du pont ; 2° Elle se complique d'une surcharge lorsque les remblais s'élèvent au-dessus de ce niveau. Nous ne nous occuperons pour le moment que du premier cas.

Supposons d'abord que la culée soit terminée, du côté des remblais, par un plan vertical et que l'action de la poussée des terres soit concentrée en un seul point M, où elle peut être représentée par une force horizontale R (27), car il y a lieu de faire abstraction de la composante verti- 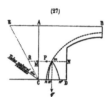 cale qui aurait seulement pour effet de produire un glissement contre la paroi AC de la culée. La résul- tante des pressions de la voûte passe à cette même hauteur en un certain point *m* et peut y être dé- composée en deux forces P et *q*, dont la première représente la poussée horizontale de la voûte et la seconde le poids total des maçonneries au- dessus du plan MN. Les deux forces horizontales P et R, directement oppo- sées l'une à l'autre, donneront une résultante égale à leur différence et qui pourra, suivant les valeurs respectives de ces forces, être dirigée tantôt dans un sens, tantôt dans l'autre. Il s'ensuivra que si P dépasse R, la partie basse de la courbe de pression, qui était d'abord dirigée suivant *mn*, s'aplatira suivant *mn'*, tout en conservant sa courbure dans le même sens qu'au-dessus du plan MN, tandis que si R surpasse P, la courbe s'infléchira en sens inverse dans une direction telle que *mn''*. Il pourra même arriver, lorsque la valeur de R dépassera beaucoup celle de P, que la courbe sorte de la culée vers l'inté- rieur de l'arche, ce qui conduirait à une rupture, ou qu'elle passe trop près de son arête intérieure, ce qui ne donnerait plus des conditions de stabilité suffisantes. Le point où la résultante générale des pressions, y compris celles provenant des remblais, atteint la base de la culée, peut toujours être facile- ment déterminé par des constructions graphiques ou par des calculs analogues à ceux indiqués précédemment et cette simple vérification, qui permet d'apprécier les conditions de stabilité au point de vue de la pression, est très souvent suffisante dans la pratique.

Mais en réalité la courbe de pression ne présentera pas de point d'inflexion brusque, tel que l'indique le croquis précédent, parce que toute la poussée

du remblai n'est pas concentrée en un même point et qu'elle s'exercera successivement aux diverses hauteurs. On sait d'ailleurs que cette poussée est
toujours déduite du poids d'un prisme tel que AEC (28), dont l'arête EC présente

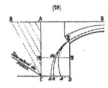

une inclinaison constante, pour une même nature
de terres, de sorte qu'à un niveau quelconque on
pourra déterminer la résultante de la poussée des
terres jusqu'à ce niveau et combiner cette force
avec les pressions de la voûte. On obtiendra alors
les divers points de la courbe en considérant une
série de prismes tels que ceux de la figure (28), et
on reconnaîtra que la courbe, au lieu de se composer de deux parties tranchées comme sur la figure précédente, suivra au contraire des formes adoucies telles que Kn' et Kn''.

On doit toutefois faire une remarque importante, au sujet de la poussée
exercée par les terres dans la partie supérieure au joint de rupture, lorsque
les remblais existent à la fois des deux côtés du pont : il se produit là un effet
tout différent de ce qui a lieu dans la partie inférieure et l'action des remblais,
loin de détruire tout ou partie de la poussée, vient au contraire l'augmenter
dans ce cas spécial. En effet, si nous considérons (29) le prisme ACE qui

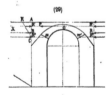

correspond au niveau du point de passage de la
courbe de pression au joint de rupture, ce prisme
donnera lieu à une force R, qui pourra être décomposée en deux autres R′ et R″ dont la première sera
dans la direction de la poussée à la clef. Or comme
le joint à la clef, sollicité par des pressions que
nous supposons égales de part et d'autre, doit être
regardé comme étant dans une position invariable, la poussée des remblais,
qui s'exerce dans la partie supérieure au joint de rupture, aura pour effet de
développer à la clef une réaction qui s'ajoutera à la poussée produite par l'autre
moitié de la voûte, de sorte que la poussée originelle P deviendra réellement
P′ = P + R′. En d'autre termes, si les forces égales R′ et R′, se détruisent au
point de vue de l'équilibre, elles ne peuvent pas du tout être annulées au

point de vue de la pression et, par suite la pression totale à la clef sera nécessairement augmentée de la valeur d'une de ces forces. Mais cette pression
totale, exercée ou transmise par une moitié de la voûte sur l'autre, donnera
précisément la mesure de la poussée horizontale, et, ainsi, l'action des remblais, dans la partie de voûte supérieure au joint de rupture, aura pour effet
d'accroître cette poussée. La valeur de l'accroissement est facile à déterminer,
puisque c'est celle de la composante R' et, par conséquent, si l'on désigne par y
et h les hauteurs du point m et du point d'application de la force R, par rapport à la ligne OX, on aura évidemment :

$$R' = R \times \frac{y-h}{y}.$$

La courbe de pression sera tracée, depuis la clef jusqu'au joint de rupture,
au moyen de la nouvelle valeur de poussée $P' = P + R'$ et des poids qui correspondront aux divisions successives de la voûte. Au joint de rupture, elle rencontrera la composante R'', qui commencera à la repousser vers l'intrados de
la voûte; cet effet sera continué par les autres valeurs de la poussée des
remblais, déduite des divers prismes, et on arrivera ainsi facilement à compléter le tracé.

Il est à remarquer, d'ailleurs, que l'augmentation R', de la poussée originelle
de la voûte, sera faible en général par rapport aux valeurs subséquentes de
la poussée des remblais et qu'elle le sera d'autant plus que les piédroits auront
plus d'élévation, de sorte qu'en considérant seulement, comme nous l'avons
fait d'abord, la résultante totale, on ne s'écartera pas beaucoup de la vérité,
en ce qui concerne la position du point où la courbe de pression vient traverser
la base de la culée : en réalité, par ce moyen, on obtient non plus un point
exact, mais une limite, et on saura que la courbe passera toujours un peu moins
loin, de sorte que si les conditions de stabilité sont satisfaites pour la position
donnée par la résultante totale, on sera certain qu'elles le seraient à fortiori en
tenant compte de l'augmentation de poussée de la voûte. Ainsi, en général,
lorsque la hauteur des remblais ne dépasse pas le niveau supérieur du pont et
que la hauteur des piédroits est assez considérable par rapport à la hauteur

de la voûte, on pourra se borner à déterminer le point où la courbe de pression vient rencontrer la base de la culée pour la composition des forces R (*a*), P et Q.

Si la culée, au lieu d'être terminée du côté des terres par une ligne verticale, l'était par une ligne droite inclinée, la méthode à suivre serait tout à fait la même, si ce n'est que les résultantes de la poussée des terres ne seraient plus horizontales : on les prendrait alors dans leurs directions réelles, pour les composer avec la poussée de la voûte et avec les poids des diverses parties des maçonneries.

Enfin, le même procédé serait encore applicable, mais avec plus de complications, à une culée dont le parement serait formé d'une série de parties droites, ou pourrait y être ramené sans erreur sensible.

Influence des surcharges provenant des remblais. L'influence des surcharges qui proviennent des ˈremblais enveloppant un ouvrage, ne peut pas être appréciée avec certitude, parce que la manière dont le massif tend à se diviser n'est pas bien connue. Le principe admis précédemment, et d'après lequel chaque voussoir supporte la partie des tympans et des autres surcharges qui sont situées verticalement au-dessus de lui, ne peut être vrai, pour des remblais, que lorsque leur hauteur est faible, comme par exemple pour ceux qui sont limités entre l'extrados et la plinthe ; il n'est donc plus directement applicable quand il s'agit de remblais dont la crête dépasse notablement le dessus du pont.

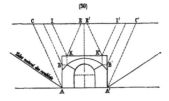

Nous pensons que dans ce cas (30) il est plus plausible d'admettre que le massif tend à se diviser, suivant des plans dont l'inclinaison est la même que dans le cas précédemment considéré, celui où des remblais sont appliqués contre une paroi, et que d'un autre côté, c'est au joint de rupture que la division de la voûte a le plus de tendance à se produire. Il paraît probable que le maximum

_____

(*a*) La force R à considérer dans ce cas est la poussée totale des terres et non celle qui s'applique à la figure 29.

d'action de la poussée des terres, pour faire renverser les piédroits à l'intérieur, sera produit par les massifs CABKI, C′A′B′K′I′, tandis que la charge qui porterait à son maximum d'effet la poussée de la voûte, proviendrait du prisme IKK′I′.

Ainsi, c'est avec l'un des deux prismes CABKI, C′A′B′K′I′ qu'il conviendra de rechercher si la poussée des terres ne fait pas sortir, à l'intérieur de l'arche, la courbe de pression dans la culée correspondante, ou si cette courbe ne rencontrera pas la base trop près de l'arête intérieure L ou L′. Si ces conditions sont satisfaites, la stabilité sera assurée contre le renversement à l'intérieur, et c'est bien, en effet, dans cette position où les remblais sont arrivés à la fois de chaque côté du pont, jusqu'aux arêtes supérieures des culées, que ce renversement-là est le plus à craindre dans la pratique.

La continuation de l'exécution des remblais ne fera que ramener les courbes de pression vers les côtés extérieurs des culées, puisque d'abord la charge verticale augmentera et, qu'ensuite, la poussée de la voûte s'accroîtra rapidement jusqu'à ce que, les remblais étant terminés, cette poussée aura atteint son maximum. Seulement, il faudra s'assurer que, sous l'effet de l'augmentation de poussée, les courbes de pression ne sortent pas des culées à l'extérieur ou même ne s'approchent pas trop près des arêtes A et A′.

Il résulte d'autre part, de ce qui vient d'être expliqué, que puisque le maximum de poussée des terres correspond à celle produite par le massif CAKI, cette poussée augmentera ou diminuera rapidement avec la hauteur du pont. De même, la charge totale sur la voûte sera d'autant plus faible, pour une même hauteur de remblais, que l'ouverture du pont diminuera. La diminution de charge sur la voûte est même

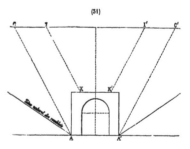

(31)

dans ce cas d'autant plus rapide que, quand l'ouverture est petite, le massif central IKK′I′ tend lui-même à se diviser, de telle sorte qu'une partie des terres qui le composent pousse sur les talus IK et I'K' des massifs latéraux et que la charge, pesant sur la clef, se trouve diminuée dans une certaine mesure : c'est ainsi que l'on peut expliquer une locution souvent employée sur les chantiers, que les remblais font voûte au-dessus des ouvrages.

Ces considérations, d'après lesquelles les poussées des massifs de terre se contre-balancent en partie, expliquent aussi comment des ponceaux et aqueducs résistent parfaitement sous de grands remblais, avec des maçonneries dont les épaisseurs sont relativement très faibles. Elles font voir également, par contre, combien il importe d'éviter, autant que possible, d'avoir à construire sous de grands remblais des ouvrages dont l'ouverture et la hauteur sont un peu considérables, puisqu'alors les effets de contre-butement se produiraient bien moins et que l'on se trouverait, par suite, amené à donner aux maçonneries des dimensions beaucoup plus fortes.

Dans tout ce qui précède, nous avons supposé que le pont restait fixe, ce qui n'est assuré que lorsque les remblais sont conduits simultanément des deux côtés à la fois. Quand il en est autrement, ainsi que cela se présente très fréquemment dans les transports par wagons, la poussée des remblais tend à déverser l'ouvrage et cette tendance, dont le maximum a lieu lorsque la résultante de la poussée des terres correspond à l'arête supérieure de la culée, est très souvent suivie d'effet. Pour l'éviter, il faut avoir soin de faire reprendre les remblais à la brouette, avant que leur poussée contre les culées ne commence à se produire, et d'en former un massif bien pilonné, qui enveloppe les maçonneries de manière à constituer avec elles un ensemble capable de résister au déversement. On ne saurait trop recommander aux Ingénieurs de prendre cette précaution.

Influence
des surcharges autres
que celles
des remblais.

La détermination des effets produits par des surcharges autres que celles des remblais, ne peut donner lieu à aucune difficulté. D'abord, s'il s'agit de maçonneries, on sait que chaque voussoir doit être regardé comme supportant les surcharges qui sont placées verticalement au-dessus de lui; mais, ainsi que nous l'avons déjà signalé plus haut, l'effet de ces surcharges varie avec leur position par rapport au centre de l'arche.

Ainsi, dans le cas où la surcharge se trouverait placée vers les extrémités du pont, au delà des verticales passant par les joints de rupture, il est évident que la poussée ne serait pas augmentée et alors la courbe de pression s'éloignerait du parement extérieur de la culée ; car, tandis que la composante horizontale des pressions resterait la même, leurs composantes verticales successives seraient accrues par l'effet du poids additionnel produit par la surcharge.

Si, au contraire, la surcharge se trouvait placée en deçà des verticales passant par les joints de rupture, il pourrait encore se faire que la poussée ne fût pas augmentée, mais il faudrait pour cela que le centre de gravité de la surcharge tombât au delà du centre de gravité de la partie de voûte supérieure au joint de rupture, et, que la distance des verticales passant par ces centres de gravité, fût suffisante pour annuler l'effet de l'excédent de poids. Ainsi, par exemple (32),

supposons que le triangle OIK soit celui qui a servi à déterminer la poussée avant la surcharge, que par conséquent OI représente le poids de la partie ABCDE et IK la poussée ; si la surcharge avait son centre de gravité en M, sur le prolongement de la verticale OI, le poids de cette surcharge, ajouté à celui de la voûte, porterait à OI′ la longueur représentant le poids total, et alors la pous-

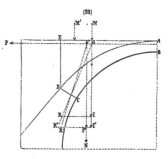

(32)

sée deviendrait I′K′ ; mais si le centre de gravité d'une surcharge équivalente était en M′, de telle sorte que le centre de gravité de la masse totale se trouvât amené sur la verticale O′N, le poids total serait figuré par O′I″ = OI′, mais la poussée I″K″ pourrait être inférieure à IK.

Il résulte de là, que pour une voûte extradossée horizontalement, les élégissements pratiqués dans les tympans, produisent des effets très différents, suivant leur position. Quand ils sont voisins de la clef, ils diminuent la poussée et rendent par suite la courbe de pression moins tendue ; quand ils sont effectués vers l'extrémité de la culée, ils donnent au contraire plus de tension à la courbe, par suite de la diminution des composantes verticales. Ces élégissements, dont le principal avantage est évidemment de diminuer les pressions, peuvent donc également être utilisés dans de certaines limites, pour modifier la forme et la position des courbes de pression.

Dans la pratique, les surcharges de maçonnerie introduites au-dessus d'une voûte, déjà extradossée horizontalement, ont presque toujours une épaisseur uniforme dans le sens de la longueur et leur centre de gravité est quelquefois peu éloigné de celui de la partie de voûte supérieure au joint de rupture, de sorte que, dans ce cas, leur poids tend à augmenter la poussée. Mais, en général, et surtout à mesure que les voûtes deviennent plus surbaissées, c'est plutôt l'effet inverse qui se produit.

Les mêmes considérations s'appliquent évidemment à une charge d'eau, par exemple pour les ponts-canaux, et il est toujours facile d'en apprécier le résultat.

Quant aux charges accidentelles, si elles sont fixes et uniformément réparties, elles donnent lieu à des effets analogues. Si elles sont mobiles, comme celles qui résultent du passage d'un train, les actions produites varient et le cas le plus défavorable est toujours celui où le plus fort de la charge porte sur la partie de voûte comprise entre les verticales passant par les joints de rupture, il peut arriver aussi que la courbe de pression ne varie pas sous l'influence de la surcharge, lorsque celle-ci est placée de telle sorte que l'augmentation de poussée horizontale résultant de la partie de charge pesant sur la partie centrale de l'arche, se trouve compensée par l'accroissement de poids produit par la partie de charge qui porte sur les extrémités.

Il est bien entendu que dans tous les cas la pression absolue sur les piédroits augmente par l'effet d'une surcharge ; seulement, ainsi que nous venons de l'expliquer, son action au point de vue de la stabilité peut être très différente suivant la position qu'elle occupe.

————

Les principes ci-dessus décrits permettent de déterminer les courbes de pression dans tous les principaux cas qui peuvent se présenter ; nous allons, dans les paragraphes suivants, en faire des applications pour les différentes formes de voûtes : nous chercherons ensuite à en déduire des renseignements utiles sur les dispositions et sur les dimensions à adopter.

---

§ 4. — APPLICATION DES COURBES DE PRESSION

Les procédés qui viennent d'être décrits donnent le moyen de déterminer Utilité des applications d'une manière suffisamment exacte la valeur des pressions dans les diverses parties des voûtes et de leurs piédroits ; mais comme pour arriver à la pratique de la rédaction d'un projet, il faut nécessairement partir de certaines bases, on éprouve presque toujours de l'hésitation dans le choix de ces bases et on manque souvent du temps nécessaire pour faire des recherches comparatives. L'exemple des ponts existants ne suffit pas pour faire cesser l'incertitude, car ils présentent souvent entre eux de grandes différences ou bien ne s'appliquent pas aux conditions dans lesquelles on se trouve placé. Enfin, si la stabilité de ces ouvrages est constatée par l'expérience, rien ne prouve qu'elle n'y ait pas été exagérée. Nous nous sommes proposé en conséquence d'établir d'avance des éléments de comparaison, en recherchant au point de vue pratique comment se comportent les courbes de pression dans des séries d'arches de différentes formes et de grandeurs successives. Nous avons étendu les dimensions au delà des limites habituelles, d'abord parce qu'il y a tout lieu d'espérer que l'art de construire des voûtes en maçonnerie fera encore de grands progrès et surtout parce qu'en embrassant des séries plus longues, on accentue davantage les différences, ce qui permet de se rendre un compte plus exact de la manière dont varient, d'une part les dispositions des courbes et d'autre part l'intensité des pressions. Tel est le but des applications dont nous allons exposer les résultats.

Pour arriver à les établir, il faut nécessairement adopter certaines données et, après un travail préparatoire très long, nous avons été conduit à prendre ces

données de la manière suivante, en ce qui concerne les voûtes en plein cintre
pour *ponts de routes* :

1° Les épaisseurs à la clef résultent de la formule $e = 0.15 + 0.15\sqrt{2R}$,
R étant le rayon de la voûte.

2° L'épaisseur de la voûte, mesurée sur le joint qui correspond au milieu de
la montée, est égale au double de l'épaisseur à la clef.

3° L'extrados est formé par une partie de circonférence raccordant l'extrémité supérieure du joint défini ci-dessus avec celle de la clef.

4° La hauteur au-dessus de la clef, hauteur qui correspond soit à la plinthe
pour les têtes, soit à la chape et à la chaussée pour le corps du pont, a été
comptée uniformément de $0^m.40$.

5° Le poids adopté pour le mètre cube de maçonnerie est de 2400 kilogrammes.

6° Enfin les arches considérées ont des ouvertures qui varient de 10 en
10 mètres jusqu'à 100 mètres.

Valeurs des poussées
pour voûtes
avec tympans pleins. En basant sur ces données une suite d'épures et de calculs, on a déterminé
les poussées pour la série des ouvertures et si, pour faire ressortir les résultats,
on construit une figure sur laquelle les ouvertures sont représentées par les
abscisses, et les poussées par les ordonnées, on obtient une courbe qui peut être
représentée par une équation de la forme : $y = a + bx^m$, dans laquelle l'exposant m a nécessairement une valeur notablement supérieure à l'unité. Il en
résulte que, pour les pleins cintres, les poussées croissent beaucoup plus rapidement que les rayons des voûtes et par conséquent ne leur sont pas simplement
proportionnelles, ainsi que le suppose une formule quelquefois appliquée ([a]).

([a]) Cette formule est $P = Rp'$, dans laquelle R représente le rayon moyen d'intrados augmenté de la demi-
épaisseur de la voûte, et p' le poids que supporte un mètre carré de voûte au sommet, y compris le poids des
maçonneries. On se sert aussi de la formule : $P = \frac{pa^2}{2f}$, dans laquelle a est la demi-corde et f la flèche. Cette
dernière est souvent utilisée d'une manière approximative pour les arcs métalliques, dont les surbaissements sont
faibles en général. Mais on ne peut compter ni sur l'une ni sur l'autre pour les arches en maçonnerie, car elles
conduiraient à de grandes erreurs, surtout pour les voûtes en plein cintre.

En cherchant quelles sont les valeurs à donner aux quantités *a*, *b* et *m* pour que les ordonnées de la courbe régulière correspondent aussi bien que possible à l'ensemble des résultats des épures, on se trouve conduit à la courbe (1) tracée d'après l'équation :

$$y = 750\,x + 74.75 \times x^{1\,m}.$$

(1)

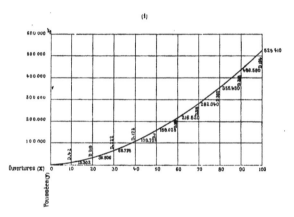

Les ordonnées dont les valeurs sont inscrites sur la figure sont celles de la courbe régulière; les différences de ces ordonnées avec les résultats des épures sont indiquées en dessus et en dessous de la courbe, suivant le sens dans lequel elles se produisent. Ces différences restent dans des limites très restreintes, inférieures à celles auxquelles donne lieu communément l'emploi des procédés graphiques, et par suite, dans la pratique, on peut sans erreur sensible adopter les ordonnées de la courbe régulière pour valeurs numériques de la poussée horizontale.

Au lieu d'employer seulement 2 termes dans l'équation, on pourrait se servir de la forme plus habituelle :

$$y = ax + bx^2 + cx^3 + \text{etc.}$$

Mais, même avec 4 termes, les résultats ne concordent pas aussi bien que les précédents avec les valeurs trouvées directement et le calcul est plus long.

En cherchant, dans les épures qui ont servi à déterminer les poussées, à quel angle correspond le maximum pour chaque ouverture, on remarque que cet angle n'est pas constant et qu'il diminue à mesure que l'ouverture augmente, de manière à passer graduellement de 32°, pour une voûte de 10 mètres, à 22° pour une voûte de 100 mètres. On constate, dans la série des angles, quelques irrégularités qui sont d'autant plus faciles à expliquer qu'une certaine incertitude existe toujours pour la position à laquelle s'applique le maximum, mais on reconnaît néanmoins que l'on peut, sans erreur sensible, regarder la décroissance de l'angle comme s'opérant d'une manière régulière entre les limites qui viennent d'être citées.

Les résultats obtenus pour les poussées et les angles des joints de rupture ne sont évidemment applicables d'une manière directe qu'aux voûtes pour lesquelles les données sont celles indiquées précédemment, mais ils sont très utiles comme points de comparaison et aident dans la plupart des cas à diminuer beaucoup les recherches et les tâtonnements. Ainsi, d'abord, si la nature des maçonneries est seule changée, il suffit de multiplier par le rapport des densités les valeurs obtenues antérieurement pour les poussées. D'un autre côté, en voyant quelle est la poussée qui résulte d'une certaine épaisseur à la clef on reconnaît de suite s'il convient d'augmenter cette épaisseur, afin de réduire la pression qui se trouverait trop forte pour les matériaux dont on dispose, et on peut apprécier à très peu près quelle est l'augmentation à donner. Après avoir, d'après les renseignements tirés de la courbe des poussées, déterminé provisoirement quelles sont les dimensions à donner, il convient toujours de faire l'épure, avant d'arrêter ces dimensions d'une manière définitive, parce que les différences de données peuvent entraîner dans les résultats des changements que l'on n'est pas certain de pouvoir apprécier d'avance.

Les pressions moyennes à la clef, que l'on déduit directement de la valeur des poussées horizontales, dépassent 10 kilogrammes par centimètre carré à partir de l'ouverture de 40 mètres, et atteignent 30 kilogrammes entre les ouvertures de 90 et 100 mètres. Ces chiffres démontrent que, pour les grandes ouvertures, il est trés important d'élégir les tympans, ainsi que nous l'avons déjà indiqué.

Valeurs des poussées
pour voûtes
avec tympans élégis.

Nous avons expliqué aussi que les élégissements pouvaient consister en simples remblais employés entre les murs de tête, pour les faibles ouvertures, en petites voûtes longitudinales pour les ouvertures moyennes, et enfin en évidements transversaux pour les grandes voûtes. Nous reviendrons plus tard sur les dispositions qui peuvent permettre de diminuer très notablement le poids des tympans, tout en donnant des garanties suffisantes pour la solidité, car il faut bien se garder d'arriver à l'exagération dans les élégissements. En les admettant dans des conditions très modérées et en supposant de plus que de simples remblais soient employés jusqu'à l'ouverture de 20 mètres, que les petites voûtes longitudinales soient appliquées de 20 à 50 mètres et qu'enfin les évidements transversaux ne servent que pour les ouvertures supérieures à 50 mètres, on arrive à déterminer, pour les poussées horizontales, une série de valeurs qui peuvent, comme précédemment, être représentées par une courbe de même forme (2) dont l'équation serait :

$$y = 869\,x + 64.50 \times x^{1.81}$$

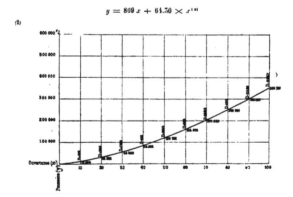

Cette courbe est analogue à celle qui s'applique au cas des tympans pleins, seulement les ordonnées y croissent d'une manière beaucoup moins rapide.

Pour les voûtes à tympans élégis, les joints de rupture sont situés plus haut et leurs angles avec l'horizontale varient beaucoup moins que pour les voûtes à tympans pleins. Ainsi, dans les exemples que nous avons considérés, ces angles, partant de 32° pour une voûte de 10 mètres, s'élèveraient au plus à 34° pour une voûte de 100 mètres. Mais ces valeurs des angles, aussi bien que celles des poussées, ne resteraient pas les mêmes pour d'autres systèmes d'évidements et par suite ne peuvent pas donner des bases aussi certaines que celles qui sont relatives aux tympans pleins.

Comparaison des résultats, pour tympans pleins et pour tympans élégis.

Le tableau ci-après résume d'une manière comparative les principaux résultats applicables aux voûtes en plein cintre après l'achèvement des ouvrages.

OUVERTURE DES ARCHES	ÉPAISSEUR A LA CLEF	HAUTEUR AU-DESSUS DE LA CLEF	VOUTES AVEC TYMPANS PLEINS				VOUTES AVEC TYMPANS ÉLÉGIS			
			ANGLES DES JOINTS DE RUPTURE	POUSSÉES HORIZONTALES	PRESSIONS MOYENNES A LA CLEF	PRESSIONS MOYENNES AU JOINT DE RUPTURE	ANGLES DES JOINTS DE RUPTURE	POUSSÉES HORIZONTALES	PRESSIONS MOYENNES A LA CLEF	PRESSIONS MOYENNES AU JOINT DE RUPTURE
10	0.62	0.40	32°	13.340	2.15	2.51	32°	12.340	1.99	1.96
20	0.82	»	31°	36.720	4.48	4.99	32°	31.700	3.87	3.76
30	0.97	»	28°	69.000	7.11	8.49	32° 5′	54.740	5.64	5.28
40	1.10	»	27°	109.880	9.99	12.50	33° 40′	85.650	7.79	7.08
50	1.21	»	26°	159.020	13.14	16.57	33°	118.090	9.77	8.99
60	1.31	»	25°	216.360	16.52	21.26	33° 45′	159.390	12.17	11.52
70	1.40	»	24°	281.720	20.12	26.59	33° 52′	205.250	14.66	13.55
80	1.49	»	23°	355.080	23.83	31.95	33° 58′	248.900	16.70	15.31
90	1.57	»	23°	436.270	27.79	37.54	33° 54′	297.840	18.97	17.48
100	1.65	»	22°	525.220	31.83	43.64	33° 47′	352.250	21.55	19.83

La comparaison des diverses valeurs des poussées horizontales, de même que celle des pressions à la clef, fait ressortir toute l'importance des élégissements. On voit qu'ils amènent, dans les pressions à la clef, des réductions qui vont en augmentant avec l'ouverture et qui, par exemple, atteignent 22 °/₀ à 40 mètres d'ouverture, 30 °/₀ à 80 mètres et 33 °/₀ à 100 mètres. Pour les pressions au joint de rupture, les réductions dues aux élégissements sont encore plus fortes. Par conséquent si on avait à construire de très grandes arches, il faudrait évidemment élégir les tympans, surtout en adoptant un système qui puisse s'appliquer à la fois aux têtes et à la partie intermédiaire, afin que la pression soit uniforme sur toute la largeur de la voûte et que l'ouvrage présente ainsi une grande homogénéité. Il y a évidemment avantage à le faire, même pour des ouvertures plus restreintes, puisqu'alors on diminue encore les pressions d'une manière notable; mais on peut dans ce cas, laisser sans inconvénient les têtes pleines et adopter simplement le mode d'élégissement intérieur par voûtes longitudinales : il faut ajouter que les évidements transversaux deviendraient dans ce cas d'une application plus difficile et que d'ailleurs leur établissement est toujours plus dispendieux.

D'après le tableau ci-dessus et *dans le cas des tympans pleins*, les pressions au joint de rupture sont toutes supérieures aux pressions à la clef, de sorte que la précaution prise de donner à la voûte, vers la hauteur du joint de rupture, une épaisseur double de celle à la clef ne suffit pas pour réaliser l'égalité de pression qu'il est désirable d'obtenir, entre les diverses parties d'une même voûte. Il en résulte que si on devait construire de très grandes voûtes en plein cintre avec tympans pleins, on se trouverait conduit à augmenter d'une manière notable l'épaisseur de la voûte vers les reins.

Mais *pour le cas des tympans élégis*, on remarque, dans le tableau ci-dessus, que les pressions au joint de rupture diffèrent très peu des pressions à la clef. L'égalité désirable est donc réalisée, dans ce cas, d'une manière très suffisante pour la pratique.

En examinant les épures successives et en étudiant la forme que la courbe des pressions affecte entre la clef et le joint de rupture, on voit que cette courbe tend à se rapprocher de l'extrados, à mesure que l'ouverture augmente. Dans le cas des tympans pleins, la courbe arrive à être tangente à l'extrados, vers l'angle de 63° avec l'horizontale pour l'ouverture de 60 mètres : puis, lorsque l'ouverture s'accroît encore, la courbe de pression coupe l'extrados et se trouve même en sortir, pour l'ouverture de 100 mètres, dans toute la partie comprise entre les angles de 49 à 74 degrés.

Il est évident que dans ces conditions les voûtes ne pourraient pas tenir, mais

Forme de la courbe de pression entre la clef et le joint de rupture.

il serait encore facile de les rendre stables, soit en modifiant directement le tracé de la courbe d'extrados, soit en appareillant la partie des tympans attenant à la voûte, de telle sorte que ses joints fussent tracés dans les mêmes directions que ceux du bandeau. On doit remarquer d'ailleurs qu'avant la construction des tympans, la courbe ne sortirait pas du bandeau, et par conséquent, avec les modifications que nous venons d'indiquer pour le tracé d'extrados et l'appareil des tympans, on doit reconnaître que, contrairement à une opinion autrefois émise, il serait possible d'établir dans des conditions stables une voûte en plein cintre de très grande ouverture, même avec des tympans pleins.

Mais la stabilité est encore beaucoup plus facile à assurer dans le cas des tympans évidés, car pour aucune des ouvertures jusqu'à 100 mètres, la courbe de pression ne sort de l'extrados déterminé suivant la règle ordinaire et, si elle s'en rapproche un peu trop dans certains cas, on peut en faire cesser l'inconvénient en appareillant convenablement les bases des évidements, bases qu'il convient d'ailleurs, en général, de disposer en forme de voûtes renversées, afin de répartir le plus uniformément possible sur les bandeaux la charge des tympans.

Les effets que nous venons d'indiquer sont d'autant plus sensibles que le rapport entre l'épaisseur à la clef et l'ouverture de l'arche est plus petit, mais ils subsistent toujours et ils ne pourraient cesser de se produire que si on arrivait à des épaisseurs à la clef tout à fait exagérées, qui replaceraient chacune des grandes voûtes dans des conditions analogues à celle d'une voûte de dimensions ordinaires dont on se bornerait à augmenter l'échelle ; mais alors on accroîtrait énormément les pressions, ce qui entraînerait des inconvénients beaucoup plus graves que ceux qui tendent à résulter de la forme de la courbe.

Pressions lors du décintrement. Les pressions au moment du décintrement sont, lorsque les joints ne s'ouvrent pas, beaucoup plus faibles que celles qui s'appliquent à l'ouvrage terminé. Ainsi, en cherchant les valeurs des poussées et en déduisant de là les pressions, d'après les mêmes données que précédemment, pour des voûtes de 20, 60 et 100 mètres, dont les ouvertures sont choisies suffisamment espacées pour que les différences puissent être très accusées, on obtient les résultats suivants :

OUVERTURE	ANGLES	POUSSÉES	PRESSIONS MOYENNES	
DES ARCHES	DES JOINTS DE RUPTURE	HORIZONTALES	A LA CLEF	AU JOINT DE RUPTURE
20 mètres	38°	19,200 kilogr.	2.34	2.12
60 —	40° 50′	91,970 —	7.02	6.24
100 —	45° 35′	193,580 —	11.78	10.38

En comparant ces résultats avec ceux du tableau de la page 462 on voit :

1• Que les angles des joints de rupture avec l'horizontale vont en croissant avec l'ouverture, comme dans le cas des tympans évidés, et qu'ils ont des valeurs encore plus fortes ;

2• Que les pressions à la clef sont beaucoup moindres que pour les voûtes terminées et que les pressions au joint de rupture sont relativement encore plus faibles ;

3• Que, par conséquent, lors du décintrement, la courbe de pression peut se rapprocher de l'extrados d'une manière assez notable sans que les pressions, bien qu'alors elles s'appliquent seulement sur une partie de la longueur du joint, dépassent les valeurs auxquelles doivent arriver les pressions définitives.

Il en résulte que les fissures qui se produisent ordinairement à l'extrados des joints de rupture, dans les décintrements, ne présentent pas d'inconvénients sérieux pourvu qu'elles soient faibles et qu'une partie notable de la longueur du joint reste utilisée pour la pression. Mais comme cette dernière condition est très importante et comme elle deviendrait indispensable pour les très grandes voûtes, où les pressions atteindraient bien vite des valeurs très dangereuses si elles étaient concentrées sur une partie trop réduite de la longueur du joint, on voit qu'il importe toujours essentiellement de parvenir, par des soins de construction, à annuler ou tout au moins à restreindre à des limites extrêmement faibles, les mouvements qui tendent à se produire dans le décintrement.

Lorsque les surcharges au-dessus des voûtes sont considérables, il faut nécessairement refaire les épures et chercher directement les nouvelles valeurs des poussées. Mais lorsque le poids des surcharges est peu important par rapport à

Modifications produites dans les pressions par des surcharges.

celui de la voûte et que, par suite, il ne doit pas en résulter de déplacement sensible pour le joint de rupture, il est facile d'obtenir par un calcul très simple la

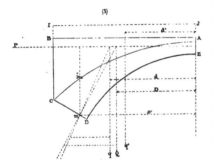

valeur des nouvelles poussées, en utilisant une partie
des renseignements obtenus
précédemment. En effet (5)
lorsque, sur une partie de
voûte ABCDE, dont CD est
le joint de rupture, on applique une surcharge ABIJ,
si le joint de rupture n'est
pas déplacé, la résultante
des pressions supérieures à
ce joint passera toujours

par le point m : par suite, si on désigne par x' et y' les coordonnées de ce point,
par Q la résultante du poids q de la voûte et du poids q' de la surcharge, par
D, d, d' les centres de gravité qui correspondent à ces mêmes poids et par P la
poussée à déterminer on aura :

$$Q = q + q' ; \qquad D = \frac{qd + q'd'}{q + q'} ; \qquad y' = \frac{Q}{P}(x' - D) ;$$

d'où :

$$P = \frac{Q}{y'}(x' - D).$$

Indépendamment des surcharges permanentes, dont la valeur change soit
d'après la hauteur donnée au couronnement, soit surtout d'après la destination
de l'ouvrage, il est nécessaire de tenir compte de l'effet des surcharges accidentelles provenant du passage. A cet égard il faut considérer que, pour un pont-
route, la surcharge accidentelle doit être évaluée à 400 kilogrammes par mètre
superficiel (poids fixé pour les épreuves des ponts métalliques), ce qui équivaut
à une couche de $0^m,22$ d'épaisseur de remblais pesant 1800 kilogrammes le
mètre cube. Pour un pont de chemin de fer, la surcharge due au passage des

trains varie avec l'ouverture ; mais, d'après les bases actuellement adoptées en France pour les épreuves des ponts métalliques, on doit, pour des travées de 45 mètres, évaluer cette surcharge à 4000 kilogrammes par mètre courant de voie, soit 1000 kilogrammes par mètre superficiel, ce qui équivaut à une couche de 0^m,55 d'épaisseur de ballast pesant 1800 kilogrammes le mètre cube. En appliquant à des ponts en maçonnerie cette même surcharge accidentelle et en calculant les augmentations de pression qui en résultent, on forme le tableau suivant, qui résume les éléments de comparaison entre un pont de chemin de fer et un pont de route dont l'épaisseur à la clef est réduite au minimum :

OUVERTURES DES VOUTES	ÉPAISSEURS A LA CLEF	POUR PONTS DE ROUTES				POUR PONTS DE CHEMINS DE FER			
		HAUTEURS COMPTÉES POUR SURCHARGES		PRESSIONS MOYENNES A LA CLEF		HAUTEURS COMPTÉES POUR SURCHARGES		PRESSIONS MOYENNES A LA CLEF	
		PERMANENTES	TOTALES	PERMANENTES	TOTALES	PERMANENTES	TOTALES	PERMANENTES	TOTALES
20^m	0.82	0.40	0.62	3.87	4.25	1.00	1.55	4.90	5.87
60^m	1.31	0.40	0.62	12.17	12.89	1.00	1.55	14.15	15.95
100^m	1.65	0.40	0.62	21.35	22.28	1.00	1.55	25.92	26.29

Les augmentations de pressions données par ce tableau pour un pont de chemin de fer par rapport à un pont de route sont considérables. Elles s'élèvent en effet, pour le moment où la charge mobile atteint son maximum, à 1^k,62 pour la voûte de 20 mètres, à 3^k,06 pour celle de 60 mètres et à 3^k,87 pour celle de 100 mètres, ce qui correspond à 39, 24 et 17 °/₀ en sus des quantités qui s'appliquent aux ponts pour routes. La proportion va en s'amoindrissant à mesure que l'ouverture augmente, ce qui est naturel puisque la surcharge reste constante pendant que la masse totale de l'ouvrage prend une importance de plus en plus grande, mais les valeurs absolues des augmentations de pression par unité de surface vont toujours en augmentant. Il faut remarquer toutefois qu'en réalité les différences de pressions seront toujours un peu moins grandes que celles qui résultent du tableau, parce que, pour les ponts-routes de grandes ouvertures en plein cintre, on sera généralement conduit, dans la pratique, à donner plus de 0^m,40 d'épaisseur au-dessus de la clef.

Des résultats analogues seraient obtenus, pour le cas des tympans pleins, sous la réserve des observations indiquées précédemment.

Dans tous les cas, les différences restent toujours considérables et proviennent à la fois de la nécessité de recouvrir les voûtes pour chemin de fer d'une épaisseur de ballast, afin d'atténuer suffisamment les vibrations dues au passage des trains, et de ce que la surcharge résultant de ce passage est beaucoup plus forte que celle produite sur un pont de route par la circulation des voitures. Ce n'est donc pas sans motifs sérieux que l'on considère les ponts pour chemins de fer comme devant présenter notablement plus de résistance que les ponts ordinaires. Les chiffres du tableau ci-dessus sont utiles pour faire apprécier quelles doivent être, dans ce but, les dispositions à adopter. On peut à cet égard soit racheter les différences de pression par une augmentation d'épaisseur à la clef, soit les amener à être sans inconvénient par l'emploi de meilleurs matériaux et de plus grands soins de construction. Mais le premier mode employé seul conduirait souvent à de trop fortes épaisseurs, et par suite il vaut mieux en général employer les deux modes simultanément, c'est-à-dire augmenter un peu l'épaisseur à la clef et apporter de plus grandes précautions, tant dans la façon des maçonneries que dans le choix des matériaux à employer.

Appréciation des pressions exercées par les remblais. Pour déterminer dans nos applications la valeur de la poussée des remblais, nous avons adopté la méthode décrite dans un mémoire de M. Considère (*Annales des ponts et chaussées*, juin 1870) parce que, dans le seul cas que nous ayons à considérer, celui où le massif des remblais est terminé à sa partie supérieure par un plan horizontal, cette méthode conduit à une construction graphique très simple et à des formules dont le calcul est facile : elle a d'ailleurs l'avantage de donner des résultats moyens, car ils sont intermédiaires entre ceux du frottement maximum à la paroi et ceux du frottement nul.

La construction graphique se fait de la manière suivante (4) :

Soit AB la paroi sur laquelle s'exerce la poussée des terres et AC le talus naturel des remblais qui sont terminés par la ligne horizontale BC; soient également φ l'angle du talus naturel des remblais avec l'horizontale, $\omega = 90° - \varphi$ l'angle de ce même talus avec la verticale et ϵ l'angle correspondant de la paroi. On mène la ligne AD qui divise en deux l'angle ω et on obtient ainsi la trace du plan qui limite le prisme exerçant la plus forte poussée sur la paroi, de sorte que ce prisme est représenté par le triangle BAD. On cherche le centre de gravité de ce triangle et on calcule le poids P du prisme pour l'unité de longueur dans le sens transversal.

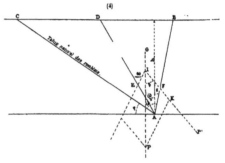

(4)

Les pressions exercées par le prisme sur AB et sur AD doivent, d'après la théorie de M. Considère, passer au tiers de la longueur des lignes AB et AD à partir de la base : de plus la poussée sur AD (ou, ce qui revient au même, la réaction de cette partie du remblai qui peut être considérée comme fixe au moment où s'exerce la plus grande pression sur la paroi) doit faire avec AD l'angle ω. Dès lors on peut tracer la direction EI de cette force, et comme la direction de la poussée sur la paroi doit nécessairement passer par ce même point I, on peut également en tracer la direction IF. Il ne reste plus qu'à décomposer le poids P suivant IE et IF, pour avoir en IK la valeur réelle de la poussée P'.

Les formules qui permettent d'obtenir par le calcul la valeur de la poussée et celle de l'angle β que sa direction forme avec la verticale sont, en désignant par π le poids du mètre cube de remblai :

$$P = \pi \, \frac{h^2}{2} \left(\tang \frac{\omega}{2} + \tg \, \epsilon \right); \qquad P' = \pi \, \frac{h^2}{2} \sqrt{\tang^2 \epsilon + \tg^4 \frac{\omega}{2}};$$

$$\tg \, \beta = \cotg \, \epsilon + \tg^2 \frac{\omega}{2}.$$

Enfin la composante horizontale de la poussée est égale à P' sin β.

Dans le cas d'une paroi verticale ω est nul et les formules deviennent :

$$P = \pi \frac{h^2}{2} \operatorname{tg} \frac{\omega}{2} ; \qquad P' = \pi \frac{h^2}{2} \operatorname{tg}^2 \frac{\omega}{2} ; \qquad \beta = 90°.$$

Les formules et la construction que nous venons d'indiquer s'appliquent directement au cas où le plan horizontal qui termine les remblais correspond au niveau du dessus du pont. Celui où les remblais sont plus élevés peut y être ramené d'une manière très simple. En effet, dans ce cas, la seule partie du remblai dont la poussée donne sur la culée une composante horizontale, est celle

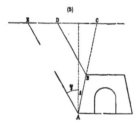

(5)

représentée par le trapèze ABDE (5). Or, le moment de la poussée produite par cette partie sera évidemment obtenu par différence entre celui qui correspond au triangle total AEC et celui qui correspond au triangle supérieur DBC. Pour chacun de ces triangles la détermination de la poussée peut être faite de la manière qui vient d'être exposée, pour le cas où les remblais sont terminés par un plan horizontal sur toute la longueur du prisme ; il est donc facile d'arriver ainsi à la détermination du moment de la poussée produite par le prisme ABDE.

De plus, comme le moment ainsi obtenu se composera nécessairement de deux éléments, la valeur de la force et la hauteur de son point d'application, on restera libre de déterminer ce point d'application en faisant varier en conséquence la valeur de la force : l'effet sur la culée sera toujours le même et c'est cet effet seulement dont la détermination est utile pour apprécier la résistance.

Lorsque le parement extérieur de la culée est vertical, les valeurs de la poussée des remblais deviennent d'une expression tout à fait simple, pour une même nature de terres. Ainsi, en prenant pour talus naturels des remblais celui de 3 de base pour 2 de hauteur, qui est le plus généralement adopté, on a :

$$\varphi = \text{angle tg} \frac{2}{3} = 54° ;$$

d'où :

$$\omega = 56°, \qquad \frac{\omega}{2} = 28°, \qquad \text{tg}^2\,\frac{\omega}{2} = 0,292715.$$

Et en prenant en outre :

$$\pi = 1800^{k},$$

on aura pour la valeur de la poussée des remblais P′, qui dans ce cas est horizontale :

$$R = \pi\,\frac{h^2}{2}\,\text{tg}^2\,\frac{\omega}{2} = 264 \times h^2,$$

Ce qui permet de calculer d'avance les valeurs successives de la poussée des remblais pour diverses hauteurs, ces valeurs étant applicables au cas où les remblais sont terminés par un plan horizontal correspondant au dessus du pont. On obtiendra de cette manière les résultats suivants :

Hauteurs.	Valeurs de P′.
5.00	6.600 kilogr.
10.00	26.400 —
15.00	59.400 —
20.00	105.600 —
25.00	165.000 —
30.00	237.600 —
etc.	etc.

Au moyen de ces valeurs de la poussée des terres et de celles données précédemment pour la poussée des voûtes, on peut vérifier très promptement si l'effet des remblais sera de nature à nécessiter une augmentation d'épaisseur dans les culées.

. Soit AB le parement d'une culée du côté des terres et CD le niveau du point d'application de la poussée de la voûte (6). Les deux forces P et P′ auront une résultante R = P′ — P, et la distance du point d'application de cette résul-

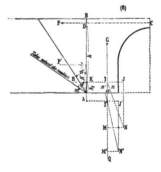
(6)

tante à la base de la culée sera :

$$h_r = \frac{P'h' - Ph}{P' - P};$$

ce qui, en posant $h' = \frac{h}{5}$ [a], deviendra :

$$h_r = \frac{h\left(\frac{P'}{5} - P\right)}{P' - P}.$$

Il en résulte que, lorsque $\frac{P'}{5}$ sera égal à P, la valeur de h_r sera nulle, c'est-à-dire que la résultante correspondra à la base même de la culée et que, par suite, la pression atteindra cette base au même point que la verticale menée par le centre de gravité du massif formé par la demi-voûte et la culée.

Si $\frac{P'}{5}$ est plus petit que P, le point où la courbe de pression rencontrera la base de la culée sera nécessairement à gauche de la verticale GQ, et par suite on est certain que la courbe de pression ne sortira pas de la culée vers l'intérieur du pont, mais elle pourra néanmoins tomber à la base trop près de l'arête. Par conséquent, à moins que le centre de gravité ne soit très rapproché du milieu de la culée, il sera nécessaire de déterminer le point où la courbe de pression en rencontrera la base.

Si $\frac{P'}{5}$ est plus grand que P, il sera toujours nécessaire de déterminer le point où la courbe de pression rencontre la base de la culée, et on y arrive facilement par une construction graphique. En effet, après avoir calculé la hauteur à laquelle correspond la résultante R et avoir mené la ligne KI, jusqu'à la rencontre de GQ, on prend IJ = R, IM = Q et on trace la résultante IN; le point n où cette résultante rencontre la base de la culée appartient à la courbe de pression.

La même construction est applicable au cas où la valeur de h_r est négative, c'est-à-dire où on a $\frac{P'}{5} < P$: le parallélogramme des forces devient dans ce cas I'J' M'N', et le point où la courbe de pression rencontre la base de la culée est n'.

---

[a] En réalité, il n'est pas tout à fait exact de poser $h' = \frac{h}{5}$, parce que h' est égal au tiers de la hauteur totale AB et non à celui de AD; mais la quantité DB peut être négligée sans inconvénient toutes les fois que la culée est assez haute pour que la poussée des terres doive être prise en considération.

On peut également obtenir directement par le calcul, la position des points n et n'. On a en effet, pour les distances de l'axe de la voûte aux points où les courbes de pression rencontrent la base de la culée :

Dans le cas où il n'existe pas de poussée extérieure. . $x = D + \dfrac{Ph}{Q}$,

Dans le cas où cette poussée existe . . . . $x_1 = D + \dfrac{Ph - P'h'}{Q}$,

En posant $h' = \dfrac{h}{3}$, cette dernière expression devient. . $x_1 = D + \dfrac{h\left(P - \dfrac{P'}{3}\right)}{Q}$.

D'où il résulte que, suivant que l'on aura $\dfrac{P'}{3} = P$, $\dfrac{P'}{3} > P$ et $\dfrac{P'}{3} < P$, la valeur de x_1 sera égale à D, ou plus petite que D, ou plus grande que D, c'est-à-dire que la courbe de pression atteindra la base de la culée ou en m, ou en n, ou n'. Dans ce dernier cas la poussée des terres ne fera parfois qu'améliorer les conditions de stabilité, en rapprochant la courbe de pression du centre de la base de la culée; mais souvent, même dans ce cas, elle arrive trop près de l'arête extérieure, de sorte qu'il devient indispensable d'augmenter l'épaisseur. Il en est de même à plus forte raison lorsque $\dfrac{P'}{3}$ est $> P$.

En appliquant la méthode ci-dessus à des arches de 10, 20 et 30 mètres d'ouverture, dont les épaisseurs de culées seraient déterminées seulement de manière à assurer la stabilité contre le renversement à l'extérieur, c'est-à-dire de manière à résister seulement à la poussée de la voûte, on trouve que les hauteurs qui pourraient être données aux piédroits, sans que la courbe de pressions vînt passer à moins du tiers de la base de la culée, du côté extérieur, seraient les suivantes :

	Hauteurs des piédroits.	Hauteurs des remblais.
Pour 10ᵐ d'ouverture.	5ᵐ	11ᵐ.05
Pour 20ᵐ d'ouverture.	4ᵐ	15ᵐ.22
Pour 30ᵐ d'ouverture.	3ᵐ	18ᵐ.37

Par conséquent, lorsque ces hauteurs de piédroits seront dépassées, il sera nécessaire d'augmenter l'épaisseur des culées au delà de la dimension nécessaire pour résister à la poussée des voûtes. On arrivera facilement à déterminer l'augmentation, au moyen de quelques hypothèses successives pour chacune desquelles on fera une vérification par la méthode qui vient d'être indiquée.

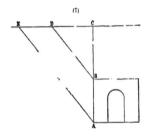

Considérons maintenant le cas où les remblais sont plus élevés que le dessus du pont, et prenons pour exemple celui d'un pont dont le parement extérieur de culée est vertical (7).

Le grand triangle AEC donnera une poussée : $P' = 264\, H'$.

Le triangle supérieur BDC donnera de même : $p'_1 = 264\, h'_1$.

Et les moments correspondants par rapport au point A seront :

$$264\, H^{\text{s}} \times \frac{H}{3} \qquad 264\, h_1^{\text{s}} \left(H - h_1 + \frac{h_1}{3} \right).$$

Le moment produit par le trapèze AEDB aura donc pour valeur :

$$p'_2 h_2 = 264 \left[\frac{H^3}{3} - \frac{h_1^{\text{s}}}{3} (3H - 2h_1) \right].$$

En se donnant h_2, on aura la valeur de p_2', et, par exemple, en prenant $h_2 = \frac{H - h_1}{3}$, on obtiendra :

$$p'_2 = 264 \left[\frac{H^3 - 3Hh_1^{\text{s}} + 2h_1^{\text{s}}}{H - h_1} \right].$$

On composera ensuite la valeur de p'_1 avec la poussée de la voûte P et on aura la résultante R, pour laquelle on opérera comme dans le cas précédent.

En appliquant cette méthode à un pont pour lequel on aurait $H = 15$ mètres et $h_1 = 9$ mètres la valeur de p_2' serait :

$$p'_2 = 264 \left[\frac{\overline{15}^{\text{s}} - 3 \times 15 \times \overline{9}^{\text{s}} + 2 \times \overline{9}^{\text{s}}}{15 - 9} \right] = 52{,}272^{\text{k}}.$$

Et si ce pont avait 4 mètres d'ouverture et 3 mètres de hauteur de piédroits, il faudrait, pour résister à la poussée des terres d'après la valeur ci-dessus, donner aux piédroits une épaisseur de 4 mètres environ.

Dans la pratique on donne beaucoup moins d'épaisseur, mais pendant l'exécution des remblais, le pont ne tient que si l'on prend soin de faire bien piloner les terres, ce qui, en leur donnant de la cohésion, diminue d'une manière notable l'angle du prisme de plus grande poussée, et surtout si on contre-bute fortement, par un massif de remblais, l'autre culée de l'ouvrage, ce qui non seulement empêche le déversement général de la construction, mais de plus développe un supplément de poussée dans la voûte.

Cette augmentation de poussée devient surtout considérable quand le remblai est complété au-dessus de la voûte, et c'est seulement alors que les courbes de pression dans les culées se trouvent ramenées à un état permanent de stabilité.

Dans les premières applications pour voûtes en arc de cercle, les données sont prises de la manière suivante :

Données admises pour voûtes en arc de cercle.

1° Les épaisseurs à la clef résultent de la formule $e = 0.15 + 0.15 \sqrt{2R}$, R étant le rayon de la voûte.

2° L'épaisseur de la voûte, mesurée sur le joint normal qui correspond aux naissances, est égale au produit de l'épaisseur à la clef par un coefficient dont la valeur est fixée à $1^m.80$ pour le surbaissement de $1/4$, $1^m.40$ pour celui de $1/6$, $1^m.25$ pour $1/8$, $1^m.15$ pour $1/10$, et $1^m.10$ pour $1/12$.

3° L'extrados est formé par une partie de circonférence raccordant l'extrémité supérieure du joint normal aux naissances avec le dessus de la clef.

4° La hauteur comptée au-dessus de la clef est de $0^m.40$, comme pour les pleins cintres.

5° Le poids adopté par mètre cube de maçonnerie est également 2,400 kilogrammes.

6° Enfin les applications sont faites pour des surbaissements de $1/4$, $1/6$, $1/8$, $1/10$, et $1/12$, avec des ouvertures variant de 10 en 10 mètres, limitées dans chaque série; de telle sorte que les pressions ne dépassent pas sensiblement 600,000 kilogrammes.

Valeurs des poussées
pour
voûtes en arc de cercle
avec tympans pleins.
D'après ces bases, en déterminant les poussées des diverses voûtes et en construisant, pour chaque surbaissement, une courbe dont les abscisses représentent les ouvertures et les ordonnées indiquent les poussées horizontales, ainsi qu'on l'a fait pour les pleins cintres, on obtient pour le cas des tympans pleins un faisceau de courbes (8).

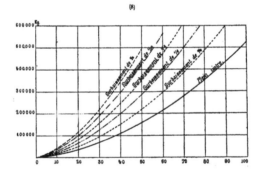

Chacune de ces courbes pourrait, comme pour les pleins cintres, être représentée par une équation, mais il y aurait moins d'utilité à le faire, parce que pour les arcs de cercle, où la position du joint de rupture est déterminée d'avance, on peut obtenir toujours assez promptement par le calcul la valeur de la poussée.

Il résulte de l'examen des courbes comparées entre elles et à celle des pleins cintres qui est reproduite sur la figure, que les poussées croissent toujours plus rapidement que les ouvertures et que leur accroissement est d'autant plus fort que le surbaissement est plus grand.

D'un autre côté, si, au lieu de construire les courbes en prenant pour abscisses les ouvertures, on prend pour abscisses les rayons, tandis que les ordonnées représentent toujours les poussées horizontales, on arrive au faisceau de courbes (9) [a].

Dans cette figure les courbes qui correspondent aux divers surbaissements se trouvent placées dans l'ordre inverse de celui qu'elles occupent sur la figure (8),

(9)

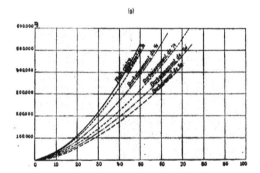

d'où l'on doit nécessairement conclure que, *pour un même rayon, les poussées diminuent avec le surbaissement, tandis que pour une même ouverture, elles augmentent au contraire avec le surbaissement.*

Par conséquent, de toutes les voûtes qui peuvent être formées avec une portion de cercle, c'est le plein cintre qui pousse le moins pour une même ouverture et qui pousse au contraire le plus pour un même rayon.

Le tableau ci-après résume les poussées et les pressions à la clef pour les voûtes en arc de cercle à tympans pleins :

(a) Nous avons, pour cette figure, adopté exactement les mêmes échelles que pour la figure précédente, mais comme les abscisses s'appliquent aux rayons, au lieu de représenter les ouvertures, il en résulte que, pour le plein cintre, les valeurs des abscisses sont *moitié moindres*, de sorte que la courbe s'élève beaucoup plus rapidement.

SURBAISSEMENTS	OUVERTURE DES ARCHES	ÉPAISSEUR À LA CLEF	RAPPORT ENTRE L'ÉPAISSEUR DU JOINT NORMAL AUX NAISSANCES ET CELLE DE LA CLEF	POUSSÉES HORIZONTALES	PRESSIONS MOYENNES À LA CLEF	AU JOINT NORMAL DES NAISSANCES	SURBAISSEMENTS	OUVERTURE DES ARCHES	ÉPAISSEUR À LA CLEF	RAPPORT ENTRE L'ÉPAISSEUR DU JOINT NORMAL AUX NAISSANCES ET CELLE DE LA CLEF	POUSSÉES HORIZONTALES	PRESSIONS MOYENNES À LA CLEF	AU JOINT NORMAL DES NAISSANCES
1/4	10	0.68	1.80	18.310	2.69	2.85	1/8	10	0.84	1.25	50.350	3.61	3.54
	20	0.90	1.80	50.950	5.66	6.11		20	1.13	1.25	85.860	7.60	7.43
	30	1.07	1.80	95.620	8.94	9.84		30	1.35	1.25	159.650	11.82	11.60
	40	1.21	1.80	152.160	12.57	14.01		40	1.53	1.25	249.880	16.33	16.08
	50	1.34	1.80	220.340	16.46	18.52		50	1.70	1.25	355.430	20.91	20.65
	60	1.45	1.80	299.160	20.65	23.40		60	1.84	1.25	477.140	25.93	25.67
	70	1.55	1.80	388.010	25.03	28.60		70	1.98	1.25	615.810	31.00	30.77
	80	1.65	1.80	489.340	29.66	34.01	1/10	10	0.92	1.15	36.620	3.98	3.98
	90	1.74	1.80	600.050	34.49	39.75		20	1.23	1.15	102.390	8.32	8.28
								30	1.47	1.15	191.300	13.01	12.93
1/6	10	0.76	1.40	24.620	3.24	3.21		40	1.68	1.15	299.590	17.83	17.74
	20	1.02	1.40	68.210	6.69	6.67		50	1.86	1.15	424.190	22.81	22.74
	30	1.21	1.40	127.490	10.54	10.65		60	2.02	1.15	566.750	28.06	28.01
	40	1.37	1.40	200.690	14.65	14.87	1/12	10	0.98	1.10	41.400	4.22	4.26
	50	1.52	1.40	286.750	18.86	19.32		20	1.33	1.10	118.820	8.93	8.98
	60	1.65	1.40	388.780	23.56	24.22		30	1.59	1.10	221.980	13.96	13.97
	70	1.77	1.40	501.000	28.30	29.25		40	1.81	1.10	347.580	19.19	19.27
	80	1.88	1.40	626.160	33.31	34.63		50	2.01	1.10	494.195	24.59	24.63

On voit que ces pressions vont en diminuant pour une même épaisseur à la clef à mesure que le surbaissement augmente; par conséquent, pour arriver au but qu'il serait désirable d'atteindre, celui que les mêmes épaisseurs à la clef correspondissent aux mêmes pressions, il serait rationnel de diminuer graduellement les épaisseurs, pour un même rayon, à mesure que le surbaissement augmente.

Valeurs des poussées pour voûtes en arc de cercle avec tympans élégis.

Les poussées avec tympans évidés, dans les voûtes en arc de cercle, n'ont été calculées que pour une partie des voûtes comprises dans le tableau ci-dessus.

On a obtenu notamment les résultats qui suivent :

SURBAISSEMENTS	OUVERTURES	ÉPAISSEUR A LA CLEF	POUSSÉES HORIZONTALES	PRESSIONS MOYENNES	
				A LA CLEF	AU JOINT NORMAL DES NAISSANCES
	mètres	mètres	kilogr.	kilogr.	kilogr.
Surbaissement de 1/4	50	1.34	180.600	13.50	13.25
	90	1.74	458.712	26.36	26.55
Surbaissement de 1/6	50	1.52	254.720	16.74	15.89
	80	1.88	523.728	27.85	26.49
Surbaissement de 1/8	50	1.70	317.544	18.67	17.53
	70	1.98	524.976	26.51	24.92
Surbaissement de 1/10	50	1.86	388.584	20.89	20.26
	60	2.02	509.756	25.23	24.44
Surbaissement de 1/12	50	2.01	468.840	23.32	22.98

En comparant ces résultats à ceux du tableau qui précède, on voit que pour les arcs de cercle, l'avantage des élégissements est moins considérable que pour les pleins cintres; que cependant cet avantage est toujours très réel; qu'il est d'autant plus fort que le surbaissement est moindre, ce qui est naturel, puisque alors les tympans, ayant plus de hauteur, peuvent recevoir des évidements plus considérables; que par conséquent, surtout pour les faibles surbaissements, on doit autant que possible élégir les tympans.

Dans le cas des tympans élégis, les pressions qui correspondent aux mêmes épaisseurs à la clef présentent entre elles moins de différences qu'avec des tympans pleins : cependant, sous ce rapport, il y aurait encore avantage à diminuer les épaisseurs pour un même rayon à mesure que le surbaissement augmente.

Dans les voûtes en arc de cercle, les courbes sont beaucoup plus tendues que dans les pleins cintres, et on n'a pas à craindre en général de voir les courbes de pressions se rapprocher trop près de l'extrados : par conséquent, l'extrados peut presque toujours être tracé suivant un seul arc de cercle, et on ne serait obligé d'employer à cet égard des courbes surhaussées que pour des surbaissements très faibles avec des ouvertures très grandes.

Observations diverses sur les courbes de pression des voûtes en arc de cercle.

Les surcharges ont généralement plus de valeur relative que dans les pleins cintres, puisqu'une même hauteur, et par suite un même poids de surcharge, se trouve correspondre presque toujours à un poids de voûte moins fort : cet effet est d'autant plus sensible que le surbaissement augmente et, par conséquent, pour les voûtes très surbaissées, il faut éviter autant que possible toute surcharge : ainsi ce serait une grande faute de construire en arc de cercle des voûtes destinées à supporter des remblais.

La poussée des terres a au contraire moins d'influence sur les piédroits des voûtes surbaissées que sur ceux des pleins cintres, puisque la poussée des voûtes est plus forte : par conséquent la hauteur des piédroits, par laquelle les effets de ces deux natures de poussée se contre-balancent, est évidemment d'autant plus grande que le surbaissement est plus fort ; et comme d'ailleurs on n'emploie presque jamais les arcs de cercle sur des piédroits élevés, les épaisseurs qui résistent à la poussée des voûtes sont généralement très suffisantes pour résister à la poussée des terres.

Données admises
dans les applications
pour
voûtes en ellipse. Dans les applications pour voûtes en ellipse, les données sont prises de la manière suivante :

1° Les épaisseurs à la clef résultent de la formule $e = 0^m.15 + 0^m.15\sqrt{2R}$, R ayant pour valeur non celle du rayon de courbure de l'ellipse au sommet du petit axe, mais seulement celle du rayon de l'arc de cercle de même surbaissement.

2° L'épaisseur de la voûte, mesurée sur le joint qui correspond au milieu de la montée, est égale au produit de l'épaisseur à la clef par un coefficient dont la valeur est fixée à 2 mètres pour les ellipses surbaissées à $^1/_3$, $1^m.80$ pour celle à $^1/_4$, et $1^m.60$ pour celles à $^1/_5$.

3° L'extrados est formé par une partie d'ellipse raccordant l'extrémité supérieure du joint défini ci-dessus avec celles de la clef.

4° La hauteur comptée au-dessus de la clef est de $0^m.40$, comme pour les pleins cintres et les arcs de cercle.

5° Le poids adopté pour le mètre cube de maçonnerie est également 2400 kilogrammes.

6° Enfin les applications sont faites pour des surbaissements de ¹/₃, ¹/₄ et ¹/₅, avec des ouvertures variant de 10 en 10 mètres, limitées dans chaque série de telle sorte que les poussées ne dépassent pas notablement 600,000 kilogrammes.

D'après ces bases, en déterminant les diverses voûtes et en construisant pour chaque surbaissement une courbe dont les abscisses représentent les ouvertures et les ordonnées indiquent les poussées horizontales, ainsi qu'on l'a déjà fait précédemment pour les pleins cintres et les arcs de cercle, on obtient pour le cas des tympans pleins les courbes (10). Valeurs des poussées pour voûtes en ellipse avec tympans pleins.

(10)

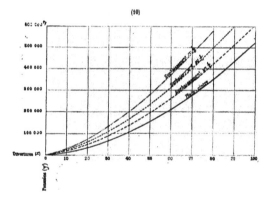

Les équations qui représentent ces courbes sont les suivantes :

Pour le surbaissement de ¹/₃ . . . . $y = 1145\,x + 100.35 \times x^{1.85}$
Pour le surbaissement de ¹/₄ . . . . $y = 1350\,x + 161.00 \times x^{1.78}$
Pour le surbaissement de ¹/₅ . . . . $y = 1560\,x + 263.70 \times x^{1.71}$

Il résulte de l'examen de ces courbes comparées entre elles et à celle des pleins cintres, qui est également reproduite sur la figure, que les poussées

croissent toujours plus rapidement que les ouvertures et que leur accroissement est d'autant plus fort que le surbaissement est plus grand.

Ces résultats sont tout à fait analogues à ceux obtenus pour des arcs de
cercle, et de plus, en comparant la courbe de l'ellipse à $\frac{1}{4}$ avec celle de l'arc de
cercle de même surbaissement, on reconnaît que la première est constamment
en dessus de la seconde, bien qu'elle s'en rapproche vers les plus grandes
ouvertures.

Ainsi, les poussées d'une voûte en ellipse sont toujours un peu plus fortes
que celles d'un arc de cercle de même surbaissement. De sorte que l'opinion,
généralement admise, que les voûtes en arc de cercle poussent plus que les
voûtes en ellipse, n'est pas exacte en elle-même et ne peut s'expliquer qu'en
ce sens que, lorsqu'il s'agit de projeter une arche d'une certaine ouverture,
on compare généralement la voûte en ellipse à celle d'un arc de cercle beaucoup plus surbaissé.

D'un autre côté, si au lieu de construire les courbes en prenant pour abscisses
les ouvertures, on adopte pour abscisses les rayons des arcs de cercle de mêmes

(11)

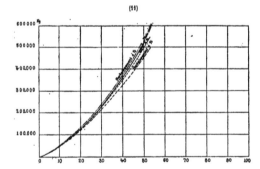

surbaissements que les ellipses, tandis que les ordonnées représentent toujours
les poussées horizontales, on arrive aux courbes (11) ci-dessus.

Dans cette figure les courbes qui correspondent aux divers surbaissements se trouvent placées dans un ordre différent de celui qu'elles occupent sur la figure précédente : ainsi, la courbe de l'ellipse à $^1/_5$ reste seule à gauche de la courbe du plein cintre et en est très rapprochée, tandis que celles des ellipses à $^1/_4$ et à $^1/_5$ restent également à gauche dans la partie basse, mais passent sur la droite et s'en écartent graduellement, d'autant plus que le surbaissement est plus fort : dans leur ensemble, les courbes des voûtes elliptiques s'éloignent très peu de celles du plein cintre et de l'arc de cercle à $^1/_4$,

Les résultats seraient évidemment différents si, dans la figure (11), on prenait pour base le rayon de courbure de l'ellipse à la clef : les courbes resteraient toutes au-dessous de celle du plein cintre et s'en éloigneraient rapidement sur la droite, mais nous pensons qu'au lieu de considérer ce rayon qui n'appartient qu'à un point spécial à l'ellipse, il était préférable, au point de vue des conséquences à en tirer pour la fixation des dimensions, de considérer pour toutes les voûtes sans exception le rayon qui correspond au surbaissement.

Le tableau ci-après résume les poussées et les pressions à la clef pour les voûtes en ellipse à tympans pleins :

SURBAISSEMENTS	OUVERTURE DES ARCHES	ÉPAISSEUR A LA CLEF	RAPPORT ENTRE LES ÉPAISSEURS AU MILIEU DE LA MONTÉE ET A LA CLEF	POUSSÉES HORIZONTALES	PRESSIONS MOYENNES	
					À LA CLEF	AU JOINT DE RUPTURE
1/5	10	0.64	2.00	18.550	2.89	2.12
	20	0.85	2.00	48.510	5.71	4.32
	30	1.00	2.00	88.570	8.86	6.78
	40	1.14	2.00	138.130	12.12	9.52
	50	1.25	2.00	196.760	15.74	12.63
	60	1.36	2.00	264.180	19.42	16.47
	70	1.46	2.00	340.130	23.31	19.94
	80	1.55	2.00	424.440	27.58	24.10
	90	1.65	2.00	516.920	31.71	28.01
	100	1.71	2.00	617.440	36.11	32.07
1/4	10	0.68	1.80	25.200	3.41	2.41
	20	0.90	1.80	60.320	6.70	4.81
	30	1.07	1.80	109.070	10.19	7.39

SURBAISSEMENTS	OUVERTURE DES ARCHES	ÉPAISSEUR A LA CLEF	RAPPORT ENTRE LES ÉPAISSEURS AU MILIEU DE LA MONTÉE ET A LA CLEF	POUSSÉES HORIZONTALES	PRESSIONS MOYENNES	
					À LA CLEF	AU JOINT DE RUPTURE
1/4	40	1.21	1.80	168.420	13.92	10.14
	50	1.34	1.80	238.070	17.77	13.14
	60	1.45	1.80	316.470	21.85	16.22
	70	1.55	1.80	404.310	26.09	19.56
	80	1.65	1.80	500.940	30.36	23.22
	90	1.74	1.80	606.090	34.83	26.65
1/3	10	0.72	1.60	27.120	3.77	2.80
	20	0.96	1.60	71.450	7.44	5.58
	30	1.14	1.60	129.310	11.34	8.18
	40	1.29	1.60	199.160	15.44	11.55
	50	1.43	1.60	280.010	19.58	14.71
	60	1.55	1.60	371.170	23.95	18.02
	70	1.66	1.60	472.100	28.44	21.49
	80	1.76	1.60	582.380	33.09	25.11

Il résulte de ce tableau que les pressions diminuent un peu pour les mêmes épaisseurs à la clef à mesure que le surbaissement augmente, mais les différences sont beaucoup moins sensibles que pour les voûtes en arc de cercle.

Pour les ellipses, ainsi que pour les pleins cintres, la position des joints de rupture est variable. Les angles formés par ces joints avec l'horizontale vont en diminuant à mesure que l'ouverture augmente : pour le surbaissement de $^1/_5$ la valeur de l'angle est de 46° avec l'ouverture de 10 mètres et de 35° avec l'ouverture de 100 mètres. Pour le surbaissement de $^1/_4$ les angles, avec des ouvertures de 10 à 90 mètres, varient de 54° à 45°. Enfin pour le surbaissement de $^1/_5$, la variation est de 61° à 46° avec des ouvertures de 10 à 80 mètres.

Valeurs des poussées pour voûtes en ellipse avec tympans élégis. Les poussées avec tympans évidés pour voûtes en ellipse ont donné des séries de résultats dont nous nous bornons à extraire les suivants :

SURBAISSEMENTS	OUVERTURES	ÉPAISSEUR A LA CLEF	POUSSÉES HORIZONTALES	PRESSIONS MOYENNES	
				A LA CLEF	AU JOINT DE RUPTURE
	mètres	mètres	kilogr.	kilogr.	kilogr.
	50	1.25	156.240	12.50	8.69
Surbaissement de 1/3 .	70	1.46	276.000	18.90	13.51
	90	1.63	387.600	25.78	18.10
	50	1.34	198.240	14.79	9.81
Surbaissement de 1/4 .	70	1.55	331.920	21.41	13.53
	90	1.74	496.800	28.55	19.13
	50	1.43	244.440	17.09	12.38
Surbaissement de 1/5 .	80	1.76	490.800	27.89	19.96

En comparant ces résultats à ceux du tableau précédent on voit que, pour les larges ouvertures, les élégissements ont une très grande importance et la réduction de pressions devient comparable à celle que l'on obtient dans les pleins cintres, ce qui doit être en effet, puisque avec la forme elliptique on n'emploie jamais de surbaissement bien considérable.

Dans le cas des tympans élégis, les pressions qui correspondent aux mêmes épaisseurs à la clef se rapprochent beaucoup de l'égalité.

Dans les voûtes en ellipse, les courbes de pression sont plus tendues que dans les pleins cintres et par conséquent on n'a pas à craindre de les voir se rapprocher trop de l'extrados, pourvu que l'on adopte pour cette dernière ligne une courbe dont la distance à l'intrados augmente d'une manière graduelle, depuis la clef jusqu'au milieu de la montée.

Les surcharges ont plus de valeur relative que dans les pleins cintres, au moins pour les surbaissements au-dessus de $^1/_5$; par conséquent, lorsqu'on est obligé d'employer des ellipses sous une charge assez forte (par exemple pour un pont canal), il faut éviter, autant que possible, de les surbaisser à plus du tiers.

La poussée des terres a moins d'influence que dans les pleins cintres, parce que la même poussée de voûte correspond à une hauteur de terrassements moins considérable à partir des naissances. D'un autre côté, on emploie très rarement des ellipses sur des piédroits élevés, et par conséquent pour cette forme de voûte, ainsi que pour les arcs de cercle, il n'arrive presque jamais que l'on soit obligé de tenir compte de la poussée des remblais pour la détermination des épaisseurs de culées.

Observations sur les courbes de pression des voûtes en ellipse.

ERRATA

Page 2, dernière ligne . . . . . . *au lieu de* Atacé,   *lisez* Atrée.

— 154, ligne 24 . . . .   —   Tewksburg,   —   Tewksbury.

— 165, » 14 . . . .   —   Islande,   —   Irlande.

— 192, » 2 . . . .   — $\overline{\sin\alpha}$,   — $\dfrac{l}{\sin\alpha}$.

— 390, » 14 . . . .   — $-2R$,   — $-2Rf$.

— 425, » 20 . . . .   — $=\dfrac{q}{P}(x-d)$,   — $y=\dfrac{q}{P}(x-d)$.

— 471, figure (c) . . . .   — h_1,   -- h_r.

— 472, ligne 4 . . . .   — h_1,   - $h_{r\cdot}$.

TABLE ANALYTIQUE DES MATIÈRES

INTRODUCTION — PRÉCIS HISTORIQUE

COURS PROPREMENT DIT

CHAPITRE I. — DISPOSITIONS GÉNÉRALES

§ 1. — CHOIX DE L'EMPLACEMENT DES PONTS

§ 2. — DÉBOUCHÉ A DONNER AUX PONTS

§ 3. — MODE DE CONSTRUCTION ET DIMENSIONS PRINCIPALES

CHAPITRE II. — FONDATIONS

10085 — Imprimerie générale A. Lahure, 9, rue de Fleurus, à Paris.